UTB **8318**

W0048140

Eine Arbeitsgemeinschaft der Verlage

Beltz Verlag Weinheim und Basel
Böhlau Verlag Köln · Weimar · Wien
Wilhelm Fink Verlag München
A. Francke Verlag Tübingen und Basel
Haupt Verlag Bern · Stuttgart · Wien
Lucius & Lucius Verlagsgesellschaft Stuttgart
Mohr Siebeck Tübingen
C. F. Müller Verlag Heidelberg
Ernst Reinhardt Verlag München und Basel
Ferdinand Schöningh Verlag Paderborn · München · Wien · Zürich
Eugen Ulmer Verlag Stuttgart
UVK Verlagsgesellschaft Konstanz
Vandenhoeck & Ruprecht Göttingen
vdf Hochschulverlag AG an der ETH Zürich
Verlag Barbara Budrich Opladen · Farmington Hills
Verlag Recht und Wirtschaft Frankfurt am Main
WUV Facultas · Wien

Stephan Dabbert/Jürgen Braun

Landwirtschaftliche Betriebslehre

Grundwissen Bachelor

59 Zeichnungen
52 Tabellen

Verlag Eugen Ulmer Stuttgart

Prof. Dr. Stephan Dabbert ist seit 1994 Professor am Institut für Landwirt-schaftliche Betriebslehre der Universität Hohenheim, Fachgebiet Produktionstheorie und Ressourcenökonomik im Agrarbereich.

Prof. Dr. Jürgen Braun ist seit 2002 Professor am Fachbereich Agrarwirt-schaft der Fachhochschule Südwestfalen in Soest, Fachgebiet Agrar-ökonomie.

Bibliografische Information der Deutschen Bibliothek
Die Deutsche Bibliothek verzeichnet diese Publikation in der Deutschen Nationalbibliografie; detaillierte bibliografische Daten sind im Internet über http://dnb.ddb.de abrufbar.

ISBN-13: 978-3-8252-2806-0 (UTB)
ISBN-10:   3-8252-2806-8 (UTB)
ISBN-13: 978-3-8001-2792-3 (Ulmer)
ISBN-10:   3-8001-2792-8 (Ulmer)

© 2006 Eugen Ulmer KG
Wollgrasweg 41, 70599 Stuttgart (Hohenheim)
E-Mail: info@ulmer.de
Internet: www.ulmer.de
Lektorat: Werner Baumeister
Herstellung: Otmar Schwerdt
Satz und Repro: Laupp & Göbel, Nehren
Druck und Bindung: Laupp & Göbel, Nehren
Printed in Germany

ISBN-13: 978-3-8252-2792-0 (UTB-Bestellnummer)
ISBN-10:   3-8252-2792-8 (UTB-Bestellnummer)

Inhaltsverzeichnis

1 Warum Landwirtschaftliche Betriebslehre studieren?

Es gibt drei gute Gründe, sich intensiv mit der Landwirtschaftlichen Betriebslehre auseinanderzusetzen:

- Landwirtschaft ist ein bedeutender und **faszinierender Wirtschafts- und Lebensbereich**.
- Agrarökonomische **Denkansätze und Konzepte** sind wichtig, um Entwicklungen innerhalb der Landwirtschaft verstehen und beeinflussen zu können. Innerhalb der Agrarökonomie ist die Landwirtschaftliche Betriebslehre der Zweig, der sich mit den ökonomischen Entscheidungen auseinandersetzt: Was soll ich produzieren in meinem landwirtschaftlichen Unternehmen – und mit welchem Einsatz von Produktionsmitteln? Welche Produktion lohnt sich unter welchen Bedingungen?
- Viele Prinzipien aus der Landwirtschaftlichen Betriebslehre lassen sich auf andere Lebensbereiche übertragen. Dies ist nicht immer »eins zu eins« möglich, denn schließlich unterscheidet sich die Landwirtschaftliche Betriebslehre von der Allgemeinen Betriebswirtschaftslehre (BWL). Trotzdem vermittelt dieses Buch eine Fülle allgemeiner ökonomischer Prinzipien. Betriebswirtschaftliches Denken ist das Denken in Alternativen zur **Vorbereitung rationaler Entscheidungen**. Dies zu verstehen ist auch dann nützlich, wenn man niemals im Leben einen landwirtschaftlichen Betrieb bewirtschaften wird.

In den Kapiteln 1.1 bis 1.3 finden sich nähere Erläuterungen zu diesen Argumenten. In Kapitel 1.4 folgt ein Überblick über das gesamte Lehrbuch. Es soll unseren Leserinnen und Lesern als Wegweiser durch das Buch dienen.

Gründe, sich mit der Landwirtschaftlichen Betriebslehre auseinanderzusetzen

1.1 Landwirtschaft – Herausforderungen der Zukunft

Gemessen an der Zahl der Arbeitskräfte ist der Agrarbereich der wichtigste Wirtschaftssektor der Welt.

Im globalen Maßstab finden sich knapp die Hälfte aller Arbeitskräfte in der Produktion landwirtschaftlicher Rohprodukte. Nimmt man die vor- und nachgelagerten Bereiche hinzu, so sind nahezu **zwei Drittel aller Arbeitskräfte weltweit in der Land- und Ernährungswirtschaft beschäftigt**. Auch wenn davon auszugehen ist, dass diese Anteile in den kommenden Jahr-

Bedeutung der Agrar- und Ernährungswirtschaft

zehnten zurückgehen werden: Im globalen Maßstab wird die Landwirtschaft auch in Zukunft eine bedeutende Rolle spielen.

Doch gilt dies auch für die **Industriestaaten**?

Hier ist der Anteil der Arbeitskräfte in der Landwirtschaft in den letzten Jahrzehnten auf unter 5% zurückgegangen. Deshalb wird häufig von der marginalen wirtschaftlichen Bedeutung der Landwirtschaft gesprochen. Gemessen am gesamten Wert aller produzierten Waren und Dienstleistungen in den Industriestaaten trifft dies zu. Aber ist die Landwirtschaft deswegen unbedeutend? Einige Argumente sprechen dagegen:

Die Landwirtschaft ist gemeinsam mit der Forstwirtschaft der größte Flächennutzer und damit ein entscheidender Faktor für die **Gestaltung der Umwelt**.

Die Landwirtschaft ist verflochten mit vorgelagerten Bereichen (z. B. Landtechnikunternehmen, Düngemittelhersteller, Pflanzenschutzindustrie) sowie nachgelagerten Bereichen (z. B. Erfassung, Lagerung, Verarbeitung, Vermarktung). Fasst man die Landwirtschaft und ihr Umfeld zusammen unter »Agrar- und Ernährungswirtschaft« oder »Agribusiness«, so spielt dieser Bereich eine wesentlich größere Rolle als die Landwirtschaft alleine. **Rund 15 % der Beschäftigten finden sich im Agribusiness**, sie erzeugen etwa 8% der Bruttowertschöpfung in den Industrieländern.

Doch auch für das gesamte Agribusiness gilt: Die Zahl der Arbeitskräfte ist in den letzten Jahren stark zurückgegangen. Wie kam es dazu? Entscheidend war die rasante Zunahme der Produktivität in der Landwirtschaft.

Produktivität ist Output pro Input, z. B. Ertrag in Dezitonnen (Output) pro Hektar (Input). Die Produktivität auf dem Acker und im Stall wuchs in den letzten zwei Jahrhunderten gewaltig. Noch zu Beginn des 19. Jahrhunderts waren Weizenerträge von 10 dt pro Hektar oder Kühe mit einer Leistung von 1 000 kg Milch pro Jahr der Normalfall. Heute erreichen die ersten Landwirte schon mehr als das Zehnfache davon: über 100 dt Weizen pro Hektar und über 10 000 kg Milch pro Kuh und Jahr!

Strukturwandel durch Produktivitätsfortschritte

Diese gewaltigen Produktivitätssteigerungen – an denen die Agrarwissenschaften einen wichtigen Anteil hatten – setzten sich über viele Jahrzehnte im Trend ungebrochen fort. Sie führten dazu, dass die Landwirtschaft mit immer weniger Arbeitskräften immer mehr produzieren konnte. Die **Landwirte ersetzten in großem Stil Arbeit durch Kapital**, sie kauften immer mehr Vorleistungen wie Düngemittel, Technik und Pflanzenschutz zu.

Da die Nachfrage nach Nahrungsmitteln langsamer wuchs als das Angebot, entstand beträchtlicher Druck auf die Preise für landwirtschaftliche Produkte.

Fazit: Produktivitätsfortschritte sind eine der wichtigen Ursachen für Einkommensprobleme in der Landwirtschaft sowie den dadurch bedingten Strukturwandel.

Preistrend bei Nahrungsmitteln könnte sich in Zukunft umkehren

Einige Agrarökonomen sind der Auffassung, dass sich der **Preisverfall** landwirtschaftlicher Produkte nicht auf Dauer fortsetzen kann.

Sicher ist, dass die Zahl der Menschen weltweit weiter stark zunehmen wird: Im Jahr 2025 werden schätzungsweise 8,5 Milliarden Menschen auf der Erde leben, heute sind es 6,5 Milliarden. Allein dadurch wird die Nachfrage nach Nahrungsmitteln deutlich zunehmen. Ob sich das Angebot weiterhin so stark steigern lassen wird, wie dies in der Vergangenheit der Fall war, ist fraglich. Zum einen lassen sich kaum noch Flächen in Kultur nehmen. Alle guten Böden sind bereits landwirtschaftlich genutzt. Wenn weitere natürliche Biotope (etwa tropische Regenwälder) in Acker- oder Grünland umgewandelt werden, könnte dies schwerwiegende Folgen für die Biodiversität und das Klima haben.

Zum anderen ist zweifelhaft, ob sich auf den vorhandenen Flächen die Erträge weiterhin so steigern lassen werden wie in der Vergangenheit. So wird weltweit die Ressource Wasser knapp – und die landwirtschaftliche Produktion benötigt viel Wasser.

Zunehmend spielen **nachwachsende Rohstoffe** mit vielfältigen Verwendungszwecken (Energie, zahlreiche Industrieanwendungen) eine Rolle.

> **Die Produktion nachwachsender Rohstoffe konkurriert mit der Nahrungsmittelproduktion**

Fasst man diese Argumentation zusammen, so ist durchaus denkbar, dass sich der Preistrend bei den Nahrungsmitteln umkehren könnte und landwirtschaftliche Produkte wieder teurer werden. Damit könnte sich der Agrarsektor von einem schrumpfenden zu einem wachsenden Sektor wandeln.

Fazit: Die Landwirtschaft ist ein Wirtschaftssektor, dessen Bedeutung manchmal unterschätzt wird. Es ist wahrscheinlich, dass dieser Sektor in den kommenden Jahren wieder stark an Bedeutung gewinnen wird.

1.2 Aufgabengebiet der Landwirtschaftlichen Betriebslehre

Die Landwirtschaftliche Betriebslehre ist Teil der Agrarökonomie. Die klassische Sichtweise unterscheidet in der **Agrarökonomie** die drei Teilbereiche

- **Agrarpolitik**,
- **Agrarmarktlehre**,
- **Landwirtschaftliche Betriebslehre**.

Wenn sich die einzelnen Zweige der Agrarökonomie auch mit unterschiedlichen Teilen des Agrar- und Ernährungssektors auseinandersetzen, so teilen sie doch die folgenden Grundüberzeugungen:

- Güter, Dienstleistungen und natürliche Ressourcen sind nicht in unendlicher Menge zu haben, sondern stehen nur begrenzt zur Verfügung. Anders ausgedrückt: Sie sind **knapp**. Daraus ergibt sich die Frage: Wie lassen sich knappe Güter optimal verteilen und nutzen?

> **Prämissen der Agrarökonomie**

- Wer durch die ökonomische Brille schaut, blickt auf den einzelnen Menschen mit seinen individuellen Wünschen und Bedürfnissen. Diese **Konzentration auf das Individuum** ist grundsätzlich sehr liberal und demokratisch. Allerdings wird die unterschiedliche Ausstattung der Individuen mit Ressourcen (wie Boden und Kapital) nur bedingt hinterfragt.
- Die Wünsche und Möglichkeiten der Individuen werden durch Handel auf den Wettbewerbsmärkten ausgeglichen. Anders ausgedrückt: Der **Markt** vermittelt zwischen den Bedürfnissen der Individuen. In diesem Sinn sind Märkte unersetzbar – allerdings funktionieren sie nicht immer.
- Wer Wirtschaft verstehen will, muss sich auch mit **Institutionen** beschäftigen. Dabei geht es um gesellschaftliche Institutionen im klassischen Sinn (wie Regierungen, Verbände etc.) und darüber hinaus um geschriebene und ungeschriebene Regeln wie beispielsweise Eigentumsrechte.

- Die **Information** der Beteiligten über die Märkte ist in der Regel unvollständig. Diese »Informationslücke« beeinflusst das Handeln der Individuen.
- Um die Realität besser verstehen zu können, brauchen Ökonomen **abstrakte Theorien und Modelle**. Abstraktion muss sein, denn »ein Modell, das versucht, die gesamte bunte Wirklichkeit einzufangen, ist so hilfreich wie eine Landkarte im Maßstab 1 : 1« (BRANDES et al. 1997:16). Mit Hilfe von Theorien und Modellen versuchen Ökonomen Zusammenhänge zu ergänzen und realitätsnahe Aussagen zu treffen – auch wenn sie im Detail nicht immer präzise sind.
- **Ökonomische Aussagen sollen empirisch nützlich sein.** Dieser hohe Anspruch wird nicht immer erfüllt, wie folgende Geschichte deutlich macht, die unter Ökonomen kursiert: Der Fahrer eines Heißluftballons hat die Orientierung verloren. Er lässt seinen Ballon bis fast zu Boden sinken und fragt einen Spaziergänger: »Wo bin ich?« »In einem Ballon 10 m über der Erde,« antwortet der Spaziergänger. »Sie müssen Ökonom sein!« ruft der Ballonfahrer zurück. »Stimmt. Woher wissen Sie das?« Darauf der Ballonfahrer: »Ihre Antwort ist zwar richtig, aber für mich komplett nutzlos!«

Auf der Grundlage dieser Grundüberzeugungen beschäftigen sich die Agrarökonomen mit den empirischen Gegebenheiten innerhalb des Agrarsektors.

Besonderheiten des Agrarsektors

So unterschiedlich die Agrarsektoren der einzelnen Länder auch sein mögen – eine Reihe von Besonderheiten findet sich in vielen Fällen wieder. Diese Besonderheiten grenzen den Agrarsektor von anderen Sektoren ab. Dazu gehören die folgenden Punkte:

- Nahrungsmittel sind **lebensnotwendig** und damit unverzichtbar.
- Die agrarische Produktion ist weitestgehend **an die Natur gebunden**.
- Die Landwirtschaft geht mit **Lebewesen** um.
- Die Produktion ist an **saisonale Erzeugungsrhythmen** gebunden und deshalb häufig nur langfristig zu beeinflussen.
- In der Landwirtschaft ist **Boden sowohl Standort als auch Produktionsmittel**; in anderen Sektoren ist er nur Standort.
- Die agrarische Produktion ist **räumlich gebunden**.
- In vielen Ländern **schrumpft** die Landwirtschaft im Verhältnis zur Gesamtwirtschaft; daraus ergeben sich Anpassungsprobleme.
- Agrarmärkte sind wegen der langen Produktionszeiträume und der relativ unbeweglichen Nachfrage sehr oft **instabil** (Stichwort: »Schweinezyklus«).
- Die Landwirtschaft nutzt natürliche Ressourcen. Das kann sich positiv auf die Allgemeinheit auswirken (Beispiel: Pflege von Kulturlandschaften) oder auch negativ (Beispiel: Belastung des Grundwassers); die Ökonomen nennen diese Auswirkungen **»externe Effekte«**; im Zusammenhang mit landwirtschaftlicher Produktion kommen externe Effekte besonders häufig vor.
- In der Landwirtschaft ist die Rate des **technischen Fortschritts** konstant hoch.
- In den meisten Ländern der Erde überwiegen im Agrarsektor die **Familienbetriebe** – auch in den modernen Volkswirtschaften.
- In vielen Ländern, insbesondere in den Industrieländern, wird die Agrarproduktion durch unterschiedliche **staatliche Eingriffe** geschützt und gefördert.

Die Landwirtschaftliche Betriebslehre als Teilgebiet der Agrarökonomie wendet sich mit ihren Konzepten, Methoden und Erkenntnissen an zwei unterschiedliche Gruppen:

- An praktische Landwirte,
- an alle Interessengruppen, die mit Landwirtschaft beruflich oder politisch zu tun haben.

Alle praktischen Landwirte soll die Landwirtschaftliche Betriebslehre dabei unterstützen, **»bessere« Entscheidungen** zu treffen. Was »bessere« Entscheidungen sind, damit werden wir uns noch sehr ausführlich in diesem Buch beschäftigen. Man beachte jedoch die vorsichtige Formulierung: Das Fachgebiet soll die Landwirte unterstützen. Keineswegs können die methodischen Ansätze und theoretischen Überlegungen aus diesem Buch sofort jedem Landwirt garantieren, bessere Entscheidungen zu treffen. In der Praxis sind die Entscheidungen weniger stark formalisiert, die Probleme, die gelöst werden müssen, sind komplexer, zudem spielt die Intuition eine stärkere Rolle. Trotzdem behaupten wir, dass die intensive Beschäftigung mit der ökonomischen Theorie zu besseren Entscheidungen in der Praxis führen kann.

> Landwirtschaftliche Betriebslehre unterstützt Entscheidungen

Wer zu den Interessengruppen rund um die Landwirtschaft gehört, will wissen, wie Landwirte entscheiden und was sie dabei beeinflusst. Beispiele für Interessengruppen sind Düngemittel-, Pflanzenschutz- und Mischfutterproduzenten, Agrarpolitiker, Naturschützer, Kommunalpolitiker, Lebensmittelgewerbe oder Verbraucher. Sie wollen verstehen, warum sich landwirtschaftliche Betriebe in der Vergangenheit in bestimmter Art und Weise entschieden und entwickelt haben oder dies in der Gegenwart tun. Und diese Gruppen wollen einschätzen, wie sich Landwirte in Zukunft entscheiden: Wie wird sich eine neue Schweinehaltungsverordnung auf das Investitionsverhalten der Schweinemäster auswirken? Was werden Milchviehhalter tun, wenn der Milchpreis von einem »historischen Tief« zum nächsten »taumelt«? Wie könnten die Ackerbauern in der EU auf eine Liberalisierung des Zuckermarktes reagieren?

Wenn von Betriebslehre die Rede ist, müssen wir klären, was unter einem Betrieb zu verstehen ist:

Ein **Betrieb** ist eine technische und organisatorische Produktionseinheit, in aller Regel an einem bestimmten Ort. Im Betrieb werden die Produktionsfaktoren kombiniert, und zwar durch planmäßiges Handeln des Betriebsleiters oder der Betriebsleiterin. Er/sie kombiniert die Produktionsfaktoren und produziert damit Güter. Mit anderen Worten: Er/sie stellt Waren und Dienstleistungen her und setzt sie an den Märkten ab.

> Betrieb bezeichnet eine technische und organisatorische Produktionseinheit

Der Begriff des Betriebes bezieht sich auf die technische Einheit. Dagegen steckt hinter dem Begriff des Unternehmens eine örtlich nicht gebundene wirtschaftliche, finanzielle und rechtliche Einheit. Im Klartext: Ein **Unternehmen** kann mehrere landwirtschaftliche Betriebe enthalten, diese Betriebe können in unterschiedlichen Ländern liegen und jeweils einen eigenen Betriebsleiter haben. Die rechtliche Einheit ist in diesem Beispiel das Unternehmen.

> Unternehmen bezeichnet eine wirtschaftliche, finanzielle und rechtliche Einheit

Das Unternehmen als übergeordnete Einheit und die Betriebe als untergeordnete technische Einheiten – dies ist die klassische Vorstellung, allerdings ist sie nicht zwingend. Hierzu ein Beispiel: Unter dem Einfluss agrarpolitischer Maßnahmen hat sich in den neuen Bundesländern teilweise eine Struktur entwickelt, bei der betriebliche Einheiten rechtlich in unterschiedliche Unternehmen aufgeteilt wurden. So war es beispielsweise nicht möglich, Prämien für die Mutterkuhhaltung zu bekommen, wenn im selben Unternehmen Milchvieh gehalten wurde. Die Lösung war in diesem Fall eine Aufteilung in zwei Unternehmen (etwa eine Agrargenossenschaft mit Milchproduktion und eine Mutterkuh-GmbH als Tochterunternehmen), die rechtlich zwar selbständig waren, technisch allerdings als eine Einheit bewirtschaftet wurden.

In landwirtschaftlichen **Familienbetrieben** sind in der Regel Unternehmensleitung und Betriebsleitung identisch. Dies trägt sicher zur Attraktivität des Berufes Landwirt bei. Der Begriff des landwirtschaftlichen Betriebs wird häufig unscharf gebraucht – auch im Titel dieses Buches. Tatsächlich befasst sich dieses Buch sowohl mit dem landwirtschaftlichen Betrieb als auch mit dem landwirtschaftlichen Unternehmen. Korrekterweise müsste der Titel lauten: Landwirtschaftliche Betriebs- und Unternehmenslehre.

1.3 Lieber »Allgemeine Betriebswirtschaftslehre« (BWL) studieren?

Könnte ich die mir zur Verfügung stehenden Ressourcen besser nutzen als derzeit? Könnte ich mit meiner Zeit etwas Nützlicheres anstellen als das, was ich gerade tue? Fragen wie diese sind angewandtes betriebswirtschaftliches Denken. Konsequenterweise ermuntern wir unsere Leser, sich selbst zu fragen: Könnte ich mit meiner Zeit nicht etwas Besseres anfangen als ausgerechnet Landwirtschaftliche Betriebslehre zu studieren?

Die Antwort auf diese Frage hängt sehr stark von den Zielen ab, die unsere Leser verfolgen. Eine formale (und uns kaum zufrieden stellende) Antwort wäre: »Es muss nun mal sein!«, denn das Studium der Agrarwissenschaften sieht im Studienplan eine Einführung in die Landwirtschaftliche Betriebslehre verbindlich vor. Tatsächlich hätten die »Studienplanmacher« auch überhaupt keine betriebswirtschaftliche Ausbildung einplanen können – oder aber eine in allgemeiner Betriebswirtschaftslehre (BWL), also weit über die Landwirtschaft hinausgehend. Was spricht dafür, sich mit Landwirtschaftlicher Betriebslehre näher zu befassen?

Die Agrarwissenschaften sind interdisziplinär ausgerichtet

Der Verzicht auf jegliches ökonomisches Grundwissen würde in ein rein naturwissenschaftlich-technisches Studium führen. Die Agrarwissenschaften zeichnen sich jedoch gerade dadurch aus, dass sie **interdisziplinär** ausgerichtet sind: Die einzelnen Fachwissenschaften sind unter dem Dach der Agrarwissenschaft miteinander verbunden. Dabei greifen sie jeweils auf ihre Spezialwissenschaften zurück, in unserem Fall auf die Wirtschaftswissenschaften. Die Kernidee dabei: Jeder Agrarwissenschaftler soll die Grundlagen betriebswirtschaftlichen Denkens kennen lernen. Er soll sich interdisziplinär mit Problemen auseinander setzen können, selbst wenn er sich später innerhalb der Agrarwissenschaften auf eine Naturwissenschaft (z. B. Pflanzenzüchtung) spezialisiert.

Eine grundsätzlich anwendungsorientierte Wissenschaft wie die Betriebswirtschaft benötigt Beispiele. Beim Studium der Agrarwissenschaften ist es nahe liegend, diese Beispiele aus dem Bereich der landwirtschaftlichen Betriebe zu nehmen. Dadurch lassen sich außerdem Bezüge zu den anderen Studienfächern herstellen.

Wichtige Prinzipien betriebswirtschaftlichen Denkens sind in der Landwirtschaftlichen Betriebslehre und in der BWL identisch. Daher verstehen die allgemeinen Betriebswirte die Landwirtschaftliche Betriebslehre häufig als eine **spezielle Betriebslehre**, etwa wie die Bankbetriebslehre. Wir ziehen es vor, die Landwirtschaftliche Betriebslehre als Teil der Agrarwissenschaften und nicht als Teil der Wirtschaftswissenschaften zu betrachten, möchten aber die engen Bezüge zur BWL betonen. Wer den ökonomischen Bereich vertiefen will, dem empfehlen wir, sich im Anschluss an das Studium der Landwirtschaftlichen Betriebslehre mit BWL zu beschäftigen. Dort wird er feststellen, dass diese häufig auf große Unternehmen mit Lohnarbeitsverfassung ausgerichtet ist; die Besonderheiten von Familienbetrieben werden kaum behandelt. Er wird aber auch feststellen, dass es ihm auf der Basis eines guten Verständnisses der Landwirtschaftlichen Betriebslehre verhältnismäßig leicht fällt, betriebswirtschaftliche Zusammenhänge in außerlandwirtschaftlichen Unternehmen zu verstehen.

Landwirtschaftliche Betriebslehre ist ein Teil der Agrarwissenschaften

Wir halten fest: Die Landwirtschaftliche Betriebslehre ist ein Zweig der Agrarökonomie und gehört damit zu den Agrarwissenschaften. Sie unterscheidet sich von der allgemeinen BWL durch

- ihre konsequente Fokussierung auf den Wirtschaftszweig Landwirtschaft (siehe auch Kapitel 1.2),
- eine stärkere interdisziplinäre Ausrichtung,
- eine Sichtweise, die nicht nur die betriebliche Perspektive auslotet, sondern auch die Außensicht (»Wie werden die landwirtschaftlichen Betriebe reagieren, wenn sich Preise oder Gesetze ändern?«); diese Außensicht ist in der allgemeinen Betriebswirtschaftslehre kaum vorhanden.

1.4 Wegweiser durch dieses Buch

Dieses Buch ist so aufgebaut und geschrieben, dass Leserinnen und Leser nach der (intensiven!) Lektüre die wichtigsten **Theorien, Konzepte und Methoden** der Landwirtschaftlichen Betriebslehre kennen gelernt haben und verstehen können.

Damit nicht genug: Unsere Leser sollen außerdem beurteilen können, wie brauchbar diese Gedankenmodelle für die verschiedenen **Anwendungszwecke** sind. Wer das Buch gründlich liest und die Wiederholungsfragen am Ende der einzelnen Kapitel beantwortet, wird diese »Minimalziele« erreichen.

Ziele des Buches

Aber natürlich sind wir ehrgeiziger: Wir wollen unsere Leserinnen und Leser zu **eigenständigem Denken animieren**. Sie sollen sich die Konzepte so gut zu eigen machen, dass sie diese auf neue Situationen und Probleme anwenden können. Damit das gelingt, heißt es lesen, nachdenken, verstehen – und praktisch üben.

Dafür haben wir unter **www.uni-hohenheim.de/i410a/grundwissen** eine Internetseite eingerichtet, auf der zahlreiche Übungsaufgaben und ihre Lösungen bereitgestellt werden. Dort finden unsere Leser vor allem Aufgaben, die den entscheidungsorientierten Ansatz der landwirtschaftlichen Betriebslehre vertiefen. Wer die Aufgaben »durchackert«, lernt wichtige ökonomische Werkzeuge kennen und anzuwenden. Auf geht's – die Mühe lohnt sich!

Der Titel des Buches »Landwirtschaftliche Betriebslehre – Grundwissen Bachelor« verspricht gesicherte Grundlagen des Faches zu vermitteln, die allgemein anerkannt sind. Dieses Versprechen wollen wir halten. Andererseits heißt Wissenschaft, sich kritisch mit den eigenen Theorien und Konzepten auseinander zu setzen. Wissenschaft muss selbstkritisch sein – und dies versuchen wir in diesem Buch umzusetzen. Es geht sowohl darum, den derzeitigen Stand der Landwirtschaftlichen Betriebslehre darzustellen, als auch ihn kritisch zu bewerten und einzuordnen.

Nach der Einleitung werden in Kapitel 2 die Prinzipien dargestellt, die **Entscheidungen und Planungen** zu Grunde liegen. Dabei beginnen wir mit einer ganz einfachen gedachten Welt, die schrittweise realitätsnäher und damit komplizierter abgebildet wird. Kapitel 3 beschäftigt sich mit den Voraussetzungen dafür, planen und entscheiden zu können. Dazu gehören **Ressourcen, Informationen und Institutionen.** Unternehmen benötigen Produktionsmittel (Ressourcen), um Produkte herzustellen. Sie handeln innerhalb eines politischen und rechtlichen (institutionellen) Rahmens. Für die Steuerung brauchen Unternehmen verlässliche Zahlen (Informationen), zum Beispiel aus dem unternehmenseigenen Controlling.

Nachdem die Prinzipien des Entscheidens und Planens mit ihren Voraussetzungen bekannt sind, geht es in Kapitel 4 um **Planungswerkzeuge.** Hier stellen wir eine Auswahl unterschiedlicher Werkzeuge vor, die das klassische Handwerkzeug Landwirtschaftlicher Betriebswirte bilden. Wer tiefer in die Landwirtschaftliche Betriebslehre einsteigen will, muss diese Werkzeuge aktiv beherrschen. Dafür sind die Übungsaufgaben unter der oben genannten Homepage gedacht.

Die quantitativ orientierten Planungswerkzeuge sind für **langfristige strategische Entscheidungen** allein nicht hinreichend. Mit solchen strategischen Entscheidungen befasst sich das Kapitel 5. Hier stellen wir »weiche« integrierende Methoden vor, die auch qualitatives Wissen berücksichtigen, wie beispielsweise die SWOT-Analyse und die Szenariotechnik.

Fragen zur Wiederholung

▶ Aus welchen Gründen könnte die Bedeutung des Agrarsektors wieder zunehmen?
▶ Welche Grundüberzeugungen kennzeichnen die Agrarökonomie?
▶ Nennen Sie Besonderheiten, die den Agrarsektor von anderen Sektoren unterscheiden.
▶ Was ist der Unterschied zwischen einem Betrieb und einem Unternehmen?
▶ Wodurch unterscheidet sich die Landwirtschaftliche Betriebslehre von der allgemeinen Betriebswirtschaftslehre (BWL)?

2 Entscheiden und Planen: Prinzipien

Entscheidungen treffen und Pläne machen: Tun wir das nicht (beinahe) jeden Tag?

Warum sollten wir uns als Studierende mit etwas beschäftigen, was offensichtlich die meisten Menschen im Alltag hinreichend beherrschen? Reichen nicht unsere intuitive Entscheidungskompetenz und unsere Fähigkeit, Pläne zu schmieden, um zu guten Entscheidungen zu kommen?

Wir sind fest davon überzeugt, dass es sich lohnt, sich mit der **Theorie des Entscheidens** zu beschäftigen. Unser Argument lautet: Die Kombination aus »sauberer« Entscheidungslogik und intuitiver Entscheidungskompetenz ist der reinen Intuition überlegen. Zudem schult die Beschäftigung mit formaler Entscheidungslogik die Fähigkeit, intuitiv schnelle Entscheidungen zu treffen.

In diesem Kapitel geht es um die **Grundprinzipien des Entscheidens**, und nicht um die konkrete Anwendung.

Dabei stellen wir zuerst im Abschnitt »Grundbausteine« einige Annahmen dar, die helfen, die Realität so stark zu vereinfachen, dass sie einer abstrakten, eindeutigen Analyse von Entscheidungssituationen zugänglich wird. Dieser vereinfachende Ansatz ökonomischen Denkens wird häufig kritisiert – vor allem von Nichtökonomen. Wir stellen ihn im Kapitel »Neoklassische Produktionstheorie« für eine gedachte Welt dar, in der die Technologie (das Verhältnis zwischen Input und Output) bestimmten Annahmen unterworfen ist. Im Kapitel zur linearen Technologie werden andere Annahmen und deren Konsequenzen dargestellt. Hinter der Vereinfachung steht die Überzeugung: Wer einfache Zusammenhänge klar nachvollziehen kann, tut sich leichter mit komplexen Modellen und Theorien.

»Ökonomen interessieren sich nur für Geld«. Diese Aussage ist falsch und richtig zugleich. Die einfachste und am häufigsten verwendete Annahme über das Verhalten von Unternehmen ist die **Gewinnmaximierung**. Man geht dabei davon aus, dass die Unternehmer den höchstmöglichen Gewinn erzielen wollen und keine weiteren Ziele verfolgen. Warum diese Annahme so häufig verwendet wird und wo ihre Grenzen liegen, wird im Kapitel 2.4 diskutiert.

Wer gute Entscheidungen treffen will, braucht genügend belastbare **Informationen**. Leider fehlen solche Informationen häufig. Was dies für die einfache Theorie bedeutet, diskutieren wir im Kapitel 2.5.

Innerhalb der letzten Jahre ist den Ökonomen zunehmend klar geworden, dass die Informationen, die man für Entscheidungen benötigt, häufig

Grundprinzipien des Entscheidens

Gewinnmaximierung

Informationen

Transaktionskosten

unscharf sind, dass **das Suchen von Informationen mit Aufwand und Kosten (Transaktionskosten) verbunden** ist, dass Verträge z. T. unter hohem Aufwand geschlossen werden müssen und dass die Überwachung von Arbeitskräften ein ganz wesentlicher Faktor im betrieblichen Geschehen sein kann.

Kurzum: Die im vereinfachten Modell betrieblicher Entscheidungen angenommenen Verhältnisse, bei denen all diese Faktoren keine Rolle spielen, unterschätzen ganz erheblich den »Sand im Getriebe« des wirtschaftlichen Geschehens. Wie man die damit verbundenen Kosten besser verstehen kann, zeigt Kapitel 2.6. Der letzte Abschnitt des Kapitels geht schließlich darauf ein, wie wir das einfache Grundmodell, das wir in den einzelnen Abschnitten schrittweise »ausgebaut« haben, für die praktische Planung nutzbar machen können.

Insgesamt beginnt das Kapitel also abstrakt und damit auf den ersten Blick realitätsfern. Schrittweise bewegen wir uns dann näher auf die Realität zu. Der Preis für die größere Realitätsnähe: Die Zusammenhänge werden komplizierter und die Ergebnisse sind oft nicht mehr eindeutig.

2.1 Grundbausteine

Planen ist gestaltendes Denken für die Zukunft

Planen ist gestaltendes Denken für die Zukunft. Es ist der Versuch, sich ein vereinfachtes Bild von der Realität und den Konsequenzen unterschiedlicher Handlungsweisen zu verschaffen, um auf dieser Grundlage eine Entscheidung zu treffen. Zum Planen und Entscheiden gehören drei Elemente:

• **Ziele**
• **Handlungsalternativen**
• **Ressourcen**

Es gibt Fälle, in denen Handlungen erfolgen, denen jedoch keine Entscheidung in unserem Sinne zu Grunde liegt. Wenn sich etwa herausstellt, dass ein Betrieb komplett überschuldet ist und Insolvenz anmelden muss, so gibt es zu dieser rechtlich vorgeschriebenen Vorgehensweise keine Handlungsalternative – solange man sich an die Gesetze hält. Von solchen Extremfällen abgesehen, gibt es in der Realität fast immer Handlungsalternativen. Damit stellt sich die Frage: Welche Handlung ist die beste?

Die drei Elemente einer Entscheidung (Ziele, Handlungsalternativen, Ressourcen) lassen sich an einem Beispiel gut erklären. Wer sein Studium plant, sieht sich einer Reihe von Handlungsalternativen gegenüber: Gehe ich zur Vorlesung oder nicht? Lerne ich schon während des Semesters oder büffle ich lieber direkt vor den Prüfungen? Nehme ich ein bestimmtes Wahlfach, weil der Professor gute Noten gibt? Oder wähle ich lieber ein anderes, von dem ich mir Pluspunkte auf dem Arbeitsmarkt erwarte?

Jeder Studierende kennt diese und weitere Alternativen. Welche Handlungsalternativen nun von den einzelnen Studierenden gewählt werden, hängt von den Zielen und verfügbaren Ressourcen ab. Die eine will ihr Studium so ausrichten, dass es einer umfassenden Persönlichkeitsbildung dient. Der andere will einen möglichst guten Notendurchschnitt im Abschlusszeugnis erreichen. Wieder andere wollen das studentische Leben genießen und das Studium nur irgendwie abschließen.

Die Wahl der Handlungsmöglichkeiten hängt von den Zielen und von verfügbaren Ressourcen ab, und das sind insbesondere Zeit und Geld. Wer auf Grund seiner familiären Situation wenig Zeit und Geld hat, wird vermutlich anders studieren als jemand, der auf Grund einer Erbschaft finanziell unabhängig ist.

Das Beispiel der Gestaltung des Studiums zeigt die Merkmale eines **schlecht strukturierten Entscheidungsproblems**: Die zur Lösung des Problems erforderlichen Informationen sind in der Regel vor Beginn des Studiums nicht bekannt. Das Problem lässt sich zudem nicht in einem quantitativen Modell abbilden. Bei **gut strukturierten Entscheidungsproblemen** hingegen sind alle zur Lösung erforderlichen Informationen bereits bei der Problemstellung bekannt, das Problem lässt sich in einem quantitativen Modell abbilden und ein geeigneter Lösungsalgorithmus ist bekannt.

> **Schlecht strukturierte Entscheidungsprobleme**

> **Gut strukturierte Entscheidungsprobleme**

Uns kommt es in einem ersten Schritt darauf an, dass die Leser/innen gut strukturierte Entscheidungsprobleme kennen, verstehen und lösen lernen.

Entscheidungen lassen sich als **bewusste (rationale) Auswahl einer Handlungsalternative** aus mehreren vorhandenen Handlungsalternativen bezeichnen.

> **Entscheidungen bestehen in der bewussten Wahl einer Handlungsalternative**

In der Ökonomik unterstellen wir, dass wirtschaftliches Handeln nach dem **Rationalprinzip** erfolgt: Mit gegebener Ausstattung an Ressourcen soll passend zur Zielsetzung das bestmögliche Ergebnis erreicht werden. Oder auch: Ein gegebenes Ziel soll mit möglichst geringem Einsatz an Ressourcen erreicht werden. Um bei unserem Studierenden zu bleiben: Hat er z. B. ein begrenztes Budget und hält die kurze Studiendauer für besonders wichtig, dann wird er versuchen, durch möglichst intensiven Besuch der Vorlesungen und intensives Lernen das Studium in möglichst kurzer Zeit zu absolvieren. Hat er dagegen ein unbegrenztes Budget, dann wird er vielleicht weniger Vorlesungen besuchen und sich stattdessen das notwendige Wissen durch intensiven Einzelunterricht oder Crash-Kurse aneignen, um mit möglichst wenig Zeitaufwand für das Lernen sein Studium abzuschließen.

Manche Praktiker glauben: »Die Tatsachen sprechen für sich« und begründen damit ihre Abneigung gegenüber **Theorien**.

Dies ist jedoch ein Irrtum. Um im Bild zu bleiben: Eine Ansammlung von Tatsachen ist oft genug ein chaotisches Informationswirrwarr, dessen Sinn im Dunkeln bleibt. Betrachtet man hingegen diese Tatsachen im Lichte einer Theorie, so klärt sich häufig das Bild und Zusammenhänge werden deutlich. Daher teilen viele Ökonomen die sprichwörtlich gewordene Überzeugung: Nichts ist praktischer als eine gute Theorie.

> **Nichts ist praktischer als eine gute Theorie**

Die ökonomische Theorie dient jedoch nicht nur rückwärts gewandt der Erklärung und Analyse von beobachteten Entscheidungen und Handlungen von Wirtschaftssubjekten. Selbstverständlich kann sie die Grundlage für Planungen und Entscheidungen sein. Vor allem um letzteres geht es in diesem Kapitel.

> **Theorien vereinfachen die Realität**

Theorien vereinfachen die Realität. Sie abstrahieren und wollen Zusammenhänge auf Grund allgemeiner Gesetze erklären. Sie nehmen gedankliche Vereinfachungen vor, um dadurch zu überschaubaren und nachvollziehbaren Darstellungen von Zusammenhängen zu gelangen. Theorien sollen ein in sich widerspruchsfreies System von Aussagen über die jeweils relevanten Aspekte der realen Welt erstellen.

Theorien sollen möglichst einfach sein, damit man sie gut verstehen kann. Man muss also jene Erscheinungen in den Mittelpunkt der Betrachtung stellen, die für den jeweiligen Zweck von besonderer Bedeutung sind, weniger wichtige Erscheinungen können dagegen vernachlässigt werden. Der Vorwurf, eine Theorie würde die Realität vereinfachen, geht also grundsätzlich fehl. Es kann allerdings vorkommen, dass eine Theorie unzulässig vereinfacht, in dem sie wichtige Einflussfaktoren nicht berücksichtigt.

Theorien lassen sich falsifizieren, nicht aber verifizieren

Eine Theorie hat immer einen vorläufigen Charakter: Sie gilt so lange, bis gezeigt werden kann, dass sie falsch ist (falsifizieren). Dagegen ist es logisch kaum möglich zu beweisen, dass eine Theorie immer stimmt (verifizieren). Dieser vorläufige Charakter von Theorien führt viele Wissenschaftler zu einer gewissen Vorsicht bei ihren Aussagen. Dennoch halten wir Theorien für nützliche Werkzeuge, um Realität zu verstehen.

Modelle sind vereinfachte Abbildungen der Realität

Der kleine Bruder der Theorie ist das **Modell**. Während die Theorie umfassende Aussagen über ein weites Gebiet anstrebt (etwa die Produktionstheorie über die Produktion von Gütern überhaupt), konkretisieren Modelle die Theorie für bestimmte, stärker abgegrenzte Fälle. Man kann dabei zwei Typen von Modellen unterscheiden: Der eine Typ ist das **konzeptionell-didaktische Modell**. Solche Modelle werden uns durch das Buch begleiten. Dieser Modelltyp dient dazu, die grundsätzlichen Zusammenhänge beispielhaft klar zu machen. Der andere Einsatzzweck von Modellen sind **empirische Modelle**, mit denen man versucht, empirisch gehaltvolle Aussagen über eine bestimmte Situation zu treffen und diese zu erklären, oder aber eine Entscheidungshilfe für die Zukunft abzuleiten.

Ceteris-Paribus-Prinzip: Nur ein Einflussfaktor wird variiert, alle übrigen Faktoren werden konstant gehalten

Ein unverzichtbares Charakteristikum ökonomischer Modelle ist das **Ceteris-Paribus-Prinzip.**

Dahinter steckt folgende Vereinfachung: Es wird gedanklich nur ein Einflussfaktor variiert, während alle übrigen Faktoren konstant gehalten werden. Ein Beispiel hierfür ist die Analyse des Einflusses der Stickstoff-Düngung auf den Weizenertrag. Dabei wird lediglich die Einsatzmenge von Stickstoff variiert und der Weizenertrag gemessen, während alle anderen Faktoren (wie z. B. Bodenqualität, Temperatur, Niederschlag, Bearbeitungsverfahren, Fruchtfolgestellung etc.) vernachlässigt oder konstant gehalten werden.

Der homo oeconomicus handelt nach dem Rationalprinzip

Die neoklassische Sichtweise geht hinsichtlich der menschlichen Verhaltensweisen vom Menschenbild des »homo oeconomicus« aus. Der **homo oeconomicus** kann als rationaler Eigennutzmaximierer bezeichnet werden, der stabile Präferenzen besitzt und seinen Verstand einsetzt, um seine Ziele weitestgehend zu erreichen. Dabei wird davon ausgegangen, dass die Bedürfnisse des Menschen unbeschränkt und die zur Bedürfnisbefriedigung einsetzbaren Ressourcen knapp sind (Nicht-Sättigungs-Prinzip). Aus diesen Annahmen folgen die **Nutzenmaximierung des Haushalts** und die **Gewinnmaximierung des Unternehmens**. Das Ziel der Gewinnmaximierung gilt jedoch nur dann uneingeschränkt, wenn das Unternehmen alle Produktionsfaktoren auf Märkten zukauft, wie es beispielsweise in Unternehmen mit Lohnarbeitsverfassung der Fall ist. Werden dagegen, wie in den meisten landwirtschaftlichen Unternehmen in Deutschland, einige Produktionsfaktoren (vor allem Arbeit), vom Betriebsleiter und seiner Familie unentgeltlich bereitgestellt, dann greift das Ziel der Gewinnmaximierung in der Regel zu kurz. Vielmehr muss neben dem Gewinn bzw. dem Gesamteinkommen auch die Freizeit als Nutzen stiftendes Element und wichtige Zielgröße im Sinne der Nutzenmaximierung einbezogen werden.

Mit Hilfe des **Grenzwertprinzips (Marginalprinzip)** werden vor allem die Auswirkungen kleinerer Änderungen der Organisation von Unternehmen auf den Gewinn oder den Gesamtnutzen untersucht.

Das Grenzwertprinzip besagt, dass gedanklich eine den Nutzen (Gewinn) steigernde Änderung der Organisation von Unternehmen so lange durchzuführen ist, wie die Kosten, die dadurch zusätzlich entstehen, gerade noch durch den zusätzlichen Nutzen gedeckt werden. Sind die Änderungen nur in ganzzahliger Form durchführbar, dann gilt: Die Änderung ist solange durchzuführen, bis der Punkt erreicht ist, bei dem eine weitere Änderung im nächsten Schritt dazu führen würde, dass die zusätzlichen Kosten den Nutzenzuwachs übersteigen. Dieses Grenzwert- oder Marginalprinzip kann gleichermaßen auf die Bestimmung des optimalen Konsumbündels, der optimalen Faktoreinsatzmenge und -struktur sowie der optimalen Produktionsstruktur von Unternehmen angewandt werden.

Das Marginalprinzip beschreibt eine Lösungsmethode und die Optimumbedingungen

Die Bedeutung des Marginalprinzips für das ökonomische Denken kann kaum überschätzt werden.

J. H. von Thünen

Wahrscheinlich der erste Agrarökonom, der dieses Prinzip formulierte, war Johann Heinrich von Thünen, der in seinem 1850 veröffentlichten Buch feststellte: »Fragen wir nun, wo ist die Grenze, bis zu welcher die Sorgfalt der Arbeit [. . .] betrieben werden darf, so lautet die Antwort: [. . .] Die Sorgfalt der Arbeit, z. B. beim Auflesen der Kartoffeln, darf nicht weiter gehen, als bis die zuletzt darauf gewandte Arbeit noch durch das Plus des Ertrags vergütet wird.« (THÜNEN, 1842 und 1850:11).

Während das Marginalprinzip in vielen Lehrbüchern umfangreich behandelt wird, findet das **Kostendeckungsprinzip** weit weniger Beachtung.

Kostendeckungsprinzip

Trotzdem ist es von großer Bedeutung. Beim Kostendeckungsprinzip stehen größere Änderungen im Vordergrund. Es geht um die Frage, ob bei der Durchführung der Änderung (z. B. Neuaufnahme eines Produktionszweiges mit entsprechenden Investitionen) die Kosten überhaupt gedeckt sind. Mit anderen Worten: Mit Hilfe des Grenzwertprinzips wird z. B. ermittelt, dass eine Zuckerrübenanbaufläche von 20 ha einen höheren Gewinn erbringt als eine Fläche von 18 ha oder 22 ha. Es wird aber nicht untersucht, ob der Anbau von Zuckerrüben überhaupt wirtschaftlich ist.

Folgende Überlegung zeigt, dass die **Ergänzung des Grenzwertprinzips** durch das Kostendeckungsprinzip notwendig ist.

Indem wir dem Grenzwertprinzip folgend nur marginale Änderungen der Zuckerrübenfläche untersuchen, werden die Kosten für die Produktionsmittel, die erst dann eingespart werden können, wenn überhaupt keine Zuckerrüben angebaut werden (z. B. Kapitalkosten des Roders), nicht berücksichtigt. Die Höhe dieser Kosten ist im Rahmen der Leistungskapazität des Roders unabhängig davon, ob 18, 20 oder 22 ha Zuckerrüben angebaut werden. Diese Kosten lassen sich allerdings dann ganz einsparen, wenn der Rübenroder bei Aufgabe des Zuckerrübenanbaus verkauft werden kann und sie damit freigesetzt werden können. Das bedeutet, dass bei jedem Betriebszweig, in dem unteilbare Produktionsfaktoren (also Maschinen, Gebäude, Arbeitskräfte) eingesetzt werden, neben der Frage

Das Kostendeckungsprinzip ergänzt das Grenzwertprinzip

seines optimalen Umfangs die Frage zu beantworten ist, welche Kosten einsparbar sind (und wie hoch der Gewinn dann ist), wenn der Betriebszweig überhaupt nicht oder nicht mehr realisiert wird. Wie verändert sich mein Gewinn, wenn ich den Rübenanbau aufgebe? Nur durch die Beantwortung dieser Frage kann die optimale Betriebsorganisation endgültig entschieden werden.

Es ist also durch den Vergleich mehrerer laut Grenzwertprinzip optimaler Betriebsorganisationen oder Produktionsumfänge zu prüfen, ob es sich bei der ermittelten Betriebsorganisation und dem daraus resultierenden Gewinn um ein **lokales (relatives) oder um ein globales (absolutes) Optimum** handelt.

Ebenso wichtig wie das Marginalprinzip ist das Prinzip der **Nutzungskosten** (auch Opportunitätskosten genannt). Den Begriff der Nutzungskosten kann man nur verstehen, wenn klar ist, dass Kosten etwas völlig anderes sind als Ausgaben. Kosten können auch durch Handlungen entstehen, bei denen unmittelbar überhaupt keine Ausgaben anfallen. Was Nutzungskosten sind, kann man sich an folgendem Beispiel klar machen: Nehmen wir an, ein Landwirt entschiede sich an einem Tag, der ideal zur Ernte seines reifen Getreides wäre, den Hof zu kehren. Bei dieser Arbeit treten keinerlei Ausgaben auf, allerdings ist sie mit beträchtlichen Kosten verbunden: Auf Grund der späteren Ernte und der feuchten Witterung im Beispieljahr ist die Qualität des Getreides schlechter, zudem fallen Trocknungskosten an. Folge: Der Erlös aus dem Getreide ist geringer als er gewesen wäre, wenn der Landwirt am »idealen« Tag gedroschen hätte. Die Nutzungskosten des Hofkehrens lassen sich also durch den verringerten Erlös des Getreides beziffern.

Wichtig ist für das Verständnis des Beispiels, dass der **Produktionsfaktor Arbeit knapp** ist, der Landwirt also nicht gleichzeitig den Hof kehren und das Getreide ernten kann. Nur dadurch entstehen Kosten, die man als entgangenen Nutzen verstehen kann. Mit anderen Worten: Die Kosten, die mit der Durchführung einer Alternative A verbunden sind, sind gleichbedeutend mit dem Nutzen- oder Gewinnentgang, der dadurch entsteht, dass eine oder mehrere andere Nutzen stiftende oder gewinnbringende Alternativen nicht mehr durchgeführt werden können.

Da gleichzeitig – dem Bild des homo oeconomicus folgend – bei Entscheidungen rationales Verhalten unterstellt wird, können Kosten folgendermaßen allgemein definiert werden: **Kosten sind entgangener Nutzen.**

Nutzungskosten sind dann von besonderer Bedeutung, wenn bestimmte Produktionsfaktoren als knapp angesehen werden können. Das gilt im landwirtschaftlichen Betrieb im Allgemeinen für den Boden, der zumindest kurz- und mittelfristig nicht vermehrbar ist. Ist die Ackerfläche voll genutzt, kann eine Fruchtart nur dann ausgedehnt werden, wenn eine oder mehrere andere Fruchtarten eingeschränkt werden. Darüber hinaus treten Nutzungskosten im landwirtschaftlichen Familienbetrieb dann auf, wenn z. B. die Ausdehnung der Produktion mit der gleichzeitigen Einschränkung von Freizeit für die Familienarbeitskräfte verbunden ist.

Wichtige Grundbausteine ökonomischen Denkens haben wir in diesem Unterkapitel kennen gelernt. Sie werden uns durch das gesamte Buch begleiten:

• Zum Planen und Entscheiden gehören die **drei Elemente** Ziele, Handlungsalternativen und beschränkt vorhandene Ressourcen.

- Wirtschaftliches Handeln erfolgt nach dem **Rationalprinzip**: wenn eine bestimmte Ausstattung mit Ressourcen gegeben ist, sollen diese so eingesetzt werden, dass im Hinblick auf ein Ziel das bestmögliche Ergebnis erreicht wird.
- **Theorien** sind unverzichtbar zum Verständnis der Realität und daher auch von praktischem Wert. Doch Theorien sind auch unvollständig und vorläufig, so dass sie stets mit einer gewissen Vorsicht zu genießen sind.
- **Modelle** spezifizieren kleine Ausschnitte aus Theorien entweder für didaktisch konzeptionelle Zwecke, oder mit dem Ziel, die Realität zu erklären und vorherzusagen. Für die Arbeit mit Modellen ist das Ceteris-Paribus-Prinzip von großer Bedeutung. Um die Zusammenhänge zu verstehen, wird nur ein Einflussfaktor variiert, während alle anderen Einflussfaktoren im Modell gleich bleiben. Dies stimmt zwar häufig mit der Realität nicht unmittelbar überein, schult aber das Systemverständnis des Modellanwenders.
- Die ökonomische Theorie verwendet ein recht **eingeschränktes Menschenbild**, bei dem der Mensch als Konsument seinen Nutzen maximiert. Bei Unternehmen wird häufig von Gewinnmaximierung ausgegangen. Diese holzschnittartige Annahme ist bewusst unvollständig; mit den eigentlichen Präferenzen, also dem, was den Nutzen tatsächlich ausmacht, beschäftigt sie sich nicht.
- Das **Grenzwertprinzip** besagt, dass der Umfang einer Aktivität so lange auszudehnen ist, bis die damit verbundenen zusätzlich entstehenden Kosten durch den damit verbundenen zusätzlich entstehenden Nutzen gedeckt werden. Es wird **ergänzt durch das Kostendeckungsprinzip**, das sicherstellen soll, dass diese Handlung auch insgesamt sinnvoll ist und man nicht etwa nur über ein lokales Optimum diskutiert.
- **Opportunitätskosten** sind ein wichtiges Prinzip im Bereich der Planung und Entscheidung. Was wäre die nächst beste alternative Handlung gewesen? Wie hätte ich die Ressource, die ich für einen bestimmten Zweck einsetze, anderweitig am nächst besten verwerten können? Diese Fragen begleiten ökonomisches Denken und führen zu dem Schluss, dass die Kosten einer Handlung so hoch sind, wie der entgangene Nutzen der besten alternativen Handlung. Vereinfacht ausgedrückt: **Kosten sind entgangener Nutzen**.

Fragen zur Wiederholung

- ▶ Welche drei Elemente gehören zum Planen und Entscheiden?
- ▶ Was verstehen wir unter dem Rationalprinzip?
- ▶ Wie unterscheiden sich Theorie und Modell?
- ▶ Erläutern Sie das Ceteris-Paribus-Prinzip.
- ▶ Was verstehen Ökonomen unter dem »homo oeconomicus« und welche Bedeutung kommt ihm bei neoklassischer Sichtweise zu?
- ▶ Was besagt das Grenzwert- bzw. Marginalprinzip? Wie wird es durch das Kostendeckungsprinzip ergänzt?
- ▶ Erläutern Sie das Prinzip der Nutzungs- bzw. Opportunitätskosten.

Weiterführende Literatur

Leserinnen und Lesern, die sich umfassender mit Planung und Entscheidung befassen möchten, können folgende Bücher empfohlen werden:
BRANDES, W., RECKE, G. und BERGER, T. (1997): Produktions- und Umweltökonomik, Band 1, Verlag Eugen Ulmer Stuttgart.

Weniger auf den Bereich der Landwirtschaft konzentriert, aber empfehlens- und lesenswert:
BEA, F. X., DICHTL, E. und SCHWEITZER, M. (2005): Allgemeine Betriebswirtschaftslehre, Band 2: Führung, Lucius & Lucius, Stuttgart.

Eine interessante Lektüre mit gut dargestellten und verständlichen Beispielen, allerdings schon etwas antiquiert, sind die beiden Bände:
BRANDES, W. und WOERMANN, E. (1969): Landwirtschaftliche Betriebslehre, Band 1 Allgemeiner Teil, Theorie und Planung des landwirtschaftlichen Betriebes, Paul Parey Verlag, Hamburg und Berlin,
sowie
BRANDES, W. und WOERMANN, E. (1971): Landwirtschaftliche Betriebslehre, Band 2 Spezieller Teil, Organisation und Führung landwirtschaftlicher Betriebe, Paul Parey Verlag, Hamburg und Berlin.

2.2 Neoklassische Produktionstheorie

Die **Produktionstheorie** konzentriert sich auf einen bestimmten Aspekt landwirtschaftlicher Unternehmen:

Die Produktionstheorie beschreibt den Zusammenhang zwischen Faktoreinsatz und Ertrag

In ihrer Sichtweise sind landwirtschaftliche Unternehmen Systeme, die Produktionsmittel (= Inputs oder Produktionsfaktoren) sinnvoll miteinander kombinieren, um daraus Produkte (= Outputs) herzustellen. Dabei gibt es große Unterschiede zwischen den landwirtschaftlichen Unternehmen: Es gibt solche, die nur ein Produkt herstellen (wie etwa Weinbaubetriebe), andere hingegen produzieren als Gemischtbetriebe eine Vielzahl von Produkten. Mit den Eigenschaften der Produktionsmittel werden wir uns in Kapitel 3.1 noch ausführlicher beschäftigen.

Die zentrale Frage der Produktionstheorie ist die nach der **optimalen Organisation** des landwirtschaftlichen Betriebes. Gesucht sind also die Gesetzmäßigkeiten, nach denen die Produktionsmittel einzusetzen und zu kombinieren sind, um die optimale Organisation zu erreichen. Mit anderen Worten: In welchem Umfang und in welcher Kombination sind die Produktionsmittel Saatgut, Dünger, Pflanzenschutzmittel, Futtermittel, Fläche, Arbeit etc. einzusetzen und welche Produkte sollen erzeugt werden, damit der Gewinn maximiert werden kann?

Die neoklassische Produktionstheorie vereinfacht die Wirklichkeit. Dies spiegelt sich in den nachfolgenden Prämissen wider:

Prämissen der neoklassischen Produktionstheorie

• Das Unternehmen kauft Produktionsmittel zu und transformiert diese in Produkte, die auf dem Markt verkauft werden. Man abstrahiert davon, dass Produktion Zeit benötigt. Diese Sichtweise nennt man **»statische Betrachtung«**. Genau genommen ist eine solche statische Welt eine Welt, in der die Zeit nicht existiert. Da es den meisten Menschen schwer fällt, sich dieses vorzustellen, denke man am besten an eine Welt, in der die Produktion innerhalb einer einzigen vorgegebenen Periode stattfindet. Dabei gibt es nach dieser Vorstellung keine Beziehungen zwischen unterschiedlichen Zeitperioden, da es ja nur eine Zeitperiode gibt. Für den landwirtschaftlichen Bereich ist dies natürlich eine sehr einschränkende Annahme, denn hier spielen länger andauernde Produktionsprozesse und Produktionsmittel unterschiedlicher Lebensdauer eine große Rolle. Trotzdem ist sie für das Verständnis ökonomischer Zusammenhänge sehr hilfreich. Entscheidend dabei ist, dass wir die Komplikationen, die durch die Zusammenhänge zwischen unterschiedlichen Produktionsperioden auftreten, in der Betrachtung erst einmal ausschließen können.

- Das wesentliche Ziel des Unternehmers ist die **Gewinnmaximierung**. Andere denkbare Ziele, wie etwa ausreichende Freizeit, persönliche Geltung, Prestige oder ökologische Zielsetzungen, werden – auch auf Grund ihrer teilweise schweren Quantifizierbarkeit – zunächst nicht berücksichtigt.

- Der Unternehmer besitzt **vollkommene Information**. Er weiß alles, was für ihn wichtig ist aus technischer, wirtschaftlicher und agrarpolitischer Sicht. Das Problem der Unsicherheit und des Risikos, das in der Wirklichkeit eine bedeutende Rolle spielt, wird vernachlässigt.

- **Transaktionskosten** werden in der einfachen Form der neoklassischen Produktionstheorie nicht berücksichtigt. Unter Transaktionskosten versteht man alle Kosten, die mit dem Austausch von Gütern und Rechten verbunden sind. Dabei kann es um die Kosten der Vertragsanbahnung, zum Beispiel das Finden eines Käufers, oder auch um die Frage der Einhaltung von Verträgen gehen. Transaktionskosten entstehen also, wenn zwei Wirtschaftsakteure zueinander in Beziehung treten. Muss der Landwirt erst herausfinden, ob sein Vertragspartner ein zuverlässiger Geschäftsmann oder ein Hochstapler ist, so ist dies mit Aufwand verbunden, den man zu den Transaktionskosten rechnet. Transaktionskosten setzen dabei voraus, dass der Unternehmer in der Ausgangssituation keine vollständige Information über seine Vertragspartner und deren Verhalten besitzt. Die neoklassische Produktionstheorie macht es sich an dieser Stelle einfach: Es wird unterstellt, dass sich alle Wirtschaftsakteure an die Gesetze halten und es für alle betrachteten Güter gut funktionierende Märkte gibt, die jederzeit kostenlos nutzbar sind.

- Es wird unterstellt, dass alle **Produkte und Produktionsmittel beliebig teilbar** sind und zu konstanten Preisen beschafft oder verkauft werden können.

- Wir nehmen an, dass **vollkommene Konkurrenz** herrscht, die impliziert, dass der Unternehmer Mengenanpasser ist und damit den Preis für Produkte und Produktionsmittel als vorgegeben anzusehen hat. Seine angebotene oder nachgefragte Menge hat also keinen »fühlbaren« Einfluss auf die Marktpreise.

Die oben aufgeführten sechs vereinfachenden Annahmen erlauben es uns, mit Hilfe der neoklassischen Produktionstheorie wichtige ökonomische Prinzipien verstehen zu lernen. Manche dieser Annahmen sind allerdings recht realitätsfern. Daher werden wir uns in den Kapiteln 2.3 bis 2.6 des Buches noch sehr viel detaillierter mit Situationen beschäftigen, in denen diese vereinfachenden Annahmen nicht oder nur teilweise gelten.

Kehren wir noch einmal zurück zu der Aussage, dass ein landwirtschaftliches Unternehmen aus Sicht der Produktionstheorie Produktionsmittel kombiniert, um Produkte zu erzeugen.

Die Produktionstheorie beruht auf der Quantifizierung der biologisch-technischen Beziehungen zwischen Input und Output

Zur Entscheidung steht damit die Art und Menge der eingesetzten Produktionsmittel (Inputs) und die Art und die Menge der erzeugten Produkte (Outputs). Das Verständnis der **biologisch-technischen Beziehung zwischen den Inputs und den Outputs** ist dabei von grundlegender Bedeutung für eine sinnvolle Gestaltung der Produktionsprozesse. Gelingt es, die Inputfaktoren so miteinander zu kombinieren, dass der Gewinn unter gegebenen wirtschaftlichen und technischen Beziehungen maximiert wird, so spricht man von der optimalen Organisation des landwirtschaftlichen Betriebes.

Mathematisch ist eine Abhängigkeit mehrerer zu erzeugender Produkte von mehreren eingesetzten Produktionsfaktoren oder -mitteln schwer zu durchdringen.

Die optimale Organisation muss auf drei Ebenen realisiert werden

Daher ist es hilfreich drei Ebenen gedanklich zu unterscheiden:
- **Die Faktor-Produkt-Beziehung** (die Beziehung zwischen Input und Output),
- **die Faktor-Faktor-Beziehung** (die Beziehung zwischen verschiedenen Inputs) und
- **die Produkt-Produkt-Beziehung** (die Beziehung zwischen verschiedenen Outputs).

Für die Bestimmung der optimalen Organisation müssen alle diese Beziehungen gleichzeitig (simultan) optimal gestaltet werden. Zum besseren Verständnis hilft es, wenn sie nacheinander behandelt werden. Dies wollen wir im Folgenden tun. Dabei spricht man von einfacher Produktion, wenn nur ein Produkt hergestellt wird. Von verbundener Produktion ist die Rede, wenn mehrere Produkte hergestellt werden.

2.2.1 Einfache Produktion

Der wichtigste Begriff in der Produktionstheorie heißt **»Produktionsfunktion«**. Sie stellt die technische Beziehung zwischen den eingesetzten Produktionsmitteln und der damit erzeugten Menge an Produkten dar. Es ist allgemein üblich, die erzeugten Produkte mit $Y_1, Y_2, \ldots, Y_m$ zu bezeichnen. Geht es um die Menge, so wählt man einen kleinen Buchstaben, also etwa y_1, das für die Menge des erzeugten Getreides in einem Betrieb stehen könnte. Die eingesetzten Produktionsmittel werden mit X_1, X_2 bis X_n und deren Mengen mit $x_1, x_2, \ldots, x_n$ gekennzeichnet.

Für unsere folgenden Überlegungen gehen wir davon aus, dass es einen mathematisch beschreibbaren Zusammenhang zwischen der Menge der eingesetzten Produktionsmittel $x_1, x_2, x_3, \ldots, x_n$ und der Menge des erzeugten Produktes y_1 gibt. Da wir uns im Falle der einfachen Produktion nur mit der Herstellung eines Produktes beschäftigen, können wir das Subskript weglassen und schreiben für die erzeugte Produktmenge nur noch y. Daraus ergibt sich folgende **Funktionsgleichung**:

$$y = f(x_1, x_2, x_3, \ldots, x_n)$$

Produktionsfunktion (Totalfunktion)

Es ist wichtig festzuhalten, dass die Produktionsfunktion ausschließlich einen biologisch-technischen Zusammenhang abbildet. Nur wenn man diesen biologisch-technischen Zusammenhang verstanden hat, kann man ökonomisch eine Entscheidung treffen. Daher liefert eine solche Produktionsfunktion die entscheidenden Grunddaten für die ökonomische Betrachtung.

Nun sind wir trotz einer ganzen Kaskade von Vereinfachungsschritten immer noch nicht bei einem möglichst einfachen, aber noch aussagekräftigen Zusammenhang angelangt. Zu diesem kommen wir, wenn wir uns nur noch dafür interessieren, welche **Wirkung ein einzelnes ertragssteigerndes Produktionsmittel auf die Produktionsmenge** hat, während alle anderen Produktionsmittel in Quantität und Qualität konstant gehalten werden. Eine solche Produktionsfunktion kann z. B. durch Versuche ermittelt werden, in denen lediglich dieser eine Produktionsfaktor in seinem Einsatzumfang variiert wird (z. B. Stickstoff), während der Einsatz der anderen Produktionsfaktoren konstant gehalten wird. Dies lässt sich dann folgendermaßen als mathematische Funktion darstellen:

$$y = f(x_1 \mid x_2, x_3, \ldots, x_n)$$

In vereinfachter Schreibweise:

$$y = f(x_1)$$

Partielle Produktionsfunktion

Eine solche Funktion, bei der ein Bündel von Produktionsfaktoren konstant gehalten wird, wird auch als **Partialfunktion** bezeichnet, während bei voller Variabilität aller Produktionsfaktoren eine so genannte **Totalfunktion** vorliegt.

Würde beispielsweise der Zusammenhang zwischen dem Ertrag von Weizen und dem Einsatz von Stickstoff bezogen auf einen Hektar Anbaufläche untersucht, wäre in diesem Fall der Weizenertrag y ausschließlich eine Funktion der Faktoreinsatzmenge von x_1 (kg Stickstoff) bei konstant gehaltenen übrigen Faktoren (wie etwa Saatgut oder Pflanzenschutzmittel). Es besteht ein kausaler Zusammenhang zwischen der Faktoreinsatzmenge x_1 und dem Ertrag y.

Werden dagegen **zwei Faktoren als variabel angesehen** wie z. B. Stickstoff- und Phosphordünger, wird die Produktionsfunktion bzw. deren mathematische Schreibweise wie folgt verändert:

$$y = f(x_1, x_2 \mid x_3, \ldots, x_n)$$

Partielle Produktionsfunktion mit zwei variablen Faktoren

Die Produktionsfaktoren X_3 bis X_n, die in der Menge unverändert bleiben, was durch ihre Stellung nach dem senkrechten Strich innerhalb der Klammer gekennzeichnet wird, lässt man häufig auch weg und schreibt dann nur

$$y = f(x_1, x_2)$$

Variiert werden also in diesem Beispiel nur die Mengen der Produktionsfaktoren X_1 und X_2. Man sollte allerdings nicht vergessen, dass andere Faktoren, die in der Betrachtung nicht variiert werden, auch zur Produktion notwendig sind. In unserem Beispiel: Eine Kombination von Stickstoff- und Phosphordüngung führt allein offensichtlich nicht zu einem Ertrag. Voraussetzung für unterschiedliche Kombinationsmöglichkeiten dieser beiden Düngemittel ist, dass landwirtschaftliche Nutzfläche als

Produktionsfaktor sowie Saatgut, Maschinen, Arbeit und möglicherweise noch eine Reihe weiterer Produktionsmittel vorhanden sind.

Wir gehen im ersten Schritt also davon aus, dass das betrachtete landwirtschaftliche Unternehmen innerhalb des Zeitraums, auf den sich die Betrachtung bezieht, nur den Einsatz eines einzigen Produktionsfaktors verändern kann. Der Einsatz der übrigen Produktionsfaktoren (das sogenannte Faktorbündel) wurde bereits im Vorfeld festgelegt und bleibt im Hinblick auf die Einsatzmenge unverändert. Es handelt sich um das einfachste Produktionsmodell für **ein Produkt und einen variablen Produktionsfaktor**. Man könnte sich vorstellen, dass es sich dabei um einen Getreidebaubetrieb handelt, der kurzfristig über die Höhe des Düngereinsatzes entscheiden möchte, während alle anderen Anbauentscheidungen bereits getroffen sind und nicht verändert werden sollen.

Im zweiten Schritt wird die Betrachtung erweitert: Das Unternehmen hat bei der Produktion über den **Einsatz zweier Produktionsfaktoren** zu entscheiden. Vorstellbar wäre für einen Maisanbaubetrieb die Situation, dass neben dem Düngereinsatz auch noch die Frage nach dem bestmöglichen Umfang der Bewässerung zu beantworten ist. Es ist also zusätzlich die Frage zu klären, welche Kombination von Wasser und Düngereinsatz die beste ist. Die Ausweitung der Betrachtung auf den Einsatz zweier Faktoren erlaubt es, allgemeine Aussagen über den Einsatzumfang beliebig vieler Produktionsfaktoren abzuleiten, indem die Ergebnisse verallgemeinert werden.

Produktionsfunktionen mit einem variablen Faktor
Beim Einsatz eines variablen Produktionsfaktors und Konstanz der übrigen sind prinzipiell **drei verschiedene Beziehungen zwischen Faktoreinsatzmenge und Produktionsmenge**, also drei grundsätzlich verschiedene Verläufe der Produktionsfunktion denkbar.

Beziehungen zwischen Faktoreinsatzmenge und Produktionsmenge

Wie aus Abbildung 2.1 hervorgeht, kann der Ertrag (die produzierte Menge) je nach Produktionsrichtung, technischen Beziehungen und Voraussetzungen mit steigendem Einsatz des variablen Faktors (= Produktionsmittel)
* **proportional zunehmen** (d. h. der Ertragszuwachs ist konstant, Fall 1),
* **unterproportional zunehmen** (d. h. der Ertragszuwachs nimmt ab, Fall 2) oder
* **überproportional zunehmen** (d. h. der Ertragszuwachs nimmt zu, Fall 3). Es ist wichtig, die Begriffe »Ertragszuwachs (= Grenzertrag)« und »zunehmender Ertrag« nicht zu verwechseln.

Ertragszuwachs = Grenzertrag

Der Ertrag nimmt in den Fällen 1 und 3 über den gesamten Verlauf der Funktion mit steigendem Faktoreinsatz zu. Auch im Fall 2 nimmt der Ertrag über eine beträchtliche Strecke der Steigerung des Faktoreinsatzes zu. Ganz anders der Ertragszuwachs (= Grenzertrag = die zusätzlich gewonnene Ertragsmenge bei Steigerung des Faktoreinsatzes um eine Einheit): In Fall 1 ist er unabhängig vom Einsatzniveau des Produktionsfaktors immer konstant. Dagegen wird der Ertragszuwachs in Fall 2 immer kleiner, je höher die Faktoreinsatzmenge ist.

Sinkender Ertrag nur bei negativem Grenzertrag

In manchen Situationen kann der **Ertragszuwachs auch negativ werden, was dann zu sinkender Ertragsmenge führt**.

Dem Modell der **neoklassischen Theorie** liegt eine Produktionsfunktion zu Grunde, die einen **abnehmenden Ertragszuwachs** unterstellt, so dass im

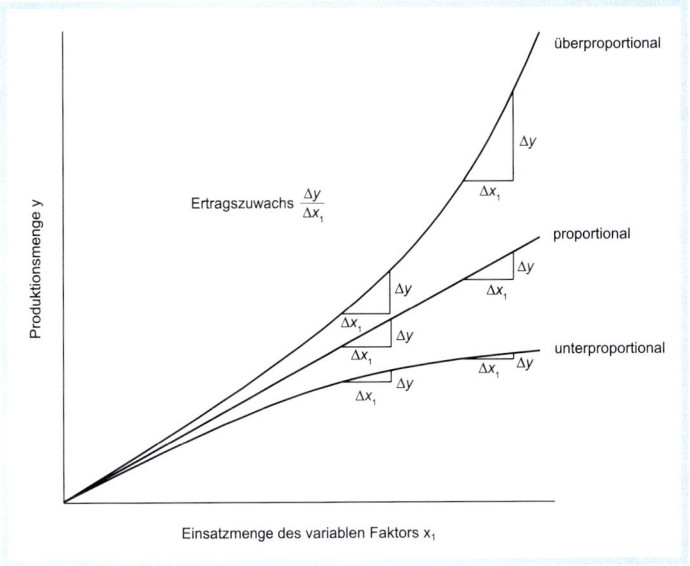

Produktionsmenge y

Ertragszuwachs $\frac{\Delta y}{\Delta x_1}$

überproportional

proportional

unterproportional

Einsatzmenge des variablen Faktors x_1

Abb. 2.1
Beziehung zwischen
Faktoreinsatz und Ertrag
(Produktionsmenge)

Folgenden auch nur diese Form der Produktionsfunktion genauer betrachtet werden soll. Wie aus Abbildung 2.1 hervorgeht, weist diese Produktionsfunktion mit steigendem Einsatz des Faktors abnehmende Grenzerträge auf, der Ertrag nimmt unterproportional zu.

Diese Produktionsfunktion ist der geometrische Ausdruck einer grundlegenden ökonomischen Hypothese, die als **»Gesetz des abnehmenden Ertragszuwachses«** bezeichnet wird.

Dieses so genannte Gesetz ist nicht vergleichbar mit einem physikalischen Gesetz, etwa dem Fallgesetz. Es handelt sich »nur« um einen sehr häufig beobachteten technischen Zusammenhang zwischen Faktoreinsatzmenge und Produktionsmenge. Trotz dieser Einschränkung ist es für das ökonomische Denken von grundlegender Bedeutung. Die meisten Ökonomen sind fest davon überzeugt – und finden diese Überzeugung immer wieder durch die Realität bestätigt –, dass es zwar auch Phasen zunehmender Grenzerträge bei einer Steigerung des Faktoreinsatzes geben kann, dass aber bei weiterer Steigerung in allen praktisch relevanten Fällen irgendwann abnehmende Grenzerträge auftreten. Wer mit der Landwirtschaft vertraut ist, kennt solche Verläufe der Produktionsfunktion sowohl in der tierischen als auch in der pflanzlichen Erzeugung.

Man denke beispielsweise an die Schweine- oder Rindermast. In der Praxis zeigt sich, dass die täglichen Zunahmen (der Lebendmassezuwachs pro Tag) mit zunehmender Mastdauer geringer werden, obwohl der Futtereinsatz pro Tag zunimmt. In der pflanzlichen Produktion ist ein Verlauf der Produktion mit abnehmendem Ertragszuwachs ebenfalls typisch, was insbesondere für den Einsatz von Stickstoff und dessen Ertragswirkung gilt. In Abbildung 2.2 ist die Beziehung zwischen dem Weizenertrag und dem Stickstoffeinsatz graphisch dargestellt.

Abnehmende Ertragszuwächse sind eine empirische Erfahrung

Darüber hinaus werden in Tabelle 2.1 die der Abbildung 2.2 zu Grunde liegenden Daten wiedergegeben.

Wie die Abbildung 2.2 zeigt, wird auch bei Verzicht auf jeglichen Einsatz von Stickstoffdünger ein Ertrag von 42 dt/ha erzielt. Im Boden vorhandene Nährstoffvorräte lassen eine vom Standort und der Vorfrucht abhängige Ertragsbildung zu – zumindest für einige Jahre. Wird nun Stick-

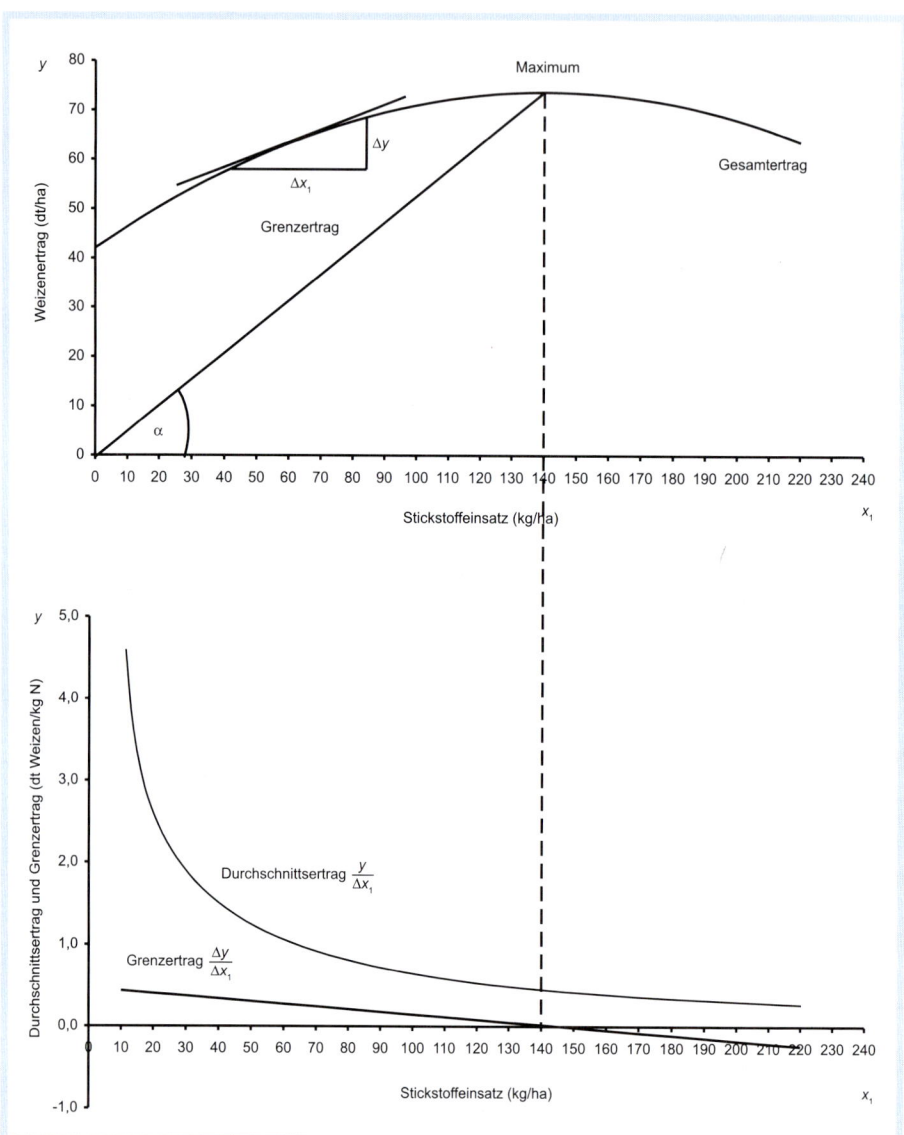

stoffdünger eingesetzt, steigt der Ertrag mit zunehmendem Einsatz bis zum Erreichen des (standort-, witterungs- und sortenbedingten) **Maximalertrages** von 73,6 dt/ha an und fällt dann wieder ab.

Beim Maximalertrag ist der Grenzertrag = 0

Der Ertragszuwachs nimmt ständig ab und wird nach Erreichen des Maximalertrages sogar negativ. Im Klartext: Ab diesem Punkt bekomme ich weniger Getreide, wenn ich mehr dünge – weil das Getreide beispielsweise anfälliger wird für Krankheiten oder Auswuchs.

Der auf die zusätzliche Faktoreinsatzmenge (in unserem Beispiel Stickstoffdünger) bezogene zusätzlich erzeugte Ertrag wird auch als Grenzertrag bezeichnet. Der **Grenzertrag** wird berechnet, in dem man die Ertragsdifferenz zwischen zwei Faktoreinsatzstufen durch die dafür erforderlichen zusätzlichen Einheiten des Produktionsfaktors dividiert:

GE = Grenzertrag

$$GE = \frac{\Delta y}{\Delta x_1}$$

Die Abkürzung GE in der oben stehenden Gleichung steht für Grenzertrag. Mit Δx_1 bezeichnen wir die Differenz zwischen zwei Einsatzmengen des

Tab. 2.1.

Weizenertrag in Abhängigkeit des Stickstoffeinsatzes (Produktionsfunktion: $y = 42 + 0,45x_1 - 0,0016x_1^2$)			
Stickstoffeinsatz x_1 (kg/ha)	Weizenertrag y (dt/ha)	Grenzertrag $\Delta y/\Delta x_1$ (dt Weizen/kg N)	Durchschnittsertrag y/x_1 (dt Weizen/kg N)
0	42		
10	46,34	0,43	4,63
20	50,36	0,40	2,52
30	54,06	0,37	1,80
40	57,44	0,34	1,44
50	60,50	0,31	1,21
60	63,24	0,27	1,05
70	65,66	0,24	0,94
80	67,76	0,21	0,85
90	69,54	0,18	0,77
100	71,00	0,15	0,71
110	72,14	0,11	0,66
120	72,96	0,08	0,61
130	73,46	0,05	0,57
140	73,64	0,02	0,53
150	73,50	−0,01	0,49
160	73,04	−0,05	0,46
170	72,26	−0,08	0,43
180	71,16	−0,11	0,40
190	69,74	−0,14	0,37
200	68,00	−0,17	0,34
210	65,94	−0,21	0,31
220	63,56	−0,24	0,29

Ertragsmaximum (bei 140)

Faktors X_1. Im Beispiel könnte dies die Differenz zwischen der Stickstoffeinsatzmenge von 139 kg pro Hektar und 140 kg pro Hektar sein. Δy bezeichnet die dazugehörige Veränderung des Ertrages.

Anstelle endlich großer Differenzen zwischen zwei Einsatzmengen x_1 kann man sich auch eine unendlich kleine Differenz an einer bestimmten Stelle der Produktionsfunktion denken und erhält dann die eng mit dem Grenzertrag verwandte **Grenzproduktivität** des Faktoreinsatzes. Sie beschreibt die Änderung des Ertrages in Abhängigkeit von infinitesimalen Veränderungen des Faktoreinsatzes.

Grenzproduktivität = $\frac{dy}{dx_1}$

Sowohl Grenzertrag als auch Grenzproduktivität des Faktoreinsatzes sind Maßzahlen für die Ergiebigkeit des Faktoreinsatzes: der Grenzertrag in einem Abschnitt der Produktionsfunktion, die Grenzproduktivität in einem bestimmten Punkt.

DE = Durchschnittsertrag

$= \frac{\text{Gesamtertrag}}{\text{gesamten Faktoreinsatz}}$

Ferner ist der **Durchschnittsertrag DE** von Interesse. Er gibt an, wie viel Einheiten des Produktes je eingesetzter Einheit des Produktionsfaktors im Durchschnitt erzeugt werden können. Seine Berechnung erfolgt, indem der Gesamtertrag durch die gesamte Faktoreinsatzmenge dividiert wird:

$$DE = \frac{y}{x_1}$$

Der Durchschnittsertrag nimmt bei unserer Produktionsfunktion mit zunehmender Faktoreinsatzmenge ab. Werden beispielsweise bei einem Einsatz von 50 kg Stickstoff (N) 60,5 dt Getreide erzeugt, so entspricht dies im Durchschnitt 1,21 dt Getreide je kg N. Bei einem höheren Einsatzniveau von N (100 kg) werden je kg N im Durchschnitt nur noch 0,71 dt Getreide erzeugt. Der Grund dafür: Im vorliegenden Beispiel kann bereits ohne Stickstoff-Einsatz ein Ertrag von 42 dt/ha erzielt werden. Der Ausgangsertrag wird deshalb bei geringem Faktoreinsatz auf wenige Einheiten des variablen Faktors N verteilt. Mit zunehmender Faktoreinsatzmenge muss die Ausgangsertragsmenge auf immer mehr Einheiten verteilt werden. **Durchschnittsertrag und Grenzertrag haben ihr Maximum dort, wo der variable Faktor Stickstoff erstmals eingesetzt wird.**

Graphische Ableitung der Durchschnittsertragskurve

Die Beziehungen zwischen dem Verlauf der Produktionsfunktion und der Grenzertrags- sowie Durchschnittsertragskurve lassen sich auch graphisch ableiten.

Der bei der jeweiligen Faktoreinsatzmenge erzielbare **Durchschnittsertrag** lässt sich ermitteln, in dem vom Nullpunkt des Achsenkreuzes aus ein Fahrstrahl zum entsprechenden Punkt der Produktionsfunktion gezogen und dessen Steigung (tan α) gemessen wird. Wie in Abbildung 2.2 zu sehen, hat im Fall der neoklassischen Produktionsfunktion (Funktion mit abnehmendem Ertragszuwachs) der Fahrstrahl bei einem Faktoreinsatz von 0 die maximale Steigung von unendlich, so dass in diesem Punkt der Durchschnittsertrag im Maximum ist.

Ebenso wie der Durchschnittsertrag kann auch der **Grenzertrag** auf graphische Weise ermittelt werden, indem eine Tangente an jeden beliebigen Punkt der Gesamtertragskurve (Produktionsfunktion) gelegt und deren Steigung gemessen wird.

Graphische Ableitung der Grenzertragskurve

Bei kleinen Einsatzmengen des Faktors weist die Tangente eine größere Steigerung auf als bei großen Einsatzmengen. Da die Steigung der Tangente mit zunehmendem Faktoreinsatz abnimmt und im Punkt des maximalen Ertrages den Wert Null annimmt, muss auch hier der Grenzertrag den Wert Null annehmen. Wird der Faktoreinsatz weiter über das Ertragsmaximum hinaus gesteigert, wird die Steigung der Tangente negativ und der Grenzertrag sinkt unter Null: Er wird negativ.

Bei infinitesimalen Änderungen des Faktoreinsatzes kann der Grenzertrag beschrieben werden als die Steigung der Gesamtertragskurve (Produktionsfunktion) beim jeweiligen Faktoreinsatzniveau.

Grenzerträge, die aus dem Differenzenquotienten $\frac{\Delta y}{\Delta x_1}$ errechnet werden, geben nur die durchschnittlichen Grenzerträge an, die zwischen zwei Faktoreinsatzstufen erzielbar sind. Dagegen gibt die Grenzertragskurve – dargestellt als Steigung der Gesamtertragskurve – die Ertragszuwächse an, die bei infinitesimaler Änderung der Einsatzmenge von Faktor X_1 von einem bestimmten Einsatzniveau ausgehend (näherungsweise) realisiert werden können.

Grenzertragsfunktion = 1. Ableitung (Steigung) der Produktionsfunktion

Optimale Einsatzmenge bei einem variablen Produktionsfaktor

Unsere bisherige Diskussion hat sich auf die Darstellung des Zusammenhangs von naturalen Einheiten konzentriert. Anhand der Produktionsfunktion haben wir gezeigt, wie die naturale Einsatzmenge eines Produktionsmittels und der Ertrag in einen Zusammenhang gebracht werden können. Diese Produktionsfunktion enthält noch keine ökonomische Bewertung der Situation, sie liefert lediglich die Grunddaten dafür. Zu Recht erwarten Sie als Leserin und Leser, dass bei einer ökonomischen Bewertung die Preise von Produkten und Produktionsmitteln eine Rolle spielen müssen. Um zu bestimmen, wie hoch die Faktoreinsatzmenge sein muss, damit der Unternehmer seinen Gewinn maximieren kann, ist es erforderlich, die naturalen Mengen des Faktoreinsatzes und der Produktion in ökonomisch relevante Werte zu transformieren.

Gewinnmaximaler (optimaler) Faktoreinsatz

Dies gelingt, wenn die **Naturalmengen mit Hilfe von Marktpreisen bewertet** werden.

Zur Bestimmung der optimalen Faktoreinsatzmenge greifen wir auf das Beispiel Stickstoffeinsatz in der Weizenproduktion zurück.

Zur monetären Bewertung der naturalen Mengen von Stickstoff und Weizen nehmen wir an, dass der Unternehmer Stickstoff zu einem Preis von 0,5 €/kg Reinnährstoff zukauft und den Weizen für 11 €/dt verkaufen kann.

Wie hoch muss nun der optimale Stickstoffeinsatz sein?

Um diese Düngermenge zu ermitteln, werden zunächst die bei den einzelnen Faktoreinsatzstufen eingesetzten N-Düngermengen mit dem Zukaufspreis von 0,5 €/kg Reinnährstoff multipliziert und so die Kosten des Faktoreinsatzes ermittelt. Auf der anderen Seite werden die produzierten Mengen mit dem Verkaufspreis von 11 €/dt Weizen multipliziert und so die erzielbaren Erlöse errechnet (vgl. Tab. 2.2). Im Ergebnis werden also die Kosten des Stickstoffeinsatzes und die Erlöse aus dem Weizenverkauf berechnet.

Kosten = Faktoreinsatzmenge × Preis

Da jedoch der Gewinn für den Landwirt das entscheidende Kriterium ist, und vereinfacht errechnet wird als

Erlös = Ertrag × Verkaufspreis

Gewinn = Erlös – Kosten,

Gewinn = Erlös minus Kosten

müssen die (Stickstoff-)Kosten vom Erlös subtrahiert werden.

Tab. 2.2.

Erlöse und Kosten der Weizenproduktion in Abhängigkeit des Stickstoffeinsatzes

Stickstoff-einsatz N	Weizen-ertrag y	variable Kosten des N-Einsatzes $q = 0,5$ €/kg N	Erlös aus Weizenverkauf $p = 11$ €/dt	Gewinn-beitrag der Weizenpro-duktion
kg/ha	dt/ha	€/ha	€/ha	€/ha
0	42,00	0	462,00	462,00
10	46,34	5	509,74	504,74
20	50,36	10	553,96	543,96
30	54,06	15	594,66	579,66
40	57,44	20	631,84	611,84
50	60,50	25	665,50	640,50
60	63,24	30	695,64	665,64
70	65,66	35	722,26	687,26
80	67,76	40	745,36	705,36
90	69,54	45	764,94	719,94
100	71,00	50	781,00	731,00
110	72,14	55	793,54	738,54
120	72,96	60	802,56	742,56
130	73,46	65	808,06	743,06
140	73,64	70	810,04	740,04
150	73,50	75	808,50	733,50
160	73,04	80	803,44	723,44
170	72,26	85	794,86	709,86
180	71,16	90	782,76	692,76
190	69,74	95	767,14	672,14
200	68,00	100	748,00	648,00
210	65,94	105	725,34	620,34
220	63,56	110	699,16	589,16

Gewinnmaximum (Randnotiz zur Zeile 130)

Wie aus Tabelle 2.2 hervorgeht, ist der maximale Gewinn erreicht, wenn 130 kg N/ha gedüngt werden. Bei diesem Düngeniveau ergeben sich 73,46 dt Weizenertrag und damit 808,06 €/ha Erlös.

Bei variablen Kosten für den N-Einsatz von 65 € folgert daraus ein **Gewinnbeitrag** von 743,06 €/ha.

Es zeigt sich, dass der gewinnmaximale Einsatz des Faktors Stickstoff um 10 kg niedriger liegt als der Einsatz, mit dem sich der maximale Ertrag erzielen lässt.

Gewinnmaximaler Faktoreinsatz niedriger als bei maximalem Ertrag

Im Klartext: Der Optimalertrag liegt unter dem Maximalertrag. Dies ist auch verständlich, werden doch durch die Steigerung des N-Einsatzes um 10 kg zusätzliche Kosten in Höhe von 5 € verursacht (= 10 kg × 0,5 €/kg), während gleichzeitig der Ertrag nur um 0,18 dt/ha und damit der Erlös nur um 1,98 € je ha gesteigert wird. Anders ausgedrückt: Wird über das Optimum hinaus gedüngt, dann sinkt der Gewinn.

Bei Produktionsfunktionen mit abnehmenden Grenzerträgen ist das **ökonomische Optimum nicht identisch mit dem Maximum des Ertrages.**

Dieser Zusammenhang ist für das ökonomische Denken von weit größerer Bedeutung, als der relativ geringe Unterschied zwischen den beiden Punkten in unserem Beispiel suggerieren mag.

Was hier anhand der Stickstoffdüngung zu Weizen demonstriert wurde, gilt auch in vielen anderen Bereichen des Lebens: So beobachten wir häufig bei Prüfungen, dass Studierende ihr persönliches Notenpotential nicht voll ausschöpfen. Viele Studierende versuchen gar nicht erst in allen Fächern, ihre »Maximalnote« zu erreichen, sondern sie bleiben unter diesem Niveau. Eine logische Erklärung dafür: Der Grenzertrag des Zeiteinsatzes nimmt auch bei der Beschäftigung mit einem wissenschaftlichen Stoffgebiet ab – wenn man den Grenzertrag über die erzielbare Abschlussnote misst. Gleichzeitig ist Zeit kostbar, weil knapp und vielfältig für andere Dinge verwendbar.

Bei der oben dargestellten Vorgehensweise zur Ableitung des gewinnmaximalen Einsatzes des Faktors Stickstoff wurden die Gesamterlöse aus dem Weizenverkauf mit den gesamten variablen Kosten des Stickstoffeinsatzes verglichen.

Eine derartige Betrachtung zur Ermittlung der optimalen Faktoreinsatzmenge wird deshalb auch **Totalbetrachtung** genannt. Die Ermittlung der optimalen Faktoreinsatzmenge kann aber auch im Rahmen einer **Marginalbetrachtung** oder Grenzbetrachtung erfolgen. Wie bereits erläutert, lassen sich bei faktorbezogener Betrachtungsweise die Grenzerträge zwischen zwei Faktoreinsatzstufen ermitteln, indem der korrespondierende Ertragszuwachs durch die zusätzliche Faktoreinsatzmenge dividiert wird. Aus dem Grenzertrag oder dem Ertragszuwachs lässt sich durch Multiplikation mit dem zu erzielenden Verkaufspreis (11 €/dt) der **monetäre Grenzertrag (= Grenzerlös)** ermitteln.

Diesem Grenzerlös lassen sich die **Grenzkosten** gegenüberstellen. Dies sind die zusätzlichen Kosten, die durch die Steigerung des N-Einsatzes je kg entstehen. Es zeigt sich, dass die optimale Einsatzmenge des variablen Faktors dann erreicht ist, wenn der Grenzerlös gerade noch die Grenzkosten deckt.

Mit anderen Worten: Ich produziere als gewinnmaximierender Unternehmer bis zu dem Punkt, wo mein **Grenzerlös gerade noch größer ist als die Grenzkosten.**

Mathematisch ausgedrückt:

$$\Delta y \times p_y \geq \Delta x_1 \times q_1$$

wobei: p_y = Preis je Einheit des Produkts Y
q_1 = Preis je Einheit des variablen Faktors X_1

Solange gilt:

$$\Delta y \times p_y > \Delta x_1 \times q_1$$

ist das optimale Faktoreinsatzniveau noch nicht erreicht. Es wird jedoch überschritten, wenn gilt:

Gewinnmaximaler Ertrag niedriger als maximaler Ertrag

Totalbetrachtung

Marginalbetrachtung

Grenzerlös (monetärer Grenzertrag) = Grenzertrag × Verkaufspreis

$$\Delta y \times p_y < \Delta x_1 \times q_1$$

Fasst man die vorstehenden Ungleichungen zusammen, so muss die optimale Einsatzmenge der Faktors erreicht sein, wenn gilt:

Bei optimalem Faktoreinsatz muss gelten: Grenzerlös = Grenzkosten

$$\Delta y \times p_y = \Delta x_1 \times q_1$$

Durch Umformung lässt sich die optimale Einsatzmenge des Faktors X_1 folgendermaßen bestimmen:

Bedingung für optimalen Faktoreinsatz

$$\frac{\Delta y}{\Delta x_1} \times p_y = q_1$$

Anders ausgedrückt: Die optimale Einsatzmenge des Faktors X_1 ist dann erreicht, wenn der **monetäre Grenzertrag (Grenzerlös) je Faktoreinheit gleich hoch ist wie der Faktorpreis.**

Dies gilt, wenn der Faktorpreis fest vorgegeben ist. Sollte sich der Faktorpreis ändern, etwa weil man bei größeren Einsatzmengen Rabatte bekommt oder weil mit dem Faktoreinsatz noch weitere zusätzliche Kosten wie z. B. für den Transport oder die Ausbringung entstehen, so kann man die Bedingung allgemeiner formulieren:

Grenzkosten des Faktoreinsatzes = Preis + zusätzliche Kosten

Im Optimum muss der Grenzerlös genauso hoch sein wie die Grenzkosten.

Tabelle 2.3 zeigt die Vorgehensweise an Hand des Beispiels zur Weizenproduktion und zum Stickstoffeinsatz.

Erwartungsgemäß ist bei konstanten Preisen die optimale Stickstoffeinsatzmenge bei einem Niveau von 130 kg je ha erreicht. Bei dieser Einsatzmenge liegt der Grenzerlös mit 0,55 €/kg gerade noch über den Grenzkosten bzw. dem Preis für Stickstoff von 0,50 €/kg. Würde die Stickstoffdüngung um weitere 10 kg gesteigert, dann wäre der Grenzerlös mit 0,20 €/kg niedriger als die Grenzkosten bzw. der Stickstoffpreis. Demzufolge führt eine Steigerung des Stickstoffeinsatzes über 130 kg/ha hinaus zu sinkenden Gewinnen.

Wir haben oben behauptet, dass der Gewinn folgendermaßen definiert ist:

Gewinn = Erlös − Kosten

Im Beispiel haben wir ausschließlich **variable Kosten des Faktoreinsatzes vom Erlös abgezogen.**

Da sich alle anderen Kosten annahmegemäß nicht verändern, ist diese Betrachtung sehr wohl dazu geeignet, das gewinnmaximierende Düngungsniveau zu identifizieren. Die **absolute Höhe des Betriebsgewinns** lässt sich so jedoch nicht berechnen. Schließlich werden im Beispiel zur Produktion von Weizen neben Stickstoff noch eine ganze Reihe anderer Produktionsfaktoren benötigt, wie z. B. Fläche, Pflanzenschutzmittel, Saatgut, Maschinen, Arbeitskräfte etc. Darüber hinaus können politische Regelungen den Gewinn beeinflussen (z. B. Betriebs- oder Flächenprämien).

Tab. 2.3.

Grenzerlöse und Grenzkosten des Faktoreinsatzes (Stickstoff) der Weizenproduktion				
Stickstoff-einsatz N	Weizen-ertrag y	Grenzertrag $\Delta y/\Delta N$	Grenzerlös je Faktoreinheit p_y = 11 €/dt $(\Delta y/\Delta N) \times p_y$	Grenzkosten je Faktoreinheit q_N = 0,5 €/kg $(\Delta N/\Delta N) \times q_N$
kg/ha	dt/ha	dt Weizen/kg N	€/kg N	€/kg N
0	42,00			
		0,43	4,77	0,50
10	46,34			
		0,40	4,42	0,50
20	50,36			
		0,37	4,07	0,50
30	54,06			
		0,34	3,72	0,50
40	57,44			
		0,31	3,37	0,50
50	60,50			
		0,27	3,01	0,50
60	63,24			
		0,24	2,66	0,50
70	65,66			
		0,21	2,31	0,50
80	67,76			
		0,18	1,96	0,50
90	69,54			
		0,15	1,61	0,50
100	71,00			
		0,11	1,25	0,50
110	72,14			
		0,08	0,90	0,50
120	72,96			
		0,05	0,55	0,50
130	73,46			
		0,02	0,20	0,50
140	73,64			
		−0,01	−0,15	0,50
150	73,50			
		−0,05	−0,51	0,50
160	73,04			
		−0,08	−0,86	0,50
170	72,26			
		−0,11	−1,21	0,50
180	71,16			
		−0,14	−1,56	0,50
190	69,74			
		−0,17	−1,91	0,50
200	68,00			
		−0,21	−2,27	0,50
210	65,94			
		−0,24	−2,62	0,50
220	63,56			

Gewinnmaximum (in Zeile 130 / 73,46)

Zwei und mehrere variable Produktionsfaktoren

Im vorigen Abschnitt zeigten wir, wie sich die optimale Einsatzmenge eines Produktionsmittels bei der Erzeugung eines Produktes herausfinden lässt. Dabei hatten wir uns nur mit dem Fall beschäftigt, in dem lediglich ein einziges Produktionsmittel variiert werden kann. In der Realität stehen dem Landwirt jedoch selbst zur Erzeugung nur eines Produktes mehrere Produktionsfaktoren und Verfahrensweisen der Produktion zur Verfügung. Beispielsweise können 100 dt Getreide mit hohem Einsatz von Düngemitteln auf geringer Fläche oder aber mit vergleichsweise geringem Düngereinsatz und dafür auf einer größeren Fläche erzeugt werden.

Auch in der Tierhaltung sind unterschiedliche Relationen des Faktoreinsatzes möglich. Schweine lassen sich in einfachen (Stroh-)Ställen ohne viel Technik mästen. Dem geringen Kapitalaufwand steht allerdings ein hoher Arbeitsaufwand gegenüber. Umgekehrt ist der Stallplatz in einem modernen klimatisierten Stall mit automatischer Fütterung und perforiertem Boden viel teurer, aber deutlich weniger arbeitsintensiv.

Der Landwirt muss zur **Maximierung des Gewinns** in solchen Situationen entscheiden,

Minimalkostenkombination

- wie er die Produktionsfaktoren miteinander kombiniert, damit er das Produkt möglichst kostengünstig erzeugt (Minimalkostenkombination),

Optimale Faktoreinsatzmenge

- in welcher Menge er die Produktionsfaktoren einsetzt, damit er die optimale (= gewinnmaximale) Produktionsmenge erzeugt (Optimale Faktoreinsatzmenge).

Es geht uns also im folgenden Abschnitt darum, die Bedingungen abzuleiten, die erfüllt sein müssen, damit der »Ein-Produkt-Betrieb« beim Einsatz mehrerer Produktionsfaktoren das Gewinnmaximum erreicht. Die Fragestellung soll zunächst auf zwei variable, unabhängig voneinander einsetzbare Produktionsfaktoren beschränkt werden. Die entsprechende Produktionsfunktion kann wie folgt beschrieben werden:

Partielle Produktionsfunktion mit zwei variablen Faktoren

$$y = f(x_1, x_2 \mid x_3, \ldots, x_n) \text{ oder}$$
$$y = f(x_1, x_2)$$

In Worten: In der folgenden Betrachtung werden die Produktionsfaktoren X_1 und X_2 variiert, während die sonstigen eingesetzten Produktionsfaktoren $X_3, \ldots, X_n$ in ihrem Einsatzniveau konstant gehalten werden und damit nicht entscheidungsrelevant sind.

Um die ökonomische Frage nach der **optimalen Kombination der Produktionsfaktoren** beantworten zu können, ist es zunächst erforderlich, die technischen Austauschbeziehungen zwischen den beiden Produktionsfaktoren zu kennen. Je nach Grad der Austauschfähigkeit wird unterschieden in

Austauschbare (substituierbare) Produktionsfaktoren lassen sich vollständig oder teilweise ersetzen

- **austauschbare (substituierbare) Faktoren:** Das sind solche Faktoren, die sich gegenseitig in bestimmten Grenzen oder vollständig ersetzen können (wie z. B. Maissilage oder Grassilage in der Rindviehfütterung, Weizen oder Gerste in der Schweinefütterung, Ammonium-Harnstoff-Lösung oder Kalkammonsalpeter in der Düngung),

Ergänzende (limitationale) Produktionsfaktoren: festes Verhältnis

- **ergänzende (limitationale) Faktoren,** für die der Einsatz des einen Faktors den Einsatz eines anderen Faktors bedingt (z. B. Stickstoffdüngung und Halmverkürzer oder Schlepper und Schlepperfahrer). Man sagt auch: Die Faktoreinsatzmengen sind **technisch eindeutig determiniert.**

Im Folgenden betrachten wir zunächst die austauschbaren Produktionsfaktoren und erläutern die Grundsätze am Beispiel der Kartoffelproduktion.

Grundlage unserer Überlegungen sind die in einem naturwissenschaftlichen Versuch ermittelten Daten (Tab. 2.4). Mit diesem Versuch wollten die Wissenschaftler herausfinden, wie sich Düngung und Bewässerung miteinander kombinieren lassen und welche Auswirkungen unterschiedliche Kombinationen auf das Ertragsniveau haben.

Lässt man den Einsatz des einen Produktionsfaktors konstant und steigert den Einsatz des anderen, so nimmt der Kartoffelertrag zu. Allerdings wird die Ertragszunahme mit zunehmendem Einsatz des Faktors geringer, was wiederum dem bereits zuvor dargestellten Gesetz des abnehmenden Ertragszuwachses entspricht. Darüber hinaus ist zu erkennen, dass ein Ertrag von beispielsweise etwa 253 dt Kartoffeln durch mehrere **Kombinationen der Produktionsfaktoren Dünger und Wasser** zu erreichen ist. Die un-

Tab. 2.4.

Kartoffelerträge (dt/ha) in Abhängigkeit des Einsatzes von Dünger und Wasser								
Dünger (dt/ha)	Wasser (mm/ha)							
	50	100	150	200	250	300	350	400
0,5	189,71	214,75	234,79	249,83	259,86	264,90	264,94	259,98
1,0	198,78	223,85	243,93	259,00	269,08	274,15	274,23	269,30
1,5	207,19	232,30	252,41	267,53	277,64	282,75	282,86	277,98
2,0	214,95	240,10	260,25	275,40	285,55	290,70	290,85	286,00
2,5	222,06	247,25	267,44	282,63	292,81	298,00	298,19	293,38
3,0	228,53	253,75	273,98	289,20	299,43	304,65	304,88	300,10
3,5	234,34	259,60	279,86	295,13	305,39	310,65	310,91	306,18
4,0	239,50	264,80	285,10	300,40	310,70	316,00	316,30	311,60
4,5	244,01	269,35	289,69	305,03	315,36	320,70	321,04	316,38
5,0	247,88	273,25	293,63	309,00	319,38	324,75	325,13	320,50
5,5	251,09	276,50	296,91	312,33	322,74	328,15	328,56	323,98
6,0	253,65	279,10	299,55	315,00	325,45	330,90	331,35	326,80
6,5	255,56	281,05	301,54	317,03	327,51	333,00	333,49	328,98
7,0	256,83	282,35	302,88	318,40	328,93	334,45	334,98	330,50
7,5	257,44	283,00	303,56	319,13	329,69	335,25	335,81	331,38
8,0	257,40	283,00	303,60	319,20	329,80	335,40	336,00	331,60
8,5	256,71	282,35	302,99	318,63	329,26	334,90	335,54	331,18
9,0	255,38	281,05	301,73	317,40	328,08	333,75	334,43	330,10
9,5	253,39	279,10	299,81	315,53	326,24	331,95	332,66	328,38
10,0	250,75	276,50	297,25	313,00	323,75	329,50	330,25	326,00
10,5	247,46	273,25	294,04	309,83	320,61	326,40	327,19	322,98
11,0	243,53	269,35	290,18	306,00	316,83	322,65	323,48	319,30
11,5	238,94	264,80	285,66	301,53	312,39	318,25	319,11	314,98
12,0	233,70	259,60	280,50	296,40	307,30	313,20	314,10	310,00
12,5	227,81	253,75	274,69	290,63	301,56	307,50	308,44	304,38
13,0	221,28	247,25	268,23	284,20	295,18	301,15	302,13	298,10
13,5	214,09	240,10	261,11	277,13	288,14	294,15	295,16	291,18
14,0	206,25	232,30	253,35	269,40	280,45	286,50	287,55	283,60
14,5	197,76	223,85	244,94	261,03	272,11	278,20	279,29	275,38

terschiedlichen Kombinationen von Dünger und Wasser, die alle zum gleichen Ertrag von rund 253 dt fuhren, lassen sich wie in Abbildung 2.3 graphisch darstellen.

Die dargestellte Kurve ist der geometrische Ort aller Kombinationen aus Dünger und Wasser, mit denen sich 253 dt Kartoffeln erzeugen lassen. Eine derartige Kurve wird als **Isoquante** bezeichnet, genauer: als 253 dt-Isoquante. Daneben gibt es beispielsweise noch die 300 dt-Isoquante. Hier finden sich alle Faktorkombinationen, die zu 300 dt Ertrag führen.

Wir können diesen Sachverhalt nun verallgemeinern: Die Isoquante ist der geometrische Ort aller technisch möglichen Faktorkombinationen zur Herstellung eines vorgegebenen Produktionsvolumens. Sie zeigt an, in welchen Mengen ein Faktor X_2 durch einen anderen Faktor X_1 ersetzt werden kann, ohne dass sich das Produktionsvolumen verändert.

Die Isoquante ist der geometrische Ort aller Faktorkombinationen mit gleichem Ertrag

Abbildung 2.3 und Tabelle 2.5 zeigen, dass z. B. 1,5 dt Dünger und 153 mm Wasser benötigt werden, um den Ertrag von 253 dt zu erzielen. Wird nun z. B. die Düngermenge auf 3,0 dt gesteigert, so kann der Einsatz von Wasser um 53 mm auf 100 mm verringert werden, ohne dass es zu einer Änderung des Ertrages kommt. Demzufolge kann Wasser durch Dünger substituiert werden. Mit anderen Worten: Dünger und Wasser sind in gewissen Grenzen austauschbar. Diejenige Menge des Faktors X_2 (Wasser), die durch den zusätzlichen Einsatz von genau einer Einheit des Faktors X_1 (Dünger) eingespart wird, ohne dass es zu einer Veränderung des Produktionsvolumens kommt, heißt Austausch- oder Substitutionsverhältnis oder genauer: **Grenzrate der Substitution** des Faktors X_2 durch den Faktor X_1.

Grenzrate der Substitution (GRS): gesparte Menge des Faktors 2 durch eine zusätzliche Einheit des Faktors 1 bei konstantem Produktionsvolumen

Im Beispiel unserer 253 dt-Isoquante lässt sich die Grenzrate der Substitution (GRS) bei einer Steigerung des Düngereinsatzes von 1,5 dt auf 3,0 dt so errechnen:

$$\text{GRS} = -\frac{\Delta x_2}{\Delta x_1} = -\frac{\text{Veränderung der Wassereinsatzmenge}}{\text{Steigerung der Düngereinsatzmenge}} = -\frac{(-53\text{ mm})}{1{,}5\text{ dt}}$$

$$= 35{,}33\text{ mm/dt}$$

Der errechnete Wert von 35,33 bedeutet, dass in diesem Bereich der Isoquante durch die zusätzliche Gabe von 1 dt Dünger im Durchschnitt 35,33 mm Wasser ersetzt bzw. eingespart werden können.

Abb. 2.3
Kombination von Dünger und Wasser zur Erzielung eines Ertrages von 253 dt Kartoffeln

Mit dem Differenzenquotienten $-\frac{\Delta x_2}{\Delta x_1}$ lassen sich jedoch nur durchschnittliche Grenzraten der Substitution innerhalb des Isoquantenbereiches von 1,5 dt und 3,0 dt Düngereinsatzmenge ermitteln. Soll die Grenz-

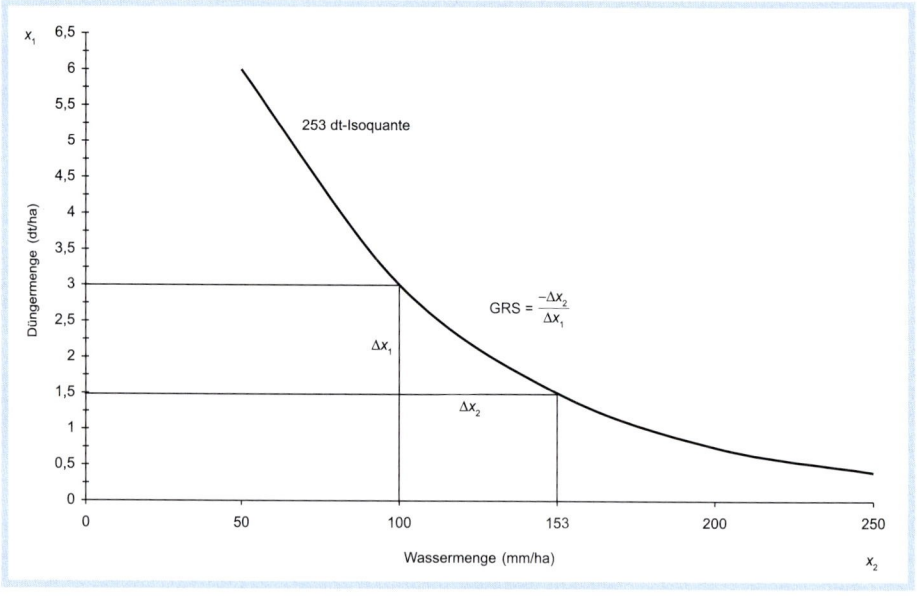

Tab. 2.5.

Veränderung der Zusammensetzung des Faktoreinsatzes zur Produktion von 253 dt Kartoffeln					
Dünger (x_1)		Wasser (x_2)		Grenzrate der Substitution	
gesamt	Veränderung (Δx_1)	gesamt	Veränderung (Δx_2)	Wasser durch Dünger ($\Delta x_2/\Delta x_1$)	Dünger durch Wasser ($\Delta x_1/\Delta x_2$)
dt/ha	dt/ha	mm/ha	mm/ha	mm/dt	dt/mm
0,5		220,0			
	0,5		−40,0	80,0	0,013
1,0		180,0			
	0,5		−27,0	54,0	0,019
1,5		153,0			
	0,5		−20,0	40,0	0,025
2,0		133,0			
	0,5		−18,0	36,0	0,028
2,5		115,0			
	0,5		−15,0	30,0	0,033
3,0		100,0			
	0,5		−12,0	24,0	0,042
3,5		88,0			
	0,5		−10,4	20,8	0,048
4,0		77,6			
	0,5		−9,6	19,2	0,052
4,5		68,0			
	0,5		−8,0	16,0	0,063
5,0		60,0			
	0,5		−7,0	14,0	0,071
5,5		53,0			
	0,5		−3,0	6,0	0,167
6,0		50,0			

rate der Substitution nicht für ganze Bereiche, sondern nur für einen bestimmten Punkt der Isoquante ermittelt werden, ist an Stelle des Differenzenquotienten der Differentialquotient zu bilden:

$$\text{GRS} = -\frac{dx_2}{dx_1}$$

Mit Hilfe des Differentialquotienten wird darüber hinaus die Steigung der Isoquante in einem bestimmten Punkt mit einem negativen Vorzeichen angegeben. Mathematisch wird dies über die erste Ableitung der Isoquantenfunktion ermittelt.

Die Grenzrate der Substitution (GRS) errechnet sich aus der 1. Ableitung der Isoquante

Um einen besseren Überblick über die Entwicklung der Grenzrate der Substitution zu erhalten, wird in Tabelle 2.5 eine andere Darstellung des Entscheidungsproblems gezeigt: Es wird eine endliche Zahl von Faktorkombinationen aus Dünger und Wasser aufgeführt, mit denen sich genau 253 dt Kartoffeln erzeugen lassen. Gleichzeitig ist die jeweilige Änderung des Dünger- und Wassereinsatzes wiedergegeben.

Es zeigt sich zunächst, dass mit zunehmendem Düngereinsatz eine immer geringere Wassermenge ersetzt werden kann. Anders ausgedrückt: **Zum Ersatz einer bestimmten Menge Wasser ist ein immer höherer zusätzlicher Einsatz an Dünger erforderlich.** Analog zum Gesetz des abnehmenden Ertragszuwachses unterliegt auch der Austausch der Produktionsfaktoren der abnehmenden Grenzrate der Substitution.

Abnehmende Grenzrate der Substitution

Das **Gesetz der abnehmenden Grenzrate der Substitution** bedeutet also: Die Menge eines Faktors X_2, die durch eine Einheit des Faktors X_1 bei unverändertem Produktionsvolumen ausgetauscht werden kann, nimmt mit fortschreitendem Austausch von X_2 gegen X_1 ständig ab. Das Gesetz von der abnehmenden Grenzrate der Substitution ist natürlich genau so wenig ein Gesetz wie das Gesetz vom abnehmenden Ertragszuwachs: Es gilt keineswegs immer und überall.

Es handelt sich hier um technische Systeme, in denen es auf Grund der unbegrenzten Teilbarkeit der Produktionsfaktoren eine unendliche Zahl realisierbarer Faktorkombinationen gibt.

Im Beispiel der Kartoffelproduktion ist hinsichtlich der Austausch-, bzw. Substituierbarkeit der Faktoren Dünger und Wasser festzustellen, dass unsere 253 dt-Isoquante keinen Schnittpunkt mit der Abszisse oder Ordinate aufweist, sondern sich diesen nur asymptotisch nähert. Dies zeigt, dass sich die Faktoren X_1 (Dünger) und X_2 (Wasser) nicht vollkommen, sondern **nur in einem gewissen Bereich substituieren lassen**. Anders ausgedrückt: Ganz ohne Bewässerung (und nur mit Dünger) lassen sich keine 253 dt Kartoffeln ernten.

Es gibt jedoch auch Fälle, in denen sich die Faktoren vollkommen austauschen (= substituieren) lassen. Ein Faktor kann den anderen vollkommen ersetzen, es sind letztlich nicht unbedingt beide zur Produktion notwendig. Eine sehr weitgehende Substituierbarkeit besteht in der Landwirtschaft z.B. bei Eiweißfuttermitteln (Sojaschrot und Fischmehl) oder Grundfuttermitteln (Grassilage und Maissilage) oder auch in Bezug auf unterschiedliche Düngemittel (Harnstoff und Kalkammonsalpeter). In diesem Fall zeigt die Isoquante einen linearen Verlauf, da die Faktoren vollkommen und zugleich in **konstantem Verhältnis substituierbar** sind.

Konstante Grenzrate der Substitution

Das heißt: Die Grenzrate der Substitution ist konstant. Damit muss auch die Steigung der Isoquante in jedem Punkt gleich sein, was zu einem linearen Verlauf führt (vgl. Abb. 2.4).

In der Landwirtschaft existieren daneben auch Produktionssysteme, die zur Erzeugung einer bestimmten Produktmenge eindeutig **festgelegte Kombinationen von Produktionsfaktoren** verlangen.

Keine Substitution bei ergänzenden (limitationalen) Produktionsfaktoren

Ein Beispiel dafür sind Schlepper und Anhängepflug. Es ist sinnlos, für einen Schlepper zwei Pflüge zur Verfügung zu haben, schließlich kann man nur einen nutzen. Auch der umgekehrte Fall, dass zwei Schlepper zur Verfügung stehen aber nur ein Pflug, führt nicht zu einer Steigerung der Produktion. Wenn also mehr Pflüge zum Einsatz kommen sollen, muss je Pflug auch immer genau ein Schlepper zur Verfügung stehen. Solche sich gegenseitig bedingenden (ergänzenden) Faktoren nennt man komplementär. Für komplementäre Faktoren ist die Produktionsfunktion linear. Näheres dazu in Kapitel 2.3.

2 ökonomische Fragestellungen:
- **gegebenen Ertrag mit minimalen Kosten erzeugen**
- **mit gegebenem Budget maximalen Ertrag erzeugen**

Optimale Faktorkombination (Minimalkostenkombination)
Bis hierher haben wir die Frage der Austauschbeziehung zwischen zwei variablen Produktionsfaktoren nur auf technischer Basis diskutiert. Bleibt die Frage, welche **Faktorkombination optimal** ist:

Wie kann ich eine bestimmte **Produktionsmenge mit minimalen Kosten** und damit maximalem Gewinn erzeugen? Oder: Wie muss ich mein **vorhandenes Budget auf die Produktionsfaktoren aufteilen**, um maximalen Gewinn zu erzielen? Dazu ist wiederum die Transformation der technischen Beziehungen in monetäre Größen erforderlich: Wir wollen uns auf die erste Frage konzentrieren und bewerten die eingesetzten Faktormengen mit dem jeweiligen Zukaufspreis. Da wir die erzeugte Ertragsmenge konstant halten, muss diese nicht monetär bewertet werden. Unser Entscheidungsproblem besteht jetzt nur darin, wie diese vorgegebene Menge mit minimalen Kosten hergestellt werden kann.

Auf das bisher dargestellte Beispiel der Kartoffelproduktion übertragen, lautet die Frage: Wie viel Dünger und Wasser sind einzusetzen, um **253 dt Kartoffeln am kostengünstigsten zu erzeugen**? Zur Bewertung der Produktionsfaktoren Wasser und Dünger werden folgende Preise unterstellt:

Wasser: 0,360 €/m³ = 360 €/100 mm Beregnung pro Hektar
Dünger: 180 €/dt

Preise der Produktionsfaktoren

In Tabelle 2.6 sind die unterschiedlichen Faktorkombinationen wiedergegeben. Zunächst wird ein Punkt auf der Isoquante ausgewählt, bei dem 0,5 dt Dünger und 220 mm Wasser je ha benötigt werden, um 253 dt Kartoffeln je ha zu erzeugen. Mit den unterstellten Faktorpreisen ergeben sich daraus **Kosten für den Faktoreinsatz** von insgesamt 882 €. Es stellt sich die Frage, ob die Produktion von 253 dt Kartoffeln nicht durch ein anderes Verhältnis von Dünger- und Wassereinsatz mit geringeren Kosten durchgeführt werden kann.

Bei einer Steigerung des Düngereinsatzes um 0,5 dt auf 1 dt kann – der Isoquante folgend – der Wassereinsatz um 40 mm verringert werden. Bei den unterstellten Preisen bedeutet dies, dass einerseits die Kosten für den Düngereinsatz um 90 € ansteigen, während andererseits die Kosten des

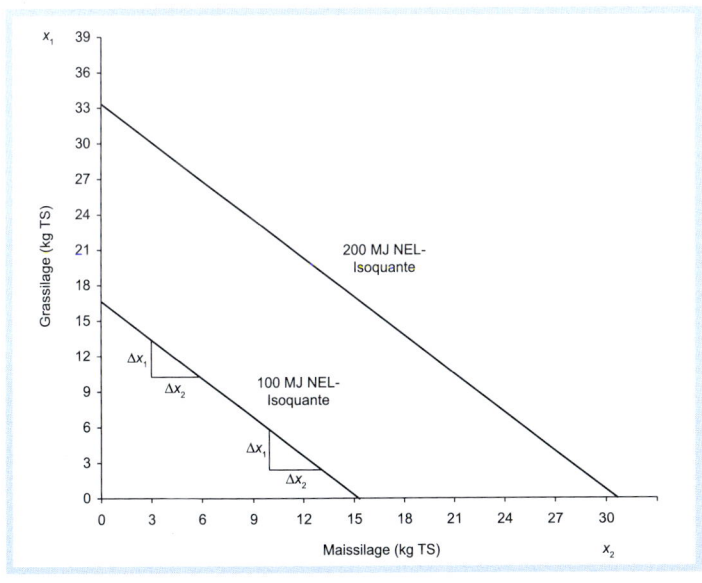

Abb. 2.4
Verlauf der Isoquante bei vollkommener Substituierbarkeit

Tab. 2.6.

Ermittlung der optimalen Kombination von Düngereinsatz und Beregnung zur Produktion von 253 dt Kartoffeln je ha

Kartoffel-ertrag	Dünger gesamt	Wasser gesamt	Grenz-rate der Substitution	variable Kosten Dünger	Verän-derung	variable Kosten Wasser	Verän-derung	variable Kosten des Faktoreinsatzes	Verän-derung	Preisverhältnis Dünger zu Bewässerung
			Wasser durch Dünger	bei q_d = 180 €/dt		bei q_w = 3,6 €/mm				
	x_1	x_2	$|\Delta x_2/\Delta x_1|$	$x_1 \times q_d$	$\Delta x_1 \times q_d$	$x_2 \times q_w$	$\Delta x_2 \times q_w$	$x_1 \times q_d + x_2 \times q_w$		q_d/q_w
dt/ha	dt/ha	mm/ha	mm/dt	€/ha	€/ha	€/ha	€/ha	€/ha	€/ha	
253	0,5	220,0		90,0		792,0		882,0		50,0
253	1,0	180,0	80,0	180,0	90,00	648,0	−144,0	828,0	−54,0	50,0
253	1,5	153,0	54,0	270,0	90,00	550,8	−97,2	820,8	−7,2	50,0
253	2,0	133,0	40,0	360,0	90,00	478,8	−64,8	838,8	18,0	50,0
253	2,5	115,0	36,0	450,0	90,00	414,0	−54,0	864,0	25,2	50,0
253	3,0	100,0	30,0	540,0	90,00	360,0	−43,2	900,0	36,0	50,0
253	3,5	88,0	24,0	630,0	90,00	316,8	−37,4	946,8	46,8	50,0
253	4,0	77,6	20,8	720,0	90,00	279,4	−34,6	999,4	52,6	50,0
253	4,5	68,0	19,2	810,0	90,00	244,8	−28,8	1054,8	55,4	50,0
253	5,0	60,0	16,0	900,0	90,00	216,0	−25,2	1116,0	61,2	50,0
253	5,5	53,0	14,0	990,0	90,00	190,8	−10,8	1180,8	64,8	50,0
253	6,0	50,0	6,0	1080,0		180,0		1260,0	79,2	50,0

Optimum*

* Optimum liegt zwischen dem Einsatz von 1,5 dt Dünger bzw. 153 mm Wasser und 2,0 dt Dünger bzw. 133 mm Wasser dort, wo GRS dem umgekehrten Preisverhältnis entspricht.

Wassereinsatzes um 144 € abnehmen. Insgesamt lassen sich dadurch die Kosten des Faktoreinsatzes um 54 € verringern.

Die Wirkung des zusätzlichen Düngereinsatzes besteht also nicht in der Erhöhung des Kartoffelertrages, sondern in der Einsparung an Wasser mit entsprechender Senkung der damit verbundenen Kosten. Von diesem Unterschied abgesehen gelten jedoch die gleichen Prinzipien wie bei der Bestimmung des optimalen Faktoreinsatzniveaus. Die Erhöhung des Düngereinsatzes ist dann wirtschaftlich, wenn die dadurch verursachte Einsparung der Kosten für den Wassereinsatz größer ist als die zusätzlichen Kosten, die durch die Steigerung des Düngereinsatzes entstehen. Anders ausgedrückt: Die Substitution des Wassers (Faktor X_2) durch die Düngung (Faktor X_1) ist dann wirtschaftlich, wenn gilt:

$$\mid \Delta x_2 \times q_2 \mid > \Delta x_1 \times q_1$$

Sobald gilt, dass $\mid \Delta x_2 \times q_2 \mid < \Delta x_1 \times q_1$ führt eine weitere Substitution des Faktors X_2 (Wasser) durch Faktor X_1 (Düngung) zu einem Anstieg der Kosten des Einsatzes der variablen Produktionsfaktoren. Demzufolge ist die Minimalkostenkombination dann erreicht, wenn die Einsparung der Kosten durch den verminderten Einsatz des Faktors X_2 gerade gleich den zusätzlichen Kosten durch gesteigerten Einsatz des Faktors X_1 sind, also:

Die Substitution von Wasser durch Dünger lohnt sich, wenn die Kostenersparnis bei Wasser größer ist als die zusätzlichen Düngerkosten

$$\mid \Delta x_2 \times q_2 \mid = \Delta x_1 \times q_1$$

oder umgeformt:

$$\left| \frac{\Delta x_2}{\Delta x_1} \right| = \frac{q_1}{q_2}$$

Unterstellt man unbegrenzte Teilbarkeit der Produktionsfaktoren und damit eine stetige Isoquante, so kann der Differenzenquotient bei infinitesimaler Änderung der Faktoreinsatzmengen durch den Differentialquotienten ersetzt werden und es gilt:

$$\left| \frac{dx_2}{dx_1} \right| = \frac{q_1}{q_2}$$

Optimumbedingung: Grenzrate der Substitution = umgekehrtes Preisverhältnis der Produktionsfaktoren

In Worten ausgedrückt: Die **optimale Faktorkombination (Minimalkostenkombination)** ist dann erreicht, wenn die Grenzrate der Substitution dem umgekehrten Preisverhältnis der Produktionsfaktoren entspricht.

Für das Beispiel in Tabelle 2.6 ist die Steigerung des Düngereinsatzes bis 1,5 dt wirtschaftlich, da bis zu diesem Niveau die Kosteneinsparung bei der Bewässerung stets größer ist als die Kosten des zusätzlichen Düngereinsatzes.

Bei weiterer Steigerung des Düngereinsatzes reicht die Einsparung der Kosten für die Bewässerung nicht mehr aus, um den Kostenanstieg des Düngereinsatzes zu kompensieren; die Kosten des Faktoreinsatzes steigen insgesamt wieder an. Die Minimalkostenkombination ist daher bei einem Düngereinsatz von 1,5 dt und einem Bewässerungsniveau von 153 mm bei Gesamtkosten von 820,80 € je ha erreicht. Ein Vergleich der Grenzrate der Substitution von Wasser durch Dünger mit dem umgekehrten Verhältnis der Preise für Dünger und Wasser (180/3,6 = 50) zeigt, dass beide Werte nahezu einander entsprechen. Bei weiterer Steigerung des Düngereinsatzes nimmt die Grenzrate der Substitution ab und sinkt unter den Quotienten aus den Preisen für Dünger und Wasser, so dass die Kosten insgesamt wieder ansteigen: Die Minimalkostenkombination ist überschritten. Auf Grund der stufenweisen Steigerung des Düngereinsatzes in unserem Beispiel lässt sich die Minimalkostenkombination allerdings nur annähernd bestimmen: Sie muss im Bereich zwischen 1,5 und 2 dt Dünger und zwischen 133 und 153 mm Beregnung liegen.

Es kommt bei der Bestimmung der Minimalkostenkombination nicht auf die absoluten Preise der Produktionsfaktoren an. Wichtig sind die relativen Preise, also das Verhältnis zwischen den Faktorpreisen. Auch der Verlauf der Isoquante und damit die Substituierbarkeit der Produktionsfaktoren hat einen Einfluss auf das Ergebnis. Ändern sich die Preisverhältnisse, dann verändert sich die Minimalkostenkombination sehr stark bei vergleichsweise guter Austauschbarkeit der Faktoren (z. B. Fischmehl und Sojaschrot) und damit nahezu linearer Isoquante. Bei geringer Substituierbarkeit der Faktoren und stark konvex verlaufender Isoquante wird die Minimalkostenkombination durch eine Änderung der Preisverhältnisse nur wenig verschoben.

Die Bestimmung der Minimalkostenkombination hilft uns herauszufinden, wie wir eine vorgegebene Produktionsmenge mit minimalen Kosten erzeugen können. In der Realität stellen sich meist zwei Fragen gleichzeitig:
• Welches ist der **gewinnmaximale Ertrag**?
• Wie lässt er sich durch **kostenminimale Kombinationen von Produktionsfaktoren** produzieren?

Um beide Fragen gleichzeitig beantworten zu können, müssen wir die Ergebnisse der beiden vorhergehenden Abschnitte miteinander kombinieren. Diese gleichzeitige Beantwortung der Fragen heißt in der Sprache der Ökonomen: »Simultane Beachtung von zwei Optimalitätsbedingungen«.

Im Beispiel für den Kartoffelanbau und die zu bestimmende Faktoreinsatzkombination hatten wir die 253 dt-Isoquante exemplarisch herausgegriffen. Bestimmt man nun nach der Bedingung für die Minimalkostenkombination

$$\left| \frac{dx_2}{dx_1} \right| = \frac{q_1}{q_2}$$

für jede mögliche Isoquante die entsprechende Minimalkostenkombination, erhält man zahlreiche Minimalkostenkombinationen für jeweils unterschiedliche Produktionsniveaus. Verbindet man nun diese für die einzelnen Isoquanten (Produktionsniveaus) ermittelten Minimalkostenkombinationen, erhält man eine Linie der kostenminimalen Produktion, die auch als **Expansionspfad** bezeichnet wird (vgl. Abb. 2.5).

Für jeden Punkt auf dem Expansionspfad muss also gelten:

Der Expansionspfad beschreibt den geometrischen Ort aller Minimalkostenkombinationen

$$\left| \frac{dx_2}{dx_1} \right| = \frac{q_1}{q_2}$$

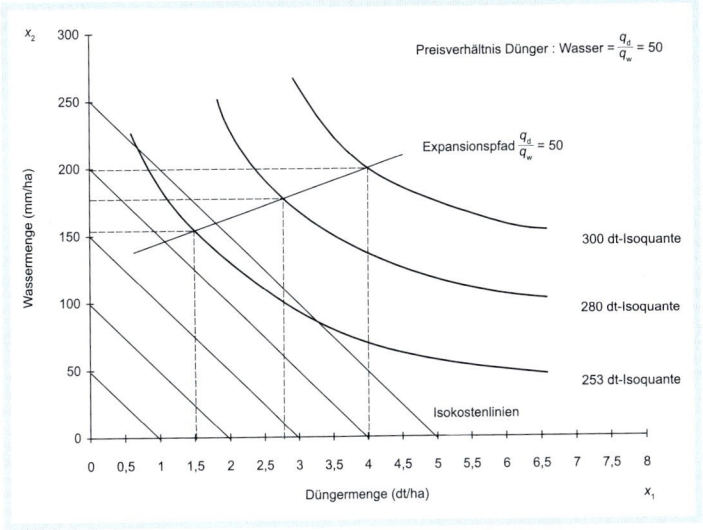

Abb. 2.5
Isoquanten und Expansionspfad (Minimalkostenkombination bei verschiedenen Ertragsniveaus)

Im zweiten Schritt sind analog zur partiellen Faktorvariation (optimale spezielle Intensität) die Bedingungen zu ermitteln, die gegeben sein müssen, damit auf diesem Expansionspfad die Bedingungen des optimalen Faktoreinsatzniveaus gegeben sind. Den Überlegungen der partiellen Faktorvariation entsprechend ist die gewinnmaximale Faktoreinsatzmenge dann gegeben, wenn der monetäre Grenzertrag des Faktoreinsatzes (Wertgrenzprodukt) dem Faktorpreis (Grenzkosten) entspricht – wenn also gilt Wertgrenzprodukt gleich Faktorpreis:

$$\frac{dy}{dx_1} \times p_y = q_1$$

Dieser Grundsatz gilt auch beim Einsatz mehrerer variabler Produktionsfaktoren. Die optimale Faktoreinsatzmenge aller variablen Faktoren ist dann erreicht, wenn der monetäre Grenzertrag jedes dieser variablen Faktoren dem jeweiligen Faktorpreis (Grenzkosten) entspricht. Mit anderen Worten: Für die **optimale Einsatzmenge mehrerer variabler Produktionsfaktoren** gilt:

Optimumbedingung für zwei variable Faktoren

$$\frac{dy}{dx_1} \times p_y = q_1 \text{ und } \frac{dy}{dx_2} \times p_y = q_2$$

Die beiden Gleichungen geben also für jeweils einen Faktor an, welche Bedingung erfüllt sein muss, damit für diesen Faktor die gewinnmaximale Ertragshöhe produziert wird. Wir wissen aber außerdem – dies haben wir weiter oben abgeleitet – dass das Verhältnis der beiden Faktorpreise zueinander entscheidend ist: Das Optimum muss sich auf dem Expansionspfad befinden. Deswegen ist es sinnvoll, die beiden oben stehenden Gleichungen durcheinander zu teilen, denn dann erreichen wir auf der rech-

Optimumbedingungen für die Minimalkombination:
Das Verhältnis der Grenzproduktivitäten ist gleich dem Preisverhältnis der Produktionsfaktoren

ten Seite der Gleichung die Bedingung, die für die Einhaltung des Expansionspfades gegeben sein muss. Wir können also schreiben:

$$\frac{\frac{dy}{dx_1} \times p_y}{\frac{dy}{dx_2} \times p_y} = \frac{q_1}{q_2} \quad \text{oder} \quad \frac{\frac{dy}{dx_1}}{\frac{dy}{dx_2}} = \frac{q_1}{q_2}$$

In Worten ausgedrückt: Der optimale Einsatz mehrerer Faktoren ist dann gegeben, wenn sich die Grenzerträge der einzelnen Faktoren wie ihre Preise verhalten. Oder: Im Optimum müssen sich die partiellen Grenzerträge (Grenzproduktivitäten) zweier Faktoren wie ihre Preise verhalten.

2.2.2 Verbundene Produktion

Im vorhergehenden Abschnitt sind wir vereinfachend von der Annahme ausgegangen, dass das landwirtschaftliche Unternehmen lediglich ein einziges Produkt herstellt.

Landwirtschaftliche Betriebe sind in der Regel Mehrproduktbetriebe (verbundene Produktion)

Trotz aller Tendenzen, auch in der Landwirtschaft die Produktionsprogramme zu vereinfachen, sind landwirtschaftliche Betriebe, die nur ein einziges Produkt herstellen, nach wie vor die Ausnahme. Anders ausgedrückt: Es ist von großer praktischer Bedeutung sich damit zu beschäftigen, welche Produkte in jeweils welchem Umfang erzeugt werden sollen. Neben den bisher erörterten Fragestellungen hinsichtlich des optimalen Niveaus und der optimalen Kombination der Produktionsfaktoren steht vor allem die Frage im Vordergrund, wie die einzelnen Produktionszweige miteinander kombiniert werden müssen, damit der größtmögliche Gewinn erzielt werden kann. Gesucht wird also die **optimale d. h. gewinnmaximale Produktionsrichtung**.

Was ist damit gemeint? Zunächst ist zu klären, welche Abhängigkeiten grundsätzlich zwischen Produktionszweigen im **Mehrproduktbetrieb** bestehen können. Wird für den Mehrproduktbetrieb eine bestimmte kurzfristig unveränderbare Produktionsmittelausstattung unterstellt, dann ergeben sich folgende Arten der Beziehung zwischen Produktionszweigen:

- **Parallele Produktion:** In diesem Fall hat die Produktion des einen Produkts keinerlei Auswirkungen auf die Produktion des anderen Produktes. Ein Produktionszweig kann beliebig in seinem Umfang verändert werden, unabhängig von den anderen Produktionszweigen. Diese haben demzufolge keine gemeinsamen Ansprüche an vorhandene Produktionsfaktoren. Derartige Beziehungen sind in der Landwirtschaft trotz zunehmender Spezialisierung der Betriebe jedoch selten.

Koppelprodukte werden in der Planung quasi als ein Produkt betrachtet

- **Koppelproduktion:** Sie liegt dann vor, wenn bei der Herstellung eines Produktes »zwangsläufig« andere Produkte »entstehen«. Sie ist in landwirtschaftlichen Betrieben häufig anzutreffen: Bei der Milchviehhaltung fallen z. B. zwangsläufig Altkuh und Kälber an. Beim Getreideanbau wird neben dem Korn auch Stroh erzeugt, das als Dünger oder Einstreu verwendet werden kann. Der Betriebsleiter kann allenfalls durch die technische Gestaltung des Produktionsprozesses das Mengenverhältnis in engen Grenzen verschieben. So kann beispielsweise in der Getreideproduktion durch Sortenwahl, Düngung und Pflanzenschutz die Strohmenge verändert werden. Koppelprodukte können sich also nicht oder nur in engen Grenzen gegenseitig substituieren. Folglich wird bei Koppelproduktion in der Entscheidung bzw. Planung ein bestimmtes Mengenverhältnis der Koppelprodukte als fest angesehen und die Koppelprodukte werden damit **quasi als ein Produkt betrachtet.**

- **Konkurrierende Produktion:** Von konkurrierender Produktion sprechen wir, wenn wir von einem Produkt nur dann mehr erzeugen können, wenn wir ein anderes dafür einschränken. So kann der Landwirt eine gegebene betriebliche Ackerfläche durch die Kombination mehrerer Kulturen nutzen. Dehnt er nun die Fläche einer Kultur aus, tritt diese in Konkurrenz zu einer anderen Kultur, die eingeschränkt werden muss. Derartige Verhältnisse zwischen Produkten stellen in landwirtschaftlichen Betrieben die Regel dar.

Konkurrierende Produktion ist der Regelfall im landwirtschaftlichen Betrieb

Die konkurrierende Produktion ist aus ökonomischer Sicht besonders interessant, weil es sich quasi um die Grundfrage ökonomischer Entscheidung handelt: Wie verteile ich beschränkt vorhandene Ressourcen auf verschiedene Zwecke so, dass ich meinen Nutzen oder Gewinn maximieren kann? Daher wollen wir uns im Folgenden mit der konkurrierenden Produktion intensiv beschäftigen.

Ähnlich wie im Einproduktbetrieb bei der Frage der Austauschbeziehungen zwischen Produktionsfaktoren können auch bei den Austauschbeziehungen zwischen Produkten verschiedene Konstellationen unterschieden werden. Bei der Faktorsubstitution (Faktor-Faktor-Beziehung) im Einproduktbetrieb hatten wir eine bestimmte Produktionsmenge vorgegeben und nach dem optimalen Faktoreinsatzniveau und der optimalen Faktorkombination gesucht.

Bei der Frage nach der optimalen Produktionsrichtung (Produkt-Produkt-Beziehung) ist dagegen eine bestimmte Faktorausstattung gegeben und die optimale Kombination der Produkte und deren Produktionsmengen sind gesucht. Bei konkurrierender Produktion und einem begrenzend wirkenden Produktionsfaktor lassen sich – analog zur Faktor-Faktor-Beziehung – folgende Austauschbeziehungen zwischen Produkten unterscheiden:

Austauschbeziehungen zwischen Produkten

- **Konstante Grenzrate der Transformation,**
- **abnehmende Grenzrate der Transformation** und
- **zunehmende Grenzrate der Transformation.**

Dabei spricht man im Rahmen der möglichen Produktion nicht von Substitution, sondern von Transformation. Bei **konstanter Grenzrate der Transformation** von Produkten liegen zwischen den Produkten **lineare Austausch- bzw. Substitutionsbeziehungen** vor. Das bedeutet, dass bei Ausdehnung der Produktion eines Produktes Y_1 um eine Einheit die Produktion des um den Produktionsfaktor konkurrierenden anderen Produktes Y_2 um jeweils einen bestimmten Betrag eingeschränkt werden muss – und dieser Betrag, um den die Produktion des Produktes Y_2 eingeschränkt werden muss, bleibt konstant, unabhängig davon an welcher Stelle der Transformationskurve wir uns befinden.

Ein Beispiel hierfür ist in Tabelle 2.7 dargestellt: Ein Betrieb kann von seiner Stallplatzkapazität her Zuchtsauen und Milchkühe halten. Die Viehhaltung wird dabei ausschließlich durch die vorhandene Arbeitskapazität in Höhe von 2 500 Arbeitskraftstunden (AKh) je Jahr begrenzt. Der Arbeitszeitbedarf für die Betreuung einer Zuchtsau beträgt 25 Stunden je

Tab. 2.7.

Lineare Beziehungen der Substitution von Produkten (konstante Grenzrate der Transformation)
Beispiel:
Verfügbare Arbeitskapazität: 2 500 AKh
Arbeitszeitbedarf:
Milchkuhhaltung: 50 AKh/Kuh u. Jahr
Zuchtsauenhaltung: 25 AKh/Sau u. Jahr

Arbeits-kapazität	Möglicher Produktionsumfang							Grenzrate der Transformation
	Zuchtsauen	Verän-derung	Arbeits-zeit-bedarf	Milch-kühe	Verän-derung	Arbeits-zeit-bedarf	Restka-pazität Arbeit	Zuchtsauen durch Kühe
	y_2	Δy_2		y_2	Δy_2			$\lvert\Delta y_2/\Delta y_2\rvert$
AKh/Jahr	Anzahl		AKh	Anzahl		AKh	AKh	
2 500	100		2 500	0		0	0	
2 500	90	− 10	2 250	5	5	250	0	2
2 500	80	− 10	2 000	10	5	500	0	2
2 500	70	− 10	1 750	15	5	750	0	2
2 500	60	− 10	1 500	20	5	1 000	0	2
2 500	50	− 10	1 250	25	5	1 250	0	2
2 500	40	− 10	1 000	30	5	1 500	0	2
2 500	30	− 10	750	35	5	1 750	0	2
2 500	20	− 10	500	40	5	2 000	0	2
2 500	10	− 10	250	45	5	2 250	0	2
2 500	0	− 10	0	50	5	2 500	0	2

Jahr, in der Milchviehhaltung werden je Kuh und Jahr insgesamt 50 Stunden benötigt. Auf Grund der vorhandenen Arbeitszeit kann der Betriebsleiter 100 Zuchtsauen halten oder 50 Kühe. Möglich wären auch z. B. 50 Zuchtsauen und 25 Kühe – oder jede andere Kombination, so lange 2 500 AKh pro Jahr nicht überschritten werden.

Da eine lineare Beziehung zwischen der Haltung von Zuchtsauen und Kühen unterstellt ist, kann der Betriebsleiter im Rahmen der bereits ermittelten Obergrenzen durch die Einschränkung der Zuchtsauenhaltung um je zwei Tiere je eine Kuh mehr halten. Hinsichtlich des Arbeitszeitbedarfs besteht zwischen Zuchtsauen und Kühen ein konstantes Verhältnis von 2 : 1. Die **Grenzrate der Transformation (GRT)** von Zuchtsauen (Y_2) durch Kühe (Y_1) errechnet sich aus

Die Grenzrate der Transformation (GRT) beschreibt die Austauschbeziehung zwischen Produktions-richtungen

$$\text{GRT} = \left|\frac{\Delta y_2}{\Delta y_1}\right| = \left|\frac{-10}{5}\right| = 2$$

Wenn die Milchkuhhaltung um eine Einheit ausgedehnt werden soll, muss die Zuchtsauenhaltung um zwei Einheiten eingeschränkt werden. Oder: Für eine Zuchtsau mehr muss der Landwirt auf 0,5 Kühe verzichten.

Der in der Tabelle 2.7 dargestellte Sachverhalt lässt sich auch graphisch darstellen, indem man – analog zur Bestimmung der optimalen Faktorzusammensetzung – die im Rahmen der konstant gehaltenen Produktionsfaktorausstattung möglichen Produktionsmengen der Produkte Y_1 und Y_2 in einem Koordinatensystem abträgt (vgl. Abb. 2.6).

Bei konstanter Grenzrate der Transformation und linearen Produktionsbeziehungen ergibt sich der für das Beispiel Milchkuhhaltung und Zuchtsauenhaltung geltende Verlauf der Produktionsmöglichkeiten. Die lineare Verbindungslinie wird allgemein als **Kapazitätslinie oder Transformations- bzw. Produktionsmöglichkeitenkurve** bezeichnet. Die Steigung der Verbindungslinie entspricht genau dem Substitutionsverhältnis der beiden Produkte Kühe und Zuchtsauen.

Die Kapazitätslinie beschreibt die Produktionsmöglichkeiten bei knappen Faktoren

Lineare Beziehungen zwischen Produkten sind bei begrenztem Einsatz von Produktionsfaktoren in der Landwirtschaft eher selten anzutreffen. Sowohl in der pflanzlichen als auch in der tierischen Produktion bestehen gegenseitige Abhängigkeiten, die bei bestimmten Produktionsumfängen zu nichtlinearen Austauschbeziehungen zwischen Produktionszweigen führen. Im Bereich der pflanzlichen Produktion gilt dies etwa für die Fruchtfolgebeziehungen verschiedener Kulturen. Dehnt man etwa die Getreidefläche auf Kosten anderer Früchte wie z. B. Raps oder Zuckerrüben immer weiter aus, so sinkt jenseits bestimmter Grenzen der Getreideertrag, da Unkraut- und Krankheitsdruck zunehmen. Da solche nichtlinearen Beziehungen von beträchtlicher Bedeutung sind, liegt der Schwerpunkt im Folgenden auf Transformationskurven mit zunehmender oder abnehmender Grenzrate der Transformation.

Eine **zunehmende Grenzrate der Transformation** bedeutet, dass bei Ausdehnung der Produktion des Produktes Y_1 die Produktion des konkurrierenden Produktes Y_2 in immer größerem Umfang eingeschränkt werden muss.

Zunehmende Grenzrate der Transformation

Derartige Verhältnisse gibt es insbesondere im Bereich der Pflanzenproduktion. Werden z. B. auf 50 ha Ackerfläche Getreide und Leguminosen angebaut und räumt man dem Getreide im Rahmen der Fruchtfolge sukzessive einen höheren Anteil bis hin zur Monokultur ein, dann nehmen die durchschnittlichen Erträge je ha Getreidefläche immer stärker ab. Insbesondere höherer Krankheitsdruck, aber auch zunehmend ungünstiger werdende Bedingungen der Aussaat und Ernte auf Grund knapper Arbeitszeitspannen sind mögliche Ursachen dafür. Andererseits zeigen Versuchsergebnisse, dass die Erträge der Leguminosen ansteigen, wenn ihr Anteil in der Fruchtfolge sinkt.

Es bestehen zwischen Leguminosen und Getreide in bestimmten Bereichen nichtlineare Substitutionsbeziehungen. Die Grenzrate der Transformation von Leguminosen durch Getreide nimmt zu. Dies bedeutet, dass bei zunehmendem Ersatz der Leguminosen durch Getreide die zunehmende Getreideerzeugung mit dem Verzicht auf eine immer größer werdende Menge an Leguminosen verbunden ist und umgekehrt. Tabelle 2.8 und Abbildung 2.7 stellen die Kapazitätslinie (Produktionsmöglichkeitenkurve oder Transformationskurve) an Hand eines hypothetischen Beispiels dar.

Nicht berücksichtigt ist dabei, dass es auch Bereiche abnehmender Grenzerträge der jeweiligen Produktionsfunktionen der Produkte Y_1 (Leguminosen) und Y_2 (Getreide) geben kann, wie Abbildung 2.8 darstellt.

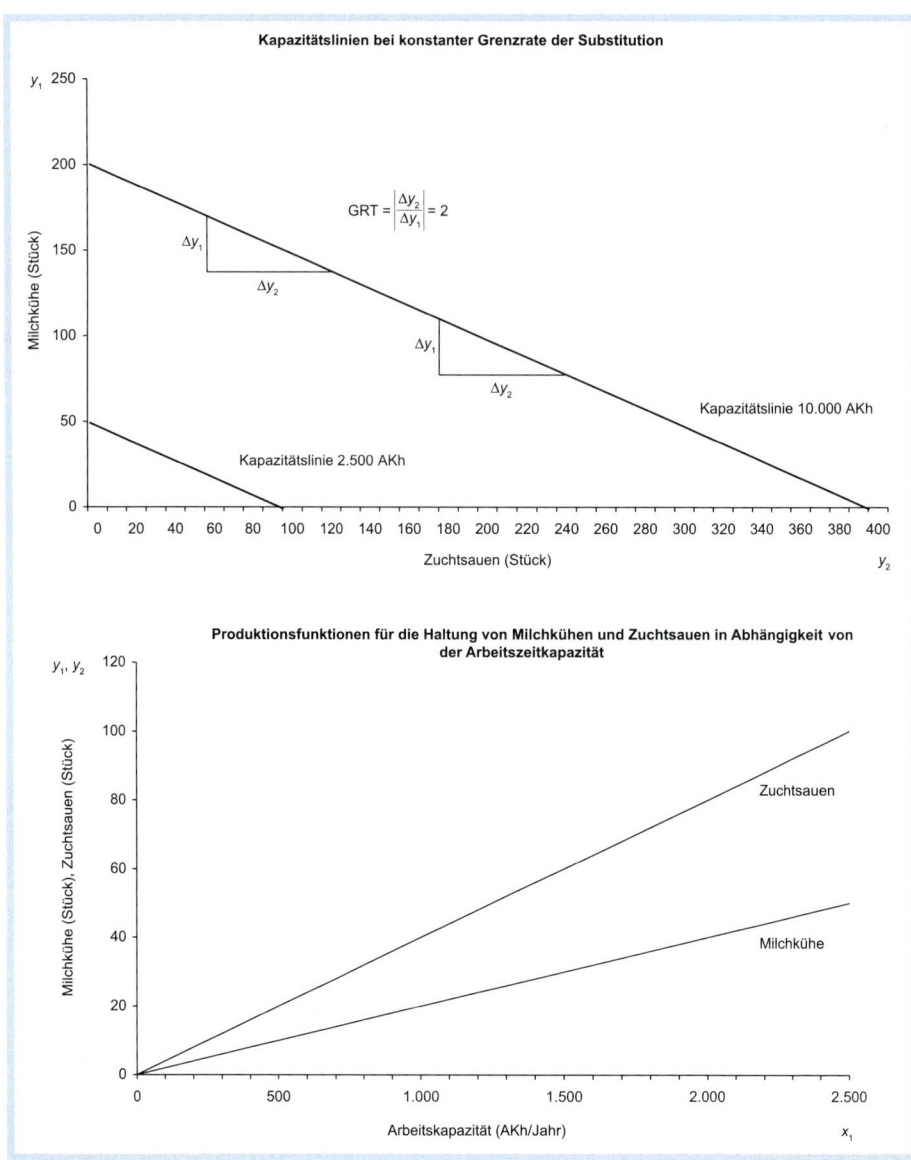

Abb. 2.6
Ableitung der Kapazitätslinien bei konstanter Grenzrate der Transformation aus der Produktionsfunktion

Tab. 2.8.

Substitutionsbeziehungen zwischen Produkten bei zunehmender Grenzrate der Transformation
Beispiel: Getreide- und Leguminosenanbau auf 50 ha Ackerfläche

Acker-fläche	Anbau-fläche Getreide	Durch-schnittl. Ertrag	Gesamt-ertrag	Verän-derung	Anbau-fläche Legumi-nosen	Durch-schnittl. Ertrag	Gesamt-ertrag	Verän-derung	Grenzrate der Trans-formation Getreide durch Legumi-nosen
			y_2	Δy_2			y_2	Δy_2	$\lvert \Delta y_2 / \Delta y_2 \rvert$
ha	ha	dt/ha	dt	dt	ha	dt/ha	dt	dt	
50	50	53,60	2 680,00		0		0,00		
				− 38,50				190,00	0,20
50	45	58,70	2 641,50		5	38,00	190,00		
				− 37,50				174,00	0,22
50	40	65,10	2 604,00		10	36,40	364,00		
				− 98,22				128,00	0,77
50	35	71,59	2 505,78		15	32,80	492,00		
				− 138,96				132,00	1,05
50	30	78,89	2 366,82		20	31,20	624,00		
				− 296,81				81,00	3,66
50	25	82,80	2 070,01		25	28,20	705,00		
				− 350,20				93,00	3,77
50	20	85,99	1 719,81		30	26,60	798,00		
				− 422,06				63,00	6,70
50	15	86,52	1 297,75		35	24,60	861,00		
				− 402,55				39,00	10,32
50	10	89,52	895,20		40	22,50	900,00		
				− 444,51				22,50	19,76
50	5	90,14	450,69		45	20,50	922,50		
								22,50	
50	0				50	18,90	945,00		

Wird die Produktion des einen oder anderen Produktes bis zu diesem Bereich ausgedehnt, dann sinkt die Produktionsmenge dieses Produktes. Auf Grund der starken kumulativen Beziehungen, entstehen an der Kapazitätslinie sogenannte komplementäre Bereiche (vgl. Abb. 2.8). Das heißt, die Produktionsbeziehung weist **Komplementarität** auf: Die Produktionsmengen beider Produkte verändern sich bei Veränderung des Faktoreinsatzes in gleicher Richtung.

Diese Bereiche der **Komplementarität der Kapazitätslinie** sind jedoch aus ökonomischer Sicht irrelevant, da bei unveränderter Faktorkapazität die Verringerung des Produktionsfaktoreinsatzes bei einem Produkt Y_1 zu Gunsten der Erzeugung des anderen Produktes Y_2 gleichzeitig zu einer Abnahme der Produktionsmengen von Y_1 und Y_2 führt. Die Komplementärbereiche sind damit technisch ineffizient.

Muss bei Ausdehnung der Herstellung des Produktes Y_1 die Herstellung des Produktes Y_2 in zunehmend geringerem Maße eingeschränkt werden, so spricht man von **abnehmender Grenzrate der Transformation**.

Abnehmende Grenzrate der Transformation

Wenn etwa mit zunehmender Bestandsgröße der Arbeitszeitbedarf je Tier auf Grund von Degressionseffekten abnimmt, muss durch diese »technisch bedingte Freisetzung oder Einsparung von Arbeit« die Produktion des konkurrierenden Verfahrens bzw. Produktionszweiges in immer geringer werdendem Maße eingeschränkt werden. Den Verlauf der Kapazitätslinie zeigt Abbildung 2.9.

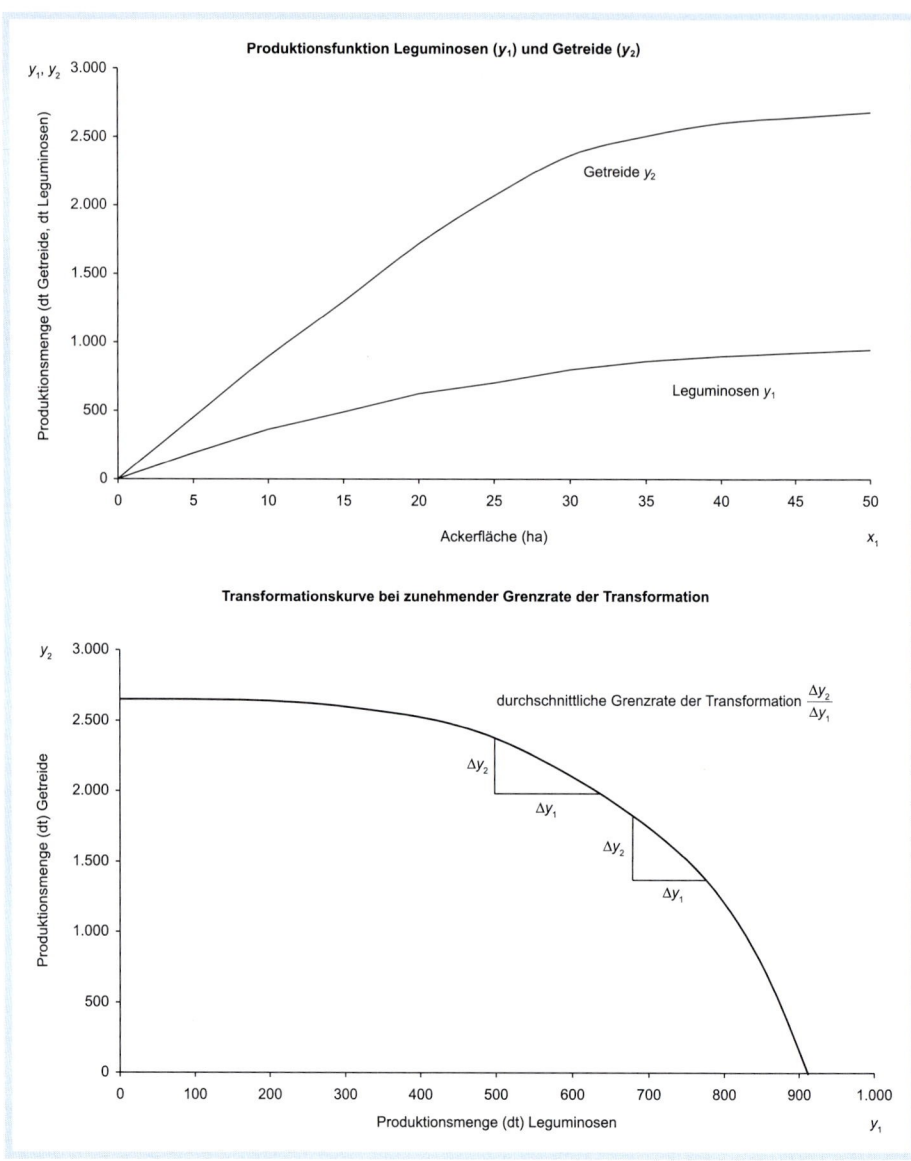

Abb. 2.7
Produktionsbeziehungen bei zunehmender Grenzrate der Transformation

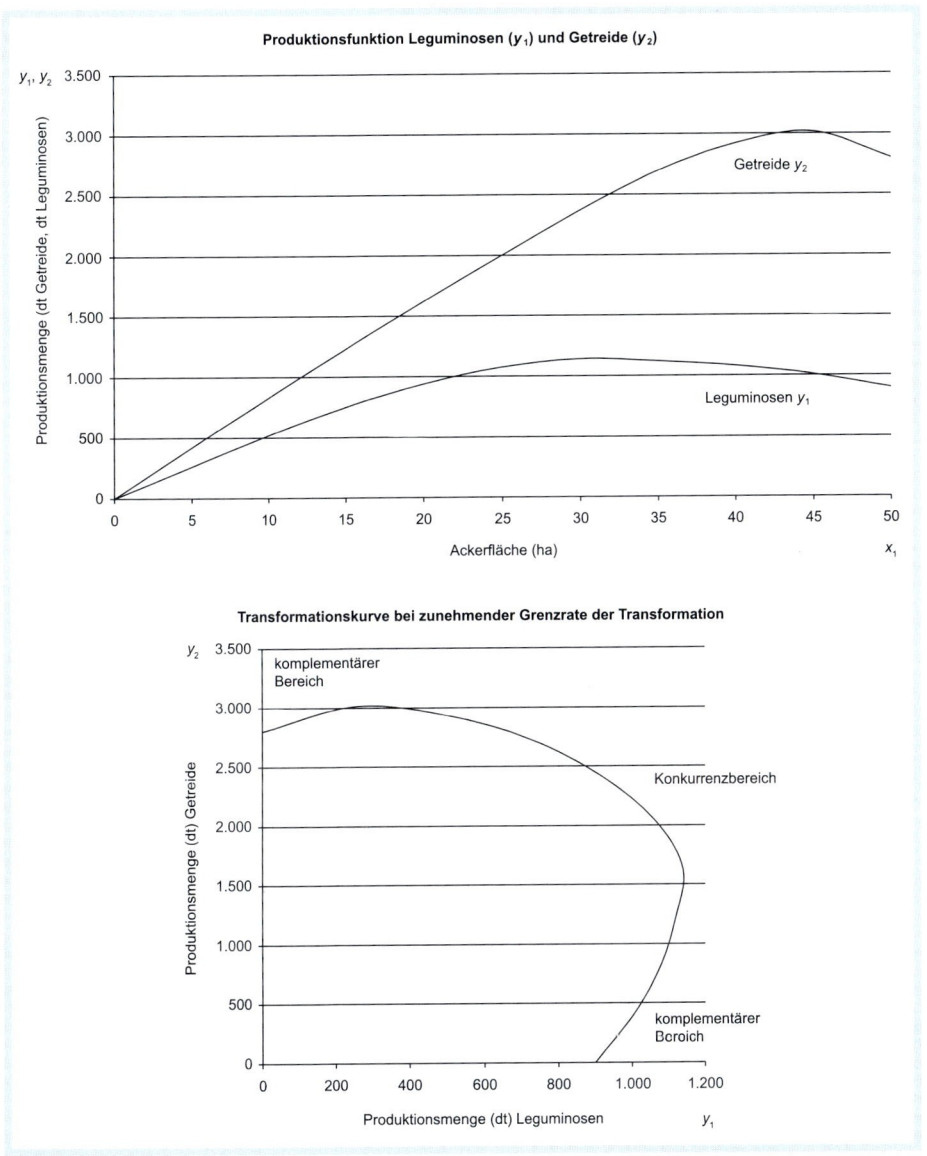

Abb. 2.8
Produktionsbeziehungen bei zunehmender Grenzrate der Transformation mit komplementären Bereichen

Bisher war die Diskussion der Transformation zwischen Produkten ausschließlich technisch ausgerichtet. Uns stellt sich nun die ökonomische Frage nach der optimalen Produktionsrichtung. Gesucht sind die Bedingungen, die erfüllt sein müssen, damit die Produktion zweier Produkte den im Rahmen der gegebenen Faktorkapazitäten maximal möglichen Gewinn erbringt.

Dazu folgende Überlegung: Die Ausdehnung der Produktion von Y_1 um eine Einheit muss mindestens soviel Gewinnzuwachs erbringen, wie ein Gewinnverzicht durch die Einschränkung der Produktion von Y_2 entsteht:

$$\Delta y_1 \times G_1 = -\Delta y_2 \times G_2$$

Wobei

Δy_1 = Mengenveränderung des Produkts Y_1,
Δy_2 = Mengenveränderung des Produkts Y_2,
G_1 = Gewinnbeitrag je Einheit des Produkts Y_1,
G_2 = Gewinnbeitrag je Einheit des Produkts Y_2.
Wir unterstellen, dass der Gewinnbeitrag je Einheit des Produktes Y_2 unabhängig von der Produktionsmenge konstant ist.

Durch Umformung der Gleichung erhält man:

$$-\frac{\Delta y_1}{\Delta y_2} = \frac{G_2}{G_1}$$

Da Δy_1 positiv und Δy_2 auf Grund der Produktionseinschränkung negativ ist, ist der gesamte Ausdruck auf der linken Seite des Gleichheitszeichens positiv.

Optimumbedingungen für die optimale Produktionsrichtung

Wir erinnern uns: Das Verhältnis von $\frac{\Delta y_1}{\Delta y_2}$ stellt die Grenzrate der Transformation von Produkt Y_1 durch Produkt Y_2 dar. Wir können also festhalten: Die optimale Produktionsrichtung ist erreicht, wenn die Grenzrate der Transformation sich umgekehrt verhält wie der Gewinnbeitrag je Einheit der einzelnen Produkte.

Wir können jetzt die Bausteine zusammenfügen. Für das Gewinnmaximum in einem Mehrproduktbetrieb, der mehrere Faktoren einsetzt, müssen die abgeleiteten Bedingungen hinsichtlich der Faktor-Produkt-Beziehung, der Faktor-Faktor-Beziehung und der Produkt-Produkt-Beziehung gleichzeitig erfüllt sein. Das heißt, die vorhandenen Produktionsfaktoren sind so einzusetzen, dass

Bedingungen für die optimale Organisation

- die **optimale spezielle Intensität** erreicht ist: Die Produktionsfaktoren werden so eingesetzt, dass die partiellen monetären Grenzerträge dem Faktorpreis (bzw. den Grenzkosten, wenn der Faktorpreis nicht konstant ist) entsprechen,
- die **Minimalkostenkombination** erreicht ist: Die Produktionsfaktoren werden so eingesetzt, dass die Grenzrate der Substitution sich umgekehrt verhält wie das Faktorpreisverhältnis bzw. die partiellen Grenzerträge sich verhalten wie die Faktorpreise,
- die **optimale Produktionsrichtung** gegeben ist: Die Produktionsfaktoren werden so für die Herstellung der Produkte eingesetzt, dass die Grenzrate der Transformation der Produkte dem umgekehrten Gewinnverhältnis der Produkte entspricht.

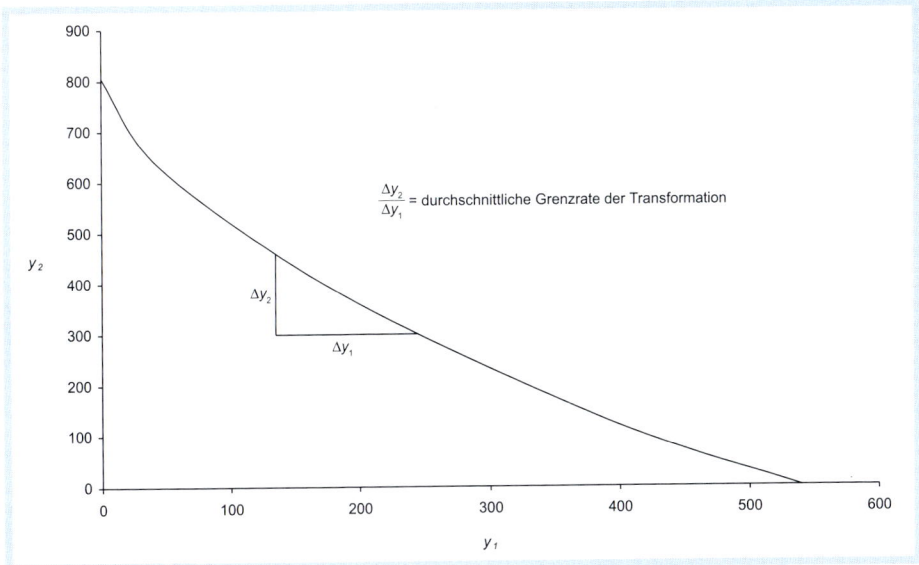

Im Mehrproduktbetrieb müssen die genannten Bedingungen auf Grund der bestehenden Zusammenhänge zwischen Produkten und Produktionsfaktoren simultan erfüllt sein. Damit das Gewinnmaximum eindeutig ermittelt werden kann, unterstellen wir nichtlineare Produktionsfunktionen (neoklassische Produktionsfunktionen) mit folgenden Eigenschaften:

- die partiellen Grenzerträge aller variablen Produktionsfaktoren sind abnehmend,
- die Grenzrate der Substitution ist zwischen allen Faktoren untereinander abnehmend und
- die Grenzrate der Transformation zwischen den Produkten ist bei allen Produkten zunehmend.

Entsprechend den einzelnen Bedingungen, die für die jeweiligen Ebenen erfüllt sein müssen, gelten für das Gewinnmaximum im Betrieb folgende Bedingungen:

Abb. 2.9
Produktionsbeziehungen bei abnehmender Grenzrate der Transformation

$$\frac{p_1 \times \dfrac{\Delta y_1}{\Delta x_1}}{q_1} = \frac{p_1 \times \dfrac{\Delta y_1}{\Delta x_2}}{q_2} = \frac{p_2 \times \dfrac{\Delta y_2}{\Delta x_1}}{q_1} = \frac{p_2 \times \dfrac{\Delta y_2}{\Delta x_2}}{q_2} = 1$$

Optimumbedingung im Mehrproduktbetrieb

Bei unbeschränkter Teilbarkeit der Produktionsfaktoren und Produkte sowie infinitesimaler Änderung des Faktoreinsatzes bzw. der Produktion wird der Differenzenquotient durch den Differenzialquotient ersetzt und es gilt:

$$\frac{p_1 \times \dfrac{dy_1}{dx_1}}{q_1} = \frac{p_1 \times \dfrac{dy_1}{dx_2}}{q_2} = \frac{p_2 \times \dfrac{dy_2}{dx_1}}{q_1} = \frac{p_2 \times \dfrac{dy_2}{dx_2}}{q_2} = 1$$

Man kann das oben stehende »Formelungetüm« auch in Worte fassen: Das Gewinnmaximum erfordert, dass die partiellen monetären Grenzerträge jedes einzelnen Faktors in allen Produktionszweigen gleich dem Faktorpreis (Grenzkosten) sind. Dies schließt die Bedingung ein, dass die partiellen monetären Grenzerträge eines jeden Faktors in allen konkurrierenden Verwendungen (= Betriebszweigen) gleich groß sein müssen.

Die Bestimmung des Optimums erfordert die simultane Berücksichtigung aller drei Planungsebenen: Faktoreinsatzhöhe, Faktorkombination und Produktionsrichtung. Diese simultane Bestimmung ist bei zwei variablen Faktoren und zwei Produkten noch auf algebraischem Weg zu bewerkstelligen.

In der Realität haben wir es in aller Regel mit mehr als zwei Faktoren und mehr als zwei Produkten zu tun. Wir müssen nach anderen Methoden suchen, mit denen wir die optimale Betriebsorganisation bestimmen können. Eine Möglichkeit für die praktische Betriebsplanung bietet die lineare Programmierung, deren Beherrschung über das hier vermittelnde Wissen hinausgeht.

Fragen zur Wiederholung

▶ Mit welcher zentralen Frage beschäftigt sich die neoklassische Produktionstheorie?

▶ Welche sechs vereinfachenden Annahmen sind in der neoklassischen Produktionstheorie unterstellt?

▶ Wann wird von der optimalen Organisation des landwirtschaftlichen Betriebes gesprochen? In welche drei Ebenen lässt sich diese gedanklich untergliedern?

▶ Was bildet die Produktionsfunktion ab? Wie werden die Variablen in der Funktion üblicherweise abgekürzt?

▶ Unterscheiden Sie zwischen Partial- und Totalfunktionen.

▶ Welche drei prinzipiell verschiedenen Beziehungen zwischen Faktoreinsatz und Produktionsmenge sind möglich?

▶ Was besagt das Gesetz des abnehmenden Ertragszuwachses. Unterscheiden Sie anhand eines Beispieles zwischen »Ertragszuwachs« und »zunehmendem Ertrag«.

▶ Wie errechnet sich der Grenz- im Vergleich zum Durchschnittsertrag? Wie können diese graphisch ermittelt werden? Wie verläuft die Grenzertrags- und die Durchschnittsertragskurve bei der neoklassischen Produktionsfunktion (Funktion mit abnehmendem Ertragszuwachs)?

▶ Wie wird der Gewinn (vereinfacht) errechnet?

▶ Wie lautet die Bedingung für die Bestimmung der optimalen Faktoreinsatzmenge (optimale Einsatzmenge eines Produktionsmittels bei der Erzeugung eines Produktes)? Wie lässt sich diese Optimumbedingung in drei Worten beschreiben?

▶ Unterscheiden Sie zwischen der gewinnmaximalen Faktoreinsatzmenge und der Faktoreinsatzmenge zur Erzielung des technisch möglichen Maximalertrages.

▶ Welche technischen Austauschbeziehungen von Produktionsfaktoren gibt es?

▶ Was ist eine Isoquante? Skizzieren und erläutern sie mögliche Verläufe von Isoquanten.

▶ Wie errechnet sich die Grenzrate der Substitution? Was stellt dieser Wert dar und welche Gesetzmäßigkeit lässt sich ableiten?

▶ Wie wird die optimale Kombination von Produktionsfaktoren (Minimalkostenkombination) bestimmt? Erläutern Sie dies anhand eines Beispiels.

▶ Was ist der Expansionspfad?

▶ Wie lautet die Bedingung für die gewinnmaximale Produktion eines Produktes mit mehreren Faktoren? (Simultane Betrachtung der zwei Optimalitätsbedingungen gewinnmaximale Faktoreinsatzmenge und Minimalkostenkombination)

▶ Welche drei Arten von Beziehungen zwischen Produktionszweigen sind möglich?

▶ Welche drei Austauschbeziehungen zwischen den Produkten der Produktionszweige im Mehrproduktbetrieb lassen sich bei konkurrierender Produktion unterscheiden? Erläutern Sie diese.

▶ Was ist eine Transformations- bzw. Produktionsmöglichkeitenkurve? Was wird in einem komplementären Bereich der Kurve abgebildet?

▶ Welche Bedingung muss erfüllt sein, um die optimale Produktionsrichtung zu erreichen?

▶ Fassen Sie zusammen, welche Bedingungen für einen Mehrproduktbetrieb, der mehrere Faktoren einsetzt, gleichzeitig erfüllt sein müssen, wenn er seinen Gewinn maximieren will.

Weiterführende Literatur

Wer genauer in die neoklassische Produktionstheorie einsteigen möchte, bekommt einen vertiefenden Einblick in folgenden Büchern:

BRANDES, W., RECKE, G. und BERGER, T. (1997): Produktions- und Umweltökonomik, Band 1, Verlag Eugen Ulmer Stuttgart.

KUHLMANN, F. (2003): Betriebslehre der Agrar- und Ernährungswirtschaft, 2. Aufl., DLG-Verlag, Frankfurt am Main.

Aus dem Bereich der allgemeinen Betriebswirtschaftslehre lässt sich das Buch

WÖHE, G. (2005): Einführung in die Allgemeine Betriebswirtschaftslehre, 22. Aufl., Verlag Vahlen, München,

durchaus auch für die Produktionstheorie der Landwirtschaft nutzen.

2.3 Lineare Technologie

Das Ziel der Gewinnmaximierung ist an bestimmte Bedingungen geknüpft – das haben wir in den vorhergehenden Kapiteln entwickelt. In diesen Bedingungen stecken folgende Annahmen über technische Zusammenhänge in der Produktion:

- Der Grenzertrag (bei Steigerung des Einsatzes eines Produktionsfaktors) nimmt ab.
- Produktionsmittel können sich innerhalb weiter Grenzen gegenseitig ersetzen.
- Produktionsmittel sind beliebig teilbar.

Diese drei Annahmen treffen in einer Reihe wichtiger Anwendungsbeispiele die Realität landwirtschaftlicher Betriebe nicht. Mit diesen Annahmen wird nämlich unterstellt, dass die Produktionsfunktion (Wir erinnern uns: Sie beschreibt den technischen Zusammenhang zwischen Input und Output.) bestimmte Eigenschaften aufweist wie beispielsweise einen kontinuierlichen, überall differenzierbaren Verlauf. In diesem Kapitel wollen wir einige Beispiele aus der landwirtschaftlichen Produktion zeigen, bei denen die Produktionsprozesse linear sind.

Damit sieht die Produktionsfunktion anders aus. Auf der Grundlage der Beispiele werden die Optimumbedingungen in veränderter Form formuliert.

Linearität

Lineare Produktionsfunktionen

In der Landwirtschaft sind lineare Beziehungen z. B. im Bereich der Milchproduktion anzutreffen. In vereinfachter Form (und ohne den Anspruch, alle ernährungsphysiologischen Details vollständig abzubilden) wird in Tabelle 2.9 und Abbildung 2.10 die Milchleistung als Funktion des Kraftfuttereinsatzes dargestellt.

Es zeigt sich, dass die Milchleistung der Kuh bei konstantem Grundfuttereinsatz (Maissilage) mit steigendem Kraftfuttereinsatz zunächst linear, d. h. proportional zunimmt. Schließlich erreicht sie einen Punkt, ab dem eine zusätzliche Kraftfuttergabe keine weitere Steigerung der Milchleistung bewirkt. Dieser Punkt wird vorwiegend durch das genetische Leistungspotenzial und das Futteraufnahmevermögen der Milchkuh bestimmt. Unter der Annahme, dass Grundfutterqualität und -menge ausreichen, um über den Erhaltungsbedarf hinaus eine Leistung von 12 kg Milch je Tag zu erbringen und das Futteraufnahmevermögen der Kuh maximal 20 kg TS (Trockensubstanz) je Tag beträgt, nimmt die Milchleistung mit jedem zusätzlichen Kilogramm Kraftfutter um 2 kg zu. Der Grenzertrag bzw. die Grenzleistung beträgt im Beispiel also 2 kg Milch je kg Kraftfutter.

Konstanter Grenzertrag des Kraftfuttereinsatzes

Anders ausgedrückt: Die Effizienz des Kraftfuttereinsatzes – auch als Grenzproduktivität bezeichnet – beträgt konstant 2 kg Milch je kg Kraftfutter. Sind das Futteraufnahmevermögen von 20 kg TS je Tag und das genetische Leistungspotenzial erschöpft, bringt ein weiterer Einsatz von Kraftfutter keinen Leistungszuwachs mehr. Die Gesamtmilchleistung nimmt ausgehend von der Leistung aus dem Grundfutter linear mit der Kraftfuttermenge zu und stagniert dann bei Überschreiten des Leistungspotenzials. Der Grenzertrag liegt bei linearer Produktionsbeziehung konstant bei 2 kg und sinkt bei Überschreiten des Leistungsvermögens auf 0 kg ab. Eine solche Produktionsfunktion, die einen konstanten Anstieg über einen bestimmten Bereich aufweist und dann ab einem bestimmten Punkt konstant bleibt, nennt man auch linear-limitationale Produktionsfunktion.

Produktionsfunktion weist beim Maximalertrag einen Knick auf

Was bedeutet nun diese veränderte Produktionsfunktion für die **ökonomische Entscheidung**? Genau wie im vorherigen Abschnitt bei der Ableitung der optimalen speziellen Intensität für die neoklassische Produktionsfunk-

Tab. 2.9.

Optimale Faktoreinsatzmenge bei linearer Beziehung zwischen Faktoreinsatz und Produktionsmenge
Beispiel: Milchleistung in Abhängigkeit des Kraftfuttereinsatzes

Milch aus Grundfutter	Kraftfuttereinsatz	Grenzaufwand an Kraftfutter	variable Kosten des Kraftfuttereinsatzes bei q = 0,15 €/kg	Grenzkosten des Kraftfuttereinsatzes	Milch aus Kraftfutter	Milchleistung gesamt	Grenzertrag	monetärer Grenzertrag bei p = 0,25 €/kg Milch	Grenzgewinn
kg/Tag	kg/Tag	kg		€/kg	kg/Tag	kg/Tag	kg Milch/kg Kraftfutter	€/kg Milch	€/kg Kraftfutter
12	1	1	0,15	0,15	2	14	2	0,50	0,35
12	2	1	0,30	0,15	4	16	2	0,50	0,35
12	3	1	0,45	0,15	6	18	2	0,50	0,35
12	4	1	0,60	0,15	8	20	2	0,50	0,35
12	5	1	0,75	0,15	10	22	2	0,50	0,35
12	6	1	0,90	0,15	12	24	2	0,50	0,35
12	7	1	1,05	0,15	14	26	2	0,50	0,35
12	8	1	1,20	0,15	16	28	2	0,50	0,35
12	9	1	1,35	0,15	18	30	2	0,50	0,35
12	10	1	1,50	0,15	20	32	0	0,00	−0,15
12	11	1	1,65	0,15	20	32	0	0,00	−0,15
12	12	1	1,80	0,15	20	32	0	0,00	−0,15

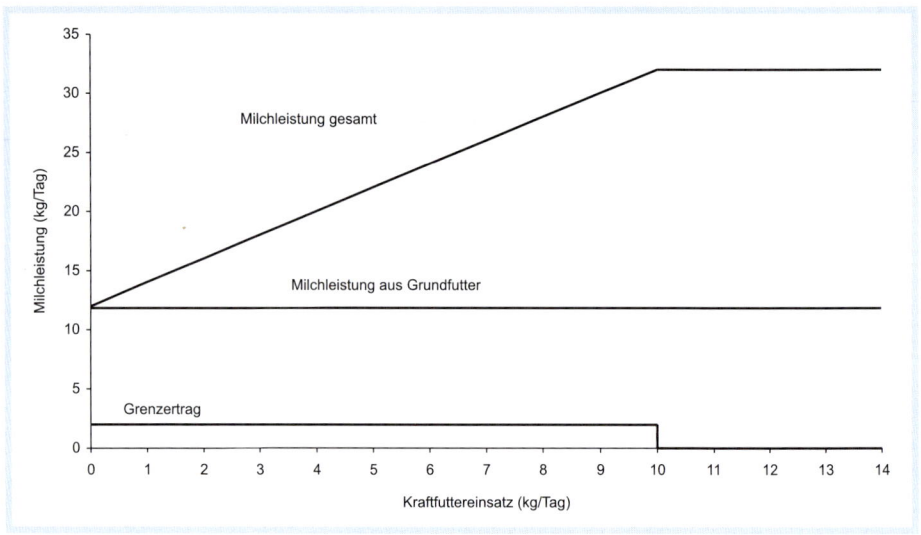

Abb. 2.10
Produktionsfunktion
bei linearer Beziehung
zwischen Faktoreinsatz
und Produktionsmenge

tion können wir auch hier die Faktoreinsatzmengen mit dem Faktorpreis und die produzierten Milchmengen mit dem Milchpreis bewerten. Der einfachste Weg zur Lösung ergibt sich, wenn wir den Grenzertrag und den Grenzaufwand jeweils monetär bewerten, also den Grenzerlös und die Grenzkosten berechnen. Der Grenzertrag liegt im Beispiel im Bereich des Kraftfuttereinsatzes von 1 bis 10 kg bei 2 kg Milch je kg Kraftfutter, was bedeutet, dass der monetäre Grenzertrag (Grenzerlös) in diesem Bereich bei 0,50 € pro kg Milch liegt, wenn wir von einem Milchpreis von 0,25 €/kg ausgehen. Die Grenzkosten des Kraftfuttereinsatzes betragen 0,15 € pro kg Kraftfutter. Daraus ergibt sich der in der letzten Spalte der Tabelle 2.9 dargestellte Grenzgewinn. Er liegt bei einem Kraftfuttereinsatz von 1 bis 10 kg bei 0,35 € pro kg Kraftfutter und darüber hinaus bei −0,15 € pro kg Kraftfutter.

Es ist einleuchtend, dass wir den Kraftfuttereinsatz so lange steigern, wie wir einen positiven Grenzgewinn erzielen (im Beispiel 10 kg Kraftfutter). Die optimale Einsatzmenge liegt in diesem Fall also genau an dem Punkt, an dem die lineare Steigung der Produktionsfunktion in das Plateau übergeht. Der wesentliche Unterschied in der Formulierung der Optimumbedingung im Vergleich zur neoklassischen Theorie: Wir dehnen im linearen Fall das Faktoreinsatzniveau so lange aus, wie wir einen positiven Grenzgewinn des Faktoreinsatzes erzielen. Im neoklassischen Fall hatten wir die Ausdehnung so lange fortgesetzt bis der Grenzgewinn gleich Null war.

**Optimumbedingung
bei linearer Produktionsfunktion**

Exakt formuliert heißt die Optimumbedingung im linearen Fall: **Der Grenzerlös des Faktoreinsatzes muss größer oder gleich den Grenzkosten des Faktoreinsatzes sein.**

Kehren wir noch einmal zum Beispiel zurück. Stellen wir uns vor, dass der Milchpreis sehr stark sinken würde, so ist denkbar, dass schon der

Grenzgewinn des ersten Kilogramms Kraftfutter negativ wird. Unter diesen Bedingungen würde selbstverständlich kein Kraftfutter eingesetzt werden. (Bitte überprüfen und ausrechnen, bei welchem Milchpreis dies der Fall ist!) Unser Beispiel zeigt: Bei einer linearen Produktionsfunktion liegt die optimale spezielle Intensität entweder bei der »Nullintensität« oder bei der maximalen Intensität.

Die Reaktionen auf Faktor- oder Produktpreisänderungen erfolgen daher auch nicht schrittweise und kontinuierlich wie bei der neoklassischen Produktionsfunktion. Bei der linearen Produktionsfunktion führt eine Produktpreissenkung bzw. eine Faktorpreiserhöhung möglicherweise lange nicht zu einer Veränderung der speziellen Intensität – bis sie schließlich sprunghaft zurückgeht.

Optimale Intensität entweder bei Null oder der maximalen Intensität

Fixe Faktorproportionen

Ein Betrieb kann auf Grund seiner natürlichen Voraussetzungen auf einer Fläche von 300 ha Getreide anbauen. Er erzielt dabei einen durchschnittlichen Ertrag von 80 dt/ha. Die Getreideproduktion nimmt mit zunehmender Anbaufläche proportional zu. Das heißt, bei einer Anbaufläche von 10 ha beträgt die Produktion 800 dt, bei 50 ha beträgt sie 4000 dt. Die maximale Produktionsmenge von 24000 dt ist erreicht, wenn der Getreideanbau auf 300 ha ausgedehnt wird. Es sei unterstellt, dass der Betrieb über eine Arbeitskraft und einen Mähdrescher verfügt und damit maximal diese 300 ha bewirtschaften kann. In der Getreideproduktion muss er für den Einsatz von Saatgut, Dünge- und Pflanzenschutzmitteln 500 €/ha aufwenden. Bei einem Verkaufspreis von 10 €/dt Getreide erzielt er je ha Anbaufläche einen Erlös von 800 €. Der Erlöszuwachs bei Ausdehnung der Getreideproduktion ist mit jedem ha deutlich höher als der Kostenzuwachs. Der Überschuss beträgt immer 300 € je Hektar unabhängig vom Umfang der Getreideproduktion. Der Gesamtüberschuss nimmt also proportional zur Anbaufläche zu. Das Gewinnmaximum wird erreicht, wenn der Betrieb im Rahmen seiner Kapazitäten von Arbeit und Mähdrescher die maximale Fläche anbaut. Bei 300 ha Getreidefläche und einer Produktionsmenge von 24000 dt Getreide beträgt der maximale Gewinnbeitrag 90000 €.

Will der Betrieb seine Fläche durch Zupacht um 50 ha auf 350 ha erweitern (Annahme: Pachtpreis 0 €/ha), so erbringt diese zusätzliche Fläche keine zusätzliche Erntemenge mehr. Denn bei gegebener Faktorausstattung von Arbeitskraft und Mähdrescher kann keine weitere Fläche mehr gedroschen werden. Dadurch wäre eine Bestellung und Pflege sinnlos. Der zusätzliche Ertrag (Grenzertrag) und die zusätzlichen Kosten (Grenzkosten) und Erlöse (Grenzerlöse) bei zunehmendem Flächeneinsatz sind somit gleich Null. Auch durch Einstellung einer zusätzlichen Arbeitskraft kann der Betrieb keine zusätzliche Fläche beernten. Dies ist nur möglich, wenn er gleichzeitig zusätzliche Mähdrescherleistung kauft.

An diesem Beispiel wird deutlich, dass es Bereiche der Produktion gibt, bei denen aus technischer Sicht weitgehend starre, klar definierte Kombinationen der Faktoreinsatzmengen existieren.

Mit anderen Worten: Bei sich ergänzenden Produktionsfaktoren sind die Einsatzmengen nicht beliebig austauschbar. Solche eindeutig definierten Faktorkombinationen liegen insbesondere im technischen Bereich vor.

Bei sich ergänzenden (limitationalen) Produktionsfaktoren sind nur technisch eindeutig definierte Faktorkombinationen effizient

Bei Arbeitsverfahren gibt es meist nur eine sinnvolle und damit effiziente Kombination von Arbeitskräften, Gebäuden und Maschinen. Ein Mähdrescher und ein Fahrer sind eine effiziente Kombination der Produktionsfaktoren Maschine und Arbeitskraft, während zwei Mähdrescher und eine Arbeitskraft oder umgekehrt ein Mähdrescher und zwei Arbeitskräfte ineffizient sind: Entweder kann der zweite Mähdrescher nicht arbeiten ohne weitere Arbeitskraft oder die zweite Arbeitskraft auf nur einem Mähdrescher kann ihr Arbeitsvermögen nicht einsetzen. Eine Effizienzsteigerung des Faktoreinsatzes ist kurzfristig nicht möglich. Sie kann bei derartigen Arbeitsverfahren nur mittelfristig realisiert werden, in dem höher technisierte Arbeitsverfahren eingesetzt werden. Im Beispiel könnte etwa ein leistungsfähigerer Mähdrescher mit höherer Leistung und größerer Schnittbreite eingesetzt werden, um die Kapazitätsgrenze auf diesem Weg zu erhöhen und eine Ausdehnung der Getreidefläche von 300 auf 350 ha mit entsprechender Gewinnsteigerung zu ermöglichen.

Leontief-Produktionsfunktion

Proportionalität und feste Faktorkombinationen, die aus technischer Sicht eindeutig definiert sind: Produktionsfunktionen, bei denen derartige Verhältnisse vorliegen, werden **linear-limitationale Produktionsfunktionen** genannt oder nach dem amerikanischen Nationalökonomen Wassily Leontief **»Leontief-Produktionsfunktionen«**.

Die Isoquante als geometrischer Ort aller möglichen Faktorkombinationen zur Herstellung einer bestimmten Produktionsmenge bzw. als Linie gleichen Ertrags oder gleicher Produktionsmenge nimmt einen eckigen Verlauf an (vgl. Abb. 2.11), da die Faktorkombinationen eindeutig festgelegt sind.

Abb. 2.11
Isoquanten bei linear-limitationaler Produktionsfunktion

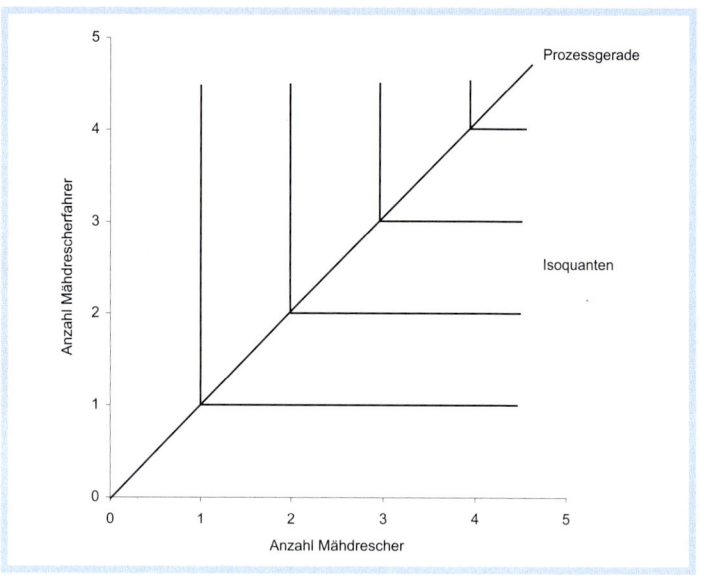

Die Frage der optimalen Faktorkombination stellt sich zumindest kurzfristig nicht, da die einzig effiziente Kombination im Eckpunkt der Isoquante liegt. Der Betriebsleiter wird also zur Vermeidung von Faktorverschwendung nur diese Faktorkombination wählen. Für limitationale Produktionsfunktionen und -prozesse ist kennzeichnend, dass nicht zwischen mehreren Faktorkombinationen, sondern nur zwischen mehreren Produktionsprozessen oder Arbeitsverfahren mit jeweils vorgegebener Faktoreinsatzkombination unterschieden werden kann.

Bei sich ergänzenden (limitationalen) Produktionsfaktoren kann nur zwischen einzelnen Verfahren gewählt werden

Es werden also nicht Produktionsfaktoren substituiert, sondern Prozesse oder Arbeitsverfahren. Ein Beispiel zeigt Abbildung 2.12 und Tabelle 2.10 für unterschiedliche Melksysteme in der Milchproduktion.

Die einzelnen Melksysteme erfordern im Vergleich ein unterschiedliches Verhältnis von Arbeit zu notwendigem Kapital. Bei jedem Melksystem führt z. B. die Erhöhung des Arbeitseinsatzes bei gegebener Situation nicht zu einer weiteren Steigerung der Milchproduktion. Sie bleibt im Beispiel konstant bei der Leistung einer 200 Kuh-Herde. Gleichzeitig führt auch die Erhöhung des Kapitaleinsatzes nicht zu einer Produktionserhöhung. Somit stellen die dargestellten Kombinationen aus Arbeit und Kapital jeweils die einzig effizienten Faktorkombinationen dar. Sie entsprechen den Eckpunkten der Isoquanten in Abbildung 2.12.

Tendenziell führt die steigende Automatisierung des Melkstandes zu einer Verringerung des Arbeitsbedarfs bei gleichzeitiger Erhöhung des Kapitalbedarfs (Abb. 2.12). Für jeden Produktionsprozess bzw. jede Mechanisierungsstufe gibt es also lediglich einen Eckpunkt, der die »optimale« bzw. einzig effiziente Faktorkombination darstellt. Kurzfristig kann zu einem bestimmten Zeitpunkt in einem bestehenden Stall – je nach vorhandenem Verfahren – nur an einem der Eckpunkte effizient produziert werden. Zudem erfordert die Steigerung der Produktionsmenge immer eine proportionale Erhöhung des Faktoreinsatzes in der jeweiligen Kombination. In unserem Beispiel der Milchproduktion wäre eine Steigerung der Produktion auf 400 Kühe bei jedem eingesetzten Melksystem nur möglich, wenn Kapital- und Arbeitseinsatz ausgehend von einem Eckpunkt verdop-

Tab. 2.10.

		Kapital-bedarf	Verände-rung Kapi-talbedarf	Arbeits-zeitbedarf	Verände-rung Arbeits-zeitbedarf	Substitu-tionsrate Arbeit durch Kapital
		(€)	(€)	(AKh/Jahr)	(AKh/Jahr)	(€/AKh)
A	Fischgrätenmelkstand 2 × 6	120 000		4 500		
			105 000		– 1 140	92,1
B	Side by Side 2 × 12	225 000		3 360		
			296 400		– 2 160	137,2
C	Automatisches Melksystem	521 400		1 200		

Arbeitszeit- und Kapitalbedarf für 200 Milchkühe bei unterschiedlichen Melksystemen

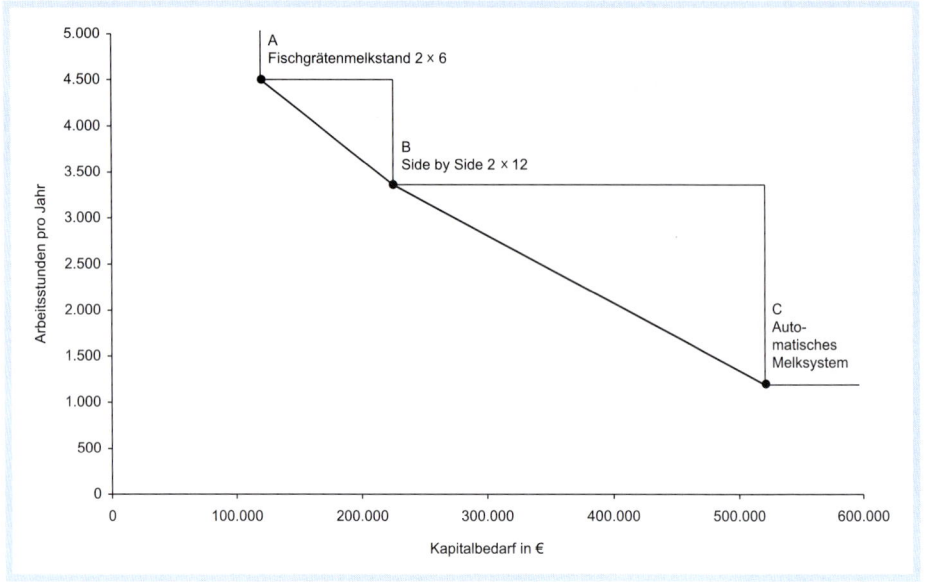

Abb. 2.12
Isoquanten bei unter-
schiedlichen Melk-
systemen

pelt würden. Eine Erhöhung der Produktionsmenge wäre zwar auch bei
unverändertem Kapitaleinsatz durch Steigerung des Arbeitseinsatzes möglich, etwa durch den Übergang von zwei- auf dreimaliges Melken. Dies
wäre allerdings ein weiterer Produktionsprozess mit höherer Produktionsmenge. Die Prozessgerade ergibt sich aus der Verbindung der Eckpunkte
der jeweils rechteckigen Isoquanten (Abb. 2.11), also der effizienten Faktorkombinationen für unterschiedliche Produktionsniveaus.

Die in Abbildung 2.12 eingezeichneten Prozesse weisen eine unterschiedliche Kombination von Arbeit und Kapital auf. Zwischen diesen Prozessen kann nur langfristig gewählt werden. Die Verbindung der Eckpunkte
stellt hier die Wahlmöglichkeiten zwischen den Verfahren dar und ist nicht
zu verwechseln mit der Prozessgeraden. Welches Verfahren das optimale ist,
hängt von den (erwarteten) Preisen für die Produktionsfaktoren ab.

Für lineare Produktionsfunktionen bzw. ihren zu Grunde liegenden
Produktionsprozessen lässt sich hinsichtlich der Optimumbedingungen
demnach folgendes festhalten:

• Die Produktionsfaktoren können innerhalb eines Prozesses nicht gegeneinander ausgetauscht werden. Die Faktorkombination ist daher
nicht ökonomisch, sondern technisch bestimmt.

• Das Faktoreinsatzverhältnis ist unabhängig von der Produktionsmenge
stets konstant. Dadurch lassen sich die Eckpunkte der Isoquanten (bei
beliebig teilbaren Produktionsfaktoren) durch eine Prozessgerade verbinden.

• Eine proportionale Erhöhung der Faktoreinsatzmenge führt ebenfalls
zu einer proportionalen Erhöhung der Produktionsmenge, weshalb die
Produktionsfunktion linear-limitational ist.

Die Gewinnmaximierungskriterien (Grenzkosten = Produktpreis sowie Grenzerlös = Faktorpreis) haben in ihrer ursprünglichen Form keine Gültigkeit. Im Fall der linearen Technologie gilt: Die Produktion wird so lange ausgedehnt, wie der Grenzgewinn positiv ist. Dies führt dazu, dass der Unternehmer im Gewinnmaximum produziert, wenn er an der physischen Produktionsgrenze (Kapazitätsgrenze) produziert – jedenfalls so lange, wie die Produktionsmenge von Null verschieden ist, also der Grenzgewinn auch tatsächlich über eine bestimmte Strecke positiv ist.

Kapazitätsgrenze entspricht dem Optimum

Hier besteht ein tief greifender Unterschied zur neoklassischen Theorie, bei der die technisch maximale und die ökonomisch optimale Produktionsmenge in fast allen Fällen auseinander fallen.

Fazit: Die technischen Verhältnisse können für die ökonomische Bewertung von erheblicher Bedeutung sein.

Fragen zur Wiederholung

- ▶ Welche Annahmen über technische Zusammenhänge in der neoklassischen Produktionstheorie bilden nicht in jedem Bereich die Realität in landwirtschaftlichen Betrieben ab?
- ▶ Nennen Sie je ein Beispiel für Linearität und für fixe Faktorproportionen.
- ▶ Erläutern Sie den Verlauf einer linear-limitationalen Produktionsfunktion (Leontief-Produktionsfunktion).
- ▶ Was kennzeichnet limitationale Produktionsfunktionen?
- ▶ Wie verläuft die Isoquante der linear-limitationalen Produktionsfunktion? Wie wird die Prozessgerade ermittelt?

Weiterführende Literatur

REISCH, E., KNECHT, G. und KONRAD, J. (1995): Betriebslehre, Landwirtschaftliches Lehrbuch Band 3, Verlag Eugen Ulmer Stuttgart.
KUHLMANN, F. (2003): Betriebslehre der Agrar- und Ernährungswirtschaft, 2. Aufl., DLG-Verlag, Frankfurt am Main.
WEINSCHENCK, G. (1964): Die optimale Organisation des landwirtschaftlichen Betriebes, Paul Parey Verlag, Hamburg und Berlin.
Im deutschsprachigen Raum der »Klassiker« in diesem Themenbereich.

2.4 Gewinnmaximierung und andere Ziele

Die Annahme der Gewinnmaximierung aus der neoklassischen Produktionstheorie ist für viele ein Stein des Anstoßes. Immer wieder hört man die Auffassung, dass diese Fixierung der Betriebswirtschaft und der Unternehmen auf den Gewinn als Ziel an vielen Übeln Schuld sei, etwa an einer »überintensiven« Landwirtschaft, die umweltschädlich produziere. Was ist dran an diesen Vorwürfen? Dieser Frage wollen wir in diesem Abschnitt auf den Grund gehen.

Die Annahme, dass Wirtschaftsakteure ihrem Eigeninteresse nachgehen, ist eine der Grundfesten der neoklassischen Wirtschaftstheorie.

Prämisse der neoklassischen Wirtschaftstheorie: Wirtschaftsakteure streben nach dem eigenen Nutzen

Die Annahme, dass Unternehmen ihren Gewinn maximieren, ist dabei nur ein Sonderfall und eine Spezifizierung des Menschenbildes der neoklassischen Ökonomie vom »homo oeconomicus«. Der homo oeconomicus geht seinem Eigeninteresse nach und bewertet unterschiedliche Handlungsmöglichkeiten vor dem Hintergrund stabiler Präferenzen. Die Frage, ob diese Präferenzen moralisch richtig sind, wird in der neoklassischen Ökonomie nicht gestellt. Ziele werden nicht hinterfragt. Eine Ausnahme gibt es: In der Regel wird angenommen, dass der homo oeconomicus die Gesetze einhält. Um seine Wahlentscheidungen zwischen Handlungsalternativen zu treffen, ist der homo oeconomicus vollständig (oder doch jedenfalls hinreichend) informiert über die Beschränkungen, denen er unterliegt.

Diese ausschließliche Orientierung am Eigennutz wird vielfach kritisiert, etwa aus religiöser oder aus ethischer Sicht. An dieser Stelle ist es von Bedeutung, zwischen normativer und positiver Sichtweise zu unterscheiden. Unter besonderer Kritik steht die normative Vorgabe, das Individuum solle sich an seinem eigenen Nutzen orientieren oder der Unternehmer solle ausschließlich den Gewinn maximieren.

Die positive Ökonomik orientiert sich an der Welt wie sie ist

So lange es nur bei der **positiven Ökonomik** bleibt, also etwa Gewinnmaximierung als Beschreibung dessen gesehen wird, was man in der Wirtschaftswirklichkeit vorfindet, fällt die Kritik etwas gedämpfter aus.

Offensichtlich ist es ja wohl so, dass handelnde Menschen zu beidem fähig sind: zu hemmungslosem Eigennutz, bis hin zu unfairem Verhalten, das List und Betrug einschließt und zu altruistischem Verhalten, also sich in sozialer Weise um das Wohl anderer Menschen zu kümmern. Die These, dass in der Wirtschaftswirklichkeit das eigennützige Verhalten gegenüber dem altruistischen deutlich überwiegt, ist nicht von der Hand zu weisen. Daher liegt es aus Gründen der analytischen Klarheit nahe, nur dieses **Hauptmotiv des Handelns** zu betrachten und das weniger wichtige Motiv wegzulassen. Wir erinnern uns an Kapitel 1: Wissenschaftliches Denken soll nach Möglichkeit einfach sein.

Tatsächlich haben sich wissenschaftliche Modelle, die auf der Prämisse des homo oeconomicus basieren, als relativ erfolgreich in der Vorhersage von Entwicklungen erwiesen. Trotzdem bleibt bei manchem ein gewisses Unbehagen: Arbeitet nicht die »Glaubensgemeinschaft der Ökonomen« (BINSWANGER 1998), die unablässig den Eigennutz als Grundlage ihrer Modellvorstellungen predigt, im Sinne einer sich **selbst erfüllenden Prophezeiung** daran mit, dass die Menschen immer eigensüchtiger werden? Dieser Einwand ist nicht endgültig von der Hand zu weisen. Akzeptiert man jedoch den Eigennutz als eine der wichtigen Verhaltenseigenschaften der Menschen, so geht es den Wirtschaftswissenschaften eben auch darum, Wege zu weisen, wie sich dieser Eigennutz bändigen und gesellschaftlich nutzen lässt.

Eigennutz sollte durch Gesetze und Verträge gebändigt werden

Gebändigt wird er durch Gesetze, über deren Einhaltung der Staat wacht sowie durch Verträge und Vereinbarungen zwischen den Wirtschaftsbeteiligten.

Ein am Eigennutz orientierter landwirtschaftlicher Unternehmer ist nicht notwendigerweise Gewinnmaximierer. Je nach der Situation des Unternehmens (Lohnarbeitsbetrieb oder Familienbetrieb) kann eine Vielzahl anderer Ziele ebenfalls eine Rolle spielen: betriebliches Wachstum, die

Begrenzung von Fremdkapital, eine bestimmte Mindestfreizeit oder die Ausstattung des Betriebes mit modernen Maschinen etc. zur Verbesserung der Arbeitsbedingungen.

Versetzt man sich in die Situation eines landwirtschaftlichen Beraters, so sollte sich dieser an den Wünschen und Zielen des Klienten, also in unserem Fall eines landwirtschaftlichen Unternehmers orientieren. **Die Ziele des Klienten sind häufig mehrdimensional**, es geht also neben einem ausreichenden Einkommen auch um andere Aspekte. Warum also in solchen Fällen Gewinnmaximierung als immer wiederkehrendes Leitmotiv? Tatsächlich muss sich ein Unternehmer das Abweichen von der Gewinnmaximierung auch leisten können. »Wer auf günstigem Ackerbaustandort über 200 ha Eigentum – schuldenfrei – verfügt, dem stehen viele Möglichkeiten offen, seine wie auch immer gearteten Wünsche zu befriedigen. Wer dagegen in Mittelgebirgslage einen 30 ha-Betrieb gepachtet hat, für den hat der Gewinn zwangsläufig einen hohen Stellenwert.« (BRANDES 1979:16).

> Gewinnmaximierung ist nur ein Aspekt der Nutzenmaximierung

In landwirtschaftlichen **Familienbetrieben** spielt der enge Zusammenhang zwischen Unternehmen und Haushalt eine Rolle für die anzustrebenden Ziele. Auch hier liefert BRANDES (1979:18) ein gutes Beispiel: »Bei strikter Trennung von Unternehmen und Haushalt würde ein nach hohem Gewinn strebender Unternehmer einen Schlepper kaufen, der die benötigten Leistungen zu möglichst geringen Kosten erbringt. In der Praxis verbringt der Betriebsleiter jedoch selbst viele Stunden auf dem Schlepper. Wenn er seine gesamten Bedürfnisse betrachtet, wird er die Vorteile eines komfortablen, leistungsstarken Schleppers hoch bewerten und womöglich lieber weniger Konsumgüter im eigentlichen Sinne erwerben.«

Wir gehen in diesem Buch von einer Eigenständigkeit des landwirtschaftlichen Betriebes aus. Dies ist eine – wie manche Agrarökonomen meinen: unzulässige – Vereinfachung der tatsächlichen Verhältnisse, denn zwischen Unternehmen und Haushalt gibt es enge Beziehungen, die Rückwirkungen auf die Zielstruktur des Unternehmers haben können.

So sind etwa die Entscheidungen über den Einsatz liquider Mittel im Haushalt (z. B. Kauf eines neuen, überwiegend privat genutzten PKW) und im Betrieb (z. B. Kauf eines neuen Schleppers) wechselseitig voneinander abhängig und werden in der Regel aufeinander abgestimmt. Auch die Entscheidung über die Zeitverwendung für betriebliche Arbeit, Haushaltsarbeit und Freizeit kann man in aller Regel nur dann vollständig verstehen, wenn man Betrieb und Haushalt zusammen betrachtet. Wir trennen trotzdem den Betrieb vom Haushalt ab, hauptsächlich aus Vereinfachungsgründen.

> Durch die Verbindung von Unternehmen und Haushalt wird das Nutzenspektrum erweitert

Geht man vom Prinzip der Gewinnmaximierung bei **Lohnarbeitsbetrieben** aus, so ist darauf hinzuweisen, dass hier potenzielle Konfliktfelder durch unterschiedliche Interessen der handelnden Menschen entstehen. Wenn die Manager des Betriebes nicht Eigentümer sind, kann es geschehen, dass sie ihre Handlungsweise nach ihrem Eigeninteresse und nicht notwendigerweise nach den Interessen der Kapitaleigner ausrichten. Selbst wenn die Manager sich dem Ziel der Gewinnmaximierung verpflichtet fühlen, ist keinesfalls sicher gestellt, dass dies auf allen Ebenen der Unternehmenshierarchie in gleicher Weise der Fall ist. Dieses Thema werden wir im nächsten Abschnitt noch etwas tiefer gehend behandeln.

Auch das maximierende Verhalten, das ja bedeuten würde, dass auf eine kleine Preisänderung auch sofort eine Verhaltensänderung des Unternehmens erfolgt, ist in der strengen Form in der Praxis vielfach unrealistisch. Da Änderungen Aufwand verursachen, werden Anpassungen der Produktionsstruktur häufig erst dann vorgenommen, wenn sich z. B. Preise absehbar langfristig und stark verändern. Auch in dieser Hinsicht ist die Annahme von Gewinn maximierendem Verhalten sicher nur eine Annäherung an die Realität.

In der statischen neoklassischen Welt, wie wir sie in Abschnitt 2.2 vorgestellt haben, lässt sich die Gewinnmaximierung rechnerisch verhältnismäßig einfach bewerkstelligen. Führt man jedoch den Faktor Zeit ein und lässt darüber hinaus **Unsicherheit** über die Ergebnisse des Wirtschaftens, über Preise, Erträge und andere für den Betrieb wichtige Einflussgrößen zu, so benötigt man für eine analytische Behandlung weitere Informationen. Zumindest der Grad der **Risikoaversion** (Abneigung gegenüber dem Risiko) und die subjektiv vom Unternehmer zu verwendende Zinsrate müssen bekannt sein.

Beide Konzepte werden wir in späteren Teilen des Buches noch ausführlicher erläutern. An dieser Stelle mag es genügen festzuhalten, dass selbst mit diesen Informationen eine eindeutige Ableitung des Gewinn maximierenden Entwicklungspfades eines Betriebes analytisch sehr komplex werden kann – oder gar nicht mehr möglich ist.

In der realen Welt müssen sich Unternehmer also in einem wesentlich größeren und komplizierteren Umfeld behaupten, als es den Annahmen der neoklassischen Theorie entspricht. In einem solchen Umfeld ist das Ziel der Gewinnmaximierung eine unverbindlichere Richtschnur als in der Theorie dargestellt. Die Unternehmensziele müssen – schon weil sich das Ziel der Gewinnmaximierung in einem solch komplizierten realen Umfeld kaum operationalisieren lässt – durch pragmatischere Ziele ersetzt werden, die Indikatoren für den Gesamtbetriebserfolg darstellen, ihn aber eben nur mittelbar messen.

Indikatoren für das Ziel Gewinnmaximierung

Zu solchen **Indikatoren** kann die Eigenkapitalentwicklung oder die Eigenkapitalrendite, die Umsatzentwicklung, die relative Entwicklung im Vergleich zu Mitbewerbern und die Entwicklung naturaler Leistungsdaten gehören. Mit diesen Aspekten werden wir uns im Kapitel 5 noch näher auseinandersetzen.

Orientieren sich Unternehmer am Gewinn als entscheidende Größe, so ist dies moralisch nicht zu beanstanden, **solange ihr Handeln fair bleibt**, d. h. solange sie etwa die geltenden Gesetze sowie Vereinbarungen und Verträge einhalten. Moralische Kritik kommt zu Recht auf, wenn dies nicht geschieht – in diesem Buch gehen wir aber an fast allen Stellen davon aus, dass die Unternehmer sich in diesem Sinne fair verhalten. Für das eingangs angesprochene Problem einer teilweise überintensiven Landwirtschaft eindimensional das Gewinnstreben verantwortlich zu machen, ist nicht sehr logisch. Die Umweltökonomie hat gezeigt, dass eine der entscheidenden Ursachen für die Umweltprobleme, die die Landwirtschaft verursacht, darin liegt, dass viele Auswirkungen der Landwirtschaft auf den Naturhaushalt nicht über Märkte reguliert werden. Hier kann und sollte der **Staat korrigierend eingreifen**.

Fazit: Bei allen Einschränkungen und Schwierigkeiten der Messungen, bei aller Vielfalt der tatsächlich verfolgten Ziele hat das **Prinzip der Gewinnmaximierung als Leitschnur** eine wichtige Funktion im Wirtschaftsleben.

Dies bedeutet nicht, jederzeit kurzfristig und regelwidrig seinen Vorteil zu suchen, sondern sich daran zu orientieren, wie das eigene Unternehmen langfristig überleben kann.

Fragen zur Wiederholung

▶ Wie verhält sich der »homo oeconomicus«? Welche Kritik gibt es an diesem Leitbild?

▶ Unterscheiden Sie zwischen eigennützigem und altruistischem Verhalten. Ist ein am Eigennutzen orientierter landwirtschaftlicher Unternehmer notwendigerweise Gewinnmaximierer? Geben Sie Beispiele hierfür.

▶ In wiefern gibt es wechselseitige Beziehungen zwischen Unternehmen und Haushalt im landwirtschaftlichen Betrieb?

▶ Worin liegen die Probleme für den landwirtschaftlichen Unternehmer, auf kleine Preisänderungen gewinnmaximierend zu reagieren? Und worin liegt die Schwierigkeit, in der Praxis den gewinnmaximalen Entwicklungspfad eines Betriebes abzuleiten?

▶ Nennen Sie Indikatoren für den Gesamtbetriebserfolg.

Weiterführende Literatur

Zum homo oeconomicus gibt es im Buch
GÖBEL, E. (2002): Neue Institutionenökonomik – Konzeption und betriebwirtschaftliche Anwendungen, Lucius & Lucius, Stuttgart, einige interessante Abschnitte.

Im landwirtschaftlichen Bereich hat sich BRANDES sehr intensiv mit dieser Fragestellung auseinander gesetzt. Gut lesenswert und hoch interessant, obwohl nicht mehr ganz taufrisch:
BRANDES, W. (1979): Über das subjektive Element in der Betriebsplanung. In: KÖHNE, M. (Hrsg): Beiträge zur Agrarökonomie. Festschrift zum 80. Geburtstag von Prof. Dr. Dr. h. c. Emil Woermann, Paul Parey Verlag, Hamburg und Berlin, S. 15–28.

2.5 Unvollständige Information, Unsicherheit und Risiko

Bisher sind wir davon ausgegangen, dass das Ergebnis unternehmerischen Handelns sicher vorhersagbar ist. In vielen Fällen ist dies jedoch in der Praxis nicht der Fall. Dies kann unterschiedliche Gründe haben:

• In der landwirtschaftlichen Produktion tragen Witterung, Schädlinge und Krankheiten bis hin zu Tierseuchen dazu bei, dass bei identischen Faktoreinsatzmengen die **Produktionsmengen sehr unterschiedlich** ausfallen können.

• Auf den Beschaffungs- und insbesondere auch auf den Absatzmärkten sehen sich Landwirte mit **Preisschwankungen** konfrontiert. Wegen der verhältnismäßig langen Produktionszyklen in der Landwirtschaft sind

Gründe für Unsicherheiten

dabei die Absatzmärkte von besonderer Bedeutung. Wer die Entscheidung, ein Bullenkalb zur Mast aufzustellen auf Grund eines gegenwärtig hohen Rindfleischpreises trifft, sieht sich nach der Mast des Bullen 18 Monate später möglicherweise mit einem ganz anderen Preisniveau konfrontiert.

- Auch im Bereich der Investitionen gibt es wegen der **langfristigen Bindungsdauer** erhebliche Unsicherheiten, etwa wenn man sich für eine Maschine entschieden hat, deren Produzent vom Markt verschwindet und für die kaum noch Ersatzteile zu bekommen sind.

- **Agrarpolitische Regelungen** wurden vielfach eingeführt, um Landwirte vor den Preisrisiken auf den Absatzmärkten zu schützen. Paradoxerweise stellen jedoch diese politischen Entscheidungen selbst ein Risiko für Landwirte dar. So ist es aus ihrer Sicht häufig unsicher, ob und wie lange diese politischen Entscheidungen gelten.

Der Umgang mit Unsicherheit und die Bereitschaft, Risiken einzugehen, sind daher essentieller Teil der Tätigkeit jedes Unternehmers. Wenn wir bisher in diesem Kapitel von vollständiger Sicherheit ausgegangen sind, so ist es wichtig, jetzt nicht in das andere Extrem zu verfallen. Mit Unsicherheit und Risiko ist nicht gemeint, dass wir überhaupt nichts über die Zukunft wissen. Vielmehr geht es um den Graubereich, in dem man zwar nicht alles, aber doch einiges über die Zukunft weiß – oder genauer: von ihr erwartet. Dass diese Erwartungen an die Zukunft, wo immer möglich, durch Informationen und Analysen zu stützen sind, ist klar. Die Erwartungen beziehen sich einerseits auf die **möglichen Zustände der Umwelt** und ihre Konsequenzen für die Ziele und Handlungsalternativen des Entscheiders. Andererseits spielt die **Einstellung des Entscheiders** eine sehr wichtige Rolle: Wie gut kann und will er Unsicherheit »ertragen«?

Ziel dieses Abschnittes ist es, an Hand eines Beispiels Klarheit darüber zu gewinnen, wie man sich auf dem dünnen Eis des »Nicht-wirklich-sicher-Wissens« systematisch auf Entscheidungen zubewegt. Dabei beschränken wir uns auf vergleichsweise einfache Situationen. Anspruchsvollere Ansätze für die betriebliche Planung werden in Kapitel 5 behandelt.

Risiko bedeutet: Die Eintrittswahrscheinlichkeiten der Umweltzustände sind bekannt

Mit »**Risiko**« werden solche Situationen bezeichnet, in denen es möglich ist, Wahrscheinlichkeiten über das Eintreffen zukünftiger Zustände anzugeben. Mit »**Ungewissheit**« werden Situationen bezeichnet, in denen dies nicht der Fall ist. In beiden Fällen ist unvollständige Information die Ursache, im Fall der Ungewissheit ist die Information besonders lückenhaft. Wenn man vom Risiko spricht, so muss man sich darüber im Klaren sein, dass sich Wahrscheinlichkeiten über zukünftige Zustände im Wirtschaftsleben kaum objektiv in Zahlen angeben lassen. In den meisten Fällen schreibt der Unternehmer subjektiv seine Erfahrungen aus der Vergangenheit fort.

Ein einfaches Beispiel mag dies verdeutlichen:

Entscheidung unter Risiko

Ein Landwirt geht bei der Anbauplanung davon aus, dass die Witterungsschwankungen der letzten zehn Jahre so ähnlich auch in den kommenden zehn Jahren zu erwarten sind.

Dies scheint auf den ersten Blick einleuchtend und »objektiv« zu sein. Allerdings steckt in einer solchen Vorgehensweise die Annahme, dass in den nächsten zehn Jahren kein Klimawandel stattfindet. Das ist eine höchst subjektive Erwartung.

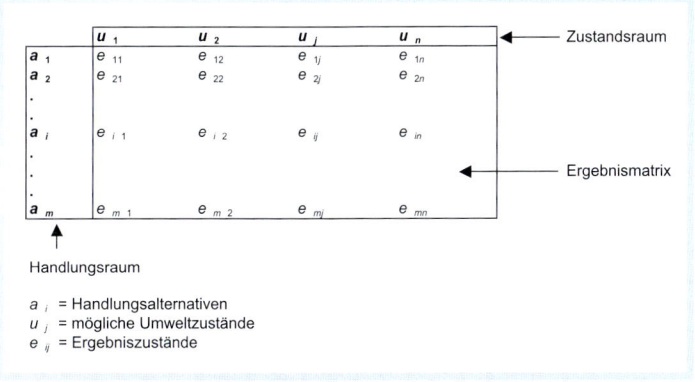

Handlungsraum

a_i = Handlungsalternativen
u_j = mögliche Umweltzustände
e_{ij} = Ergebniszustände

Abb. 2.13
Entscheidungsfeld

Das **Entscheidungsfeld** besteht aus dem Handlungsraum, dem Zustandsraum und der Ergebnismatrix (siehe Abb. 2.13).

Was steckt dahinter? Die Erklärung soll folgendes Beispiel bringen. Es geht um eine ganz einfache Entscheidung: Wie intensiv soll die Bodenbearbeitung zu Raps erfolgen? Dem Landwirt stehen drei **Möglichkeiten der Bodenbearbeitung** zur Verfügung (Tab. 2.11).

Diese drei Verfahren – deren variable Spezialkosten auf Grund der unterschiedlichen Bearbeitungsintensität differieren – machen den **Handlungsraum** aus:

$$A = \{a_1, a_2, a_3\}$$

Eine Information, die zu den Bodenbearbeitungsverfahren gehört, sind die Erträge bei jeweils feuchtem und trockenem Witterungsverlauf (Tab. 2.12).

In dieser Tabelle sehen wir erwartungsgemäß, dass der Raps bei feuchter Witterung höhere Erträge bringt als bei trockener. Wir sehen aber auch, dass bei feuchter Witterung die intensive Bodenbearbeitung im Vorteil ist, wohin gegen bei trockener Witterung die wassersparende, extensivere Bodenbearbeitungsvariante höhere Erträge bringt.

Für die Wirtschaftlichkeit des Verfahrens spielen neben den variablen Spezialkosten die Erlöse die entscheidende Rolle. Der Erlös ist das Produkt aus Ertrag und Produktpreis, beide können schwanken. Beim Ertrag wis-

Die Handlungsalternativen beschreiben den Handlungsraum A

Tab. 2.11.

Beispiel Rapsproduktion: Handlungsraum mit den unterschiedlichen Bodenbearbeitungsalternativen zu Raps	
	variable Spezialkosten (€/ha)
a_1 = Verfahren I (Pflug)	335
a_2 = Verfahren II (Mulchsaat)	320
a_3 = Verfahren III (Direktsaat)	305

Tab. 2.12.

Beispiel Rapsproduktion: Rapserträge (in dt/ha) bei unterschiedlichem Witterungsverlauf und unterschiedlicher Bodenbearbeitung	Witterungsverlauf	
	feucht	trocken
Verfahren I (Pflug)	45	38
Verfahren II (Mulchsaat)	44	39
Verfahren III (Direktsaat)	43	40

Tab. 2.13.

Beispiel Rapsproduktion: Zustandsraum *U* mit unterschiedlichen Rapspreisen und unterschiedlichem Witterungsverlauf

	Preis	Witterungsverlauf
u_1	hoch (20 €/dt)	feucht
u_2	hoch (20 €/dt)	trocken
u_3	niedrig (18 €/dt)	feucht
u_4	niedrig (18 €/dt)	trocken

Tab. 2.14.

Beispiel Rapsproduktion: Ergebnismatrix (Deckungsbeitrag in €/ha)

	u_1	u_2	u_3	u_4
Preis	hoch	hoch	niedrig	niedrig
Witterungsverlauf	feucht	trocken	feucht	trocken
a_1 (Pflug)	565	425	475	349
a_2 (Mulchsaat)	560	460	472	382
a_3 (Direktsaat)	555	495	469	415

Tab. 2.15.

Beispiel Rapsproduktion: Berechnung des Erwartungswertes (€/ha) bei einer Wahrscheinlichkeit *p* von (u_i) = 0,25; *i* = 1 bis 4

	u_1	u_2	u_3	u_4	Erwartungs-wert
Preis	hoch	hoch	niedrig	niedrig	
Witterungsverlauf	feucht	trocken	feucht	trocken	
a_1 (Pflug)	141,25	106,25	118,75	87,25	453,50
a_2 (Mulchsaat)	140,00	115,00	118,00	95,50	468,50
a_3 (Direktsaat)	138,75	123,75	117,25	103,75	483,50

sen wir, dass dieser neben der Bodenbearbeitung auch von der Witterung abhängt. Der Einfachheit halber unterscheidet der Landwirt nur zwischen feuchter und trockener Witterung sowie hohem und niedrigem Rapspreis.

Aus dieser Kombination ergeben sich vier mögliche **Umweltzustände** (Tab. 2.13), deren Gesamtheit als **Zustandsraum U** bezeichnet wird:

Die Umweltzustände beschreiben den Zustandraum U

$$U = \{u_1, u_2, u_3, u_4\}$$

Mit den Informationen aus Tabellen 2.11, 2.12 und 2.13 haben wir nun alles, was wir brauchen, um die Ergebnismatrix aufzustellen (Tab. 2.14).

Der Deckungsbeitrag des Rapses ergibt sich dabei jeweils aus dem Erlös minus den variablen Spezialkosten (bitte nachrechnen!). Aus den vier verschiedenen Umweltzuständen und den drei Handlungsalternativen ergibt sich eine **Ergebnismatrix** mit zwölf Ergebniszuständen.

Die Ergebnismatrix beschreibt für jede Handlungsalternative und jeden Umweltzustand die Zielerfüllung

Da die Differenz der Deckungsbeiträge zwischen dem maximalen und dem minimalen Wert größer ist als 200 € je ha, kann es für den Landwirt bei seiner Anbauentscheidung um viel Geld gehen – zumindest dann, wenn er Raps in größerem Umfang anbaut.

Wir wissen nicht, welcher der Umweltzustände u_1 bis u_4 eintreten wird. Die Frage ist nun: Welche Handlungsalternative sollen wir wählen angesichts der Ergebnismatrix? Leider gibt es auf diese Frage keine allzeit gültige Antwort. Zunächst sollte der Entscheidungsträger die **Wahrscheinlichkeit des Eintreffens der Umweltzustände** u_1 bis u_4 einigermaßen zutreffend abschätzen können. Darüber hinaus spielt die Einstellung des Entscheidungsträgers zum Risiko eine Rolle.

Gehen wir für unser Beispiel (Tab. 2.14) davon aus, dass der Landwirt jedem der Umweltzustände u_1 bis u_4 dieselbe Wahrscheinlichkeit zumisst. Da sich die Einzelwahrscheinlichkeiten zu 1 addieren müssen, ergibt sich daraus eine Wahrscheinlichkeit von $p = 0{,}25$ für jeden einzelnen der Umweltzustände u_1 bis u_4. Anders ausgedrückt: Jeder der möglichen Umweltzustände tritt mit einer Wahrscheinlichkeit von 25 % ein. (Die Wahrscheinlichkeit kürzt man mit p ab, vom Englischen *probability*. Darüber hinaus schreibt man häufig $p(u_1)$, wenn man die Wahrscheinlichkeit des Eintreffens des Umweltzustandes u_1 meint.)

Tabelle 2.15 zeigt das Ergebnis für unser Beispiel. Wenn alle Umweltzustände gleich wahrscheinlich sind, dann können wir die Erwartungswerte folgendermaßen berechnen:

Wir multiplizieren die Werte der Ergebniszustände aus der Ergebnismatrix (Tab. 2.14) jeweils mit ihrer Wahrscheinlichkeit (man sagt auch gewichten) und addieren sie für die jeweilige Handlungsalternative. Daraus ergibt sich der **Erwartungswert jeder Handlungsalternative**.

Erwartungswert der Handlungsalternativen

Der Erwartungswert bedeutet folgendes: Führen wir die jeweilige Handlungsalternative oft genug durch, so wird sich im Durchschnitt aller Jahre dieser Erwartungswert einstellen. In unserem Beispiel zeigt sich, dass die extensive Bodenbearbeitungsvariante den höchsten Erwartungswert bringt.

Die im Beispiel angenommene identische Wahrscheinlichkeit für alle Umweltzustände kann man natürlich auch mit mangelnder Kenntnis über die tatsächlichen Wahrscheinlichkeiten begründen. Werden für die Wahrscheinlichkeiten der einzelnen Umweltzustände gleiche Werte unterstellt, ergeben sich Erwartungswerte, die im Hinblick auf die relative Vorzüglichkeit der Handlungsalternativen dem einfachen (ungewichteten) Durchschnitt der Ergebnisse entsprechen. Diese Regel wird auch als das **Prinzip des unzureichenden Grundes** oder einfache Durchschnittsregel bezeichnet. Hat der Entscheider keine Gründe, von unterschiedlichen Wahrscheinlichkeiten der Umweltzustände auszugehen, so ist die Annahme gleicher Wahrscheinlichkeiten die einfachste.

Die Bedeutung der Annahmen über die Eintrittswahrscheinlichkeit der einzelnen Umweltzustände sollte nicht unterschätzt werden. Dies können unsere Leserinnen und Leser selber überprüfen: Berechnen Sie doch einfach einmal die Erwartungswerte, wenn die Wahrscheinlichkeit eines feuchten Jahres 99 % und die eines trockenen Jahres 1 % beträgt.

Beim Vergleich der Erwartungswerte wird diejenige Handlungsalternative ausgewählt, die den höchsten Erwartungswert des Ergebnisses aufweist. Allgemein gilt somit:

Erwartungswert einer Handlungsalternative

$\text{Max } \{\mu_1, \ldots, \mu_i, \ldots, \mu_m\}$

$$\mu_i = \sum_{j=1}^{n} e_{ij} \times p\,(u_j)$$

wobei:

μ_i = Erwartungswert der Ergebnisse einer Handlungsalternative a_i

$p\,(u_j)$ = Eintrittswahrscheinlichkeit der Umweltzustände $u_1, \ldots, u_n$

e_{ij} = Ergebnis der Handlungsalternative a_i bei Eintritt des Umweltzustandes u_j

Entscheidungsregel bei Risiko

Die **Entscheidungsregel** besagt: Wähle die Handlungsalternative, die den höchsten Erwartungswert bringt. Dies kann man aus zwei Gründen kritisieren. Zum einen führt die Entscheidungsregel nur bei häufig wiederkehrenden, gleichartigen Entscheidungen zu logisch einsichtigen Ergebnissen. Dies liegt vor allem daran, dass die Streuung der einzelnen Werte um den Mittelwert für die Entscheidung keine Rolle spielt. Wenn es also nur um eine einmalige Entscheidung geht, kann diese Streuung von großer Bedeutung sein und sollte dann auch in die Entscheidung für oder gegen eine Alternative einfließen. Der zweite Kritikpunkt an der Entscheidungsregel: Dem Entscheider wird unterstellt, eine **neutrale Einstellung zum Risiko** zu haben. Dies trifft nicht unbedingt immer die Wirklichkeit. So gibt es Landwirte, die Preisschwankungen auf ihren Absatzmärkten vermeiden möchten und sogar bereit wären, einen etwas geringeren Durchschnittspreis in Kauf zu nehmen, wenn dieser im Gegenzug nicht schwankt. Diese Landwirte ziehen den Vertragsanbau dem freien Markt vor – zum Beispiel bei Kartoffeln. Eine solche Einstellung zum Risiko nennt man risikoaverses Verhalten.

Eine Entscheidungsregel, die die Streuung der einzelnen Ergebniswerte um den Mittelwert berücksichtigt und bei Eintreten der ungünstigsten Umweltzustände noch das beste Ergebnis liefert, ist die sogenannte **Maximin-Regel**, die nach ihrem Entdecker auch **Wald-Regel** genannt wird.

Maximin-Regel

Hier wird bezogen auf die Entscheidungsmatrix die Handlungsalternative ausgewählt, in der das jeweilige Zeilenminimum den höchsten Wert hat. Tabelle 2.16 zeigt, dass für unser Beispiel die Handlungsalternative a_3 nach dieser Regel die beste ist.

Sollten die »schlechtesten« Umstände hinsichtlich Witterung und Preisniveau eintreffen, so fährt man mit dieser Handlungsalternative am besten. Alle anderen Informationen bleiben für die Entscheidung unberücksichtigt. Die Anwendung dieser Regel kann sinnvoll sein, wenn es sich um eine einmalige Entscheidung handelt, oder wenn der Entscheider sehr risikoavers ist, etwa weil ein Unterschreiten der erreichbaren 415 € Deckungsbeitrag/ha die Liquidität des Betriebes gefährden könnte.

Schon die bisherige Diskussion zeigt, dass es die eine Entscheidungsregel in Risikosituationen nicht gibt. Die bisher vorgestellten Entscheidungsregeln stellen nur einen Ausschnitt aus dem dar, was in der Literatur zu diesem Thema diskutiert wird. Es gibt Entscheidungsverfahren, die es erlauben, risikoaverses Verhalten systematisch mit abzubilden. Darüber hinaus existieren auch Verfahren, die die Varianz der Ergebnisse als Teil des Entscheidungskriteriums verwenden. Wer sich eingehender mit der landwirtschaftlichen Betriebslehre beschäftigen will, sollte sich mit diesen Verfahren auseinandersetzen (siehe Literaturhinweise am Ende dieses Abschnitts).

Sobald man die gedachte Welt vollständiger Informationen verlässt und sich auf Situationen unvollständiger Information einlässt, wird die Lage also etwas unübersichtlicher. Trotzdem zeigt dieses Kapitel, dass man in bestimmten Situationen auf Verfahren zurückgreifen kann, mit denen sich auch **unter unsicheren Verhältnissen sinnvolle Entscheidungen treffen** lassen. Je besser dabei die Informationslage ist, umso ausgefeilter können die Entscheidungsinstrumente sein. Bei langfristigen, strategischen Entscheidungen sieht man sich sehr häufig besonders großer Unsicherheit gegenüber. Um damit umzugehen, sind für die strategische Planung besondere Instrumente entwickelt worden, die in Kapitel 5 behandelt werden.

Fragen zur Wiederholung

▶ Welche Gründe machen die Ergebnisse des unternehmerischen Handelns der Landwirte nicht sicher vorhersagbar?
▶ Definieren Sie die Begriffe Risiko und Unsicherheit.
▶ Was bildet die Ergebnismatrix ab? Wie lässt sich hieraus der Erwartungswert ableiten?
▶ Erläutern Sie das Prinzip des unzureichenden Grundes.
▶ Die Entscheidungsregel besagt: »Wähle die Handlungsalternative, die den höchsten Erwartungswert bringt.« Welche Punkte können an dieser Vorgehensweise kritisiert werden?
▶ Wie wird bei der Wald-Regel oder Maximin-Regel verfahren?

Weiterführende Literatur

Wer sich mit dem Thema »Entscheiden bei unvollkommener Information« intensiver auseinandersetzen möchte, ist gut bedient mit dem Buch.
KUHLMANN, F. (2003): Betriebslehre der Agrar- und Ernährungswirtschaft, 2. Aufl., DLG-Verlag, Frankfurt am Main.

Tab. 2.16.

Beispiel Rapsproduktion: Anwendung der Maximin-Regel					
	u_1	u_2	u_3	u_4	Zeilen-minimum
Preis Witterungsverlauf	hoch feucht	hoch trocken	niedrig feucht	niedrig trocken	
a_1 (Pflug)	565	425	475	349	349
a_2 (Mulchsaat)	560	460	472	382	382
a_3 (Direktsaat)	555	495	469	415	415

höchstes Zeilenminimum

In Kapitel 2 dieses Buches werden die relevanten Ansätze ausführlich diskutiert und umfassend dargestellt.

Im englischsprachigen Bereich ist besonders empfehlenswert:
HARDAKER, J. B., HUIRNE, R. B. M. und ANDERSON, J. R. (1997): Coping with Risk in Agriculture, CAB International, Wallingford.

2.6 Transaktionskosten und asymmetrische Information

Der neoklassische Ansatz, so wie wir ihn in Form der Produktionstheorie in Kapitel 2.2 kennen gelernt haben, berücksichtigt die Existenz von **Transaktionskosten** nicht. Was sind Transaktionskosten? Es geht um alle Kosten, die mit dem Austausch von Gütern und Rechten, also mit Transaktionen verbunden sind. Sie sind eindeutig von den Produktionskosten zu unterscheiden.

Transaktionskosten entstehen bei der Übertragung von Gütern und Dienstleistungen

Zu den Transaktionskosten gehören etwa die Kosten, einen Vertragspartner zu finden, die Informationssammlung über die Charakteristika des ausgetauschten Gutes oder Rechtes und die Kosten der Durchsetzung von Vereinbarungen, falls sich ein Vertragspartner nicht an die Vereinbarungen hält. Der Austausch kann dabei zwischen unterschiedlichen Unternehmen, aber auch über eine organisatorisch-technische Schnittstelle innerhalb eines Unternehmens stattfinden. Zu den Transaktionskosten eines Schlepperkaufs können beispielsweise gehören: die Kosten für landtechnische Zeitschriften, der Besuch von Messen und Feldvorführungen, die Kosten für den Abschluss des Kaufvertrages (Gespräche, Fahrtkosten), aber auch Rechtsanwaltskosten. Letztere können anfallen, wenn der Hersteller zum Beispiel eine Garantieleistung verweigert (vgl. Tab. 2.17).

Es gibt Situationen, in denen man aus guten Gründen Transaktionskosten als gering und vernachlässigbar ansieht. Dies gilt insbesondere dann, wenn die gehandelten Güter homogen sind und alle Marktteilnehmer auf alle Marktinformationen zurückgreifen können. Ein gutes Beispiel dafür ist die Börse: Jede Aktie einer bestimmten Firma ist wie die andere (also homogen) und der Preis der Aktien ist leicht herauszufinden. Ein Beispiel aus dem Agrarbereich: Wenn ich davon ausgehe, dass mein Weizen homogen ist, also eine Dezitonne Weizen der anderen gleicht und wenn es dafür eine einheitliche bekannte Notierung gibt, kann ich die Transaktionskosten vernachlässigen. In solchen Fällen funktioniert das neoklassische Standardmodell gut, wie es in den Lehrbüchern von HENRICHSMEYER und

Tab. 2.17.

Beispiele für Transaktionen und Transaktionskosten (GÖBEL 2002, verändert)	
Transaktionen	**Transaktionskosten**
Abschluss eines Kaufvertrages	Kosten des Kaufvertrages
Übertragung von Verfügungs- rechten durch Vertrag (Kaufvertrag, Mietvertrag, Dienstvertrag, Darlehensvertrag, …)	Kosten aus der vertraglichen Übertragung von Verfügungsrechten
Benutzung des Marktes	Kosten der Marktbenutzung, Informationsbeschaffung
Übertragung von Gütern und Leistungen und den zugehörigen Rechten über eine technisch trennbare Schnittstelle hinweg (auf Märkten und in Unternehmen)	Kosten der Arbeitsteilung (Marktbenutzungskosten und Hierarchie- oder Bürokratiekosten)

WITZKE (1994) sowie KÖSTER (1992) dargestellt ist (siehe Literaturemp-fehlung am Schluss des Kapitels). Schwieriger wird die Angelegenheit jedoch, wenn ich zum Beispiel als Käufer **keine vollständigen Informationen** über die Eigenschaften des Weizens habe, diese Eigenschaften jedoch für mich als Käufer wichtig sind.

Die neoklassische Welt, in der alle Marktteilnehmer gleich gut infor-miert sind, in der Güter kostenlos gehandelt werden, in der sich die Pro-duktion effizient einstellt, gerät allerdings schon an ihre Grenzen, wenn man sie mit einer einfachen Frage konfrontiert: Warum gibt es überhaupt Betriebe und Unternehmen? In einer Welt, in der man reibungslos und ohne zusätzliche Kosten alle benötigten Güter, Dienstleistungen und Rech-te zu- und verkaufen könnte, wäre eine längerfristige Verknüpfung unter-schiedlicher Produktionsfaktoren wie Boden, Maschinen, Gebäude und Arbeitskräfte in Form eines Betriebes unnötig. Dem »neoklassischen« land-wirtschaftlichen Unternehmer müsste ein Büro mit Telefon, Computer und Briefkasten reichen. Die einzelnen Flächen würde er jährlich zupachten, die notwendigen Arbeitsgänge und Produktionsmittel würde er per Anruf beim Lohnunternehmer ordern, auch den Abtransport der Produkte zum Verkauf würde der Lohnunternehmer übernehmen.

Wer nun einwendet, das sei alles viel zu kompliziert und aufwendig, der hat schon beinahe die Antwort darauf, warum es Unternehmen gibt: Es gibt Transaktionen, die wesentlich einfacher (= kostengünstiger) inner-halb eines Unternehmens zu regeln sind als durch Zukauf. Die logische Konsequenz daraus: Das Unternehmen kann in der Form einer hierar-chisch oder kooperativ strukturierten Organisation oder auch als Ein-Mann-Unternehmen bestimmte Arbeitsschritte **effizienter** erledigen als der reine »Zukäufer«.

Die neoklassische Theorie geht von homogenen Gütern aus und davon, dass Käufer und Verkäufer des Gutes dieselben Informationen über die

Zusammensetzung und die Eigenschaften des Gutes haben. Mit anderen Worten: Die Information ist symmetrisch zwischen Käufer und Verkäufer verteilt. Die Annahme ist also, dass beispielsweise sowohl der Eier produzierende Landwirt als auch der Eierhändler gleichermaßen Bescheid wissen, wie frisch die Eier sind und womit die Hühner gefüttert wurden.

Asymmetrische Information bezeichnet den Zustand, dass zwei Vertragsparteien nicht über dieselben Informationen verfügen

Diese Annahme entspricht nicht der Wirklichkeit. Über Frische und Fütterung weiß der Landwirt als Erzeuger mehr als der Käufer. Daraus folgt: Die Informationen über die Eigenschaften des gehandelten Gutes sind asymmetrisch verteilt.

Um solche und ähnliche Situationen zu analysieren, ist es sinnvoll, drei Arten von Eigenschaften von Gütern zu unterscheiden:

- **Sucheigenschaften**
- **Erfahrungseigenschaften**
- **Vertrauenseigenschaften**

Eigenschaften von Gütern

Unter **Sucheigenschaften** versteht man solche Eigenschaften, die man dem Gut von außen vor dem Kauf unmittelbar ansehen kann. Bei den Eiern wären dies etwa Größe und Farbe der Schale. Dagegen lassen sich **Erfahrungseigenschaften** erst nach dem Kauf beim Ge- oder Verbrauch feststellen (Geschmack der Eier, Farbe des Eidotters). **Vertrauenseigenschaften** wiederum lassen sich auch beim Ge- oder Verbrauch des Gutes nicht feststellen, sie sind aber dennoch für den Käufer relevant. Ob etwa die Hühner nur mit regional erzeugtem Futter gefüttert wurden, wie der Produzent behauptet, ist für den Konsumenten praktisch nicht nachprüfbar, kann aber für bestimmte Käufer wichtig sein.

Auf den ersten Blick sieht es so aus, als ob eine solche Situation der asymmetrischen Information dem Unternehmer einen hohen Anreiz bietet, seinen Vertragspartner »übers Ohr zu hauen«. Beinahe jeder kennt Fälle aus dem Wirtschaftsleben, bei denen der Verkäufer relevante Merkmale eines Gutes bewusst verschwiegen hat. Das klassische Beispiel ist der Gebrauchtwagen mit Unfallschaden. Allerdings »vergaß« der Verkäufer, dies dem Käufer zu berichten. Einen traditionell schlechten Ruf in diesem Sinn haben Viehhändler – auch wenn dies heute nicht mehr zutreffen mag.

Trotz solcher negativen Beispiele: In funktionierenden Wirtschaftssystemen ist das **Ausnutzen des Informationsvorsprungs nicht die dominierende Handlungsweise**, sondern eher die Ausnahme. Dies liegt nicht nur daran, dass es unmoralisch wäre, den Geschäftspartner »übers Ohr zu hauen«. So wünschenswert moralisches, uneigennütziges und faires Verhalten ist, wir gehen hier trotzdem von der pessimistischeren Perspektive aus, dass ein nennenswerter Anteil der Wirtschaftsbeteiligten sein Handeln nicht vorrangig an diesen Prinzipien ausrichtet. Dennoch gibt es Mechanismen, die dafür sorgen, dass sich faires Verhalten langfristig lohnt.

Der wichtigste Weg, den ein Unternehmen hier einschlagen kann, ist die Bildung einer Reputation dafür, dass die von ihm zugesagten Erfahrungs- und Vertrauenseigenschaften tatsächlich eingehalten werden.

Marken- oder Reputationsbildung

In aller Regel verbindet sich diese Reputationsbildung damit, dass in eine **Marke** investiert wird. Die Investition in eine Marke signalisiert dem Konsumenten: Der Produzent ist bereit, langfristig dafür gerade zu stehen, dass die zugesagten Eigenschaften auch tatsächlich vorhanden sind. Die Markenbildung funktioniert natürlich nur, wenn es sich um wiederholte Käufe handelt. Aus Sicht des Unternehmens ist der Vorteil der **Marken- und**

Reputationsbildung, dass ein höherer Preis erzielt werden kann: Es wird eine **Reputationsrente** erzielt. Stellt man sich vor, der Unternehmer würde sein Markenversprechen nicht einhalten und dies käme ans Licht – früher oder später ist es wahrscheinlich, dass dies geschieht – so kann man davon ausgehen, dass die Investitionen in Werbung und die Markengestaltung verloren sind. Denn letztlich ist das Vertrauen der Konsumenten in das Produkt zerstört: Sie sind nicht mehr bereit, es zum bisherigen Preis zu kaufen. Daraus kann im Umkehrschluss abgeleitet werden, dass der Unternehmer eher vertrauenswürdig ist, der viel Geld in seine Marken investiert.

Im landwirtschaftlichen Bereich ist wegen der Vielzahl vergleichsweise kleiner Unternehmen eine **einzelbetriebliche Markenbildung in der Regel schwierig**, wenn auch nicht unmöglich. In der Regel findet die Markenbildung im nachgelagerten Bereich statt oder als Gemeinschaftsaktivität einer größeren Zahl landwirtschaftlicher Betriebe.

Markenbildung als Gemeinschaftsaktivität oder im nachgelagerten Bereich

Neben der Reputationsbildung gibt es einen zweiten Mechanismus, den Unternehmen nutzen können, um zu demonstrieren, dass sie aus dem Problem der asymmetrischen Information keinen Vorteil ziehen. Landwirtschaftliche Unternehmen können sich **Zertifizierungssystemen** anschließen, bei denen ein unabhängiger Dritter feststellt, dass bestimmte Prozesse oder Mindestvorgaben in der Produktion eingehalten wurden.

Dadurch können Konsumenten davon ausgehen, dass bestimmte Erfahrungs- und Vertrauenseigenschaften der Produkte vorliegen. Ein Beispiel hierfür ist das in Folge der BSE-Krise entwickelte Qualitätssicherungs-System der Fleischproduzenten, an dem zahlreiche landwirtschaftliche Unternehmen teilnehmen.

Reputationsbildung durch Zertifizierungssysteme

Ein weiteres Beispiel aus der Landwirtschaft, in dem beide Strategien (Markenbildung und Zertifizierung) angewandt werden, ist der **ökologische Landbau**.

Ökologisch wirtschaftende Betriebe lassen sich durch einen Dritten, nämlich die von der EU zugelassenen Öko-Kontrollstellen zertifizieren. Dieser unabhängige Dritte bescheinigt ihnen damit, dass die Vertrauenseigenschaften einer besonders artgerechten Tierhaltung und des Pflanzenbaus ohne chemischen Pflanzenschutz und ohne leicht lösliche Düngemittel eingehalten werden. Beide Eigenschaften kann der Konsument am Endprodukt nicht überprüfen. Ein wesentlicher Teil der ökologisch wirtschaftenden Betriebe hat sich darüber hinaus entschlossen, unter einem gemeinsamen Markenzeichen zu vermarkten (Demeter, Bioland, Naturland, etc.). Mit Hilfe dieser Markenzeichen (mit denen z.T. eine weitere und strengere Kontrolle verbunden ist als mit der EU-Zertifizierung) signalisieren die Betriebe gemeinschaftliche Investitionen in eine Marke. Sie versuchen damit, den Verbrauchern eine zusätzliche Sicherheit über die tatsächliche Einhaltung der Standards der ökologischen Landwirtschaft zu geben und gleichzeitig über einen höheren Preis eine entsprechende Reputationsrente einzufahren.

Ökologischer Landbau

In der Vergangenheit hat die Orientierung am neoklassischen Modell mit seinen homogenen Gütern auch dazu beigetragen, dass manche landwirtschaftliche Unternehmen den Chancen, die in einer besonderen **Qualitätsproduktion** liegen, nicht genügend Aufmerksamkeit geschenkt haben.

Chancen einer Qualitätsproduktion

Richtet man sein Augenmerk auf die vielfältigen Eigenschaften (= Attribute), die mit einem Agrarprodukt verbunden sein können und geht davon aus, dass Konsumenten nicht eigentlich das Gut an sich, sondern bestimmte Ausprägungen dieser Attribute nachfragen, so verändert sich auch die Sichtweise des produzierenden Unternehmers. Die Bedeutung einzelner Attribute und das Eigentumsrecht an bestimmten Attributen können sich im Zeitablauf sehr stark verändern. Dies kann auf eine veränderte Messtechnik zurückgehen (siehe das Beispiel im Kasten 2.1) oder aber auf eine veränderte Wertschätzung bestimmter Attribute, etwa im Hinblick auf tiergerechte Haltungsformen.

Kasten 2.1
Veränderte Verfügungsrechte an Güterattributen als Folge veränderter (Kosten der) Messtechnik

Nicht definiertes Eigentum an bestimmten Gütereigenschaften kann aber auch dann vorliegen, wenn die diesbezügliche Messtechnik unzureichend oder – im Vergleich zum Nutzen des betrachteten Attributes – (noch) zu teuer ist. Sinken die Kosten der Leistungsmessung, wird es mitunter lukrativ, ein Attribut in Privateigentum zu überführen. Gerade im Lebensmittelbereich lassen sich hierfür Beispiele finden.
So ist Milch mit einer Vielzahl von Attributen (wie z. B. Fett-, Zucker-, Wasser- oder Keimgehalt) behaftet, deren Nutzungsrechte wegen hoher Transaktionskosten nicht immer bei den Landwirten lagen. Noch im Deutschland zu Anfang des 20. Jahrhunderts konnte Milch, die relativ stark mit Keimen belastet war, zum selben Preis vermarktet werden wie fast keimfreie Milch, da eine kostengünstige Messtechnik zur Feststellung ihrer bakteriologischen Beschaffenheit nicht verfügbar war (vgl. Spieckermann 1996:96 f.). Die Rechte am Attribut »Keimgehalt« waren damals nicht definiert; Anstrengungen bzw. Hygienemaßnahmen seitens einiger Landwirte zur Erzeugung keimfreier Milch kamen mehr oder weniger zufällig manchen Verbrauchern zugute, ohne dass diese dafür einen höheren Preis zu entrichten hatten. Erst mit Einführung ständiger Messungen des Milchkeimgehalts auf Betriebsebene wurde dieses Attribut privatisiert; für Milch mit sehr geringem Keimgehalt erhält der Landwirt heute u. U. einen Zuschlag, bei Überschreiten bestimmter Keimzahlgrenzwerte hingegen werden Preisabzüge vorgenommen (BGBl 1993:2481 f.).

Quelle: Lippert 2005

**Informations-
asymmetrie führt
zum Prinzipal-Agenten-
Problem**

Der Begriff der asymmetrischen Information ist noch in einem weiteren betriebswirtschaftlich relevanten Anwendungsbeispiel von Bedeutung. Dieser Anwendungsfall ist in der Literatur als **Prinzipal-Agenten-Problem** bekannt.

Unter einem Prinzipal stellt man sich am besten einen Auftraggeber vor, unter einem Agenten einen Auftragnehmer. Der Agent ist also der-

jenige, der ein Gut oder eine Dienstleistung erstellt, der Prinzipal ist derjenige, der ihn damit beauftragt. Im Bereich der Landwirtschaft könnte der
Agent ein landwirtschaftlicher Facharbeiter, der Prinzipal der Betriebsleiter eines landwirtschaftlichen Großbetriebes sein.

Die Grundidee ist nun, dass sowohl Prinzipal als auch Agent ihren Interessen nachgehen. Der **Prinzipal**, in unserem Beispiel der landwirtschaftliche Betriebsleiter, will den Gewinn des Betriebes maximieren. Der **Agent**
(hier der landwirtschaftliche Facharbeiter) ist daran interessiert, nicht
mehr zu arbeiten als unbedingt notwendig. Die Überwachung der Arbeitsqualität und der Arbeitsmenge des Agenten durch den Prinzipal gestaltet
sich als schwierig: So ist beispielsweise die Pflanzenproduktion witte-
rungsabhängig und die einzelnen Schläge sind weiträumig verteilt. Daher
hat der Agent in der Modellvorstellung einen erheblichen Informations-
vorsprung. Dies nutzt er – ohne dass der Prinzipal dies merkt – um sich so
weit wie möglich ein angenehmes Leben zu machen: er agiert als »Auf-
wandsminimierer« (möglichst geringer Arbeitsaufwand bei gegebenem
Lohn). Im Sinne des Unternehmens arbeitet der Agent nicht effizient genug. Vor allem arbeitet er erheblich weniger effizient als der Prinzipal –
gleiche Fähigkeiten vorausgesetzt. Aus Sichtweise der Prinzipal-Agenten-
Theorie ist dieser Konflikt nicht vollständig aufhebbar.

In der Landwirtschaftlichen Betriebslehre wurde von einigen Autoren
folgendermaßen argumentiert:

Die Kontrollierbarkeit des Agenten sei auf Grund der landwirtschaftlichen Produktionsverhältnisse wesentlich schlechter als in anderen Sektoren der Volkswirtschaft. Daraus ergebe sich eine logische Überlegenheit
des landwirtschaftlichen **Familienbetriebes** gegenüber anderen Organisa-
tionsformen. In der eben dargestellten Kurzform der Theorie wird das Problem jedoch etwas überzeichnet. Schließlich bemüht sich der Betriebsleiter schon bei der Einstellung darum, Mitarbeiter zu finden, die von sich
aus Motivation und Engagement für die Arbeit mitbringen. Selbst empirisch hat sich die absolute Überlegenheit des bäuerlichen Familienbetriebs
gegenüber Großbetrieben nicht eindeutig beweisen lassen: Auch 15 Jahre
nach der Vereinigung der beiden deutschen Staaten wird der größere Teil
der landwirtschaftlichen Nutzfläche Ostdeutschlands von eben jenen
Großbetrieben bewirtschaftet, denen nach Auffassung einiger Agrarökonomen die Prinzipal-Agenten-Theorie eine grundsätzlich ineffiziente Organisationsform »beschert«.

**Das Prinzipal-
Agenten-Problem tritt
in Familienbetrieben
nicht auf**

Dennoch ist der Argumentationslinie dieser Theorie etwas abzugewin-
nen: Es gibt Interessensunterschiede zwischen Betriebsleitern und Ange-
stellten, es gibt Informationsunterschiede und es gibt Fälle, in denen sich
diese Unterschiede negativ auf eine effiziente Arbeitserledigung auswirken.

Die in diesem Abschnitt vorgestellten Konzepte und Ansätze stammen
ursprünglich aus der eher volkswirtschaftlich orientierten Theorie der
»**Neuen Institutionenökonomik**«.

**Neue Institutionen-
ökonomik**

Wir meinen, dass diese Konzepte auch für die betriebliche Sichtweise
relevant sind und eine wertvolle Erweiterung der neoklassischen Sichtweise darstellen. Zahlreiche Phänomene lassen sich nur verstehen, wenn man
Transaktionskosten und asymmetrisch verteilte Informationen berücksichtigt. Doch wo Licht ist, ist auch Schatten: Mit den Werkzeugen, die wir in

Kapitel 4 kennen lernen, lassen sich die vorgestellten Konzepte nur schwer in eine formalisierte und quantitative Planung einbringen. Trotzdem können sie als Richtschnur außerordentlich wertvoll sein. Man sollte bei betriebswirtschaftlicher Vorgehensweise jedoch genau prüfen, an welchen Stellen man Transaktionskosten und asymmetrische Information berücksichtigen muss und wo man sie getrost weglassen kann.

Fragen zur Wiederholung

▶ Was sind Transaktionskosten?
▶ Warum produziert ein Unternehmer überhaupt im eigenen Betrieb und kauft die Einzelleistungen nicht am Markt zu?
▶ Was verstehen wir unter Such-, Erfahrungs- und Vertrauenseigenschaften? Wie können Produzenten bzw. landwirtschaftliche Unternehmen demonstrieren, dass sie die jeweiligen Eigenschaften produzieren (zwei Strategien)?
▶ Wie können sich die Bedeutung einzelner Attribute und das Eigentumsrecht an bestimmten Produktattributen verändern?
▶ Was sind die Kernpunkte des Prinzipal-Agenten-Problems?

Weiterführende Literatur

Beim Schreiben dieses Abschnitts haben wir in ganz erheblichem Umfang von der Lektüre des folgenden Werkes profitiert:

LIPPERT, C. (2005): Institutionenökonomische Analyse von Umwelt- und Qualitätsproblemen des Agrar- und Ernährungssektors, Habilitationsschrift Hohenheim, Wissenschaftsverlag Vauk, Kiel.

Dieses Werk wendet die Neue Institutionenökonomik in sehr klarer Weise auf den Agrar- und Ernährungssektor an, enthält allerdings neben gut zugänglichen Teilen auch solche, die auf Grund ihres Anspruchs eher für Fortgeschrittene geeignet sind.

Stärker betriebswirtschaftlich orientiert, klar und einfach geschrieben, wenn auch an manchen Stellen etwas langatmig und ohne jeden Agrarbezug ist folgendes Buch:

GÖBEL, E. (2002): Neue Institutionenökonomik – Konzeption und betriebswirtschaftliche Anwendungen, Lucius & Lucius Verlag, Stuttgart.

Gute Darstellungen des neoklassischen Ansatzes in Agrarpolitik und Landwirtschaftlicher Marktlehre finden sich in folgenden Büchern:

HENRICHSMEYER, W. und WITZKE, H. P. (1991): Agrarpolitik Band 1, Agrarökonomische Grundlagen, Verlag Eugen Ulmer Stuttgart.

HENRICHSMEYER, W. und WITZKE, H. P. (1994): Agrarpolitik Band 2, Bewertung und Willensbildung, Verlag Eugen Ulmer Stuttgart.

KÖSTER, U. (1992): Grundzüge der landwirtschaftlichen Marktlehre, Vahlen Verlag, München.

2.7 Praktische Planung: Zwischen Pragmatismus und Theorie

In den einzelnen Abschnitten des Kapitels 2 haben wir die Prinzipien des Entscheidens und Planens innerhalb eines gewissen Spannungsbogens dargestellt. Im ersten Abschnitt (Grundbausteine) ging es dabei um ganz übergreifende und grundsätzliche Herangehensweisen an ökonomische Entscheidungen. Anschließend haben wir die neoklassische Produktionstheorie kennen gelernt. Unter einschränkenden Annahmen kann man innerhalb dieses in sich sehr schlüssigen und mathematisch gut darstellbaren Gedankengebäudes zeigen, welche Bedingungen gelten müssen, damit wirtschaftlich effizient produziert wird. Von großer Bedeutung dabei ist das Denken in Grenzwerten, wie wir es etwa im Bezug auf die mineralische Düngung ausführlich dargestellt haben. In der Folge strebt der landwirtschaftliche Betrieb ein »Preis- und Kostengleichgewicht« (WOERMANN 1954) an, also eine Optimalsituation, die sich unter den gegebenen Bedingungen nicht mehr verbessern lässt.

Die weiteren Abschnitte des Kapitels beschäftigten sich dann jeweils mit einer der Annahmen, die der neoklassischen Produktionstheorie zu Grunde liegen. In einem ersten Schritt wurde die Annahme über die nichtlineare Technologie (Produktionsfunktion) aufgegeben, was zu einer Modifikation der Optimalitätsbedingungen führte. In vielen Fällen – wenn auch nicht in allen – entspricht die Annahme einer linearen Technologie den Verhältnissen in der Landwirtschaft besser als die Annahme einer nichtlinearen Technologie. Die Diskussion der These des Gewinn maximierenden Verhaltens zeigte dann einerseits, warum Ökonomen dies als Verhaltenshypothese verwenden. Andererseits wurde die praktische Bedeutung relativiert und in einen weiteren Kontext gestellt.

Die Annahme unvollständiger Information, von Unsicherheit und Risiko, verändert die Entscheidungssituation durchgreifend. Der Einfachheit halber haben wir uns dabei lediglich mit diskreten Entscheidungen befasst. Es zeigte sich folgendes: Sobald sich das Ergebnis unternehmerischer Aktivitäten nicht mit Sicherheit (also deterministisch) voraussagen lässt, kommt es sehr stark auf die Einstellung des Unternehmers zum Risiko an.

Die Tatsache, dass wirtschaftliche Transaktionen eben nicht reibungsfrei stattfinden, wie es die neoklassische Produktionstheorie annimmt, führte uns zum Konzept der Transaktionskosten, also solchen Kosten, die mit dem Austausch von Gütern und Rechten verbunden sind. Lässt man zusätzlich die Annahme der homogenen Güter fallen und unterstellt asymmetrische Information zwischen den Partnern einer Transaktion, so führt dies zu einem Verhalten der Wirtschaftsteilnehmer, das von dem abweicht, was die neoklassische Theorie vorhersagt.

Für Leserinnen und Leser, die bis hier dem Gedankengang gefolgt sind, mag sich folgende Frage stellen: Wenn unterschiedliche Entscheidungsregeln und Entscheidungsprinzipien vorgestellt werden, die zu unterschiedlichen Ergebnissen führen können, welches sind denn nun die Prinzipien, auf die es in der Praxis ankommt?

Die Grundprinzipien aus Kapitel 2.1 sind nach unserer Auffassung sehr weitgehende und immer gültige Prinzipien ökonomischen Denkens. Wenn einzelbetriebliche Entscheidungen im landwirtschaftlichen Unternehmen zu treffen sind, kommt es auf den Charakter der jeweiligen Entscheidung an, um festzulegen, welcher der vorgestellten theoretischen Ansätze die Basis für die Entscheidung bieten kann. Tatsächlich ist es häufig eine empirische Frage, ob das jeweilige Entscheidungsproblem hinreichend genau mit den Annahmen übereinstimmt. Vollständige Übereinstimmung der Annahmen mit der Realität kann dabei in keinem Fall erwartet werden. Sicher ist: Je restriktiver man die Annahmen setzt, desto einfacher ist es, ein quantitatives Entscheidungsmodell zu konstruieren. Komplizierte und sehr vielfältige Annahmen führen uns häufig zurück auf eine rein verbale Auseinandersetzung mit dem Entscheidungsproblem. Die Frage, welche Annahmen gesetzt werden, um ein Problem noch sinnvoll zu beschreiben, lässt sich nur auf der Grundlage einer intensiven empirisch orientierten Auseinandersetzung mit dem jeweiligen Entscheidungsproblem beantworten.

Nachdem es in diesem Kapitel um die Prinzipien des Entscheidens und Planens ging, werden im nächsten Abschnitt die Voraussetzungen dargestellt, die gegeben sein müssen, damit es überhaupt zu unternehmerischen Entscheidungen kommen kann. Dazu gehört, dass sich Ressourcen in der Verfügung des Unternehmers befinden. Ebenfalls dazu gehört das institutionelle Umfeld einschließlich der Absatzmärkte und nicht zuletzt das Informationsmanagement innerhalb des Betriebes einschließlich des Rechnungswesens.

3 Voraussetzungen: Ressourcen, Institutionen und Information

Die landwirtschaftliche Produktion ist an eine Reihe konkreter Voraussetzungen gebunden. Die **Produktionsfaktoren** müssen vorhanden sein oder beschafft werden, ehe sie kombiniert und in Produkte umgewandelt werden. Dieser Umwandlungsprozess erfordert ein tiefgehendes biologisch-technisches Verständnis, das im Studium der Agrarwissenschaften von pflanzenbaulichen, tierwissenschaftlichen und agrartechnischen Disziplinen gelehrt wird. Trotzdem ist es wichtig, sich auch aus betriebswirtschaftlicher Sicht ergänzend mit den Eigenschaften der Produktionsfaktoren zu befassen.

Absatzmärkte für die Produkte sind gleichfalls von so großer Bedeutung, dass sie im agrarwissenschaftlichen Studium detailliert analysiert werden. Da der Absatz der Produkte die Produktion entscheidend steuert, folgt ein kurzes Kapitel über Märkte und Marketing. Die eigentliche betriebswirtschaftliche Disziplin ist aber das Marketing: Hier gehen wir der Frage nach, welche Möglichkeiten aus betriebswirtschaftlicher Sicht bestehen, auf Märkte Einfluss zu nehmen.

Ohne einen **politischen und rechtlichen Rahmen** ist unternehmerisches Handeln kaum vorstellbar. Daher widmen wir diesem Bereich ein kurzes einführendes Kapitel.

Der letzte Unterabschnitt dieses Kapitels befasst sich mit dem **Informationsmanagement** und hier schwerpunktmäßig mit dem Rechnungswesen. Für die betriebswirtschaftliche Praxis ist dieser Bereich von großer Bedeutung. Daher wird er ausführlich in Kapitel 3.4 dargestellt.

3.1 Produktionsfaktoren und ihre Beschaffung

Die landwirtschaftliche Produktion ist an das Vorhandensein, den Einsatz und die Kombination verschiedener **Produktionsfaktoren** gebunden. Wird z. B. Getreide produziert, so werden dazu natürliche Ressourcen wie Boden, Wasser, Luft und Licht benötigt. Dies reicht jedoch allein nicht aus: Der Produzent greift auf menschliche Arbeitsleistungen, unterstützt durch den Einsatz von Maschinen und entsprechende Grundstoffe wie z. B. Saatgut, Düngemittel und Pflanzenschutzmittel zurück. Die Grundstoffe (z. B. Saatgut) ermöglichen überhaupt erst die Produktion oder tragen zur Verbesserung des Ergebnisses bei (z. B. Düngemittel).

Endprodukte und Zwischenprodukte

Die produzierten Erzeugnisse können nach ihrer Herstellung entweder auf den Märkten abgesetzt werden – oder sie stellen selbst wieder Produktionsfaktoren dar, wenn sie in anderen betrieblichen Produktionsprozessen zum Einsatz kommen. Das erzeugte Getreide kann beispielsweise als Futter in der Schweinehaltung oder Milchproduktion eingesetzt werden.

Die Ausrichtung der Produktion und der zu erzielende Wirtschaftserfolg des Betriebes werden von Menge, Art und Qualität der verfügbaren und eingesetzten Produktionsfaktoren bestimmt. Besonders wichtig für die Betriebsorganisation und die Anpassungsfähigkeit eines Betriebes ist somit die Austauschbarkeit und Erweiterungsfähigkeit der Produktionsfaktoren.

Welche Kombination der Produktionsfaktoren die wirtschaftlich günstigste für den Betrieb ist, wird von den jeweiligen Zukaufspreisen der Produktionsfaktoren bestimmt (vgl. Kapitel 2.2). Doch die Preisverhältnisse der Faktoren verändern sich im Zeitablauf und aus neuen Preisverhältnissen folgern neue Faktorkombinationen. Deshalb muss ein Betrieb bei der Suche nach der optimalen Kombination der Produktionsfaktoren wissen, in welchen Grenzen sich die Einsatzmengen der Produktionsfaktoren verändern und austauschen lassen. Je mehr Veränderung und Austausch möglich sind, desto größer ist die Anpassungsfähigkeit des Betriebes bei der Erzeugung eines Produktes.

Die Produktionsfaktoren lassen sich folgendermaßen gliedern:
- **Güter**
- **Dienste**
- **Rechte**
- **Unternehmensführung**

Im Folgenden werden die betriebswirtschaftlichen Eigenschaften der einzelnen Produktionsfaktoren dargestellt.

3.1.1 Güter, Dienste und Rechte

Die im Leistungserstellungsprozess eingesetzten Produktionsfaktoren lassen sich nach verschiedenen **Merkmalen** unterteilen:
- **Verbrauchsgüter und Gebrauchsgüter.** Verbrauchsgüter bzw. Verbrauchsfaktoren werden bei ihrem Einsatz unmittelbar verbraucht (z. B. Saatgut, Düngemittel, Dieselkraftstoff, Futtermittel), während Gebrauchsgüter wiederholt eingesetzt und genutzt werden können, bevor sie verbraucht sind (z. B. Maschinen und Gebäude).

Verbrauchs- und Gebrauchsgüter

- **Materielle und immaterielle Güter.** Materielle Güter weisen im Gegensatz zu immateriellen Gütern eine materielle (physikalische) Substanz auf. Immaterielle Güter kommen in zwei Ausprägungen vor, als Dienste und als Rechte. Dienste werden in Dienstleistungen und Arbeit unterteilt. Sofern Betriebsfremde wie beispielsweise der Bauunternehmer bei der Erstellung eines Gebäudes oder die Werkstatt bei der Reparatur eines Schleppers zum Betriebserfolg beitragen, handelt es sich um Dienstleistungen. Tragen der Unternehmer selbst oder weisungsgebundene Arbeitnehmer (Familien- und Fremdarbeitskräfte) zum Betriebserfolg bei, handelt es sich um Arbeit.

Materielle und immaterielle Güter

- Als Rechte werden alle Produktionsfaktoren bezeichnet, die Ansprüche auf bestimmte Leistungen gegenüber Dritten oder Leistungsmöglichkeiten beinhalten. In der Landwirtschaft in der EU sind insbesondere die Lieferrechte für Zuckerrüben und Milch von großer Bedeutung.

Die eingesetzten Güter und Rechte sind Vermögensteile des Betriebes, so dass eine weitere Differenzierung in Anlehnung an die Gliederung des Vermögens (der Aktivseite) in der Bilanz erfolgen kann. Die verschiedenen Güter werden folgenden Vermögensarten zugeordnet:

- Anlagevermögen (Boden, Gebäude, Maschinen etc.)
- Viehvermögen
- Umlaufvermögen (Feldinventar, Vorräte, Materialien etc.)

Einen Überblick über die Gliederung der Produktionsfaktoren gibt Tabelle 3.1.

Güter

Als Güter lassen sich aus betriebswirtschaftlicher Sicht alle materiellen Hilfsmittel der Produktion zusammenfassen.

Die Vielfalt der eingesetzten Güter führt zu sehr unterschiedlichen Eigenschaften bei der Beschaffung und Nutzung. Daraus ergeben sich ebenfalls Unterschiede bei den Kosten des Gütereinsatzes.

Tab. 3.1.

Gliederung der Produktionsfaktoren nach verschiedenen Merkmalen		
Beschaffenheit	**Substanz**	
	Materiell	Immateriell
Gebrauchsgüter	**Anlagevermögen**	
	Boden	Rechte
	Gebäude und	Finanzanlagen
	bauliche Anlagen	
	Technische Anlagen	
	und Maschinen	
	Andere Anlagen	
	Dauerkulturen	
	Viehvermögen	
Verbrauchsgüter	**Umlaufvermögen**	
	Vorräte	Forderungen
	Roh-, Hilfs-	Wertpapiere
	u. Betriebsstoffe	Bargeld, Guthaben
	Feldinventar	bei Kreditinstituten
		Dienste
		Arbeit
		Unternehmensführung

Abnutzbare und nicht abnutzbare Gebrauchsgüter

Bei den **Gebrauchsgütern** ist zu unterscheiden, ob sie sich durch den Einsatz abnutzen oder nicht. Beispiele für **nicht abnutzbare Güter** (bei ordnungsgemäßem Gebrauch) sind der Boden oder dauerhafte Grundverbesserungen wie z. B. Grabenentwässerung.

Abnutzbare Güter unterliegen einem Wertverlust

Alle anderen Gebrauchsgüter **unterliegen der Abnutzung und damit einem Wertverlust.** Dieser Wertverlust muss bei der Berechnung der Kosten berücksichtigt werden, um die Kosten der Anschaffung gleichmäßig auf die Nutzungsdauer zu verteilen. Würde der Wertverlust nicht eingerechnet werden, dann wäre z. B. die Kostenbelastung für den Einsatz eines Schleppers im Jahr der Anschaffung sehr hoch. In den folgenden Jahren würde der Schlepper praktisch nichts mehr kosten, was in Anbetracht der Nutzungsdauer und der Leistungsabgabe nicht sachgerecht wäre.

Teilbare und nicht beliebig teilbare Güter

Darüber hinaus ist betriebswirtschaftlich gesehen der Einsatz aller Güter möglichst kostengünstig zu gestalten. Da Gebrauchsgüter wie z. B. Maschinen oder Gebäude nicht beliebig dem Bedarf entsprechend teilbar sind, muss bei deren Einsatz berücksichtigt werden, dass ein Teil der Kosten unabhängig von der Einsatzmenge entsteht. Demzufolge muss eine bestimmte Mindesteinsatzmenge bzw. Mindestauslastung erreicht werden, damit die Beschaffung rentabel und gegenüber Dienstleistungen durch Dritte (z. B. Lohnunternehmer) vorteilhaft ist. Mit anderen Worten: Es sind **Kostendegressionen** zu erzielen.

Bei nicht beliebig teilbaren Gütern entstehen Kosten- und Verfahrensdegressionen

Zum einen ist dies möglich, indem die Produktionsmenge gesteigert wird und die einsatzunabhängigen Kosten somit auf eine größere Produktmenge verteilt werden. Man bezeichnet dies als **Beschäftigungsdegression.** Zum anderen kann ab einem bestimmten Produktionsumfang auf ein günstigeres Produktionsverfahren übergegangen werden, wodurch sich der Einsatz eines oder mehrerer Produktionsfaktoren verringern lässt. Dies wird als **Verfahrensdegression** bezeichnet. Ein Beispiel hierfür ist der Übergang von Festmist auf Gülle in der Schweinemast, wodurch Arbeitszeit eingespart werden kann (vgl. Abb. 3.1 und 3.2).

Der Einsatz der Gebrauchsgüter verursacht also Kosten, die mit dem Wertverlust zusammenhängen und je nach Nutzungsdauer des Gutes unterschiedlich hoch sind: Kapitalkosten.

Dauerhafte Produktionsfaktoren verursachen Kapitalkosten

Die **Kapitalkosten** haben betriebswirtschaftlich gesehen eine besondere Bedeutung, auch mit Blick auf ihre Ermittlung. Im folgenden Abschnitt werden wir daher die Kapitalkosten in allgemeiner Form für alle Gebrauchsgüter näher betrachten und anschließend auf die Güter im Einzelnen eingehen.

Kapitalkosten

Beim Einsatz von Gebrauchsgütern, die der Abnutzung und damit bei begrenzter Nutzungsdauer einem Wertverlust unterliegen, fallen in der Regel folgende Kostenarten an:

- **Wartungs- und Reparaturkosten**
- **Unterbringungskosten** (bei Maschinen)
- **Versicherungskosten** (bei Gebäuden, Schleppern)
- **Betriebskosten** (Treibstoff, Schmiermittel, etc.)

Darüber hinaus sind die **Kapitalkosten** zu berücksichtigen. Dies wird erreicht, indem

* **Abschreibungen** für den Wertverlust,
* **Zinsen** für das gebundene Kapital,

aus dem Anschaffungswert des Gebrauchsgutes abgeleitet werden.

Kapitalkosten

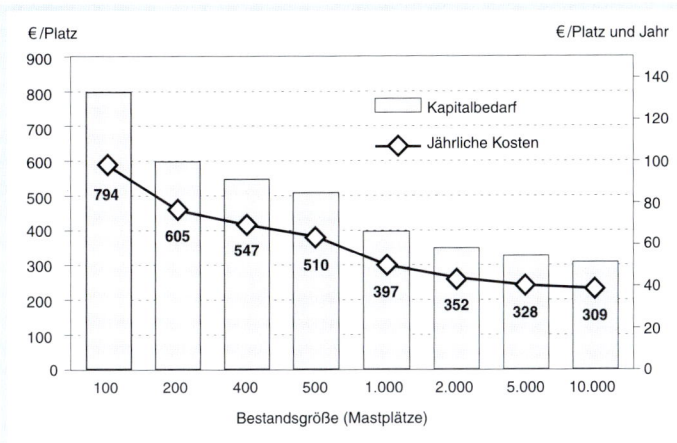

Abb. 3.1
Kapitalbedarf und jährliche Kapitalkosten in der Schweinemast in Abhängigkeit von der Bestandsgröße (Beschäftigungsdegression) (KTBL 2000, eigene Berechnungen)

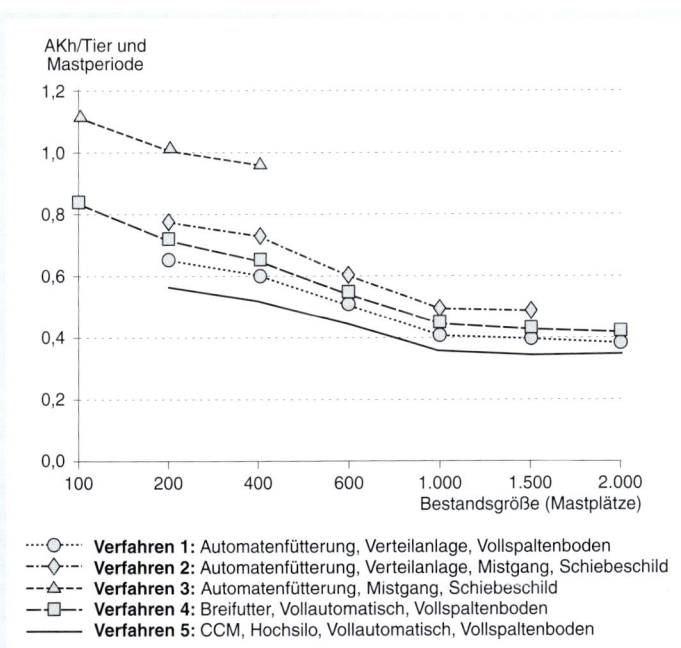

Abb. 3.2
Arbeitszeitbedarf in Abhängigkeit von der Bestandsgröße (Verfahrensdegression) (KTBL 1999, eigene Berechnungen)

Fixe und variable Kosten

Ein Teil dieser Kostenarten **ändert sich in seiner Höhe nicht**, wenn das Gebrauchsgut mehr oder weniger eingesetzt wird. Das sind z. B. die Zinsen, die Versicherungskosten und die Unterbringungskosten. Ein anderer Teil variiert mit dem Einsatzumfang – oft sogar proportional – und wird daher den **variablen Kosten** zugerechnet wie z. B. die Treibstoffkosten.

Wartungs- und Reparaturkosten und – darauf werden wir noch eingehen – in manchen Fällen auch die Abschreibungen sind teils variable Kosten, teils fixe Kosten, also »**gemischte« Kostenarten**.

Abschreibungs-ursachen

Abschreibungen werden bei Gebrauchsgütern berechnet, um den Wertverlust zu berücksichtigen. Dieser Wertverlust kann folgende Ursachen haben:

- **leistungsbedingter Verschleiß** (Abnutzung)
- **Substanzminderung** (z. B. Abbau einer Kiesgrube)
- **ruhender Verschleiß** (z. B. durch Verwittern, Verrosten)
- **technischer Fortschritt** (z. B. bei Computern, Handys)
- **Nachfrageverschiebungen am Markt** (z. B. Modeartikel)
- **Fristablauf** (z. B. Patente und Rechte)
- **Katastrophen** (z. B. Brand, Totalschaden, etc.).

Die Abschreibungsursachen können durch die Zeit oder die abgegebene Leistung bemessen werden

Die Abschreibungsursachen können entweder durch die abgegebene Leistung (wie z. B. leistungsbedingter Verschleiß und Substanzminderung) oder durch die Zeit (z. B. ruhender Verschleiß, Fristablauf etc.) gemessen werden. Ist die abgegebene Leistung maßgebliche Abschreibungsursache, dann muss der Leistungsvorrat, d. h. die mögliche Gesamtleistung geschätzt werden. Danach kann bestimmt werden, welcher Bruchteil des Anschaffungswertes durch die einzelne Leistungseinheit verbraucht wird. Ist dagegen die Zeit die relevante Abschreibungsursache, dann muss die wirtschaftliche Nutzungsdauer bestimmt werden. In diesem Fall gibt man die Zeit an, nach welcher das Gebrauchsgut wertlos geworden ist bzw. keine wirtschaftliche Leistung mehr erbringt.

Wirtschaftliche und technische Nutzungs-dauer

Von **wirtschaftlicher Nutzungsdauer** sprechen wir deshalb, weil die technisch mögliche Nutzungsdauer nahezu unendlich ist, da die Lebensdauer z. B. einer Maschine oder eines Gebäudes durch Reparaturen oder Nachrüstungen beliebig verlängert werden kann. Wirtschaftlich ist es aber nicht sinnvoll, diese technischen Möglichkeiten über ein gewisses Maß hinaus zu nutzen.

Die Schätzung der Nutzungsdauer einer Maschine oder eines Gebäudes ist schwierig, da zum Zeitpunkt der Beschaffung die Höhe und der Umfang von Reparaturen etc. nur auf Grund einer Vermutung abgeschätzt werden kann. Man kann sich an den Erfahrungen der Vergangenheit orientieren und diese in die Zukunft fortschreiben. In Ermangelung eigener Erfahrungen können auch **Normzahlen** für Maschinenkosten herangezogen werden, wie sie z. B. vom KTBL herausgegeben werden.

Relevant ist die Abschreibungsursache mit der kürzesten Nutzungsdauer

Bei Schätzung der aus den einzelnen Ursachen abgeleiteten Nutzungsdauer ergeben sich unterschiedliche Werte. Sind mehrere durch die Zeit gemessene Abschreibungsursachen gegeben, dann wird die Nutzungsdauer durch die **Abschreibungsursache mit der kürzesten Dauer** bestimmt. Die Nutzungsdauer eines PC wird z. B. durch technischen Fortschritt etwa auf 4 Jahre begrenzt. Auf Grund des ruhenden Verschleißes könnten wir mit ihm jedoch noch gut 6 bis 10 Jahre arbeiten. Trotzdem sind die verfügbaren Leistungen nach 4 Jahren wirtschaftlich wertlos geworden.

Wie berechnen wir nun die Abschreibung? Zunächst müssen wir – entsprechend den Abschreibungsursachen unterscheiden, ob wir nach Zeit oder nach der Leistung abschreiben.

Bei der **Abschreibung nach Zeit** ist zunächst die Nutzungsdauer (z. B. aus Normdaten) festzulegen, um dann den Wertverlust des Gebrauchsgutes gleichmäßig auf die Jahre der Nutzung zu verteilen.

Abschreibung nach der Zeit

Die **jährliche Abschreibung** wird dann wie folgt berechnet:

Jährliche Abschreibungskosten, wenn nach der Zeit abgeschrieben wird

$$\text{Abschreibungskosten pro Jahr} = \frac{A - R}{N}$$

A = Anschaffungswert (in €)
R = Restwert am Ende der Nutzungsdauer (in €)
N = Nutzungsdauer (in Jahren)

Da der Restwert eine weit in der Zukunft liegende und mit großer Unsicherheit zu schätzende Größe ist, wird **meist von einem Restwert von Null** ausgegangen.

Jährliche Abschreibungskosten bei Restwert von Null

In diesem Fall errechnet sich die Abschreibung folgendermaßen:

$$\text{Abschreibungskosten pro Jahr} = \frac{A}{N}$$

Hat die **Abschreibung nach der Leistung** zu erfolgen, weil die Nutzungsdauer durch die Leistungsbeanspruchung begrenzt wird, dann muss zunächst der **Gesamtleistungsvorrat** des Gebrauchsgutes festgelegt bzw. unter Verwendung von Normdaten geschätzt werden.

Abschreibung nach der Leistung

Liegt der Gesamtleistungsvorrat fest, ergeben sich die Abschreibungskosten je Leistungseinheit wie folgt:

Abschreibungskosten je Leistungseinheit

$$\text{Abschreibungskosten je Leistungseinheit} = \frac{A - R}{n} \quad \text{bei Restwert} > 0 \text{ bzw.}$$

$$\text{Abschreibungskosten je Leistungseinheit} = \frac{A}{n} \quad \text{bei Restwert} = 0$$

n = Gesamtleistungsvorrat (z. B. in h, ha oder km)

Bezogen auf das Jahr verändern sich die Abschreibungskosten mit der jährlichen Leistungsbeanspruchung. Die jährlichen Abschreibungskosten ergeben dann aus der Formel:

Jährliche Abschreibungskosten, wenn nach der Leistung abgeschrieben wird

$$\text{Abschreibungskosten je Jahr} = \frac{A - R}{n} \times j \quad \text{bei Restwert} > 0 \text{ bzw.}$$

$$\text{Abschreibungskosten je Jahr} = \frac{A}{n} \times j \quad \text{bei Restwert} = 0$$

j = jährliche Leistungsbeanspruchung (z. B. in h, ha oder km)

Bei Maschinen können im Gegensatz zu Gebäuden sowohl nach der Zeit als auch nach der Leistungsabgabe messbare Abschreibungsursachen vorliegen: Sind damit Nutzungsdauer entsprechend der nach der Zeit gemessenen Abschreibungsursachen und Gesamtleistungsvorrat (n) bekannt, ist zu klären: Schreibe ich nach Zeit oder nach Leistung ab? Die Antwort: Ist die durchschnittliche jährliche Leistungsbeanspruchung während der gesamten Nutzungsdauer der Maschine so hoch, dass sie zu einem früheren Verschleiß führt als die nach der Zeit gemessenen Abschreibungsursachen, dann beschränkt die Leistungsabgabe die Nutzungsdauer der Maschine. Die durchschnittliche jährliche Leistungsabgabe, bei der dies erfolgt, wird als **»Schwelle der variablen Abschreibung«(S)** bezeichnet.

Schwelle der variablen Abschreibung

Sie wird wie folgt berechnet:

$$\text{Schwelle der variablen Abschreibung} = \frac{n}{N}$$

n **= Gesamtleistungsvorrat** (z. B. in h, ha oder km)
N **= Nutzungsdauer** (in Jahren)

Wenn z. B. für einen Schlepper ein Leistungsvorrat (n) von 10 000 Sh und eine Nutzungsdauer (N) von 12 Jahren angenommen, dann liegt die Schwelle der variablen Abschreibung (S) bei einer jährlichen Leistungsabgabe von 833 Sh: Wird der Schlepper im Durchschnitt der Jahre weniger als 833 Sh eingesetzt, dann muss nach der Zeit abgeschrieben werden. Am Ende der Nutzungsdauer ist dann zwar noch ein Leistungsvorrat vorhanden. Auf Grund der zeitbedingten Abschreibungsursachen ist dieser aber wertlos geworden. Wird der Schlepper mehr als 833 Sh/Jahr genutzt, dann muss nach der Leistung abgeschrieben werden. In diesem Fall ist der gesamte Leistungsvorrat schon vor Ablauf der Nutzungsdauer aufgezehrt und der Schlepper muss schon vor Ablauf der Nutzungsdauer ersetzt werden.

Abschreibung nach der Zeit = fixe Kosten; Abschreibung nach der Leistung = variable Kosten

Der Begriff »Schwelle der variablen Abschreibung« ergibt sich daraus, dass die Abschreibung nach der Zeit zu den fixen Kosten zählt, die Abschreibung nach der Leistung dagegen zu den variablen Kosten. Mit anderen Worten: Mit wachsender Beanspruchung je Produktionsperiode ist die Abschreibung einer Maschine zunächst von der Kapazitätsausnutzung unabhängig – es wird nach der Zeit abgeschrieben. Wird die Schwelle der variablen Abschreibung (S) durch die jährliche Leistungsbeanspruchung überschritten, steigt die jährliche Abschreibung proportional zu der Leistungsbeanspruchung an.

Jährliche Abschreibungskosten, wenn nach der Zeit oder der Leistung abgeschrieben werden kann

Damit erhalten wir für die Berechnung der jährlichen Abschreibungskosten einer Maschine folgende Regel:

$$\text{Abschreibungskosten je Jahr} = \begin{cases} \dfrac{A-R}{N} \text{ für } j \leq S \\[2ex] \dfrac{A-R}{N} + \dfrac{A-R}{n} \times (j-S) \text{ für } j > S \end{cases}$$

Liegt also die Leistungsbeanspruchung (j) über der Schwelle der variablen Abschreibung S, dann ergeben sich die jährlichen Abschreibungskosten aus den fixen Kosten der zeitbedingten Abschreibung zuzüglich einer leistungsbedingten Abschreibung (variable Kosten). Es werden also nur für den Teil des jährlichen Leistungsanspruchs, der die Schwelle der variablen Abschreibung übersteigt, variable Kosten verrechnet.

Warum ist das so? Wird die Maschine jenseits der Schwelle der variablen Abschreibung genutzt, dann bestehen die Ursachen für den Wertverlust, der zur zeitbedingten Abschreibung führt, ja grundsätzlich auch fort. Gedanklich ist dann der höhere jährliche Wertverlust also auf zwei Komponenten zurückzuführen: Einmal auf die Ursachen, die der zeitbedingten – fixen – Abschreibung zugrunde liegen (etwa Verrosten oder Verwittern). Zum anderen darauf, dass der Leistungsvorrat durch den größeren Einsatzumfang schneller aufgebraucht wird. Die leistungsbedingte, zweite Komponente der Abschreibung wird also auf die erste »aufgesetzt«. Gesamtergebnis: Die Abschreibung ist ab der Schwelle variabel; sie enthält aber eine fixe und eine variable Komponente und ist damit insgesamt variabel.

Zusätzlich zu den Kosten der Abschreibung müssen beim Einsatz von Gebrauchsgütern noch die Kosten berücksichtigt werden, die dadurch entstehen, dass Kapital gebunden wird, das durch den Betrieb bereitgestellt werden muss.

Wird das Gebrauchsgut mit Fremdkapital finanziert, entstehen **Zinsausgaben**, d. h. die Zinsen müssen an die Bank gezahlt werden. Wird mit Eigenkapital finanziert, dann entfallen Zinszahlungen an die Bank, es entsteht jedoch trotzdem ein **Nutzenentgang**: Denn schließlich hätte das für den Kauf der Produktionsmittel ausgegebene Geld bei einer Bank oder in Wertpapieren angelegt einen Zinsertrag erbracht. Der entgangene Nutzen ergibt sich also aus diesem entgangenen Zinsertrag. **Zinskosten**

Da Betriebe teils mit Eigen-, teils mit Fremdkapital finanziert sind, muss für die Zwecke der Kostenrechnung ein **Kalkulationszinsfuß (i)** festgelegt werden, der sich aus den Nutzungskosten für das Eigenkapital und dem Zinssatz für das Fremdkapital ableitet. **Kalkulationszinsfuß**

Durch die jährlichen Abschreibungen sinkt der Wert der langlebigen Produktionsmittel (Maschinen und Gebäude) jährlich und das gebundene Kapital nimmt entsprechend ab. Es wird dabei unterstellt, dass die Abschreibungen über die verrechneten Kosten wieder »verdient« werden. Sie stehen dem Betrieb somit wieder als liquide Mittel (Geld) zur Verfügung.

Für die Zwecke der Kostenrechnung muss das **durchschnittlich gebundene Kapital** ermittelt werden, um die einzelnen Perioden vergleichbar zu machen. Wird ein kontinuierlicher Werteverzehr und damit kontinuierliche Abschreibungen im Zeitverlauf unterstellt, dann ist bei einem Restwert von Null durchschnittlich der halbe Anschaffungswert gebunden. Die Zinskosten errechnen sich daher aus: **Durchschnittlich gebundenes Kapital**

Jährliche Zinskosten

$$\text{Zinskosten je Jahr} = \frac{A}{2} \times i$$

A = Anschaffungspreis; i = Zinssatz/100

Existiert ein Restwert, ist der daraus erzielbare Verkaufserlös über die ganze Nutzungsdauer gebunden. Die Zinskosten werden dann wie folgt berechnet: **Jährliche Zinskosten bei Restwert**

$$\text{Zinskosten je Jahr} = \frac{A-R}{2} \times i + R \times i = \frac{A+R}{2} \times i$$

Die Berechnung des durchschnittlich gebundenen Kapitals lässt sich auch graphisch darstellen (vgl. Abb. 3.3).

Die dargestellte Berechnungsweise der Kapitalkosten (Abschreibung und Zinsen) stellt eine vereinfachte Methode dar.

Exakte Berechnung der Kapitalkosten mit der Annuitätenmethode

Exakt kann die Berechnung der Kapitalkosten nur mit Hilfe der **Annuitätenmethode** ermittelt werden. Die Ursache liegt darin, dass bei der Annuitätenmethode auch Zinseszinsen berücksichtigt werden. Mit anderen Worten: Durch die Zinseszinsen erhöht sich das durchschnittlich gebundene Kapital in jeder Periode um den Zinsertrag. Die vereinfachte Ermittlung der jährlichen Zinskosten aus dem halben Anschaffungswert und die Vernachlässigung der Zinseszinsen führen zu Ungenauigkeiten, die bei zunehmender Nutzungsdauer des Gebrauchsgutes und steigendem Zinssatz immer größer werden.

Die Unterstellung, dass die Hälfte des Anschaffungswertes gebunden ist, trifft nur dann zu, wenn die jährlichen Abschreibungen als konstant unterstellt werden. Man spricht dann auch von linearer Abschreibung. Auf das Verfahren zur Berechnung der Annuität wird in Kapitel 4.3 ausführlicher eingegangen.

Boden

Produktionsfaktor Boden

Dem **Produktionsfaktor Boden** kommt in der Landwirtschaft besondere Bedeutung zu. Boden ist nicht nur Standort der Wirtschaftsgebäude und Produktionsanlagen wie es in der Industrie oder anderen Wirtschaftsbereichen der Fall ist. Er ist vielmehr selbst ein wichtiger Produktionsfaktor.

Im Gegensatz zur gewerblichen Wirtschaft können landwirtschaftliche Betriebe auf Grund der **Unbeweglichkeit des Faktors Boden** nicht in die Nähe

Abb. 3.3
Durchschnittlich gebundenes Kapital beim Einsatz abnutzbarer Güter

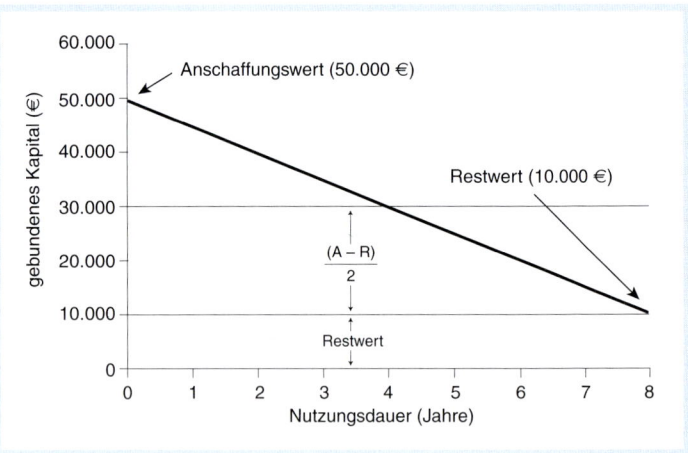

von lukrativen Märkten, günstigen Arbeitskräften oder in Regionen mit besonders guter Verkehrsanbindung abwandern. Sie müssen also ihre Organisation den jeweiligen Standortverhältnissen anpassen. Die aus dieser Unbeweglichkeit resultierende **standortgebundene Produktion** wird besonders im pflanzlichen Bereich deutlich. Hier müssen im Gesamtproduktionsprozess bei jedem Arbeitsgang Wege zurückgelegt werden zwischen Hof und Feld für den Transport der Hilfsstoffe, Materialien und Maschinen sowie der Ernteprodukte.

Die Lage, Form und Größe der Grundstücke, die Wegeverhältnisse und Höhenunterschiede bestimmen im Zusammenhang mit der Hoflage die **innere Verkehrslage des Betriebes**. Die Lage des Betriebes zu den Märkten auf der Bezugs- und Absatzseite ist Ausdruck der **äußeren Verkehrslage**, die zusammen mit der inneren Verkehrslage und den natürlichen Verhältnissen des Bodens die **wirtschaftlichen Standortverhältnisse** charakterisiert.

Sowohl die innere als auch die äußere Verkehrslage haben erheblichen Einfluss auf die Betriebsorganisation und den erzielbaren Betriebserfolg. In arrondierten Betrieben mit großen Parzellengrößen entstehen z. B. geringere Transportkosten als in nicht arrondierten Betrieben mit kleinen Parzellengrößen. Die Bewirtschaftung großer, arrondierter Flächen kann demzufolge wesentlich schlagkräftiger erfolgen. Bei ungünstiger innerer Verkehrslage scheiden gewisse Betriebszweige aus wie z. B. die Weidehaltung von Milchkühen.

Die wirtschaftlichen Standortverhältnisse beeinflussen die Betriebsorganisation

Die optimale Betriebsorganisation, die sich aus der entsprechenden Kombination der verfügbaren Produktionsfaktoren ergibt, wird also von der inneren und äußeren Verkehrslage des Betriebes beeinflusst. Produkte mit hohen Transportkosten je Produkteinheit werden tendenziell eher in der Nähe der Absatzmärkte erzeugt. Produkte, bei denen die Transportkosten einen vergleichsweise geringen Anteil der Kosten ausmachen, lassen sich auch in marktentfernteren Regionen noch konkurrenzfähig produzieren. Die äußere Verkehrslage hat auch wichtigen Einfluss auf die weitere Organisation der Vermarktung und des Absatzes. Angesichts eines Preisrückgangs bei landwirtschaftlichen Produkten versuchen vermehrt Betriebe über die Direktvermarktung Preisvorteile zu erzielen. Diese Betriebe umgehen einzelne Handelsstufen – in diesem Fall ist die äußere Verkehrslage besonders wichtig.

Häufig werden **Unvermehrbarkeit und Unzerstörbarkeit** als Charakteristika des Bodens bezeichnet. Streng genommen trifft es nicht zu, dass der Boden unvermehrbar ist, da eine Landgewinnung in Form von Poldern prinzipiell möglich ist. Allerdings ist dies, wenn man es auf die weltweiten Bodenressourcen bezieht, technisch nur in kleinem Maßstab möglich und aus ökonomischer Sicht häufig unwirtschaftlich.

Wenn man von der Unzerstörbarkeit des Faktors Boden spricht, so ist dies noch stärker zu relativieren. Boden kann zerstört werden, zum Beispiel durch Erosion, Humusabbau und Versalzung. Bei sachgemäßer Bewirtschaftung lassen sich jedoch die Eigenschaften des Bodens als Produktionsfaktor langfristig erhalten oder verbessern.

Der Wert des Bodens als Produktionsfaktor wird nicht nur durch die innere und äußere Verkehrslage und die Produktpreise bestimmt. In entscheidendem Maße tragen auch die natürlichen Eigenschaften sowie die relative Knappheit in Bezug auf andere Produktionsfaktoren zum Wert des Bodens bei.

Boden lässt sich durch seine Entstehung, seine Zusammensetzung, seine Entwicklung, seine Bodenart und Gründigkeit, die Exposition, die Schlagform und die Hangneigung charakterisieren. Das Klima hat neben dem Einfluss auf die Entstehung des Bodens auch hohen Einfluss auf das Pflanzenwachstum. Wichtige Größen sind dabei die Länge der Vegetationsperiode und der frostfreien Zeit, die durchschnittlichen Temperaturen sowie Maxima und Minima, die jährliche Niederschlagsmenge und -verteilung.

Die Ertragsfähigkeit des Produktionsfaktors Boden variiert stark

Die einzelnen Klimafaktoren können stark variieren und in vielfältiger Kombination miteinander auftreten, so dass der Produktionsfaktor Boden selbst auf enger räumlicher Nähe, gemessen an seiner **Ertragsfähigkeit sehr unterschiedlich** sein kann – mit entsprechender Rückwirkung auf die Gestaltung der Produktion.

Boden und Klima beeinflussen die Produktionsrichtung

Grundsätzlich erlaubt eine gegebene Bodenfläche den Anbau vieler Früchte. Allerdings stellen die einzelnen Früchte unterschiedliche Anforderungen an das Klima und die Bodenbeschaffenheit, so dass sich daraus je nach Erfüllung der spezifischen Ansprüche der Pflanzen ein maßgeblicher **Einfluss auf die Produktionsrichtung** bzw. die Nutzung der Fläche ergibt. Je tonhaltiger (und damit schwerer) der Boden ist, desto mehr Arbeitsgänge sind erforderlich, um im Frühjahr und Herbst ein optimales Saatbett zu bereiten. Die Folge daraus sind steigende Bewirtschaftungskosten, die bei gegebenen Preisen durch höhere Erträge ausgeglichen werden müssen, um das Ackerland aus wirtschaftlicher Sicht gegenüber anderen Arten der Bodennutzung relativ vorzüglich zu machen. Dies trifft für schwere Tonböden kaum zu, weshalb sie eher als Dauergrünland genutzt werden. Ähnlich ist dies bei Flächen mit hohem Grundwasserstand oder in Hanglagen, wenn die Verbesserung der Standortverhältnisse (Entwässerung, Terrassierung) mehr Geld kosten würde, als sie an Mehrerträgen bringen würde.

Es wird deutlich, dass sich die Eigenschaften des Produktionsfaktors Boden nur in sehr engen Grenzen zu vertretbaren Kosten ändern lassen und somit die Bodennutzung durch die gegebenen wirtschaftlichen und natürlichen Standortverhältnisse geprägt wird.

Zur Charakterisierung des Produktionspotenzials eines Betriebes reichen die Angaben über den Einfluss der Bodenbeschaffenheit auf die Bewirtschaftungsform nicht aus. Vielmehr sind spezifische Angaben über Menge, Qualität und Struktur der bewirtschafteten Fläche erforderlich.

Betriebsfläche

Die **Betriebsfläche** umfasst die gesamte zu einem landwirtschaftlichen Betrieb gehörende Fläche – unabhängig davon, ob sie genutzt wird oder nicht. Sie setzt sich aus den Eigentums- und den Pachtflächen, vermindert um die verpachteten Flächen zusammen. In Anlehnung an Brandes und Woermann (1971) kann die Betriebsfläche gegliedert werden in

- **die unmittelbar produktive Fläche** (Kulturfläche)
  - landwirtschaftliche Nutzfläche (LN) = landwirtschaftlich genutzte Fläche (LF) und nicht genutzte, aber nutzbare Fläche (z. B. Ziergärten und Rasen, Struktur-, Sozial- und Spekulationsbrache)
  - forstwirtschaftliche Nutzfläche
  - genutzte Gewässer

- **die mittelbar produktive Fläche**
  - Gebäudefläche
  - Hoffläche
  - Wege und Gräben
- **die aus betriebswirtschaftlicher Sicht nicht produktive Fläche**
  - kultivierbare Fläche (früher als Ödland bezeichnet)
  - nicht kultivierbare Fläche (früher als Unland bezeichnet)
  - nicht genutzte Gewässer

Die für den landwirtschaftlichen Betrieb besonders wichtige **landwirt-schaftlich genutzte Fläche (LF)** kann untergliedert werden in

Landwirtschaftlich genutzte Fläche

- **Ackerfläche (AF)**
- **Dauergrünlandfläche**
- **Dauerkulturfläche**
- **Obst- und Gemüsefläche** in Haus- und Nutzgärten

Die Ackerfläche wird im Gegensatz zu Dauergrünland- oder Dauerkultur-flächen jährlich in bestimmter Reihenfolge mit verschiedenen ein- oder mehrjährigen Kulturpflanzen bestellt.

In viehhaltenden Betrieben ist auch die **Futterfläche** von großer Bedeu-tung. Sie umfasst alle mit Futterpflanzen bebauten Flächen (= Gesamt-futterfläche) und wird in Haupt- und Zusatzfutterfläche untergliedert. Zur **Hauptfutterfläche** gehören das Dauergrünland (ohne Streuwiesen) und die Ackerfutterflächen. Die **Zusatzfutterfläche** bildet sich aus den Flächen der Futterzwischenfrüchte und den Flächen der Marktfrüchte, bei denen als Koppelprodukt Futter anfällt (wie z. B. Zuckerrübenblatt). Die Hauptfut-terfläche dient auch als wichtige Bezugsgröße für die Bestimmung von Viehbesatzdichten im Rahmen der Agrarförderung.

Futterfläche

Wichtige Kenngröße im Bereich der Flächennutzung ist das **Ackerflä-chenverhältnis**, welches den prozentualen Anteil der in einem Jahr nebenei-nander angebauten Kulturen einschließlich der Flächenstilllegung (Brache) ausdrückt. Vom Ackerflächenverhältnis kann auf die Fruchtfolge geschlos-sen werden.

Ackerflächenverhältnis

Die verschiedenen Kultur- bzw. Fruchtarten stellen unterschiedliche Ansprüche an die Ertragsfähigkeit des Bodens. Zweck der **Fruchtfolge** ist daher, das vorhandene Standortpotenzial (natürlich wie wirtschaftlich) möglichst umfangreich zu nutzen, um durch eine sinnvolle zeitliche Auf-einanderfolge der Kulturen deren wechselseitige Unterstützung zu ge-währleisten. Ziel sind dabei möglichst hohe Flächenerträge sowie die nachhaltige Sicherung der Bodenfruchtbarkeit (Leistungsfähigkeit).

Fruchtfolge-restriktionen

Boden wird bei nachhaltiger Bewirtschaftung nicht abgenutzt und un-terliegt daher auch keiner Wertminderung. Das bedeutet, dass bei seiner Nutzung lediglich Kosten der Benutzung (und nicht der Wertminderung) in Ansatz gebracht werden.

Sofern es sich um **Pachtflächen** handelt, sind die jährlichen Kosten iden-tisch mit der jährlichen Pacht einschließlich Grundsteuer (sofern sie der Pächter trägt) und Beiträgen für Berufsgenossenschaft, Wasser- und Bo-denverbände und ähnliches. Bei **Eigentumsflächen** ergeben sich die jähr-lichen Kosten aus dem Zinsansatz für das im Boden gebundene Kapital. Die Formel lautet:

Pachtflächen ver-ursachen Pachtkosten

Zinskosten bei Eigentumsflächen

Jährliche Kosten = Anschaffungswert × Kalkulationszinsfuß.

Für die Berechnung des Zinsansatzes ist ein **Kalkulationszinsfuß** festzulegen, der einer alternativen Verwendung des aufgebrachten bzw. gebundenen Kapitals entspricht. Sowohl der Kalkulationszinsfuß als auch der Wert des Bodens sind Schwankungen unterworfen.

Die Entwicklung der **Pacht- und Kaufpreise für landwirtschaftlich genutzte Flächen** zeigt eine starke Differenzierung zwischen den neuen und den alten Bundesländern. Dies ist insbesondere auf die Bodenqualität und die Flächenverfügbarkeit bzw. die außersektorale Nachfrage nach Flächen zurückzuführen. In den alten Bundesländern sind die Kaufpreise bis etwa 1980 stark gestiegen – seither haben sie sich nur wenig verändert (vgl. Tab. 3.2).

Tab. 3.2.

Entwicklung der durchschnittlichen Kaufwerte und Kosten landwirtschaftlicher Grundstücke in den alten Bundesländern (€/ha)
(BMVEL (2003): Statistisches Jahrbuch über Ernährung, Landwirtschaft und Forsten, Münster-Hiltrup)

	1970	1980	1990	1996	2000	2002
Kaufwert	7759	18425	17199	16286	16830	16966
Jährl. Kosten bei 3,5% Zins	272	645	602	587	589	594

Grundverbesserungen (Meliorationen)

Maßnahmen zur Steigerung der natürlichen, standortbedingt stark festgelegten Ertragsfähigkeit des Bodens werden als **Grundverbesserungen oder Meliorationen** bezeichnet. Beispiele hierfür:

Meliorationen = Maßnahmen zur Steigerung der Ertragsfähigkeit des Bodens

• **Entwässerung** durch offene Gräben oder Rohrdrainage.
• **Tiefenlockerung** zur Beseitigung von Bodenverdichtungen.
• **Tiefpflügen** von Moor- oder Mineralböden.
• **Anlage von Windschutzhecken oder Deichen.**
• **Entsteinung und Meliorationsdüngung.**
• **Reliefgestaltung** durch Terrassierung, Planierung oder Bodenauftrag.

Der überwiegende Teil der Meliorationen dient der Verbesserung der physikalischen und chemischen Bodeneigenschaften mit dem Ziel, die Wirtschaftlichkeit der Produktion zu steigern. Meliorationen sollen helfen, die Erträge zu steigern, den Boden leichter zu bearbeiten und neue Kulturpflanzen anzubauen.

Kosten der Meliorationen

Hinsichtlich der **Kosten von Grundverbesserungen** ist die Nutzungsdauer von entscheidender Bedeutung. Daher ist zu unterscheiden zwischen

• Grundverbesserungen von unbegrenzter Nutzungsdauer ohne weitere Instandhaltungskosten (z. B. Entsteinung, Tiefenlockerung),
• Grundverbesserungen von unbegrenzter Nutzungsdauer mit Instandhaltungskosten (z. B. Entwässerung durch offene Gräben),
• Grundverbesserungen von begrenzter Nutzungsdauer mit und ohne weitere Instandhaltungskosten (z. B. Rohrdrainage).

Sind die Grundverbesserungen von unbegrenzter Nutzungsdauer und entstehen keine weiteren Instandhaltungskosten, dann ergeben sich jährliche **Kosten für das gebundene Kapital** in Höhe des Zinsansatzes (vergleichbar mit den Kosten für den eigenen Boden). Entstehen darüber hinaus noch laufende **jährliche Kosten für die Instandhaltung** (wie z. B. bei der Entwässerung), dann zählen auch diese Kosten zu den jährlichen Kosten des Produktionsfaktors Boden.

Jährliche Kosten der Meliorationen

Ist die Nutzungsdauer der Grundverbesserungen begrenzt und unterliegen die Anlagen einer Abnutzung, sind zusätzliche **Kosten für die Abschreibung** in Rechnung zu stellen (vgl. hierzu Abschnitt »Kapitalkosten«). Insgesamt setzen sich die jährlichen Kosten zusammen aus den Kosten

- der **Abschreibung** (abhängig von der Nutzungsdauer),
- der **Zinsen**,
- der **Instandhaltung**.

Bei der Berechnung der Wirtschaftlichkeit einer Meliorationsmaßnahme sind die Leistungen den jährlichen Kosten gegenüberzustellen. Neben den direkt aus der Grundverbesserung entstehenden Kosten sind je nach Einzelfall weitere Kostenveränderungen zu berücksichtigen. Dies können beispielsweise **sinkende Maschinenkosten** sein, wenn durch eine Entwässerungsmaßnahme die Ackerfläche früher befahrbar ist und dadurch Arbeitsspitzen gebrochen werden können. Andererseits sind eventuell zusätzliche Kosten zu berücksichtigen, beispielsweise für mehr **Dünger und Pflanzenschutz bei intensiverer Produktion**. Im Fall einer Grabenentwässerung kann Anbaufläche verloren gehen oder der Arbeitsaufwand kann sich erhöhen wegen stärkerer Parzellierung.

Beurteilung der Wirtschaftlichkeit von Meliorationen

In vielen Fällen genügen partielle Berechnungen zur Bewertung der Wirtschaftlichkeit einer Meliorationsmaßnahme. Ändert sich mit der Grundverbesserung auch die Nutzung, so lässt sich die Wirtschaftlichkeit der Maßnahme meist nur im Rahmen einer **Gesamtbetriebsplanung** exakt berechnen.

Abschließend ist darauf hinzuweisen, dass bei Grundverbesserungen zunehmend Beschränkungen greifen, die sich aus umwelt-, naturschutz- und förderrechtlichen Bestimmungen ergeben.

Beispielsweise ist die Beseitigung von Terrassen, Hecken etc. durch die **Cross-Compliance-Bestimmungen** der EU verboten. Die Förderung der Grünlandextensivierung im Rahmen der Agrarumweltprogramme ist an das Verbot der Entwässerung von Grünlandflächen gebunden.

Cross Compliance = Überkreuzverpflichtung; koppelt Prämienzahlung an Regelungen des Fachrechts

Dauerkulturen

Im Gegensatz zur meist einjährigen Nutzung der Ackerfläche durch die Kulturarten wie z. B. Getreide, Kartoffeln etc. wird die Ackerfläche durch die **Dauerkulturen** über mehrere Jahre genutzt. Als Beispiele seien folgende genannt:

Dauerkulturen

- **Obstanlagen**
- **Rebanlagen**
- **Hopfenanlagen**
- **Spargelanlagen** und andere mehrjährige Gemüsekulturen
- **Beerenkulturen**
- **Baumschulen**

Aus betriebswirtschaftlicher Sicht sind die wichtigsten Entscheidungen bereits vor der Errichtung einer Dauerkulturanlage zu treffen. Hier ist festzulegen, welchen Umfang die Kultur haben soll, welche Art und welche Sorte gewählt werden. Schließlich sind der Standort und die Form der Anlage für die gesamte Nutzungsdauer (bzw. Umtriebszeit) zu bestimmen. Im Rahmen der jährlichen Bewirtschaftung sind vor allem Entscheidungen zur Wahl der Düngungs-, Pflanzenschutz- und Pflegemaßnahmen sowie zur kostengünstigsten Kombination der Produktionsfaktoren zu treffen. Wichtige Charakteristika der Dauerkulturen sind

* **vergleichsweise hohe Ansprüche an den natürlichen Standort** (Rebanlagen verlangen viel Sonne und Wärme, Spargelanlagen erfordern leichte Böden),
* **hohe »Anlaufkosten«**, bis die Anlage erste Erträge bringt,
* **eine lange Nutzungsdauer**, die sich in vier Abschnitte einteilen lässt: ertragslose Jugendperiode, Periode ansteigender Erträge, Periode des Vollertrages und Periode mit abnehmenden Erträgen,
* **hohe Kosten bzw. Ausgaben**, die mit Rodung/Abbau der Anlage verbunden sind.

Dauerkulturen weisen hohe Deckungsbeiträge, aber auch hohen Arbeitsbedarf auf

Bedeutende ökonomische Merkmale sind die im Vergleich zu jährlichen Ackerkulturen sehr **hohen Marktleistungen bzw. Deckungsbeiträge** je Flächeneinheit. Dies führt zu einer hohen Flächenproduktivität. Im Gegenzug ist der **Arbeitszeitbedarf sehr hoch**, vor allem in den Arbeitsspitzen zur Ernte. Typischerweise finden sich Dauerkulturen regional konzentriert (Weinbauregionen, Obst- oder Hopfenanbauregionen) in Familienbetrieben mit geringer Flächenausstattung.

Darüber hinaus ist das in eine Dauerkultur eingesetzte **Kapital über mehrere Jahre gebunden**, was zu einem (verglichen mit einjährigen Kulturen) hohen Risiko führt. Einerseits ergibt sich durch den hohen Einfluss der Witterung auf den Ertrag ein **hohes Produktionsrisiko**. Andererseits liegt aufgrund des möglichen Preisverfalls bei guten Erntebedingungen ein **hohes Marktrisiko** vor.

Lange Nutzungsdauer der Dauerkulturen bedeutet hohes Risiko

Durch die lange Nutzungsdauer sind Sorte und Umfang der Anlage festgelegt, was zu einer geringen Flexibilität führt. Das Marktrisiko kann sich unvorhersehbar erhöhen, wenn sich beispielsweise Verzehrsgewohnheiten ändern und dadurch eine bestimmte Sorte »aus der Mode kommt«. Diesen Umstand und den Ertragsverlauf über die Jahre hinweg berücksichtigen wir bei der Ermittlung der jährlichen Kosten, indem wir (wie bei abnutzbaren Wirtschaftsgütern) die Wertminderung in Form der Abschreibung berücksichtigen und den Risiken durch eine **vorsichtige Schätzung der Nutzungsdauer** Rechnung tragen.

Die jährlichen Kosten für die Abschreibung und den Zinsansatz sind von den Herstellungskosten der Anlage abzuleiten (vgl. Abschnitt »Kapitalkosten«). Diese setzen sich im Wesentlichen aus den Kosten für Pflanzgut, Vorratsdüngung, Erziehungsgerüst, Umzäunung, Entlohnung von Fremdarbeitskräften und Maschinenkosten zusammen. Darüber hinaus können die Kosten für die Rodung der Anlage mit berücksichtigt werden.

Zu den weiteren jährlichen Kosten gehören Düngung, Bodenbearbeitung, Pflanzenschutz, Pflegemaßnahmen (Baumschnitt) und die Ernte. Weiterhin sind die Kosten für die Instandhaltung der Erziehungsgerüste oder der Einzäunung zu berücksichtigen.

Gebäude und bauliche Anlagen

Zu den **Gebäuden und baulichen Anlagen** gehören Bauwerke, die fest mit dem Boden verbunden sind und sich durch eine vergleichsweise lange Nutzungsdauer auszeichnen. Zweck der Gebäude ist die Unterbringung von Menschen, Tieren und Gütern, um sie vor äußeren Einflüssen zu schützen. Wir unterscheiden zwischen Wohngebäuden und Wirtschaftsgebäuden. Sofern Wohngebäude nicht Privatvermögen sind, werden sie ebenfalls den Gebäuden des landwirtschaftlichen Betriebes zugerechnet. Ebenfalls zu den Gebäuden gehört das fest mit ihnen verbundene Zubehör wie z. B. elektrische Installationen oder Wasserleitungen.

Gebäude und bauliche Anlagen

Die **Wirtschaftsgebäude** können eingeteilt werden in Stallgebäude, Scheunen, Silos und Speicher, Werkräume und Lagerhallen. Zu den baulichen Anlagen gehören bauliche Zusatzeinrichtungen der Gebäude, sofern sie fest mit dem Boden verbunden sind. Im Einzelnen sind dies Dunglagerstätten, Jauche- und Güllegruben, Hof- und Wegebefestigungen oder feste Einfriedungen von Hof und Feldern. Hauptaufgabe der Wirtschaftsgebäude ist es, Schutz vor äußeren Einflüssen zu bieten sowie arbeitswirtschaftlich günstige Bedingungen zu schaffen. Durch die Schutzfunktion werden

- Arbeitsabläufe unabhängig von der Witterung gestaltet und effizienter durchgeführt,
- Verluste bei Vorräten vermindert,
- die Lebens- bzw. Nutzungsdauer von Maschinen und Geräten verlängert.

Insbesondere in der Tierproduktion tragen Gebäude durch gezielte, auf die Anforderungen der einzelnen Tierarten abgestimmte Klimaverhältnisse dazu bei, tierische Leistungen zu verbessern und Verluste zu verringern. Vor allem in der Schweine- und Geflügelproduktion können Futterverwertung oder Legeleistung durch optimale Klimaverhältnisse gesteigert werden. Ein Verzicht auf die Klimatisierung der Ställe und die damit verbundene Kosteneinsparung gleichen in der Regel die Nachteile aus schlechteren Leistungen nicht aus. Die **Wirtschaftlichkeit der Stallklimatisierung** ist daher meist gegeben und steigt mit den tierartspezifischen Ansprüchen an in der Reihenfolge: Schafe, Rinder, Kälber, Schweine und Geflügel.

Stallklimatisierung verbessert die Leistung und verringert Verluste

Ausmaß und Bauweise der Gebäude eines Betriebes sind abhängig von der Betriebsgröße, der Betriebsorganisation und dem Klima. Je vielseitiger ein Betrieb und je ausgeprägter seine Viehhaltung ist, desto höher ist der Bedarf an Gebäuden. Je länger die Winterperiode ist, desto mehr Silo- bzw. Lagerraum ist für die Grundfutterlagerung erforderlich. Setzt ein Betrieb beim Absatz z. B. auf die kontinuierliche Belieferung seines Abnehmers mit Getreide, sind ebenfalls umfangreichere Getreidelagerungs- und Getreidetrocknungskapazitäten erforderlich als bei einem Verkauf direkt nach der Ernte.

Auf Grund der Standortgebundenheit und der langen Nutzungsdauer ist das in Gebäude investierte Kapital lange für eine Produktionsrichtung gebunden, was mit einem hohen Risiko verbunden ist. Zum einen sind die **Wiederveräußerungswerte** der Wirtschaftsgebäude wegen der spezifischen Ausrichtung in der Regel gering. Zum anderen verursacht eine Nutzungsänderung meist zusätzliche **Umbaukosten**. Vor diesem Hintergrund ist es

Hohes Risiko durch lange Nutzungsdauer der Gebäude

wichtig, vorhandene Gebäude – sofern sie in einem guten Zustand sind – zu nutzen, zusätzliche Gebäude nur bei Notwendigkeit und Wirtschaftlichkeit zu errichten und die Gebäude arbeitswirtschaftlich optimal zu gestalten.

Gebäude lassen sich in verschiedenartigen Bauausführungen errichten, die sich in ihrem Kapitalbedarf erheblich unterscheiden. Das Spektrum reicht von einfachen **Leichtbauweisen** mit geringem Kapitalbedarf bis zur **Massivbauweise** mit Vollklimatisierung und hohem Kapitalbedarf. Welche Art oder Bauweise gewählt wird, muss daran gemessen werden, wie weit die zusätzlichen Kosten einer bautechnischen Veränderung (bessere Wärmedämmung, Klimatisierung) oder einer Veränderung des Arbeitsablaufs durch höhere Leistungen oder Einsparungen an Arbeitszeit und -kosten ausgeglichen werden.

Möglichst kostengünstige Bauweise wählen

Angesichts der entstehenden Kosten sind im Hinblick auf die Wirtschaftlichkeit des Gesamtbetriebes möglichst kostengünstige Bauweisen zu wählen. **Rechtliche Bestimmungen** im Bereich der Baugesetzgebung oder Umweltauflagen zwingen allerdings oft dazu, teurere Lösungen zu wählen oder schreiben den Mindestumfang der Gebäudegröße vor. Letzteres ergibt sich beispielsweise durch zeitliche Beschränkungen in der Ausbringung von Gülle, die eine längere Lagerzeit und damit auch eine höhere Lagerkapazität erfordern.

Unabhängig von der Wahl der Bauweise lassen sich bei der Erstellung von Gebäuden durch eine zunehmende Größe erhebliche **Degressionen im Kapitalbedarf** und folglich in den jährlichen Kosten je Einheit (m^3 oder Stallplatz) realisieren, da Teile der Einrichtung (z. B. Futterbehälter, Melkanlagen) unabhängig von der Größe nur einmal benötigt werden (vgl. Abb. 3.1).

Kosten der Gebäude

Die Höhe des für die Erstellung eines Gebäudes erforderlichen Kapitalbedarfs bestimmt die Höhe der jährlichen Kosten. Sie setzen sich zusammen aus

- **Zinsansatz**
- **Abschreibung**
- **Versicherung**
- **Reparaturen bzw. Instandhaltungskosten**

Bei ihrer Ermittlung wird prinzipiell davon ausgegangen, dass diese Kosten über die gesamte Nutzungsdauer konstant sind (vgl. Abschnitt »Kapitalkosten«). Auf Grund der langen Nutzungsdauer und der vergleichsweise geringen Reparatur- bzw. Instandhaltungskosten liegt das durchschnittlich gebundene Kapital je nach Nutzungsdauer und unterstelltem Kalkulationszinsfuß zwischen rund 60 und 80 % (vgl. Tab. 3.3).

Kapitalkosten der Gebäude sollten mit der Annuitätenmethode berechnet werden

Diese Zahlen können mit Hilfe **Annuitätenmethode** wie sie in Abschnitt 4.3 beschrieben wird überprüft werden.

Für **überschlägige Berechnungen des Zinsansatzes** kann bei Gebäuden auch von einem durchschnittlich gebundenen Kapital von etwa $2/3$ des Anschaffungswertes oder der Herstellungskosten ausgegangen werden.

Berechnung der Abschreibung von Gebäuden

Bei der **Berechnung der Abschreibung** ist in Rechnung zu stellen, dass Gebäudehülle und Stalleinrichtung (z. B. Melkanlage, Fütterungs- oder Entmistungstechnik) eine unterschiedliche Nutzungsdauer aufweisen. Deshalb ist es bei der Kalkulation der Abschreibung zweckmäßig, Kapitalbedarf und Herstellungskosten getrennt nach Gebäudehülle und Inneneinrichtung auszuweisen und daraus die Abschreibung zu berechnen. Als Abschreibungssätze können für die Hülle je nach Bauausführung und Nutzungsdauer etwa 3 bis 5 % angesetzt werden, während die Inneneinrichtung bei einer Nutzungsdauer von etwa 10 bis 15 Jahren mit 6,5 bis 10 % jährlich abgeschrieben wird.

Für die Kosten der Instandhaltung können je nach Bauweise und Nutzungsdauer etwa 1 bis 3 % der Herstellungskosten angesetzt werden, für die Gebäudeversicherung etwa 0,1 bis 0,5 %. Damit liegen die jährlichen Gesamtkosten von Gebäuden in einer Größenordnung zwischen 10 und 12 % der Herstellungskosten.

Maschinen und Geräte

Maschinen und Geräte können allgemein als Hilfsmittel zur Arbeitserledigung oder Arbeitshilfsmittel bezeichnet werden. Analog zu den Gebäuden liefern sie nur mittelbar einen Ertrag, der im Wesentlichen besteht aus

- Einsparung von Arbeitszeit,
- Verbesserung der Arbeitsqualität,
- Erleichterung der Arbeit und Erhöhung der Arbeitssicherheit.

Arbeitszeitersparnis kann durch höheres Arbeitstempo, größere Arbeitsbreite oder Transportkapazität, Zusammenfassung von Arbeitsgängen (z. B. Kopplung von Kreiselegge und Drillmaschine) oder durch den vollständigen Wegfall einzelner Arbeitsgänge (z. B. konservierende Bodenbearbeitung und Pflugverzicht) erreicht werden. Darüber hinaus kann sich Arbeitszeitersparnis auch durch den Einsatz anderer Produktionsverfahren ergeben (Übergang von der Anbinde- zur Laufstallhaltung). Im Zuge der zunehmenden Automatisierung können durch den Einsatz von Maschinen ganze Arbeitsprozesse vollständig gesteuert und geregelt und damit die Arbeitszeit gesenkt werden (z. B. Vorgewende-Automatik bei Schleppern oder milchmengenangepasste Kraftfutterzuteilung in der Milchproduktion).

Die **Verbesserung der Arbeitsqualität** erfolgt direkt dadurch, dass Maschinen im Gegensatz zu Menschen selbst bei hoher Belastung technische Abläufe exakt wiederholen können. So wird z. B. bei der Düngung durch den Einsatz von Düngerstreuern der Dünger wesentlich gleichmäßiger verteilt als dies auch bei größter Sorgfalt von Hand möglich ist. Dasselbe gilt für den Einsatz der Drillmaschine.

Arbeitszeitersparnis durch Maschinen und Geräte

Verbesserung der Arbeitsqualität durch Maschinen

Tab. 3.3.

Durchschnittlich gebundenes Kapital in Abhängigkeit von Zinssatz und Nutzungsdauer (% des Investitionsbedarfs)					
Zinssatz (%)	Nutzungsdauer (Jahre)				
	10	20	30	40	50
4	58,23	58,95	61,24	63,81	66,38
6	59,78	61,97	65,53	69,10	72,41
8	61,29	64,82	69,37	73,58	77,18

Indirekt ergibt sich eine höhere Arbeitsqualität dadurch, dass es die **größere Schlagkraft bzw. Leistungskapazität der Maschinen** erlaubt, den optimalen Zeitpunkt für die einzelnen Arbeitsgänge wie Saat, Pflege und Ernte abzuwarten und zu nutzen. Früher musste mangels Schlagkraft bei der Getreideernte mit Mähbinder und Dreschmaschinen das Getreide bereits in der Gelbreife gedroschen werden. Dank leistungsfähiger Mähdrescher können Landwirte heute mit der Ernte bis zur Totreife des Getreides warten. Steigende Erträge, geringere Ernteverluste und bessere Produktqualität sind die Folge. Ähnlich ist dies auch bei der Grundfutterwerbung zu sehen: Selbst kurze Schönwetterperioden lassen sich dank schlagkräftiger Erntetechnik optimal nutzen. Damit werden Nährstoffverluste reduziert und die Qualität des Grundfutters verbessert.

Arbeitserleichterung durch Maschinen und Geräte

Die **Arbeitserleichterung** resultiert aus der Entlastung der Arbeitskräfte von schweren körperlichen und teils die Gesundheit belastenden Arbeiten. Durch den Einsatz von Maschinen können schwere Arbeiten auch von körperlich weniger leistungsfähigen Arbeitskräften erledigt werden und es lassen sich etwa durch den Einsatz von Melkmaschinen und Melkständen oder die Entmistung mittels Entmistungsanlage wesentlich verbesserte Arbeitsbedingungen schaffen. Verbesserte Arbeitsbedingungen können langfristig Leistungseinbußen durch gesundheitliche Schäden verhindern und die Motivation der Arbeitskräfte steigern. Auch wenn dadurch zunächst direkt keine Zeitersparnis erreicht wird, führt der Einsatz der Maschinen dazu, dass bei bestehendem Arbeitskräftebestand im Betrieb manche Arbeiten überhaupt erst durchgeführt werden können und eine Auslastung der Arbeitskräfte ermöglicht wird, ohne das Personal zu verändern.

Maschinen erfordern eine höhere Qualifikation der Arbeitskräfte

Andererseits ist darauf hinzuweisen, dass der Einsatz von Maschinen die körperliche Belastung der Arbeitskräfte zwar verringert, im Gegenzug jedoch die **Anforderungen an Qualifikation, Konzentration und Reaktionsvermögen** der Arbeitskräfte erhöht werden.

Hoher Kapitaleinsatz je Arbeitsplatz in der Landwirtschaft

Mit dem zunehmenden Ersatz menschlicher Arbeit durch Maschinen nimmt das Maschinenvermögen einen immer größeren Anteil am Gesamtvermögen der landwirtschaftlichen Betriebe ein. Auf der Basis von Buchführungsergebnissen zeigt sich, dass das **Maschinenvermögen** je nach Betriebsgröße Werte zwischen 500 und 1 000 € je ha bzw. einen Anteil am Gesamtvermögen von etwa 10 bis 30 % aufweist. Vor diesem Hintergrund ist es im Sinne einer kostengünstigen Produktion umso wichtiger, Kenntnis über die Höhe und die Veränderung der Maschinenkosten zu haben.

Kosten der Maschinen

Die Kosten der Maschinen setzen sich wie folgt zusammen (vgl. Abschnitt »Kapitalkosten«):

- **Wartungskosten**
- **Reparaturkosten**
- **Betriebsstoffkosten** (Treib- und Schmierstoffe, Hilfsstoffe)
- **Unterbringungskosten**
- **Versicherungskosten**
- **Zinsansatz**
- **Abschreibung**

Kosten der Unterbringung sind nur in Ansatz zu bringen, sofern sie direkt mit dem Maschinenkauf in Verbindung stehen (Bau einer neuen Maschinenhalle bei Kauf eines Schleppers) oder wenn für bestehende Gebäude alternative Verwendungsmöglichkeiten (Verpachtung, Vermietung) vorhanden sind.

Zu den **variablen Kosten** gehören die Kosten für Treib- und Schmierstoffe und Hilfsstoffe wie Draht oder Bindegarn bei Strohpressen. In der Regel fallen sie in gleicher Höhe je Leistungseinheit an. Allerdings muss einschränkend darauf hingewiesen werden, dass auch diese Kosten nicht unbedingt proportional variabel verlaufen müssen. So nehmen etwa die Treibstoffkosten mit zunehmender Motorauslastung (Beispiel: schwere Bodenbearbeitungsmaßnahmen) pro Zeit- und pro Flächeneinheit erheblich zu. Dies gilt auch für die Reparatur- und Wartungskosten, die von der Pflege der Maschine und deren Auslastung beeinflusst werden.

Variable Kosten des Maschineneinsatzes

Die **Reparaturkosten steigen mit steigendem Alter** der Maschine an und sind im Vergleich zu den Reparaturkosten bei Gebäuden sehr hoch. Schließlich nehmen sie eine Höhe an, bei der zu überlegen ist, ob es nicht wirtschaftlicher ist, die Maschine zu ersetzen als sie weiter zu nutzen. In der Praxis ist es meist unmöglich, die gesamten Reparaturkosten für die voraussichtliche Nutzungsdauer im Betrieb zu bestimmen, so dass auf Normzahlen zurückgegriffen werden muss, wie sie z.B. vom Kuratorium für Technik und Bauwesen in der Landwirtschaft (KTBL) bereitgestellt werden.

Optimale Nutzungsdauer der Maschinen

Die **Berechnung der Kapitalkosten** (Abschreibung und Zinsansatz) erfolgt wie im Abschnitt »Kapitalkosten« dargestellt.

Wie das Beispiel in Tabelle 3.4 und Abbildung 3.4 zeigt, ist die jährliche Abschreibung bis zur Schwelle der variablen Abschreibung konstant und steigt bei höherem Einsatzumfang proportional mit dem Einsatzumfang an.

Die Durchschnittskosten des Maschineneinsatzes nehmen aber bei steigendem Einsatzumfang deutlich ab (Tab. 3.4). Vor der Anschaffung einer Maschine sollte daher klar sein, dass eine entsprechende **Auslastung der Maschine** gewährleistet ist. Ist dies nicht der Fall, sollte der Unternehmer über andere Formen der Maschinenbeschaffung wie Einsatz von Lohnunternehmern oder gemeinschaftliche Maschinennutzung nachdenken.

Kostendegression bei steigendem Einsatzumfang

Auswahlkriterium für die günstigste Organisationsform ist in erster Linie ein **Mindesteinsatzumfang bei Eigenmechanisierung**, auch Auslastungsschwelle genannt. Darüber hinaus ist die notwendige Schlagkraft in Arbeitsspitzen sowie die Verfügbarkeit und die damit verbundene termingerechte Erledigung der Arbeiten zu berücksichtigen.

Mindesteinsatzumfang bei Eigenmechanisierung

Wie berechnen wir den Mindesteinsatzumfang? Die Eigenmechanisierung lohnt sich dann, wenn die Kosten der eigenen Maschine niedriger oder gleich den Kosten des überbetrieblichen Einsatzes (Lohnunternehmer, Maschinenring) sind.

Die **jährlichen Gesamtkosten der Eigenmechanisierung** ergeben sich aus den jährlichen Festkosten (Abschreibung, Zinsansatz, Versicherung) und den variablen Kosten (variable Kosten je Einsatzeinheit × Einsatzumfang). Die **gesamten Kosten für den überbetrieblichen Einsatz** errechnen sich aus dem überbetrieblichen Verrechnungspreis je Einsatzeinheit (ha, Sh) multipliziert mit dem Einsatzumfang. Es sollte also folgende Bedingung gelten:

$$Fk + (vk \times x) \leq (P_{\ddot{U}} \times x)$$

Fk = jährliche feste Kosten der eigenen Maschine (€/Jahr)
vk = variable Kosten je Einsatzeinheit (€/ha; €/Sh)
x = Einsatzumfang
$P_{\ddot{U}}$ = überbetrieblicher Verrechnungspreis (je ha, Sh)

Tab. 3.4.

Kosten des Mähdreschereinsatzes
Anschaffungswert: 101 000 €,
Nutzungsdauer 10 Jahre,
Restwert: 15 000 €,
Leistungsvorrat: 3 000 ha,
Kalkulationszinsfuß: 8 %.

Kostenarten	Einheit	Kosten des Faktoreinsatzes	Kosten bei einem Einsatzumfang von		
			10 ha	100 ha	400 ha
Fixe Kosten					
Abschreibung	€/Jahr	10 100	10 100	10 100	10 100
Zinsen (Zinsansatz)	€/Jahr	5 240	5 240	5 240	5 240
Unterbringung, Versicherung	€/Jahr	3 000	3 000	3 000	3 000
Summe	€/Jahr		18 340	18 340	18 340
Variable Kosten					
Betriebskosten	€/ha	25,00	250	2 500	10 000
Variable Abschreibung	€/ha	33,67	–	–	3 367
Summe	€/Jahr		250	2 500	13 367
Gesamtkosten	**€/Jahr**		**18 590**	**20 840**	**31 707**
Durchschnittskosten	€/ha		1 859	208,40	79,26
Durchschnittlich variable Kosten	€/ha		25	25	33,42
Grenzkosten	€/ha		25	25	58,67

Abb. 3.4
Verlauf der jährlichen
Abschreibung beim Ein-
satz eines Mähdreschers

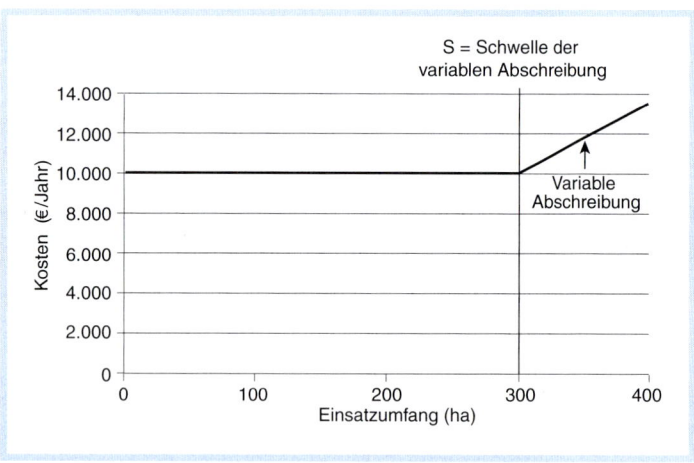

Durch Auflösung der Bedingungsgleichung nach dem Einsatzumfang erhält man:

$$\text{Mindesteinsatzumfang je Jahr} = \frac{Fk}{P_{\ddot{U}} - vk}$$

Mindesteinsatzumfang der Maschinen

Fk = jährlich feste Kosten (eigene Maschinen)
$P_{\ddot{U}}$ = überbetrieblicher Verrechnungspreis
vk = variable Kosten (eigene Maschinen)

Ist im Preis des Lohnunternehmers bereits die Bedienung der Maschine enthalten, sind zusätzlich die Lohnkosten bzw. der Lohnansatz – bezogen auf die Einsatzeinheit (ha, Sh) – abzuziehen. Gegebenenfalls kann noch ein Verlustzuschlag addiert werden, um das Risiko einer nicht termingerechten Arbeitserledigung bei Fremdmechanisierung zu berücksichtigen. Der Mindesteinsatzumfang errechnet sich dann wie folgt:

$$\text{Mindesteinsatzumfang je Jahr} = \frac{Fk}{P_{\ddot{U}} + v - vk - k_L}$$

Mindesteinsatzumfang der Maschinen bei Verlustzuschlag und wegfallenden Lohnkosten

Fk = jährlich feste Kosten (eigene Maschinen)
$P_{\ddot{U}}$ = überbetrieblicher Verrechnungspreis
v = Verlustzuschlag
vk = variable Kosten (eigene Maschinen)
k_L = Lohnkosten/-ansatz

Vieh

Als Vieh werden alle Tiere eines landwirtschaftlichen Betriebes bezeichnet, die dem Wirtschaftszweck dienen. Der Beitrag zum Wirtschaftszweck des Betriebes kann erfolgen durch
• **Erbringen von Dienstleistungen** (Zug-, Trag- oder Wachtiere),
• **Lieferung von Nutzgütern**:
  – Produkte für den menschlichen Verzehr (Milch, Fleisch, Eier),
  – Rohstoffe für die technische Weiterverarbeitung (Fell, Wolle, Därme, Häute),
  – Organische Dünger zur Erhaltung und Steigerung der Bodenfruchtbarkeit (Festmist, Gülle, Jauche).
Auf dieser Grundlage kann das Vieh nach seiner Stellung im Produktionsprozess unterschieden werden in **Arbeits- und Nutzvieh**. Die Arbeitsviehhaltung hat im Zuge der technischen Entwicklung und der Verteuerung der menschlichen Arbeitskraft in den Industrieländern so gut wie keine Bedeutung mehr und ist heute auf die Landwirtschaft in Entwicklungsländern beschränkt. Der Schwerpunkt bzw. die Hauptaufgabe der Nutzviehhaltung ist in der Erzeugung von Nahrungsmitteln für den menschlichen Verzehr zu sehen. Die Erzeugung von Rohstoffen für die technische Verarbeitung ist von untergeordneter Bedeutung. Die Lieferung organischen Düngers kann als Nebenleistung angesehen werden – sie ist insbesondere in Betrieben des ökologischen Landbaus bedeutend.

Der Einsatz des Produktionsfaktors Vieh ist an das Vorhandensein anderer Produktionsfaktoren gebunden, wobei die Ansprüche je nach Viehart sehr unterschiedlich sind. So ist die Milchviehhaltung in Mitteleuropa an das Vorhandensein von Grundfutter bzw. Fläche zur Erzeugung von Grundfutter gebunden, während bei der Schweinehaltung das notwendige Futter vollständig zugekauft werden kann und Fläche allenfalls im Rahmen gesetzlicher Bestimmungen zur Ausbringung von Gülle notwendig ist.

Viehhaltung liefert hohe Einkommensbeiträge

Durch die Viehhaltung ist ein vergleichsweise **hoher Einkommensbeitrag** zu erzielen. Art und Umfang der Viehhaltung sind im Wesentlichen von folgenden Voraussetzungen hinsichtlich der betrieblichen Faktorausstattung abhängig:

- **Anfall von betriebseigenem Futter** mit geringem oder ohne Marktwert (z. B. vorhandenes Grünland oder der Anfall von Neben- oder Abfallprodukten im Marktfruchtbau oder technischer Nebenbetriebe wie Zuckerrübenblatt, Ausputzgetreide, Treber, Schlempe),
- **Verfügbarkeit von Gebäudekapazitäten**, für die keine und nur geringwertige alternative Verwendungsmöglichkeiten bestehen,
- **Freie Arbeitskapazitäten**, d. h. Arbeit ist nicht knapp im Verhältnis zur Fläche, gleichzeitig fehlen alternative Einsatzmöglichkeiten mit höherer Entlohnung (z. B. außerlandwirtschaftliche Arbeit, Sonderkulturen),
- **Beitrag der Tierhaltung zur Erhaltung der Bodenfruchtbarkeit** (Lieferung von organischer Substanz und Nährstoffen, Erweiterung der Fruchtfolge durch Ackerfutterbau).

In welchem Umfang und wie im landwirtschaftlichen Betrieb Vieh gehalten wird, hängt also von der Faktorausstattung des Betriebes, den Ansprüchen der Viehhaltung an die übrigen Faktoren und schließlich von der monetären Verwertung dieser Faktoren ab. Darüber hinaus spielen dünge-, förder- und baurechtliche Bestimmungen eine Rolle.

Um die Viehhaltung nach Umfang und Art zu charakterisieren, kann für den Einzelbetrieb die Zahl der Tiere zu einem bestimmten Zeitpunkt oder als Jahresdurchschnittsbestand anhand des Viehregisters angegeben werden. Für überbetriebliche Vergleiche ist es zweckmäßig, den Viehbestand in Einheiten umzurechnen, wobei folgende Einheiten Verwendung finden:

Maßeinheiten für den Umfang des Viehbestands

- **Großvieheinheiten (GV).** Eine GV entspricht einem Tier mit einem Lebendgewicht von 500 kg und bezieht sich auf den Jahresdurchschnittsbestand. Die GV wird insbesondere in der Buchführungsstatistik, für den Vollzug der Verwaltungs- und Fördervorschriften der EU und für Zwecke der Genehmigung von Stallbauten nach Bundesimmissionsschutzgesetz und dem Gesetz über die Umweltverträglichkeitsprüfung verwendet.
- **Vieheinheiten (VE).** Eine VE entspricht einem Tier mit einem Futterbedarf von 20 Getreideeinheiten (GE) – etwa 20 dt Getreide. Die VE ist Grundlage für steuerliche Zwecke, beispielsweise für die Abgrenzung von Landwirtschaft und Gewerbe, die Einheitsbewertung oder die Gewinnermittlung.
- **Dungeinheiten (DE).** Eine Dungeinheit entspricht dem Anfall tierischer Exkremente mit einem Nährstoffäquivalent von 80 kg Stickstoff.

Materialien

In der landwirtschaftlichen Produktion wird eine Vielzahl von Materialien eingesetzt. Sie reichen von Düngemitteln, Pflanzenschutzmitteln, Folien bis hin zu Treibstoffen, Futtermitteln und Medikamenten.

Die eingesetzten Materialien zählen von wenigen Ausnahmen abgesehen zu den Verbrauchsgütern und somit zum Umlaufkapital des Betriebes. Sie werden während der Produktionsperiode verbraucht und müssen zu Beginn der neuen Produktionsperiode wieder beschafft werden. Sie unterliegen keiner Abnutzung und können in der Regel zu den jeweiligen Marktpreisen zugekauft und verkauft werden. **Materialien sind Verbrauchsgüter**

In Abhängigkeit der Faktorausstattung und der Produktionsrichtung sowie der Liquidität des Betriebes können die Materialien als Vorräte im Betrieb gelagert werden. Der Umfang der Vorräte ist darüber hinaus von der Jahreszeit abhängig. Die Hofvorräte sind in der Regel zum Zeitpunkt der Ernte am größten und nehmen im Laufe des Wirtschaftsjahres kontinuierlich durch Verbrauch an Futtermitteln oder Verkauf der erzeugten Produkte ab. In der pflanzlichen Produktion nehmen dagegen die Feldvorräte bzw. das Feldinventar mit zunehmender Länge der Vegetationsperiode zu.

Die **Lagerhaltung** ist abhängig von der Liquidität des Betriebes. Mit zunehmendem Umfang der Lagerhaltung steigt die Kapitalbindung, woraus entsprechende Zinskosten bzw. Zinsansätze entstehen. Andererseits können durch den Zukauf von Materialien in größerem Umfang Preisvorteile (Rabatte) erzielt oder günstige Preise am Markt ausgenutzt werden. Lagerhaltung lohnt sich, wenn die Zinskosten für das gebundene Kapital niedriger sind als die erzielten Mehrerlöse oder Preiseinsparungen. **Lagerhaltung**

Arbeit

Arbeit im landwirtschaftlichen Betrieb ist die selbstständige, geistige und körperliche Tätigkeit des Betriebsleiters, der Familienangehörigen sowie der in der Regel durch einen Arbeitsvertrag gebundenen Arbeitskräfte. Die Arbeit ist dabei stets auf die Erfüllung eines wirtschaftlichen Zweckes gerichtet.

Die **Einteilung der Arbeitskräfte** kann nach folgenden Kriterien erfolgen: **Einteilung der Arbeitskräfte**

- **Entlohnung: Entlohnte Arbeitskräfte** erhalten auf der Basis eines Arbeitsvertrages für ihre Arbeitsleistung eine Vergütung in Geldlohn und/oder Naturallohn einschließlich der gesetzlichen Abgaben der Sozialversicherung. **Nichtentlohnte Arbeitskräfte** sind der Betriebsleiter selbst und seine Familienangehörigen ohne Arbeitsvertrag. Sie stellen die Arbeitsleistung ohne festen Anspruch auf Vergütung zur Verfügung und bestreiten ihren Lebensunterhalt und sonstige Bedürfnisse durch Entnahmen aus dem laufenden Betrieb. Darüber hinaus zählen auch Nachbarschaftshilfe leistende Personen zu den nichtentlohnten **Arbeitskräften**.
- **Dauer der Anwesenheit im Betrieb: Ständige Arbeitskräfte** stehen dem Betrieb unabhängig vom Arbeitsanfall ganzjährig zur Verfügung. **Nichtständige Arbeitskräfte** werden nur in bestimmten Zeitspannen und zum Teil auch nur für ganz bestimmte Tätigkeiten eingesetzt (z. B. Erntehelfer).

- **Familienzugehörigkeit: Familieneigene Arbeitskräfte** umfassen den Betriebsleiter und seine mitarbeitenden Angehörigen. Dabei ist es ohne Belang, ob die Familienarbeitskräfte entlohnt werden oder nicht. **Familienfremde Arbeitskräfte** sind nicht verwandt mit dem Betriebsleiter.
- **Beschäftigungsgrad: Vollbeschäftigte Arbeitskräfte** stehen ausschließlich dem Betrieb mit ihrer vollen Arbeitszeit und -kraft zur Verfügung. **Teilbeschäftigte Arbeitskräfte** setzen einen Teil ihrer Arbeitskraft außerhalb des Betriebes ein.
- **Qualifikation:** Hierbei wird unterschieden zwischen **Betriebsleiter, ausgebildeter Fachkraft** (Melker, Tierwirt) sowie **angelernter oder ungelernter Arbeitskraft**.

Arbeitskrafteinheit (AK) = Maßeinheit für Zahl der Arbeitskräfte

Zur Erfassung und Bewertung der Arbeitsleistung wird der Arbeitseinsatz in **Arbeitskrafteinheiten (AK)** bewertet, was insbesondere für zwischenbetriebliche Vergleiche von Bedeutung ist. Eine Arbeitskrafteinheit entspricht einer voll leistungsfähigen männlichen oder weiblichen Person (18 bis 65 Jahre), die während des ganzen Jahres im Betrieb tätig ist. Gewertet werden grundsätzlich nur die für den Betrieb geleisteten Arbeitsstunden; Tätigkeiten für den Haushalt sind vorher abzuziehen. Personen von 15 bis unter 18 Jahren können als 0,7 AK und Personen über 65 Jahre als 0,3 AK angesetzt werden. Bei diesen Werten handelt es sich um statistische Größen. Sie sollten daher für die einzelbetriebliche Planung individuell geschätzt werden.

Arbeitskraftstunde (AKh) = Maßeinheit für die Arbeitsleistung

Vollbeschäftigte Fremdarbeitskräfte werden im Betrieb grundsätzlich als 1 AK gewertet, nicht voll beschäftigte Fremdarbeitskräfte werden in Anlehnung an die tarifliche Arbeitszeitregelung auf der Grundlage der geleisteten AKh bewertet (z. B. 1800 geleistete Arbeitskraftstunden (AKh) = 1 AK). Bei teilbeschäftigten Familienarbeitskräften kann gelten: 2300 AKh = 1 AK.

Kosten der Arbeit

Hinsichtlich der **Kosten der Arbeit** ist prinzipiell zwischen Familienbetrieben und Betrieben mit Lohnarbeitsverfassung zu unterscheiden. In Familienbetrieben erhalten der Betriebsleiter und seine mitarbeitenden Angehörigen von wenigen Ausnahmen abgesehen keinen eigentlichen Lohn. Vielmehr wird der Lebensunterhalt der Familie durch laufende Entnahmen aus dem Betrieb bestritten, die der jeweiligen wirtschaftlichen Situation angepasst sind. Dies hat zur Folge, dass in Jahren mit hohen Einnahmeüberschüssen mehr entnommen werden kann als in schlechteren Jahren. Die Entlohnung der Arbeitsleistung des Betriebsleiters und seiner Angehörigen ist also eine Residualgröße, die dazu führt, dass Familienbetriebe im Vergleich zu Lohnarbeitsbetrieben ein vergleichsweise großes »Durchhaltevermögen« aufweisen.

In Lohnarbeitsbetrieben und Familienbetrieben mit **Lohnarbeitskräften** ist dagegen die Arbeitsleistung der Arbeitskräfte auf der Basis vertraglicher Regelungen zu einem bestimmten Zeitpunkt und (in der Regel) für eine bestimmte monatliche Arbeitszeit zu entlohnen. Dies gilt unabhängig von der Liquiditätslage des Betriebes.

Kosten der Lohnarbeitskräfte

Ausgangspunkt für die Ermittlung der Kosten der Arbeit ist zunächst der vertraglich zwischen Betriebsleiter und Arbeitnehmer vereinbarte und teilweise auf Tarifverträge gestützte Bruttolohn je Stunde oder Monat. Zusätzlich zum Bruttolohn sind die gesetzlich festgelegten Anteile für die Beiträge zur Sozialversicherung (Renten- und Arbeitslosen- sowie Kranken- und

Pflegeversicherung) zu bezahlen. Je nach Vereinbarung sind zusätzlich noch Urlaubsgeld, Überstundenvergütung, Zuschläge für Wochenend- und Feiertagsarbeiten oder sonstige zusätzliche Leistungen zu berücksichtigen. Für eine korrekte Berechnung der Kosten der Arbeit in Lohnarbeitsbetrieben reicht die Erfassung des Bruttolohns und der sonstigen Leistungen bezogen auf die tariflich festgelegte Arbeitszeit nicht aus. Vielmehr sind die Kosten der effektiv geleisteten Arbeitskraftstunde relevant: Die Gesamtlohnzahlungen sind nicht auf die vertraglich vereinbarten Arbeitsstunden zu beziehen, sondern auf die tatsächlich geleisteten Arbeitsstunden (vgl. Beispiel in Tab. 3.5).

Tab. 3.5.

Kosten der Arbeit (Beispiel Traktorfahrer)	
Tarifliche Arbeitszeit (48 h/Woche, 6 Tage)	2 080 h/Jahr
Darunter:	
28 Tage Urlaub à 6,7 h	188 h/Jahr
11 Feiertage à 6,7 h	74 h/Jahr
2 Tage Zusatzurlaub à 6,7 h	13 h/Jahr
3 freie Tage f. besondere Anlässe	20 h/Jahr
Summe tatsächlich zu leistende Arbeit	**1785 h/Jahr**
Überstunden	50 h/Jahr
Sonntagsarbeit	40 h/Jahr
Arbeit Feiertag	20 h/Jahr
5 Tage Krankheit	34 h/Jahr
Tatsächlich geleistete Stunden	**1861 h/Jahr**
Arbeitskosten:	
Lohnstunden (2 080 h à 8,62 €/h)	17 930 €/Jahr
Überstunden (Zuschlag 25 %)	539 €/Jahr
Sonntagsarbeit (Zuschlag 50 %)	517 €/Jahr
Feiertagsarbeit (Zuschlag 150 %)	431 €/Jahr
Bruttolohn gesamt	**19 417 €/Jahr**
Arbeitgeberanteil (50 %) an Sozialversicherungsbeitrag	
Krankenversicherung (14 %)	1 359 €/Jahr
Rentenversicherung (19,3 %)	1 874 €/Jahr
Arbeitslosenversicherung (6,5 %)	631 €/Jahr
Pflegeversicherung (1,7 %)	165 €/Jahr
Versicherung für Entgeltfortzahlung bei Krankheit (5 %)	971 €/Jahr
Berufsgenossenschaft	1 150 €/Jahr
Summe Lohnkosten	**25 567 €/Jahr**
Je tatsächlich geleisteter Stunde	**13,74 €/h**

Vor dem Hintergrund eines möglichst kostengünstigen Einsatzes der vorhandenen Arbeitskräfte sind Arbeitszeitbedarf und Arbeitskapazität des Betriebes möglichst gut aufeinander abzustimmen. Alle Maßnahmen, die darauf abzielen, die Leistung je Arbeitskraft oder je Arbeitsstunde (= Arbeitsproduktivität) zu erhöhen, werden als arbeitswirtschaftliche Maßnahmen bezeichnet. Eine Verbesserung der arbeitswirtschaftlichen Situation kann nur dann erfolgen, wenn die Größe der Arbeitsmacht und der Arbeitszeitbedarf eines Betriebes bekannt sind.

Als Arbeitsmacht bezeichnen wir die Gesamtheit der Arbeitskräfte und der ihnen zur Verfügung stehenden Arbeitshilfsmittel – Maschinen, Geräte und Gebäude. Als Arbeitszeitbedarf wird der nachhaltig zu erwartende Zeitbedarf für die Erledigung einer Arbeitsaufgabe bei normaler Leistungsfähigkeit und festgelegten Bedingungen bezeichnet. Um den Arbeitszeitbedarf zu bestimmen, müssen wir folgende Faktoren berücksichtigen:

- Arbeitsverfahren, Haltungsverfahren und Bestandsgröße.
- Notwendige Arbeitsqualität und Produktionsvolumen.
- Gebäudeverhältnisse und Zuordnung der Gebäude.
- Innere Verkehrslage (Hofentfernung der Schläge, Schlagformen und -größen, Hangneigung, Höhenunterschiede, Zustand der Wirtschaftswege etc.).
- Äußere Verkehrslage.
- Arbeitsorganisation.

Der Gesamtarbeitszeitbedarf ergibt sich aus den einzelnen Arbeitsgängen

Der **Gesamtarbeitszeitbedarf** setzt sich aus dem Arbeitszeitbedarf der einzelnen Arbeitsgänge der Produktionsverfahren zusammen. Zusätzlich sind Art und Zusammensetzung von Bodennutzung und Viehhaltung von Bedeutung.

Die Höhe des Einflusses der einzelnen Faktoren hängt wiederum von der Struktur der Arbeitszeit eines Arbeitsganges ab. Sie lässt sich wie in Abbildung 3.5 dargestellt gliedern.

Abb. 3.5
Gliederung des Arbeitszeitbedarfs eines Arbeitsganges in Teilzeiten

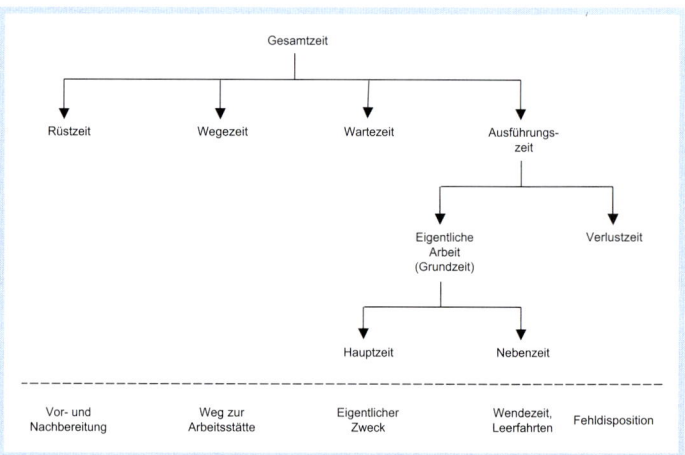

Durch entsprechende organisatorische Maßnahmen lassen sich beispielsweise Neben- und Rüstzeiten im Vergleich zur Hauptzeit senken (z. B. durch optimale Fahrtenplanung).

Neben der absoluten Höhe des gesamten Arbeitszeitbedarfes ist die zeitliche Verteilung entscheidend. Die anfallenden Arbeiten lassen sich unterteilen in

- **termingebundene Arbeiten,**
- **laufende Arbeiten,**
- **nicht termingebundene, verschiebbare Arbeiten.**

Zeitliche Verteilung des Arbeitszeitbedarfes

Die **termingebundenen Arbeiten** müssen innerhalb bestimmter, von den natürlichen Gegebenheiten des Produktionsprozesses vorgegebenen Zeitspannen erledigt werden. Andernfalls drohen Qualitäts- und Ertragseinbußen. Zu den termingebundenen Arbeiten zählen nahezu alle Arbeiten der Pflanzenproduktion, wie Aussaat, Düngung, Pflanzenschutz, sowie viele Sonderarbeiten in der tierischen Produktion, wie Besamung, Umstallung, Absetzen.

Diese Arbeiten fallen in einem kurzen Zeitraum zusammen und führen häufig zu Arbeitsspitzen, deren Höhe vom Flächenumfang der Fruchtarten oder der Größe der entsprechenden Nutztiergruppe abhängt.

Termingebundene Arbeiten führen zu Arbeitsspitzen

Die **laufenden Arbeiten** fallen täglich in nahezu gleichem Umfang an und verursachen in der Regel eine gleichmäßige Auslastung der Arbeitskräfte. Hierzu zählen in erster Linie Arbeiten im Bereich der Tierhaltung wie Fütterung, Entmistung oder Pflege der Tiere.

Die **nicht termingebundenen Arbeiten** lassen sich innerhalb weiter Grenzen ohne weitere Nachteile verschieben. Hierzu zählen alle Hofarbeiten, Waldarbeiten oder auch Arbeiten im Bereich der Grünlandwirtschaft wie z. B. Weidepflege oder Zaunreparaturen.

Aufgaben des betrieblichen Managements lassen sich nicht eindeutig zuordnen. Sie können sowohl termingebunden sein, wie z. B. die Antragsstellung für Fördermittel, die zu bestimmten Stichtagen abgegeben werden müssen. Andererseits lassen sich z. B. strategische Planungen oder die Preisermittlung für Käufe und Verkäufe in gewissen zeitlichen Grenzen verschieben.

Für die Arbeitsplanung im landwirtschaftlichen Betrieb ist es wichtig, die verfügbaren **Zeitspannen** für die Erledigung der termingebundenen Arbeiten zu kennen. Im Rahmen der Feldarbeitszeitspanne sind sämtliche Feldarbeiten wie Bestellung, Pflege und Ernte zu erledigen. **Innerhalb der Feldarbeitszeitspanne werden Blockzeitspannen gebildet**, innerhalb derer die termingebundenen Arbeiten erledigt werden müssen, sofern nicht Qualitäts- oder Ertragseinbußen entstehen sollen. Im Einzelnen sind dies:

Arbeitskapazität wird wegen Arbeitsspitzen in Zeitspannen untergliedert

- **Frühjahrsbestellung (FB):** Bestellung aller Sommerungen, erste Düngung zu Wintergetreide und erste Pflanzenschutzmaßnahme in Mais.
- **Hackfruchtpflege- Heuernte (HH):** Pflegearbeiten im Hackfruchtbau, erster Grünlandschnitt, übrige Pflanzenschutzmaßnahmen.
- **Frühgetreideernte (FG):** Erntearbeiten von Winterraps, Wintergerste und Frühkartoffeln, Zwischenfruchtsaat, Stoppelbearbeitung, zweiter Grünlandschnitt.
- **Spätgetreideernte (SG):** Winterroggen, Winterweizenernte, dritter Grünlandschnitt, Stoppelbearbcitung nach Spätgetreide, Winterraps- und Wintergerstenbestellung.
- Die Zeitspannen FG und SG können auch zur Zeitspanne **Getreideernte (GE)** zusammengefasst werden.

- **Hackfruchternte (HE):** Kartoffelernte, Rübenernte, Maisernte, übrige Wintergetreidebestellung.
- Die Zeitspanne HE kann noch weiter differenziert werden in die Zeitspanne **Rübenernte (RE)** und **Kartoffelernte (KE)**.
- **Spätherbstarbeiten:** Ausbringen von Wirtschaftsdünger, Winterfurche und Hackfruchtabfuhr.

Die Länge der gesamten Feldarbeitszeitspanne in Kalendertagen und die Terminierung der Arbeit hängen entscheidend von den Temperaturverhältnissen des Standorts ab.

Für unterschiedliche Klimagebiete werden die Feldarbeitstage je Zeitspanne ausgewiesen

Um den unterschiedlichen Klimaverhältnissen in Deutschland Rechnung zu tragen, wurden zwölf **Klimagebiete mit entsprechenden Blockzeitspannen** abgegrenzt. Entscheidend in der Außenwirtschaft ist jedoch nicht die Zahl der Kalendertage, sondern die Zahl der Tage, an denen die Arbeiten tatsächlich erledigt werden können. Die Zahl dieser Tage – Feldarbeitstage – ergibt sich aus den Kalendertagen abzüglich der Sonn- und Feiertage und der Schlechtwettertage. Schlechtwettertage sind die Tage, an denen die Witterung keine Feldarbeit zulässt, sei es durch Frost oder Niederschlag. Die Zahl der Schlechtwettertage hängt von der Höhe der Niederschläge, der Bodenart, der Art der Feldarbeit und der Mechanisierungsstufe ab. Aus langjährigen Beobachtungen wurde die Zahl der Schlechtwettertage so festgelegt, dass sie in acht von zehn Jahren, also mit 80%iger Sicherheit zutrifft.

Halbmonate als Zeitspannengliederung

Alternativ zu Blockzeitspannen können auch **Halbmonate als Zeitspannen** abgegrenzt und Feldarbeitstage in den jeweiligen Klimagebieten angegeben werden.

Dienstleistungen

Zusätzlich zur Arbeitsleistung betriebseigener Familien- oder Fremdarbeitskräfte ist es in Abhängigkeit der Betriebsorganisation und der Qualifikation der Arbeitskräfte erforderlich, Dienstleistungen in Anspruch zu nehmen. Zu den **Dienstleistungen** zählen alle Arbeiten, die von Betriebsfremden im Auftrag und auf Rechnung des Betriebsleiters durchgeführt werden. Beispiele hierfür sind Tierarzt, Lohnunternehmer, Maschinenring, Beratung, Buchführungsstelle, Steuerberater und Rechtsanwalt.

Der Dienstleister übernimmt im Rahmen dieser Arbeitsteilung je nach Vereinbarung einen Teil der Verantwortung und des Risikos. Während beispielsweise der Lohnunternehmer nur für die Getreideernte verantwortlich ist, muss der Steuerberater für die korrekte Aufstellung der Bilanz und der Steuererklärung haften.

Kosten der Dienstleistungen

Die Kosten der Dienstleistungen fallen als Gebühr, Honorar, Leistungsberechnung oder Beitrag pauschal nach Vereinbarung oder nach Aufwand an. Je nach Zugehörigkeit zählen diese Kosten zu den variablen Spezialkosten (z. B. Lohndrusch) oder zu den Gemeinkosten, die vom Produktionsprogramm unabhängig und damit fest sind (z. B. Kosten für Steuerberatung).

Rechte

Rechte begründen einen Anspruch auf Leistungen oder Leistungsmöglichkeiten gegenüber Dritten. Ihre Bedeutung nimmt in der Landwirtschaft ständig zu. Die Rechte sind zu unterscheiden nach ihrer Wirkung in

- begünstigende Rechte,
- belastende Rechte.

Zu den begünstigenden Rechten zählen:

- **Lieferrechte und Erzeugungsquoten** (z. B. bei Milch, Mutterkühen, Zuckerrüben, Stärkekartoffeln, Brennerei),
- **Wasser- und Wegerechte,**
- **Weiderechte,**
- **Jagd- und Fischereirechte.**

Lieferrechte, Erzeugungsquoten und evtl. Wegerechte ermöglichen erst eine bestimmte Produktion nach Art und Umfang und sind unabdingbar für die Existenz des jeweiligen Betriebes. Andere begünstigende Rechte wie z. B. Jagdrechte sind nicht unbedingt erforderlich für die betriebliche Existenz.

Erzeugungsquoten erlauben den Absatz einer bestimmten Produktionsmenge und sind zwischen den Erzeugern handelbar. Je nach Lieferrecht wird die Übertragung staatlich organisiert wie die Börse für Milchquoten. In anderen Fällen organisieren Unternehmen den Handel, wie beispielsweise die Zuckerfabriken bei den Zuckerrübenlieferrechten.

Wasserrechte erlauben dem Eigner, Oberflächen- oder Brunnenwasser zu betrieblichen Zwecken zu entnehmen. Im Rahmen von **Wegerechten** dürfen fremde Grundstücke überfahren werden, um die eigenen Flächen zu erreichen. Der Wert eines Wegerechtes kann betrieblich sehr hoch sein, wenn zum Beispiel eine hochwertige Ackerfläche anders nicht erreichbar wäre.

Kosten entstehen bei begünstigenden Rechten nicht – mit Ausnahme des erstmaligen Erwerbs (aus dem Zinskosten und – bei zeitlich begrenzten Rechten – Abschreibungen resultieren) oder der Pacht. Rechte können im Einzelfall abgelöst werden, wobei sich ihr Wert aus dem kapitalisierten Nutzenentgang bzw. den kapitalisierten Mehrkosten bei Entzug errechnet (zur Vorgehensweise vgl. Kapitel 4.3).

Zu den belastenden Rechten zählen

- grundbuchlich abgesicherte Lasten zu Gunsten Dritter (z. B. Grundpfandrechte, Betretungsrechte, Nießbrauch),
- Wasser- und Wegelasten,
- Altenteilslasten und Renten.

Belastende Rechte können die Bewirtschaftung beeinträchtigen und zu einer Reduzierung des verfügbaren Einkommens führen, da die Verfügbarkeit über die Gegenstände beeinträchtigt oder verhindert werden kann. So liegt z. B. im Falle des Nießbrauchs das alleinige Nutzungsrecht beim Nießbrauchrechtsinhaber.

3.1.2 Unternehmensführung

Die Unternehmensführung steht als sogenannter **dispositiver Faktor** den bereits beschriebenen Produktionsfaktoren Güter, Dienste und Rechte – den Elementarfaktoren – gegenüber und stellt die eher qualitative Komponente der Arbeitsausstattung eines Unternehmens dar.

Die Unternehmensführung landwirtschaftlicher Unternehmen hat als qualitative und schwer quantifizierbare Komponente erhebliche Bedeu-

Erzeugungsquoten sind für bestimmte Produktionszweige eine notwendige Voraussetzung

Kosten der Rechte

Dispositiver Faktor = Arbeit der Unternehmensführung

tung für den Erfolg des Unternehmens. Betrachtet man bezüglich der Faktorausstattung vergleichbare Unternehmen der Landwirtschaft, so zeigen sich – gemessen am Gewinn oder an der Eigenkapitalveränderung – deutliche Unterschiede im Unternehmenserfolg.

Funktionen der Unternehmensführung: Planung, Organisation und Kontrolle

Der Unternehmensführung kommen die Funktionen Leitung, Planung, Organisation und Überwachung bzw. Kontrolle zu. Inhalt dieser Tätigkeiten ist im Wesentlichen die Vorbereitung und das Treffen von Entscheidungen. Die Entscheidungen sind vielfältig und reichen je nach Unternehmensorganisation von der Festlegung der langfristigen Unternehmensentwicklung und -ziele bis hin zur konkreten Auswahl und Kombination der elementaren Produktionsfaktoren (z. B. Höhe und Zusammensetzung des Düngereinsatzes in der Winterweizenproduktion).

Merkmale von Entscheidungen

Sämtliche Entscheidungsanlässe lassen sich an Hand verschiedener Merkmale gruppieren. Wichtige Gruppierungsmerkmale sind:

- **Entscheidungsträger.** Hier geht es um die Frage, wer die Entscheidungen zu treffen hat. »Echte« Entscheidungen der Unternehmensführung werden vom Unternehmer selbst (in Familienbetrieben) oder dem Management (in Lohnarbeitsbetrieben) getroffen, während delegierbare Entscheidungen von untergeordneten Mitarbeitern vorbereitet und getroffen werden.
- **Ausmaß der Wirkung.** Wirken sich die Entscheidungen auf einen Teilbereich des Produktionsprozesses (z. B. Kraftfuttergabe in der Milchproduktion), auf einen Betriebszweig (z. B. Getreideproduktion) oder auf das Gesamtunternehmen aus?
- **Funktionsbereich.** Wir unterscheiden, ob es sich um eine Entscheidung im Bereich der Beschaffung, der Produktion, der Investition und Finanzierung, des Absatzes oder des Personals handelt.
- **Unternehmensphase.** Hier lassen sich Entscheidungen in der Gründungsphase, der Umsatzphase oder der Aufgabe-/Auslaufphase unterscheiden.

»Echte« Führungsentscheidungen können nicht delegiert werden

Im Interesse einer Begrenzung der Arbeitsbelastung der Unternehmensleitung und einer Verbesserung der Transparenz des Produktionsprozesses sowie der Steigerung der Motivation der Mitarbeiter sollten nur »echte« Führungsentscheidungen von der Unternehmensführung selbst getroffen werden. Sie zeichnen sich durch folgende Eigenschaften aus:

- Hohes Maß an Bedeutung für die Ertrags- und Vermögenslage und den zukünftigen Erfolg des Unternehmens.
- Zielbereich der Entscheidung ist das Unternehmen als Ganzes.
- Sie sind nicht delegierbar oder sollten im Interesse des Unternehmens nicht delegiert werden.

Bei »echten« Führungsentscheidungen geht es also um Folgendes:

- Festlegung der Unternehmenspolitik und -entwicklung (langfristige Strategie, Ziele und Maßnahmen).
- Koordination der wesentlichen Teilbereiche des Unternehmens. Die Unternehmensleitung hat den Gesamtüberblick über die betrieblichen Zusammenhänge und koordiniert die einzelnen betrieblichen Teilprozesse.
- Beseitigung von Störungen im betrieblichen Ablauf, also zwischenmenschliche Konflikte, Fehlplanungen oder fehlende Anpassungsmaßnahmen an geänderte Rahmenbedingungen.

- Maßnahmen, die von größerer Bedeutung sind (z. B. Investition in einen neuen Produktionszweig).
- Besetzung von Führungsstellen.

Wie aus dem Inhalt der Führungsentscheidungen deutlich wird, handelt es sich bei der Unternehmensführung um eine sehr komplexe Funktion. Zum besseren Verständnis lassen sich vor diesem Hintergrund folgende **Teilaufgaben der Unternehmensführung** abgrenzen:

- **Planung**
- **Organisation**
- **Personaleinsatz**
- **Führung**
- **Kontrolle**

Im Rahmen der **Planung** denkt die Unternehmensführung darüber nach, was erreicht werden soll und wie es am besten zu erreichen ist. Im Wesentlichen geht es dabei um die Bestimmung der Zielrichtung, die Entwicklung zukünftiger Handlungsalternativen sowie die optimale Auswahl unter diesen. Die Planung kann dabei langfristigen, d. h. strategischen Charakter haben: Welche strategischen Geschäftsfelder wollen wir ausbauen oder verkleinern (vgl. Kapitel 5)? Sie kann aber auch kurzfristig sein: Wie wird unsere Fruchtfolge im nächsten Jahr aussehen?

Strategische und operative Planung

In beiden Fällen sind Entscheidungen über die Beschaffung und Verteilung der vorhandenen Produktionsfaktoren zu treffen, um diese in ausreichender Menge zum richtigen Zeitpunkt für eine optimale, gewinnmaximale Produktion bereit zu stellen. Während im Rahmen der langfristigen Planung eher Ziele formuliert und Rahmenrichtlinien vorgegeben werden, geht es in der kurzfristigen Planung eher um konkrete Verfahrensentscheidungen im Rahmen des Produktionsprogramms. Grundsätzlich kommt der Planung eine zentrale Rolle zu und alle anderen Funktionen oder Teilaufgaben der Unternehmensführung erfahren erst aus ihr ihre Bestimmung. Planung ist dabei nicht als einmaliger Prozess zu verstehen, sondern als **ständig fortschreitender Prozess** in der Begleitung aller Teilfunktionen.

Während die Planung die gedankliche Arbeit zur Vorstrukturierung des Entscheidungsfeldes ist, geht es bei der **Organisation** darum, die Planung umzusetzen. Im Rahmen der Organisation entwickelt der Unternehmer eine Handlungsstruktur, die alle notwendigen (Teil-)Aufgaben konkretisiert und so aneinander anschließt, dass der Plan realisiert werden kann. Von zentraler Bedeutung ist es dabei, überschaubare und plangerechte Aufgabeneinheiten wie z. B. Stellen oder Abteilungen zu schaffen sowie Kompetenzen und Weisungsbefugnisse zu verteilen. Außerdem müssen Stellen und Abteilungen horizontal und vertikal zu einer Einheit verknüpft werden. Das Gewicht dieser Teilaufgabe der Unternehmensführung hängt von der Größe und der Rechtsnatur des Unternehmens ab. Im »klassischen« Familienbetrieb ohne Fremd-AK ist eine detaillierte Beschreibung von Aufgabeneinheiten und deren Zusammenführung praktisch nicht notwendig. In großen, vielseitigen und ausschließlich durch den Einsatz von Fremdarbeitskräften charakterisierten Unternehmen spielt die Organisation dagegen eine bedeutende Rolle im Sinne einer effizienten und kostengünstigen Arbeitserledigung.

Organisation ist ein Werkzeug zur Realisierung der Planung

Im Rahmen des **Personaleinsatzes** geht es darum, die geschaffenen Stellen anforderungsgerecht zu besetzen. Im Anschluss daran muss sich der

Unternehmer mit Personalbeurteilung und -entwicklung beschäftigen, um die Arbeitskräfte an sein Unternehmen zu binden und ihre Leistung zu optimieren. Darüber hinaus muss er seine Mitarbeiter sachgerecht entlohnen.

Sobald mit Planung, Organisation und personeller Ausstattung die grundsätzlichen Voraussetzungen für die Planumsetzung geschaffen sind, schließt sich die laufende und konkrete **Führung** im engeren Sinne an. Dies erfordert vom landwirtschaftlichen Unternehmer zum einen fundierte produktionstechnische Kenntnisse und Fähigkeiten. Dazu kommen psychologische Fähigkeiten und soziale Kompetenz. Dabei steht die tägliche Arbeit im Mittelpunkt. Kommunikation, Delegation, Motivation, und Konfliktbereinigung sind die wichtigsten »Werkzeuge« in dieser Phase.

Die letzte Phase des Unternehmensführungsprozesses ist die **Kontrolle**, die gleichzeitig wieder Ausgangspunkt für den nächsten Prozess ist. Mit Hilfe der Kontrolle werden die erreichten Ergebnisse registriert. Dies erfolgt über laufende Aufzeichnung in der Buchführung, in Registern und Karteien. Hierfür gibt es umfangreiche softwarebasierte Lösungen (Ackerschlagkartei, Finanzbuchhaltungsprogramme, Sauen- bzw. Kuh-Planer etc.).

Vergleiche sind ein wesentliches Instrument der Kontrolle

Die erreichten Ist-Daten werden mit den geplanten Soll-Daten verglichen, um Abweichungen festzustellen und konkrete Gegenmaßnahmen einzuleiten oder den Plan vollständig zu revidieren (**Soll-Ist-Vergleich**). Die Abweichungs- und Schwachstellenanalyse erfolgt am besten über **horizontale Vergleiche** (d. h. Vergleich des eigenen Unternehmens mit ähnlich gelagerten Unternehmen). Außerdem sollten durch **vertikale Vergleiche** Entwicklungstendenzen ermittelt und analysiert werden. Hierbei werden die Ergebnisse des eigenen Unternehmens über mehrere Jahre hinweg verglichen. Zur Kontrolle braucht der Unternehmer möglichst detaillierte, vollständige und nach gleichem Muster erhobene betriebliche Daten. Andererseits dürfen es nicht zu viele Daten sein, sonst sind die Auswertungen nicht mehr übersichtlich und »beherrschbar«.

Kontrolle und Planung werden umso wichtiger, je stärker sich ein Unternehmer mit strategischen Fragen beschäftigt: Wie bleibe ich wettbewerbsfähig? Welcher Wachstumsschritt ist der nächste? Wie sichere ich die Stabilität meines Unternehmens?

Betriebliche Planung und strategische Entscheidungen sind ein besonders wichtiges Feld der Unternehmensführung. Daher gehen wir in Kapitel 5 noch einmal ausführlich auf diese Themen ein. Unter anderem stellen wir konkrete Techniken und Methoden zur strategischen Unternehmensplanung vor.

Fragen zur Wiederholung

- ▶ Nach welchen Merkmalen lassen sich die Produktionsfaktoren unterteilen?
- ▶ Welchen Vermögensarten werden die Güter zugeordnet?
- ▶ Was verstehen Sie unter Beschäftigungs- und unter Verfahrensdegression?
- ▶ Welche besondere Bedeutung besitzt der Produktionsfaktor Boden in der Landwirtschaft? Was verstehen Sie unter innerer und äußerer Verkehrslage des Betriebes?
- ▶ Inwiefern ist der Boden unvermehrbar und unzerstörbar?
- ▶ Wie kann die Betriebsfläche untergliedert werden?
- ▶ Was verstehen Sie unter Ackerflächenverhältnis und Fruchtfolge?
- ▶ Wie errechnen sich die jährlichen Kosten für die Nutzung des Bodens?
- ▶ Wie errechnen sich die jährlichen Kosten für Grundverbesserungen? Wie berechnet sich die Wirtschaftlichkeit dieser Maßnahmen?
- ▶ Welche Charakteristika besitzen Dauerkulturen? Wie errechnen sich die jährlichen Kosten für die Dauerkulturen?
- ▶ Definieren Sie die Begriffe »Gebäude« und »bauliche Anlagen«.
- ▶ Warum sind Gebäudeinvestitionen mit einem Risiko verbunden?
- ▶ Wie setzen sich die jährlichen Kosten für Gebäude zusammen?
- ▶ Inwiefern erbringen Maschinen und Geräte einen Ertrag?
- ▶ Aus welchen Kostenarten setzen sich die Kosten einer Maschine zusammen?
- ▶ Was sind feste, variable und bedingt variable Kosten der Maschinennutzung? Wie berechnet sich die Schwelle der variablen Abschreibung?
- ▶ Wie errechnen sich der Zinsansatz, die Abschreibung und der Mindesteinsatzumfang für Maschinen und Geräte?
- ▶ Welchen Wirtschaftszweck kann Vieh erfüllen?
- ▶ Von welchen Voraussetzungen ist die Viehhaltung abhängig?
- ▶ Wie sind die Einheiten GV, VE und DE definiert?
- ▶ Was gehört zu dem Produktionsfaktor »Material«?
- ▶ Nach welchen Kriterien können Arbeitskräfte eingeteilt werden?
- ▶ Wie wird die Arbeit in Familienbetrieben entlohnt im Vergleich zu Lohnarbeitsbetrieben? Welche Besonderheit ist zu beobachten?
- ▶ Wie lassen sich die anfallenden Arbeiten im landwirtschaftlichen Betrieb untergliedern?
- ▶ In welche Blockzeitspannen werden fristgebundene Arbeiten zusammengefasst? Wie sind die Feldarbeitstage definiert?
- ▶ Welche Beispiele für begünstigende und belastende Rechte kennen Sie?
- ▶ In welche Aufgaben kann die Unternehmensführung unterteilt werden? Was gehört zu den einzelnen Aufgaben?

Weiterführende Literatur

Wer sich in Kurzform über die wichtigsten betriebswirtschaftlichen Begriffe in der Landwirtschaft informieren möchte, greife zu
HLBS (Hauptverband der landwirtschaftlichen Buchstellen und Sachverständigen e.V.) (1996): Betriebswirtschaftliche Begriffe für die landwirtschaftliche Buchführung und Beratung, Heft 14, 7. Aufl., Bonn.

Normdaten für die Betriebsplanung finden sich im
KTBL (Kuratorium für Technik und Bauwesen in der Landwirtschaft)-Taschenbuch: (2002): Taschenbuch Landwirtschaft 2002/03, Daten für die betriebliche Kalkulation in der Landwirtschaft, 21. Auflage, Darmstadt.
BRANDES, W. und WOERMANN, E. (1971): Landwirtschaftliche Betriebslehre, Band 2 Spezieller Teil, Organisation und Führung landwirtschaftlicher Betriebe, Paul Parey Verlag, Hamburg und Berlin.
Auch wenn das Buch hier und da etwas veraltet ist, lohnt sich die Lektüre durchaus: Jede Zeile des Buches zeigt, dass hier klar analysierende Betriebswirte am Werk waren.

Ebenfalls zur Vertiefung hilfreich kann folgendes Buch sein:
KUHLMANN, F. (2003): Betriebslehre der Agrar- und Ernährungswirtschaft, 2. Aufl., DLG-Verlag, Frankfurt am Main.

Wer die in diesem Abschnitt angerissene Thematik im Hinblick auf die Allgemeine Betriebswirtschaftslehre vertiefen will, dem sei das Buch einer der prägenden Gestalten der deutschen Betriebswirtschaftslehre empfohlen:
GUTENBERG, E. (1983): Grundlagen der Betriebswirtschaftslehre, 1. Band, Die Produktion, 24. Auflage, Springer Verlag, Berlin, Heidelberg, New York.

3.2 Absatz: Märkte und Marketing

Beim Absatz von Produkten als Ergebnis des betrieblichen Leistungsprozesses geht es grundsätzlich darum, die Produkte am Markt zu verwerten. Dieser »Produktionsorientierung« genannte Ansatz ist für Unternehmen relevant, die sich in Wirtschaftsbereichen befinden, in denen ein starker Nachfrage-Überhang besteht. Für die Landwirtschaft war dies im neunzehnten Jahrhundert und zu Anfang des zwanzigsten Jahrhunderts der Fall. Die Nachfrage nach landwirtschaftlichen Produkten war so groß, dass der Absatz der Produkte kein Problem war. Die Unternehmer konnten sich vollständig auf die effiziente Nutzung der vorhandenen Ressourcen konzentrieren. Inzwischen hat sich die Situation grundlegend geändert. Im Vergleich zur Produktion wird der Absatz der Produkte zunehmend zum Hauptproblem. Aus Verkäufermärkten sind für die meisten landwirtschaftlichen Produkte Käufermärkte geworden.

Wandel der Absatzmärkte von Verkäufermärkten zu Käufermärkten

Der Wandel von Verkäufermärkten zu Käufermärkten und die damit einhergehenden Auswirkungen auf den Absatz der landwirtschaftlichen Produkte basiert auf den folgenden gesamtwirtschaftlichen Entwicklungen:
• Mit zunehmendem Pro-Kopf-Einkommen **nimmt der Anteil für die Ernährung an den gesamten Verbraucherausgaben ständig ab** (Engelsches Gesetz); es treten Sättigungstendenzen auf. Im Ergebnis kann eine Steigerung des Absatzes und der Wertschöpfung nur durch steigende Qualität,

Weiterverarbeitung und die Schaffung von Zusatznutzen für die Nachfrager erreicht werden.

- **Die Absatzwege werden** durch Einschalten von Absatzvermittlern und Verarbeitern **länger**, gleichzeitig steigt die Zahl der Verarbeitungsstufen. Ursache hierfür ist unter anderem die Forderung der Verbraucher nach zunehmend konsumnahen Produkten (Convenience-Produkte). Diese »Qualität« können jedoch die Rohstoffproduzenten immer weniger selbst anbieten.

- **Das Qualitätsniveau der landwirtschaftlichen Produkte steigt** – unter anderem auch auf Grund vermehrter Qualitätsvorschriften –, so dass die Spielräume des einzelnen zur Abgrenzung von den zahlreichen Konkurrenten immer geringer werden.

- **Die Konzentration in den nachgelagerten Stufen der Lebensmittelkette** (von der erstaufnehmenden Hand bis hin zum Einzelhandel) **nimmt ständig zu**. Die landwirtschaftlichen Unternehmen stehen somit einer zunehmenden Marktmacht gegenüber.

- Auf der Handelsstufe geht die Zahl der Einzelhandelsgeschäfte zu Gunsten von **großen Supermärkten, Discountern und Kaufhäusern mit breitem Sortiment** zurück. Die Folge davon ist, dass Primärproduzenten ihre Produkte in zunehmend größeren Mengen einheitlicher Qualität bereitstellen müssen. Weiterhin müssen die Lebensmittel in hohem Maße transport- und lagerfähig sein. Allerdings kann dies aus Sicht der Verbraucher auch mit Qualitätsminderungen verbunden sein und somit im Lauf der Entwicklung beispielsweise spezialisierte Obst- und Gemüseläden wieder stärken.

- Rohstoffe, End- und Zwischenprodukte lassen sich angesichts sinkender Transportkosten immer billiger transportieren. Die Möglichkeiten der Verarbeitung und des Vertriebs werden damit erweitert. **Die Zahl der Verarbeitungsbetriebe sinkt**, aber ihre Größe nimmt zu.

Insgesamt führen diese Entwicklungen dazu, dass landwirtschaftliche Unternehmen einem **wachsenden Preisdruck** ausgesetzt sind. Dazu kommt der Rückzug der Agrarpolitik aus der Preisstützung. Die Strategie »Kosten runter – Produktivität und Gewinne rauf« gerät als alleinige Unternehmensstrategie an ihre Grenzen.

Mit anderen Worten: Die Unternehmer müssen sich umorientieren – weg von der reinen Produktionsorientierung hin zum Markt. Der Markt darf nicht wie bisher als gegeben und unveränderlich akzeptiert werden. Vielmehr ist das Augenmerk auf alle Möglichkeiten der Pflege und der Entwicklung oder Erschließung von Märkten zu richten. Wer sind meine Kunden? Was sind ihre Wünsche, Bedürfnisse, Probleme heute und in fünf Jahren? Unternehmensphilosophie und Unternehmensführung müssen marketingorientiert sein – und nicht produktionsorientiert. Das bedeutet: Die Produktionsprogramme sind zuerst an den Bedürfnissen der Abnehmer auszurichten und anschließend mit den verfügbaren Ressourcen in Einklang zu bringen.

Stärkere Marktorientierung der Unternehmensführung erforderlich

Auswahl und Koordination, Gewichtung und Bewertung der jeweiligen unternehmerischen Aktivitäten erfolgen über das Marketing-Management. Das Ziel des Marketing-Managements ist die Kundenorientierung: Die Identifikation der Bedürfnisse der Abnehmer zur Ableitung der Produktionsziele des Unternehmens. Um dies zu erreichen, ist integriertes Marketing erforderlich.

Integriertes Marketing wirkt als Wertschöpfungsmanagement auf alle Betriebsprozesse

Integriertes Marketing heißt: Alle Unternehmensaktivitäten und -bereiche sind so zu koordinieren, dass die aus der Kundenorientierung abgeleiteten Unternehmensziele erreicht werden. Beispielsweise darf in der Produktion aus Kostengründen nicht auf Qualität verzichtet werden, wenn im Vertrieb die Produktqualität als Verkaufsargument eine bedeutende Rolle spielt.

Auf vollkommenen Märkten wären Marketing-Aktivitäten überflüssig, da bei unterstellter Transparenz und Homogenität der Produkte allein die Strategie der Kostenminimierung durch Steigerung der Produktivität relevant ist. Weichen die Verhältnisse auf den Märkten jedoch vom Idealbild des vollkommenen Marktes ab, so zeigt sich: Auch in der Landwirtschaft sind Unternehmen dann erfolgreich, wenn sie effizient produzieren und geschickt auf den Bezugs- und Absatzmärkten agieren. Dabei geht es nicht nur darum, aktuelle Preisinformationen zu bekommen oder das Preisrisiko mit Hilfe von Terminmärkten zu verringern, sondern um den aktiven Einsatz von Marketinginstrumenten.

Marketinginstrumente sind Werkzeuge zur Gestaltung des Absatzmarktes

In der Praxis werden die folgenden vier Gruppen von **Marketinginstrumenten** unterschieden:
- **Produktpolitik**
- **Entgeltpolitik, Preispolitik**
- **Distributionspolitik**
- **Kommunikationspolitik**

Die **Produktpolitik** wird häufig als Kern der marketingpolitischen Entscheidungen bezeichnet. Sie umfasst alle Aktivitäten, die sich auf die markt- und kundengerechte Gestaltung der Produkte und deren Kombination (Sortiment) beziehen. Hauptsächlich geht es dabei um die Zusatzleistungen, die mit einem Produkt verbunden sind. Man könnte dies auch als »Kundendienst« bezeichnen. In Unternehmen der Primärproduktion spielt allerdings diese Art von Kundendienst kaum eine Rolle. Vielmehr lassen sich Zusatzleistungen auf Aspekte wie Liefertermin, -ort und -qualität beziehen. Ziel der Produktpolitik muss es sein, das Produkt und die damit verbundenen Zusatzleistungen so zu gestalten, dass es tatsächlich gekauft wird. Im Vordergrund stehen insbesondere die Gestaltung der gebrauchstechnischen, ästhetischen und ökologischen Qualitätskomponenten, aber auch die Produktkennzeichnung und die Verpackung. Produktinnovation spielt in der landwirtschaftlichen Primärproduktion im Gegensatz zur Ernährungswirtschaft eher eine untergeordnete Rolle. Sie ist jedoch auch hier eine Möglichkeit, die eigene Konkurrenzfähigkeit im Rahmen einer Differenzierungsstrategie zu steigern.

Die **Entgelt- oder Preispolitik** umfasst alle Maßnahmen rund um die Preise für die angebotenen Produkte und Dienstleistungen. Preispolitik ist gekennzeichnet durch kurzfristige Wirksamkeit, hohes Wirkungspotenzial und hohe Abhängigkeit von anderen Marketinginstrumenten wie Distributionspolitik. So sind die Möglichkeiten zur **Preisgestaltung bei der Direktvermarktung** oder bei der Lieferung großer Mengen wesentlich größer als bei der Vermarktung kleiner Mengen über den Erfassungshandel. Ziel der Preispolitik ist es, je nach Marktsituation den optimalen Preis für die hergestellten Produkte festzusetzen. Sie umfasst die folgenden Entscheidungsbereiche:
- Erstmalige Preisfestsetzung,
- durch das Unternehmen selbst induzierte Preisveränderungen,
- durch Wettbewerber induzierte Preisveränderungen,

- optimale Preisstruktur eines Sortiments.

Die Preisfestsetzung kann wettbewerbsorientiert, kostenorientiert oder nachfrageorientiert erfolgen. Nützliche Fragen dazu: Wie viele Konkurrenten mit gleichem Produkt gibt es (Wettbewerbsintensität)? Wie austauschbar ist mein Produkt (Substituierbarkeit)? Wie lange bin ich schon auf dem Markt (Marktpräsenz)?

Auf Grund der räumlichen und zeitlichen Trennung zwischen Produktion und Konsum kommt der **Distributionspolitik** in landwirtschaftlichen Unternehmen besondere Bedeutung zu. Sie umfasst alle Maßnahmen, die dazu beitragen, dass die Produkte eines Unternehmens vom Ort der Produktion an den Markt kommen, also den Ort des Verbrauchs oder der Weiterverarbeitung. Die Wahl der Absatzwege beeinflusst die Kosten und Erlöse ebenso wie das Image eines Unternehmens. Darüber hinaus lassen sich Absatzwege in der Regel nicht kurzfristig ändern, so dass Distributionsentscheidungen eher längerfristig gelten.

Im Bereich des Absatzes von Agrarprodukten stehen unterschiedliche Vermarktungswege zur Verfügung, die sich durch ihre Länge unterscheiden – und damit durch den Teil der Wertschöpfung, der beim Primärproduzenten verbleibt (vgl. Abb. 3.6).

Neben der Distribution, der Gestaltung des Produktes und des Produktsortiments sowie der Festsetzung adäquater Preise bedarf erfolgreiches Marketing auch einer angepassten **Kommunikationspolitik**. Sie wird oft als Kernelement des Marketings angesehen: Ich informiere meine Kun-

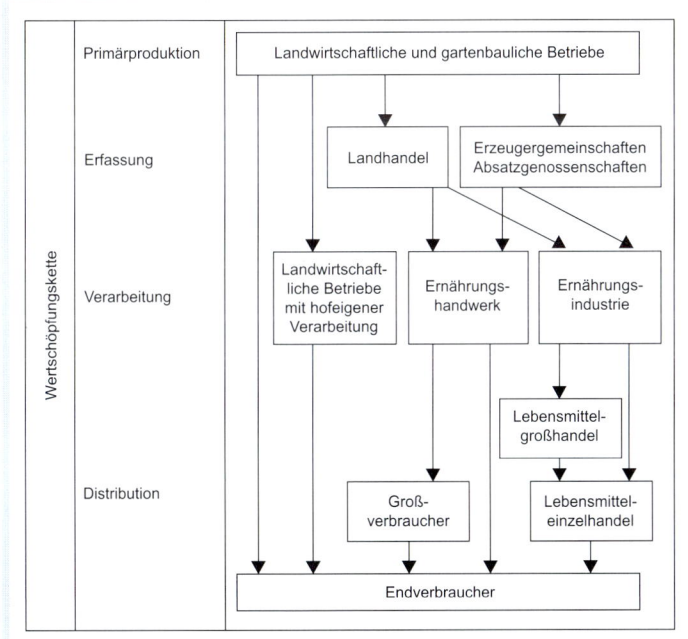

Abb. 3.6
Absatzwege landwirtschaftlicher Produkte (STRECKER et al. 1996, zit. in ODENING und BOKELMANN 2000)

den über mein Angebot – und erlebe anschließend, ob meine produkt- und preispolitischen Entscheidungen richtig waren. Ziel der Kommunikationspolitik ist es, Kunden und Interessenten zu informieren und neugierig zu machen, ihre Einstellungen zugunsten des Unternehmens zu verändern und die eigenen Produkte besser zu profilieren gegenüber den Wettbewerbern. Zur Kommunikationspolitik gehören alle Maßnahmen, deren Ziel die Beeinflussung der Kenntnisse, Einstellungen und Verhaltensweisen gegenüber dem angebotenen Produkt oder der Leistung ist. Wichtige Aktivitäten hierbei sind die Absatzwerbung, die (aktive) Verkaufsförderung und die allgemeine Öffentlichkeitsarbeit (engl.: public relations, PR).

Marketing-Mix bezeichnet die Kombination der Marketinginstrumente

Aus den beschriebenen Marketinginstrumenten ist schließlich die Marketing-Strategie des Unternehmens zu konzipieren. Im ersten Schritt sind dabei die Einzelmaßnahmen zusammenzustellen wie Definition der Produktqualität, Zusammensetzung des Sortiments, Wahl des Absatzweges, Festsetzung des Preises. Daraus ergeben sich Produktmix, Preismix, Distributionsmix und Kommunikationsmix. Im zweiten Schritt werden diese vier Instrumente zum **Marketing-Mix** zusammengefasst. Ziel des Marketing-Mix: Ein bestmögliches Unternehmensergebnis zu erreichen. Da Marketing mit Kosten verbunden ist, wird im dritten Schritt der Marketing-Strategie-Planung das optimale Einsatzniveau der Marketinginstrumente ermittelt. Dies ist erreicht, wenn die Mehrkosten einer Steigerung des Marketingaufwandes gerade durch die damit verursachten Erlös- oder Marktleistungssteigerungen ausgeglichen sind. Diese Leistungssteigerungen können mengen- und preisinduziert sein. Mit anderen Worten: Die Grenzkosten einer höheren Marketingintensität müssen gleich den erzielten Grenzerlösen (= Grenzmarktleistungen) sein.

Fragen zur Wiederholung

▸ Warum müssen wir heute anders denken und handeln als Mitte des letzten Jahrhunderts, wenn wir landwirtschaftliche Produkte absetzen wollen?

▸ Welche Konsequenzen haben diese Entwicklungen für den landwirtschaftlichen Unternehmer?

▸ Welche vier Marketinginstrumente stehen dem landwirtschaftlichen Unternehmer auf den Bezugs- und Absatzmärkten zur Verfügung? Was steckt hinter diesen Instrumenten?

▸ In welchen drei Schritten lässt sich eine Marketing-Strategie entwickeln?

Weiterführende Literatur

Die meisten Lehrbücher aus dem Marketing befassen sich mit sehr großen Unternehmen und sind deshalb für die Landwirtschaft kaum brauchbar. Speziell für die Sichtweise agrarischer Betriebe zugeschnitten ist das Buch HAMM, U. (1991): Landwirtschaftliches Marketing: Grundlagen des Marketings für landwirtschaftliche Unternehmen, Verlag Eugen Ulmer Stuttgart.

3.3 Politischer und rechtlicher Rahmen

Politische und rechtliche Regelungen strukturieren das Handlungsfeld landwirtschaftlicher Unternehmen. Häufig spricht man dabei von Rahmenbedingungen. Dies kann die Assoziation hervorrufen, dass durch Gesetze lediglich Grenzen für das Handeln gesetzt würden und innerhalb dieser Grenzen allein wirtschaftliche Gesichtspunkte dominierten. Diese Vorstellung ist zwar nicht falsch, allerdings geht der Einfluss von Politik und Recht auf landwirtschaftliche Unternehmen weiter. In vieler Hinsicht werden die Handlungsfelder landwirtschaftlicher Unternehmen nicht nur begrenzt, sondern durch rechtliche und politische Vorgaben vorstrukturiert. Die Spielregeln für Transaktionen zwischen landwirtschaftlichen Unternehmen und anderen Wirtschaftsbeteiligten werden zwar nicht im Detail festgelegt, aber doch in vieler Hinsicht vorstrukturiert.

Rechtliche Regelungen strukturieren das Handlungsfeld der landwirtschaftlichen Unternehmen

Häufig werden rechtliche Rahmenbedingungen aus unternehmerischer Sicht als hemmend erlebt: Sie beschränken die unternehmerische Freiheit. Belege dafür finden kritische Unternehmer zum Beispiel im Tierschutzrecht oder im Baurecht. Nicht vergessen werden sollte jedoch, dass der rechtliche Rahmen eine Grundvoraussetzung für die wirtschaftliche Tätigkeit aller Unternehmer darstellt. Ohne die Sicherung von Verfügungsrechten durch den Staat ist unternehmerische Tätigkeit schwer vorstellbar. Zahlreiche rechtliche Regelungen dienen der Klärung von Konflikten und können dazu beitragen, Transaktionskosten zu senken.

Die Landwirtschaft ist als Teil der Volkswirtschaft durch eine Vielzahl von staatlichen Regelungen und Eingriffen gekennzeichnet. Der Gesetzgeber nimmt überwiegend im Rahmen der Agrar- und Umweltpolitik Einfluss auf die Landwirtschaft. Agrarpolitik ist dabei ein Teil der Wirtschaftspolitik. Die Agrarpolitik umfasst alle Maßnahmen, die darauf abzielen, das Wirtschaftsgeschehen im Agrarsektor zu beeinflussen. Praktisch immer werden dabei gesellschaftspolitische Ziele mit verfolgt.

Die Ansatzpunkte der Agrarpolitik lassen sich in zwei wesentliche Bereiche einteilen. Zum einen kümmert sich die Agrarpolitik um die Einkommenssituation in der Landwirtschaft und die Struktur der landwirtschaftlichen Betriebe. Zum anderen geht es in der Agrarpolitik um die vielfältigen Verflechtungen zwischen Landwirtschaft und Gesellschaft.

Die agrarpolitischen Maßnahmen auf allen staatlichen Ebenen verfolgen im Wesentlichen folgende **Ziele**:

- **Versorgungsziel:** Versorgung der Bevölkerung mit qualitativ hochwertigen Nahrungsmitteln zu angemessenen Preisen. In der Vergangenheit stand die Versorgungssicherung zu angemessenen Preisen im Vordergrund, während heute die Qualität der Produkte im Sinne des Verbraucherschutzes betont wird.
- **Wachstumsziel:** Steigerung der Produktivität der landwirtschaftlichen Produktion.
- **Einkommensziel:** Annäherung der sozialen Situation der Beschäftigten in der Landwirtschaft an diejenige der Beschäftigten außerhalb der Landwirtschaft.

Ziele der Agrarpolitik

Seit Mitte der 70er Jahre spielt der Beitrag der Landwirtschaft zur Sicherung und Entwicklung der natürlichen Lebensgrundlagen eine immer größere Rolle. Dabei ist insbesondere die Sicherung der Naturgüter Boden,

Wasser und Luft (Umweltschutz) sowie die Sicherung der Vielfalt und Eigenart der Ökosysteme von Interesse. Darüber hinaus wird zunehmend die Funktion der Landwirtschaft für die Stabilisierung und Erhaltung der ländlichen Räume als wichtig erachtet. Daraus ergibt sich als weiteres agrarpolitisches Ziel:

Schutz, Pflege und Entwicklung von Natur und Landschaft sowie die Verbesserung des Tierschutzes.

Träger der Agrarpolitik

Die genannten Ziele treffen mit unterschiedlicher Gewichtung für alle Träger der Agrarpolitik zu. **Träger der Agrarpolitik** ist zum einen die Europäische Union. Sie hat ihre agrarpolitischen Ziele in den Artikeln 38 bis 47 des Vertrages zur Gründung der Europäischen Gemeinschaft von 1957 niedergelegt. Zum anderen ist die Bundesregierung Trägerin der Agrarpolitik. Die deutschen agrarpolitischen Ziele wurden im Landwirtschaftsgesetz von 1955 festgelegt. Darüber hinaus wird der Bund durch die Länder bei der Umsetzung der Agrarpolitik unterstützt.

Bereiche der Agrarpolitik

Im Rahmen der Agrarpolitik lassen sich die vier Bereiche **Markt- und Preispolitik, Agrarstrukturpolitik, Agrarsozialpolitik und Agrarumweltpolitik** unterscheiden. Je nach Bereich sind die Zuständigkeiten sehr unterschiedlich verteilt auf die EU einerseits und Bund und Länder andererseits.

Markt- und Preispolitik

Die **Markt- und Preispolitik** wurde schon mit Gründung der EU im Sinne der Schaffung eines gemeinsamen Marktes für die meisten landwirtschaftlichen Erzeugnisse als Grundpfeiler der gemeinsamen Agrarpolitik festgelegt. Entscheidungen werden in der Markt- und Preispolitik auf EU-Ebene getroffen. Den einzelnen Mitgliedstaaten der EU kommt die Aufgabe zu, für die Durchführung der einzelnen beschlossenen Maßnahmen Sorge zu tragen. Daraus folgt: In der Markt- und Preispolitik haben die Mitgliedstaaten praktisch keine eigenen Gestaltungsmöglichkeiten.

Agrarstrukturpolitik

Zum Abbau der strukturellen Unterschiede zwischen einzelnen Regionen der EU wurde schrittweise eine gemeinsame **Strukturpolitik** entwickelt. Hier ist die Bindung der einzelnen Mitgliedstaaten an die Vorgaben der EU wesentlich schwächer ausgeprägt als im Bereich der Markt- und Preispolitik. Die EU gibt den Rahmen für die einzelnen Maßnahmen vor und beteiligt sich je nach Region mit unterschiedlich hohen Anteilen an deren Finanzierung. Innerhalb dieser Rahmenvorgaben können die Mitgliedstaaten ihre Strukturpolitik selbst gestalten. Die EU übt lediglich eine Kontrollfunktion aus, um Wettbewerbsverzerrungen zu verhindern.

Agrarsozialpolitik

Im Bereich der **Agrarsozialpolitik** liegen Zuständigkeit und Verantwortung allein auf nationaler Ebene. Deshalb muss sie ausschließlich durch nationale Mittel finanziert werden.

Agrarumweltpolitik

Im Rahmen der **Agrarumweltpolitik** gibt die EU ebenso wie im Bereich der Agrarstrukturpolitik den Rahmen vor, beteiligt sich je nach Region zu unterschiedlichen Anteilen an der Finanzierung und kontrolliert die angewandten Instrumente.

Historische Entwicklung der Markt- und Preispolitik

Die Markt- und Preispolitik wurde 1992 grundlegend geändert. Bis zu diesem Zeitpunkt wurde die Preisstützung vorwiegend über den Außenhandelsschutz in Form von Schwellenpreisen und Abschöpfungen sowie auf dem Binnenmarkt über Interventionsmaßnahmen (z. B. Aufkäufe von Überangeboten durch staatliche Interventionsstellen, Einführung von Quotenregelungen etc.) und hohe Interventionspreise erreicht. Im Zuge der **EU-Agrarreform 1992** kam es zu einer Senkung des Außenhandelsschutzniveaus und der Interventionspreise bei gleichzeitiger Gewährung flächen- oder tierbezogener Direktzahlungen an die Landwirte. Von großer Bedeutung ist, dass die Direktzahlungen an die Produktion gekoppelt waren.

Mit der **Agrarreform 2003** änderte sich dies grundlegend.

Die Zahlungen erfolgen seit 2005 flächen- und betriebsbezogen, aber im Kern ohne Kopplung an eine bestimmte Produktion. Dieses nennt man Entkopplung (engl.: decoupling). Dies bedeutet, dass über Direktzahlungen der Europäischen Union die Produktionsrichtung der landwirtschaftlichen Betriebe nicht mehr beeinflusst wird. Was produziert wird, richtet sich damit wesentlich stärker nach dem Markt als im vorherigen System der Agrarpolitik. Die Direktzahlungen haben damit sehr viel offensichtlicher als in der Vergangenheit den Charakter einer **direkten Einkommensübertragung**.

Seit 2005 Entkopplung der Prämienzahlungen

Nicht zuletzt deshalb sollen die Direktzahlungen produktspezifisch weiter gekürzt und verstärkt an die Einhaltung von Auflagen im Bereich des Umwelt- und Tierschutzes sowie der Lebensmittelsicherheit gebunden werden (**Cross Compliance**). Insgesamt geht die EU damit weg vom Markt- und Preispolitik hin zur Förderung des ländlichen Raumes, wodurch die Agrarstruktur- und Agrarumweltpolitik an Bedeutung gewinnen.

Cross Compliance = Überkreuzverpflichtung; koppelt Prämienzahlungen an Regelungen des Fachrechts

Die EU beeinflusst mit ihrer Agrarpolitik die landwirtschaftlichen Betriebe direkt oder indirekt bzw. in der laufenden Produktion oder punktuell bei spezifischen betrieblichen Entwicklungsmaßnahmen.

Als Beispiel für direkte in der laufenden Produktion relevante Maßnahmen sind sämtliche Preisausgleichszahlungen der Pflanzen- und Tierproduktion zu nennen, wie sie von 1992 bis 2004 galten. Indirekt beeinflussende Maßnahmen sind z. B. die Flurbereinigung im Rahmen der Agrarstrukturpolitik, die Bereitstellung von staatlicher Beratung oder die Förderung von Erzeugerzusammenschlüssen. Für einzelne Betriebsentwicklungsmaßnahmen ist z. B. die Gewährung von Zinszuschüssen im Rahmen der Investitionsförderung von Belang. Einen Überblick über die wichtigsten Bereiche und Instrumente der Agrarpolitik zeigt Abbildung 3.7.

Direkt und indirekt wirkende Maßnahmen der Agrarpolitik

Neben den direkten, der Agrarpolitik zuordenbaren Maßnahmen und Instrumenten gibt es noch eine Reihe weiterer rechtlicher Bestimmungen aus verschiedenen Bereichen wie z. B. Steuerpolitik, Tierschutz, Umweltschutz, Baurecht, Bodenrecht sowie Futtermittel- und Tierzuchtrecht. Diese Bestimmungen betreffen den Einzelbetrieb je nach Produktionsrichtung, Struktur und regionaler Lage mehr oder weniger stark.

Im Bereich des **Steuerrechts** sind vor allem die Sonderregelungen für die Landwirtschaft bei der Einkommen- und Umsatzsteuer sowie bei der Gewerbesteuer zu nennen. Bei den **tierschutzrechtlichen Bestimmungen** geht es überwiegend um Vorschriften und Auflagen für die Haltung der Tiere. Beispiele dafür: die Kälberhaltungsverordnung, die Legehennenhaltungsverordnung, die EU-Richtlinie zum Schutz von Schweinen bei Stallhaltung. Für den **Umweltschutz** sind vor allem die Vorschriften der Düngeverordnung zu nennen, außerdem das Pflanzenschutzgesetz sowie das Bundesimmissionsschutzgesetz, das die Genehmigung von bestimmten Stallanlagen regelt. Weiterhin bestehen z. B. in Wasserschutzgebieten Bewirtschaftungsauflagen zur Einhaltung der EU-Nitratrichtlinie. Neben den Regelungen des Bundesimmissionsschutzgesetzes zählen zum Baurecht auch die Vorschriften des Bau-Gesetzbuchs, das beispielsweise das Bauen im Außenbereich für landwirtschaftliche Gebäude regelt und ermöglicht. Für das **Bodenrecht** sind das Grundstücks-Verkehrsgesetz, das Landpachtgesetz und das Landpacht-Verkehrsgesetz zu nennen. Sie tragen der Bedeutung des Faktors Boden in der Landwirtschaft Rechnung und bieten der Landwirtschaft einen gewissen Schutz, wenn es um Verkauf oder Verpachtung von landwirtschaftlichen Flächen geht.

In diesem Kapitel haben wir die Thematik des agrarpolitischen Umfeldes und der rechtlichen Rahmenbedingungen nur angerissen. Der Umfang des Kapitels wird der Bedeutung dieser beiden Bereiche für landwirtschaftliche Betriebe nicht gerecht. Zum Glück sieht das Studium der Agrarwissenschaften die Beschäftigung mit dem Thema Agrarpolitik als gesondertes Themenfeld vor. Deshalb können wir uns hier darauf beschränken, die Bedeutung zu betonen und auf die entsprechenden Veranstaltungen und Lehrbücher zu verweisen. Auch wenn das Thema Recht in den meisten Studienplänen nicht so intensiv verankert ist, sollten Studierende die wichtigen rechtlichen Vorschriften kennen und verstehen. Auch hier verweisen wir auf die Speziallliteratur.

Festzuhalten bleibt: Der Entscheidungsspielraum des einzelnen Betriebsleiters wird von zahlreichen rechtlichen und politischen Regelungen beeinflusst. Das Ausmaß und die Richtung der Beeinflussung hängen dabei von der Größe und Produktionsstruktur des Betriebes, dem örtlichen Zustand der Agrarverfassung und der individuellen Situation ab. Die Beachtung der Vorschriften und Regelungen ist daher insbesondere bei der Planung der Betriebsorganisation, aber auch bei Ausgestaltung einzelner Produktionsverfahren von hoher Bedeutung. Auch bei gegebener Produktion entscheiden sie erheblich über die Wirtschaftlichkeit der Produktionsverfahren und deren optimale Kombination oder über die Weiterentwicklung des Einzelbetriebes.

Abb. 3.7
Bereiche und Instrumente der Agrarpolitik

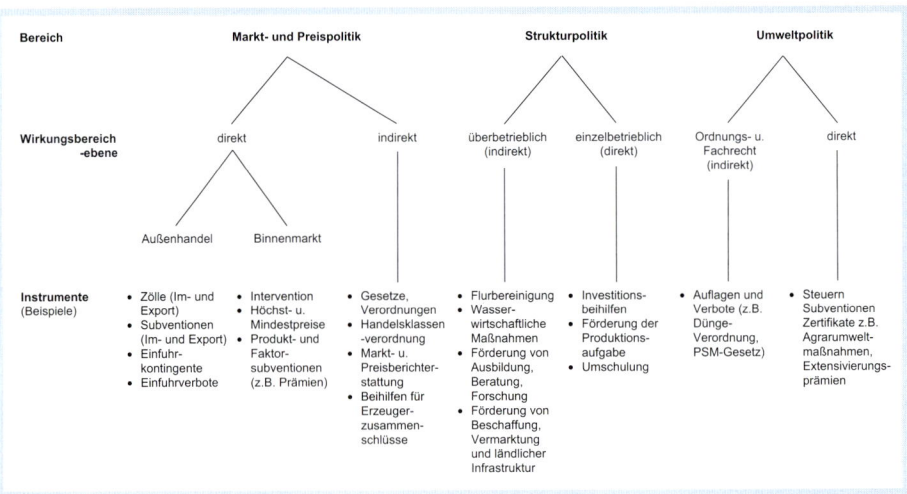

Fragen zur Wiederholung

▸ Was sind die wesentlichen Ziele der Agrarpolitik?
▸ In welche vier Bereiche lässt sich die Agrarpolitik unterteilen? Erläutern Sie diese.
▸ Wie haben sich die Maßnahmen der Markt- und Preispolitik im Zeitverlauf grundlegend verändert (Agrarreformen 1992, 2003)?
▸ Was bedeuten Entkopplung und Cross Compliance?
▸ Welche Beispiele für direkte und indirekte Maßnahmen der Agrarpolitik kennen Sie?
▸ In welchen weiteren Bereichen wird die Landwirtschaft durch rechtliche bzw. gesetzliche Bestimmungen und Regelungen beeinflusst?

Weiterführende Literatur

Empfehlenswert, wenn auch mit zwei Bänden ein ziemlicher Wälzer, sind die beiden Bücher:
HENRICHSMEYER, W. und WITZKE, H. P. (1991): Agrarpolitik Band 1, Agrarökonomische Grundlagen, Verlag Eugen Ulmer Stuttgart.
HENRICHSMEYER, W. und WITZKE, H. P. (1994): Agrarpolitik Band 2, Bewertung und Willensbildung, Verlag Eugen Ulmer Stuttgart.
Diese beiden Bücher stellen aus wissenschaftlicher Sicht das Gebiet der Agrarpolitik umfassend dar. Zu aktuellen Themen der Agrarpolitik empfehlen wir die Internetseite des BMELV (Bundesministerium für Ernährung, Landwirtschaft und Verbraucherschutz): www.bmelv.de.

Für einen gut lesbaren Einblick in das Agrarrecht empfehlen wir
TURNER, G. und WERNER, K. (1998): Agrarrecht – Ein Grundriss, Verlag Eugen Ulmer Stuttgart.

3.4 Informationsmanagement: Daten und Rechnungswesen

Wichtige Voraussetzung für die zielgerichtete und wirtschaftliche Gestaltung der Betriebsorganisation und des Produktionsprozesses ist die **Verfügbarkeit von Information**. Aktuelle und problemadäquate Informationen sind für landwirtschaftliche Unternehmen angesichts der Komplexität des Produktionsprozesses und der Verflechtungen mit ihrer Umwelt von zentraler Bedeutung. Information kann man allgemein als zweckorientiertes Wissen über vergangene, gegenwärtige und zukünftige Zustände und Vorgänge in der Wirklichkeit bezeichnen. Informationen dienen dazu, Handlungen im betrieblichen Ablauf vorzubereiten.

Informationsmanagement, Information und Kommunikation hängen unmittelbar zusammen. Unter Kommunikation wird hier der Austausch von Informationen zwischen Partnern in arbeitsteiligen Prozessen verstanden. In der realen Produktion (Güterherstellung) müssen Produktionsfaktoren jeglicher Art beschafft, kombiniert, verarbeitet und anschlie-

Der Informationszweck wird durch Kommunikation realisiert

ßend verteilt werden. Analog dazu muss das innerbetriebliche Informationssystem eine Vielzahl von Daten und Informationen beschaffen, diese anschließend problemadäquat verarbeiten und an die Adressaten verteilen.

Erst durch die Kommunikation kann der Zweck der Information, also die Vorbereitung einer Handlung im betrieblichen Ablauf, realisiert werden. Je nach Art der Kommunikation können die Kommunikationspartner Menschen und Maschinen (Computer) sein.

Wie Produktionsfaktoren in der realen Produktion (z. B. Dünger für die Weizenproduktion) müssen auch Informationen vorhanden und verfügbar, für den Zweck geeignet sein. Allerdings ergeben sich Unterschiede, ob Information im Produktionsprozess oder im Führungs- und Entscheidungsprozess betrachtet wird.

Informationen können quasi als Produktionsfaktoren betrachtet werden

Im Produktionsprozess ist **Information ein Produktionsfaktor**, und zwar in dem Sinne, dass durch ihn einzelne Be- und Verarbeitungsaufgaben geleitet und gelenkt werden. Information versetzt darüber hinaus Arbeitskräfte in die Lage, durchgeführte Aufgaben zu beurteilen und daraus ihr künftiges Handeln abzuleiten und in seiner betriebswirtschaftlichen Konsequenz einzuordnen.

Im Führungs- und Entscheidungsprozess sind Entscheidungen vorzubereiten und zu treffen. In diesem Zusammenhang ist die Funktion der Information mit der eines Werkstoffes im Produktionsprozess zu vergleichen. Führungskräfte »produzieren« unter Einsatz von Betriebsmitteln (Computern) informationelle Entscheidungsergebnisse, die ihrerseits wiederum als Produktionsfaktoren in den Entscheidungs- oder den Produktionsprozess eingehen. Vor der Produktion im Sinne der Herstellung von Gütern und Leistungen kommt das Planen und Entscheiden – und dafür sind Informationen notwendig. Gleiches gilt für die Kontrolle als wichtiger Bestandteil der Unternehmensführung: **Kontrolle ist nur möglich, wenn Informationen vorliegen**, die einen Soll-Ist-Vergleich ermöglichen: Wann sind die Abweichungen so groß, dass ich eingreifen muss?

Der Wert von Information kann meistens nur eingeschränkt von den Herstellungskosten abgeleitet werden. Beschaffungs- oder Entwicklungskosten von Informationen sind oft sehr hoch, während eine Kopie der Information auf Grund der einfachen Möglichkeit der Vervielfältigung deutlich günstiger zu erhalten ist.

Kriterien für den Wert von Informationen

Folgende Kriterien sind für Anbieter und Nutzer von Informationen bei der Ermittlung ihres Gebrauchswertes von Bedeutung:

- **Vollständigkeit** (Was nutzen mir lückenhafte Aufzeichnungen in der Ackerschlagkartei, wenn ich die Kosten der Arbeitserledigung ausrechnen will?).
- **Fehlerlosigkeit und Zuverlässigkeit** sowie daraus abgeleitet die Nachprüfbarkeit und Beweisbarkeit.
- **Eignung für das Unternehmen:** Grad der Übereinstimmung zwischen Anforderungen des Nutzers und Inhalt der Information (Was nutzen mir aktuelle Weizenpreise, wenn ich von der Milcherzeugung lebe?).
- **Zeitgerechtheit:** Grad der Übereinstimmung zwischen zeitlicher Verfügbarkeit und Verwendung von Information (Was nutzt mir die Ferkelnotierung von vorletzter Woche, wenn ich morgen Ferkel verkaufen will?).

- **»Reinheit«:** Grad der Freiheit von und Resistenz gegenüber gezielten Eingriffen in die Information zur subjektiven Beeinflussung der Empfänger.
- **Flexibilität und Anpassungsfähigkeit** hinsichtlich der Nutzungsbreite (Ist die Information über eine Pachtmöglichkeit nur für mich oder für alle zugänglich?).

Informationsmanagement ist ein Bestandteil der Unternehmensführung. Es hat die Aufgabe dafür zu sorgen, dass Informationen effektiv (zielgerichtet) und effizient (wirtschaftlich) eingesetzt werden. Wesentliche Elemente des Informationsmanagements sind die

- systematische Gewinnung,
- ziel- und ergebnisorientierte Aufbereitung, Dokumentation und Verarbeitung und
- effiziente Wiedergewinnung von Informationen.

Im Interesse einer effizienten und **effektiven Deckung des Informationsbedarfs** und der Info-Verarbeitung sind folgende Anforderungen zu berücksichtigen:

- Ausrichtung des Aggregationsniveaus der Daten an den Bedarf des Adressaten/Nutzers.
- Problemadäquate Aufbereitung der Information durch selektive Bereitstellung der jeweils für den Adressaten entscheidungsrelevanten Daten.
- Sicherstellung einer rechtzeitigen Informationsversorgung zur wirkungsvollen Kontrolle und Steuerung.
- Sicherung der Richtigkeit der Daten durch zweckentsprechende sachliche und zeitliche Abgrenzung.

Die Herkunft der Informationen ist sehr vielfältig und kann in **interne und externe Quellen** differenziert werden. Zu den internen Quellen gehören das betriebliche Rechnungswesen, Absatz- und Lagerstatistiken, Kunden- und Lieferantenkarteien sowie Datenmaterial aus früheren Datenerhebungen und -zusammenstellungen.

Die wichtigste innerbetriebliche Daten- und Informationsquelle ist das betriebliche Rechnungswesen. Es ist nach den sachlichen Inhalten in Leistungs- und Kostenrechnung, Ertrags- und Aufwandsrechnung, Vermögens- und Kapitalrechnung sowie Einnahmen- und Ausgabenrechnung zu gliedern. Es ist so zu gestalten, dass das operative Geschehen des Betriebes sowie die wirtschaftliche Lage des Unternehmens möglichst zutreffend und aktuell nachvollzogen und gewertet werden können.

Mit Blick auf die Planung muss es Informationen für die Zukunft liefern, es hat also nicht nur den Charakter der Abrechnung gegenüber den am Unternehmen Beteiligten. Deshalb ist es entscheidungsrelevant auszugestalten. Das bedeutet: Das Rechnungswesen muss Veränderungen von Kosten und Leistungen ausweisen, die mit den anstehenden Entscheidungen zusammenhängen.

Eine Orientierung lediglich an betriebsinternen Informationsquellen führt jedoch dazu, dass Veränderungen relevanter externer Bedingungen im Wettbewerb nicht schnell genug aufgedeckt werden. Denn diese Veränderungen schlagen sich in betrieblichen Erfolgskennzahlen nieder. Für die nötigen Korrekturen ist es dann erst einmal zu spät.

Um dies zu verhindern und das »Ohr am Markt zu haben«, müssen externe Datenquellen herangezogen werden. Wichtige externe Datenquel-

Informationsmanagement ist Aufgabe der Unternehmensführung

Das Rechnungswesen ist eine wichtige innerbetriebliche Informationsquelle

Rechnungswesen liefert auch Informationen für die Planung

Externe Informationsquellen

len für den Agrarsektor sind: Markt- und Preisinformationen verschiedener Institutionen (z. B. ZMP, Warenterminbörsen), Buchführungsergebnisse, Datensammlungen für die Betriebsplanung, Veröffentlichungen wissenschaftlicher Einrichtungen, Auswertungen für Betriebszweige von Beratungs- und Erzeugerringen, Veröffentlichungen des Statistischen Bundesamtes und der statistischen Landesämter sowie der Landwirtschaftskammern und sonstiger Einrichtungen, Veröffentlichungen amtlicher Institutionen (wie z. B. Ministerien).

Aufgaben des betrieblichen Rechnungswesens

Allgemein besteht die Aufgabe des Rechnungswesens darin, Informationen über betriebliche Aktivitäten sowie über die Beziehungen des Unternehmens nach außen zu sammeln und für entsprechende Entscheidungen aufzubereiten. Die Entscheidungen werden sowohl intern (etwa durch die Geschäftsleitung) als auch extern (z. B. durch Kreditgeber oder Kunden) getroffen. Daraus ergeben sich für das betriebliche Rechnungswesen sowohl betriebsinterne als auch externe Aufgaben.

Betriebsintern geht es zunächst um die Erfassung und Überwachung all derjenigen im Betrieb auftretenden Geld- und Leistungsströme, die überwiegend durch den Prozess der betrieblichen Leistungserstellung und -verwertung erzeugt werden. Die Erfassung muss sowohl mengen- als auch wertmäßig erfolgen. Im Einzelnen kann diese Aufgabe umfassen:

- **Erfassung von Beständen** zu einem bestimmten Zeitpunkt (z. B. die Ermittlung des Vermögens und der Verbindlichkeiten eines Betriebes zum Ende des Wirtschaftsjahres am 30.06.),
- **Ermittlung von Bestandsveränderungen** im Zeitablauf (z. B. die Zu- und Abnahme des Kassen- bzw. Warenbestandes oder des Kontostandes eines Darlehenskontos),
- **Feststellung des Erfolges** einer bestimmten Zeitperiode (z. B. Höhe des Aufwandes und des Ertrages im 1. Quartal des Wirtschaftsjahres),
- **Ermittlung der Stückkosten** von betrieblichen Leistungen (z. B. die Gesamtkosten für die Erzeugung eines Kilogramms Milch oder einer Dezitonne Getreide).

Das Rechnungswesen dient der Kontrolle der Wirtschaftlichkeit

Durch die Erfassung und den Vergleich der Bestands- und Erfolgsgrößen des Unternehmens dient das Rechnungswesen in erster Linie der Kontrolle der Wirtschaftlichkeit und der Rentabilität der betrieblichen Leistungsprozesse. Man könnte dies auch als Dokumentations- und Kontrollaufgabe des Rechnungswesens bezeichnen. Darauf aufbauend liefert es zugleich **Daten für Planungsentscheidungen** (Dispositionsaufgabe).

Das Rechnungswesen liefert auch Informationen für externe Interessenten

Bei den **externen Aufgaben des Rechnungswesens** steht die Information aller direkt oder indirekt am Unternehmen Beteiligten im Vordergrund. So liefert das Rechnungswesen z. B. Informationen für einen privaten Kapitalanleger über den Kauf von Aktien oder Anteilen, für eine Bank über die Gewährung eines Kredites oder für einen Lieferanten über die Zahlungsfähigkeit seines Kunden (Rechenschaftslegungs- und Informationsaufgabe). Um dies zu gewährleisten, hat der Gesetzgeber festgelegt, wie beispielsweise das Verhältnis von Vermögen und Schulden in der Bilanz ausgewiesen werden muss oder wie der steuerpflichtige Gewinn zu ermitteln ist.

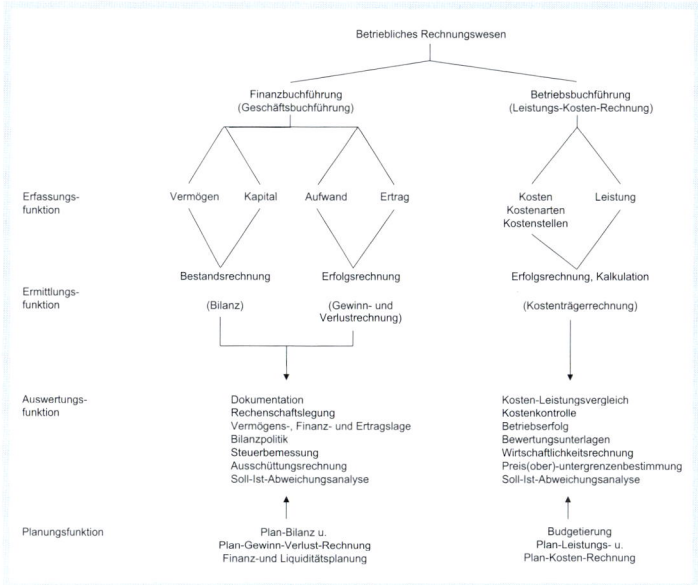

Abb. 3.8
Systematik des betrieblichen Rechnungswesens (EISELE 2002, verändert)

Ausgehend von der Verteilung der Aufgaben lässt sich das betriebliche Rechnungswesen an Hand der Zielsetzung der einzelnen Rechungszweige gliedern (vgl. Abb. 3.8).

Der Aufbau und die Organisation des Rechnungswesens sind von den spezifischen Gegebenheiten eines Betriebes abhängig. Im Wesentlichen sind dies der Wirtschaftszweig, die Rechtsform, die Betriebsgröße, die Produktionsverfahren und das Produktionsprogramm. So liegt der Schwerpunkt des Rechnungswesens im »klassischen« landwirtschaftlichen Betrieb eher bei der Erfassung und Verteilung der Kosten, um daraus die Herstellungskosten und die Wirtschaftlichkeit zu berechnen. Dagegen werden in Handelsunternehmen eher die Umsätze und die Warenbestände kontrolliert. Die Rechtsform erfordert die Beachtung unterschiedlicher Gliederungs- und Bewertungsvorschriften für die Bilanz und die Erfolgsrechnung. Schließlich muss das Rechnungswesen in einem 50 ha-Getreidebaubetrieb anders gestaltet und organisiert sein als im 5 000 ha-Großbetrieb mit Viehhaltung und angeschlossenem Landhandel.

In diesem Kapitel werden zuerst wichtige Grundbegriffe des betrieblichen Rechnungswesens erläutert. Anschließend werden die Ertrags-Aufwands-Rechnung und die Leistungs-Kosten-Rechnung als zwei besonders wichtige Bestandteile des betrieblichen Rechnungswesens dargestellt.

3.4.1 Grundbegriffe des betrieblichen Rechnungswesens

Bevor wir uns mit den beiden wichtigsten Bestandteilen des betrieblichen Rechnungswesens näher auseinandersetzen, sollen nachfolgend zunächst

Ertrag im Rechnungswesen ist eine monetäre Größe

die wichtigsten Begriffe erläutert werden. Zur Bezeichnung der im betrieblichen Rechnungswesen erfassten Zahlungs- und Leistungsvorgänge hat die Betriebswirtschaftslehre eine eigene Terminologie entwickelt. Im Wesentlichen benutzt sie vier Begriffspaare, die auch im täglichen Sprachgebrauch Anwendung finden, dort jedoch begrifflich nicht so scharf abgegrenzt und teilweise sogar synonym verwandt werden. Besonders aufpassen muss man bei dem **Begriff des Ertrages**.

Im betrieblichen Rechnungswesen handelt es sich dabei um eine monetäre Größe, die keinesfalls zu verwechseln ist mit dem natural gemessenen Ertrag etwa eines Weizenschlages.

Fragestellungen an das Rechnungswesen

Die Begriffe beziehen sich auf unterschiedliche Fragestellungen, auf die das betriebliche Rechnungswesen eine Antwort parat haben muss. Fragestellungen können etwa sein:

• Wie haben sich die liquiden Mittel des Unternehmens in einer Periode verändert? Oder vereinfacht: Ist mehr oder weniger Geld in der Kasse?
• Wie hat sich die finanzielle Situation des Unternehmens in einer Periode verändert?
• Wie groß war der Unternehmenserfolg im letzten Jahr? Haben wir Gewinn eingefahren oder Verlust gemacht?
• Wie groß war der Erfolg im vergangenen Jahr, der durch die eigentliche betriebliche Tätigkeit erzielt wurde?

Zur Beantwortung der ersten Frage muss erfasst werden, wie viel liquide Mittel – Geld – dem Unternehmen in einer bestimmten Abrechnungsperiode zugeflossen und wie viel abgeflossen sind. Bei der zweiten Frage reicht die Erfassung von Zu- und Abgängen der liquiden Mittel allein nicht aus. Wir müssen darüber hinaus noch Zahlungsrückstände der Kunden (Forderungen) und unsere eigenen Zahlungsrückstände (vereinfacht: Schulden) berücksichtigen. Die dritte Frage lässt sich nur beantworten, wenn alle in diesem Jahr zugeflossenen Mittel bzw. erzeugten und bewerteten Güter den im gleichen Zeitraum abgeflossenen Mitteln bzw. verbrauchten und bewerteten Gütern gegenübergestellt werden. Die Antwort auf die letzte Frage erhält man nur dann, wenn man die Mittel erfasst, die dem Unternehmen einerseits für die betrieblichen Leistungen zugeflossen sind und die es andererseits für die Erstellung dieser betrieblichen Leistungen in der Periode eingesetzt hat.

Warum sind diese Unterscheidungen überhaupt wichtig? Ein Beispiel zum Unterschied von Frage zwei und Frage drei soll das erläutern: Landwirt A produziert Getreide und verkauft es für 200 000 €. Für die Produktion braucht er Saatgut, Dünge- und Pflanzenschutzmittel und Maschinen, deren Einsatz mit insgesamt 180 000 € zu Buche schlägt. Daraus ergibt sich eine Differenz – wir bezeichnen sie als Betriebsergebnis – von 20 000 €. Im selben Jahr hat unser Landwirt aus seinen Wertpapieren 10 000 € Zinsen erhalten und gleichzeitig 1 000 € gespendet. Sein Gewinn liegt also um 9 000 € höher als sein Betriebsergebnis und beträgt 29 000 €. Landwirt B er verfügt über keine Wertpapiere und spendet nicht – kam im gleichen Jahr auf einen Gewinn von 25 000 €, der mit dem Betriebsergebnis identisch ist.

Vergleicht nun A seinen Gewinn von 29 000 € mit dem des Kollegen und Konkurrenten B, der 25 000 € erwirtschaftet hat, dann kommt er zu falschen Schlussfolgerungen. Der eigentliche Betrieb – die Getreideproduktion – hat bei Landwirt A deutlich weniger eingebracht als bei Landwirt B.

An diesem einfachen Beispiel wird deutlich, dass es durchaus sinnvoll und zweckmäßig ist, begriffliche Unterscheidungen zu machen. Die wichtigsten, für das Verständnis des betrieblichen Rechnungswesens **zentralen Begriffspaare sind**:

- **Auszahlungen – Einzahlungen**
- **Ausgaben – Einnahmen**
- **Aufwand – Ertrag**
- **Kosten – Leistung**

Sie sind in Tabelle 3.6 dargestellt und definiert.

Es wird hier deutlich, dass etwa Gewinn und Betriebsergebnis, Einzahlung und Einnahme, Aufwand und Kosten sowie Ertrag und Leistung jeweils nicht immer identisch sind. Anhand der Begriffe Auszahlungen, Ausgaben, Aufwand und Kosten sollen die Abgrenzungsregeln noch etwas ausführlicher erläutert werden.

Bevor wir dies mit Blick auf Abbildung 3.9 tun, vorab zunächst zwei Merkmale, die allen Begriffen gemeinsam sind: **Alle Begriffe sind Strömungsgrößen und periodenbezogen definiert.**

Der Periodenbezug ist ein Grund, warum die Kästchen in Abbildung 3.9 überwiegend übereinander liegen, die Begriffe also praktisch weitgehend identisch sind und nur in kleinen Bereichen der eine von zwei Begriffen nicht mehr zutrifft. Das Ausmaß von Übereinstimmung oder Abweichung hängt u. a. maßgeblich von der Länge der Periode ab. Bei kurzfristiger Betrachtung (etwa ein Monat) sind die Unterschiede größer als bei langfristiger Betrachtung (etwa ein Jahr). Der zweite Grund für die Abgrenzung

Wichtige Begriffspaare des Rechnugswesens

Begriffsdefinitionen

Abb. 3.9
Abgrenzung der Grundelemente des Rechnungswesens (SCHMIDT 1996, verändert)

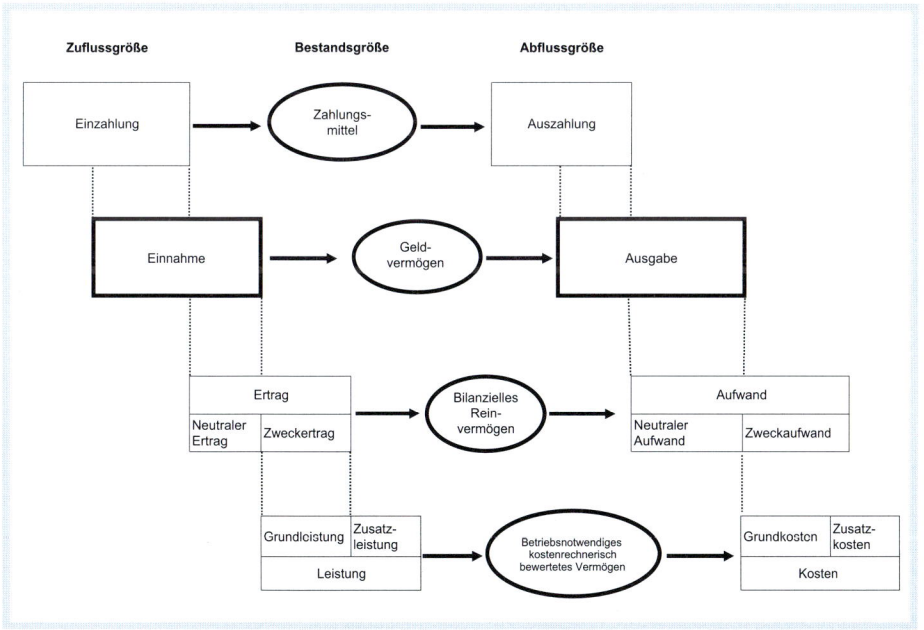

Zuflussgröße   **Bestandsgröße**   **Abflussgröße**

Einzahlung → Zahlungsmittel → Auszahlung

Einnahme → Geldvermögen → Ausgabe

| Ertrag | Bilanzielles Reinvermögen | Aufwand |
| Neutraler Ertrag | Zweckertrag | Neutraler Aufwand | Zweckaufwand |

| Grundleistung | Zusatzleistung | Betriebsnotwendiges kostenrechnerisch bewertetes Vermögen | Grundkosten | Zusatzkosten |
| Leistung | | Kosten |

liegt in der Bestandsgröße, auf die sich die Strömungsgrößen, also die Zahlungs- oder Leistungsvorgänge innerhalb einer bestimmten Periode beziehen. Im Einzelnen gilt für die Begriffe folgendes:

Auszahlungen

Bei **Auszahlungen** handelt es sich um Vorgänge, bei denen Geld die Kasse oder das Bankkonto verlässt. Dabei spielt es keine Rolle, ob das Geld z. B. zur Bezahlung von Dünger, zur Tilgung eines Kredites oder für die Bezahlung der privaten Telefonrechnung genutzt wurde. Eine **Auszahlung ist also stets mit einem Zahlungsvorgang** verbunden, unabhängig von der

Tab. 3.6.

Grundbegriffe des betrieblichen Rechnungswesens (HLBS 1996, verändert)		
Strömungsgrößen		**Bestandsgrößen**
Abgang bzw. Verbrauch von Mitteln/Gütern	**Zugang bzw. Entstehung von Mitteln/Gütern**	
Auszahlungen Alle Zahlungsmittel, die das Unternehmen per Kasse oder Bank verlassen. Auszahlungen schließen Kredittilgungen ein.	**Einzahlungen** Alle Zahlungsmittel, die dem Unternehmen per Kasse oder Bank zufließen. Einzahlungen schließen Kreditzugänge ein.	Kassenbestand + jederzeit verfügbare Bankguthaben = Zahlungsmittelbestand
Ausgaben Geldwert des Einkaufs von Produktionsfaktoren und Produkten unabhängig davon, ob beim Einkauf Zahlungsmittel abgeflossen oder Verbindlichkeiten eingegangen worden sind. Kredittilgungen sind keine Ausgaben.	**Einnahmen** Geldwert des Verkaufs von Produkten und Produktionsfaktoren unabhängig davon, ob beim Verkauf Zahlungsmittel zugeflossen oder Forderungen erworben worden sind. Kreditzugänge sind keine Einnahmen.	Zahlungsmittelbestand + übrige Forderungen − Verbindlichkeiten = Geldvermögen
Aufwand Gesamter Wertverzehr in einer Abrechnungsperiode in Form des Ge- und Verbrauchs von Produktionsfaktoren einschließlich öffentlicher Abgaben, gemessen in monetären Einheiten.	**Ertrag** Wertzugang (Umsatz, Bestandsveränderung und sonstige aktivierte Eigenleistungen) in einer Abrechnungsperiode aus der Leistungserstellung im Unternehmen sowie aus anderen Quellen (sonstige betriebliche Erträge, Finanzerträge, außerordentliche Erträge und Zuschreibungen), gemessen in monetären Einheiten.	Geldvermögen + Sachvermögen = bilanzielles Reinvermögen
Kosten Geldwert des Ge- und Verbrauchs von Produktionsfaktoren für die Erstellung betrieblicher Leistungen. Bewerteter Input des Produktionsprozesses eines Unternehmens.	**Leistungen** Geldwert der im Unternehmen hergestellten Erzeugnisse und erbrachten Leistungen. Bewerteter Output des Produktionsprozesses eines Unternehmens.	Betriebsnotwendiges kalkulatorisches Reinvermögen

Verwendung. Im Ergebnis führen Auszahlungen zu einer Verringerung des Geldbestandes (etwas weiter gefasst: Zahlungsmittelbestand).

Beim Begriff **Ausgabe** geht es um den geldlichen **Gegenwert von eingekauften Produktionsmitteln**. Ausgaben betreffen daher nur den betrieblichen Bereich und beziehen sich auf den Zeitpunkt des Einkaufs oder der Beschaffung. Ob ein Zahlungsvorgang stattgefunden hat, spielt dabei keine Rolle. Wird etwa Dünger heute eingekauft und erst in vier Wochen bezahlt, dann liegt heute eine Ausgabe vor, in vier Wochen haben wir dann eine Auszahlung. Auch die Rückzahlung eines Bankkredites ist eine Auszahlung. Da mit dieser Auszahlung aber unmittelbar keine Produktionsmittel beschafft werden, ist es keine Ausgabe. Ausgaben führen grundsätzlich zu einer Verringerung des Geldvermögens (Geldvermögen = Zahlungsmittelbestand + Forderungen – Verbindlichkeiten). **Ausgaben**

Im Gegensatz zu den Ausgaben ist beim **Aufwand** nicht die Beschaffung, sondern der **eigentliche Verbrauch oder Gebrauch der Produktionsmittel maßgebend**. Wird ein Produktionsmittel beschafft und gleich verbraucht, dann sind Ausgaben und Aufwand identisch. **Oft fallen Beschaffung und Verbrauch jedoch auseinander:** Im Wesentlichen sind zwei Gründe dafür maßgebend: **Aufwand**
- **Beschaffung auf Vorrat** (etwa in der vorhergehenden Periode) und Verbrauch im Laufe einer Abrechnungsperiode.
- **Beschaffung langlebiger Wirtschaftsgüter**, die entweder nicht verbraucht (wie z. B. Boden) oder erst im Laufe der Zeit in mehreren Perioden verbraucht werden (z. B. Maschinen und Gebäude). Bei Boden entsteht ohne Verbrauch daher kein Aufwand, Maschinen und Gebäuden gehen dem Verbrauch entsprechend mit Abschreibungen anteilig in den Aufwand ein (vgl. Kapitel 3.1). **Die Anschaffungsausgabe wird also auf die Nutzungsdauer verteilt und in Aufwand umgewandelt.** Ein Aufwand führt grundsätzlich zu einer Verringerung des Reinvermögens oder anders ausgedrückt: Aufwand vermindert das Eigenkapital.

Kosten entstehen durch den geldlich bewerteten Verbrauch und Gebrauch von Produktionsmitteln und zwar – im Unterschied zum Aufwand – immer in Bezug auf die betriebliche Leistung. Kosten und Aufwand entsprechen sich daher zu großen Teilen. Leistungsbezogener Aufwand wird auch als **Zweckaufwand** bezeichnet und entspricht den Grundkosten. **Grundkosten** sind diejenigen Kosten, die gleichzeitig Aufwand darstellen. Hat ein Aufwand sowohl zeitlich als auch sachlich nichts mit der eigentlichen betrieblichen Leistung (z. B. der Getreideproduktion) zu tun, dann wird er als **neutraler Aufwand** bezeichnet. Ein Beispiel hierfür: Zahlt der Betrieb eine Spende, dann hat dies nichts mit der eigentlichen Leistung zu tun. **Fazit:** Die Spende ist neutraler Aufwand, stellt aber keine Kosten dar. **Kosten**

Zusatzkosten sind diejenigen Kosten, die nicht gleichzeitig Aufwand sind. Ein Beispiel hierfür sind der **Zinsanspruch für das Eigenkapital** und der **Lohnanspruch für Familienarbeitskräfte**. Diese kalkulatorischen Größen werden in der Kostenrechnung erfasst, dürfen aber auf Grund gesetzlicher Vorschriften nicht als Aufwand ausgewiesen werden.

Die Abgrenzung der Begriffe Einzahlung, Einnahme, Ertrag und Leistung erfolgt analog. Einziger Unterschied: Es handelt sich um Zugangsgrößen, weshalb die Veränderung der jeweiligen Bestandsgröße mit positivem Vorzeichen erfolgt.

3.4.2 Ertrags-Aufwands-Rechnung und Bilanz

Ertrags-Aufwands-Rechnung und Bilanz sind die beiden wesentlichen Säulen der Finanz- bzw. Geschäftsbuchführung eines Unternehmens. Beide zusammen – die Ertrags-Aufwands-Rechnung wird Gewinn- und Verlust-Rechnung (kurz: GuV-Rechnung) genannt – bilden den **Jahresabschluss**.

Jahresabschluss = Bilanz + Gewinn- und Verlustrechnung (GuV-Rechnung)

Je nach Rechtsform und Größe des Unternehmens werden GuV-Rechnung und Bilanz durch weitere Informationen (Anhang, Lagebericht) ergänzt. Der Jahresabschluss hat im Rahmen der Auswertungsfunktion der Geschäftsbuchführung (vgl. Abb. 3.8) zwei wichtige Funktionen: Zum einen die **Dokumentation und Kontrolle** und zum anderen die **Rechenschaftslegung bzw. Information**.

Im Rahmen der Dokumentation und Kontrolle geht es in erster Linie darum, alle wirtschaftlich bedeutenden Vorgänge im Unternehmen (Geschäftsvorfälle) in chronologischer Reihenfolge systematisch und lückenlos zu erfassen. Dabei werden alle erfassten Bestands- und Strömungsgrößen in Geldeinheiten ausgedrückt. Die mengenmäßige Erfassung der Bestände (Betriebsmittel, Werkstoffe, Geld etc.) erfolgt mit Hilfe der Inventur und führt zum Verzeichnis der Bestände, das Inventar genannt wird.

Im Rahmen der Rechenschaftslegung dient der Jahresabschluss als Information für die Unternehmensleitung selbst und andere, die Interesse an Unternehmensinformationen haben. Mit der Bilanz erhalten sie Informationen über die Vermögens- und Schuldenlage, mit der Gewinn- und Verlust-Rechnung wird über die Ertragslage des Unternehmens informiert. Wer gehört nun zum Kreis derjenigen, die an solchen Informationen Interesse haben?

Adressaten des Jahresabschlusses

Als erster Adressat ist die **Unternehmensleitung** selbst zu nennen. Sie kann die Informationen des Jahresabschlusses zum Vergleich mit anderen Betrieben heranziehen und daraus eigene Schwachstellen oder Stärken ableiten. Außerdem liefert der Jahresabschluss auch Daten für die Planung und Entscheidungen zur weiteren Entwicklung des Unternehmens.

Eine weitere wichtige Adressatengruppe sind die Eigentümer des Unternehmens. In kleineren Unternehmen sind sie i. d. R. identisch mit der Unternehmensleitung. In größeren Unternehmen, die als Kapitalgesellschaften organisiert sind, sind es die **Anteilseigner**. Durch ihre Beteiligung am Unternehmen erhalten sie Mitglieder- und Mitverwaltungsrechte. Im Ergebnis müssen Eigentümer oder Anteilseigner über Lage und Entwicklung des Unternehmens informiert sein, um Entscheidungen etwa über Kauf oder Verkauf von Anteilen oder über die Verwendung des Gewinns (Ausschüttung oder Rücklagen bilden?) treffen zu können.

Auch die **Gläubiger des Unternehmens** – das können Banken als Darlehensgeber oder auch Lieferanten sein – brauchen Informationen. Im Rahmen des überwiegend gesetzlich begründeten Gläubigerschutzgedankens haben sie über Haftungs- und Publizitätsregelungen Anspruch auf Informationen.

Schließlich sind auch **Öffentlichkeit, Fiskus und Arbeitnehmer** an Unternehmensinformationen interessiert. Die allgemeine Öffentlichkeit hat zwar nicht unbedingt und unmittelbar Interesse an Informationen des Unternehmens. Dennoch leitet sich ein Anspruch aus der Publizität ab, der letztlich dem Schutzbedürfnis der Allgemeinheit nach Einkommens-, Vermögens- und Arbeitsplatzsicherheit dient. Die Informationsbedürfnisse des Fiskus leiten sich in erster Linie aus der Besteuerung ab. Deshalb hat er Interesse an einer möglichst den tatsächlichen Verhältnissen entsprechenden Information über Erfolg und Vermögen eines Unternehmens. Auch Arbeitnehmer haben mit Blick auf Interessenvertretung und Arbeitsplatzsicherheit Interesse an Informationen, die sich weitgehend aus dem Betriebsverfassungs- und dem Mitbestimmungsgesetz ableiten.

Die Bedeutung der Adressaten des Jahresabschlusses ist sehr unterschiedlich und hängt von der Branche und vor allem der Größe der Unternehmen ab. Für landwirtschaftliche Unternehmen als **Adressaten** entscheidend sind:

- **Unternehmensleitung und Eigentümer** (überwiegend in Personalunion)
- **Gläubiger**
- **Fiskus**
- **Arbeitnehmer**

Um den unterschiedlichen Adressaten – insbesondere den externen – gerecht zu werden, ist die **Geschäftsbuchführung nach Form und Inhalt gesetzlich geregelt**. Es gibt nur sehr eng begrenzte Spielräume in der Bewertung und Gestaltung der Buchführung. Im Gegensatz dazu bestehen in der Leistungs-Kosten-Rechnung keine formalen oder die Bewertung betreffenden Vorschriften.

Die Regelungen gelten in unterschiedlichem Ausmaß für die landwirtschaftlichen Unternehmen in Abhängigkeit ihrer Rechtsform.

Die wichtigsten **Gesetze** sind das Handelsgesetzbuch (HGB), das GmbH-Gesetz (GmbHG), das Aktiengesetz (AktG) und das Genossenschaftsgesetz (GenG). Darüber hinaus gibt insbesondere für landwirtschaftliche Einzelunternehmen oder Gesellschaften bürgerlichen Rechts (GbR) das Einkommensteuergesetz (EStG) die Richtlinien der Ertrags-Aufwands-Rechnung (Gewinn- und Verlust-Rechnung) vor. In der Geschäftsbuchführung landwirtschaftlicher Unternehmen sind daher insbesondere die handels- und steuerrechtlichen Vorschriften anzuwenden, die auch bei kaufmännischer Buchführung anzuwenden sind. Das bedeutet vor allem die **Beachtung der Grundsätze ordnungsgemäßer Buchführung** anzuwenden (vgl. Kasten 3.1).

Buchführung und Jahresabschluss ist nach Form und Inhalt weitgehend gesetzlich geregelt

Gesetze

Kasten 3.1
Grundsätze ordnungsgemäßer Buchführung

- **Klarheit:** Jahresabschluss muss bestimmten formalen Gliederungs- und Gestaltungsvorschriften bezüglich des Gesamtbildes und der Details entsprechen.
- **Wahrheit:** Jahresabschluss muss materiell ordnungsgemäß erstellt werden, d. h. inhaltlich und bezogen auf den Wert von Bilanzpositionen ist auf Richtigkeit und Vollständigkeit zu achten.
- **Kontinuität:** Sowohl formell als auch materiell müssen Jahresabschlüsse vergleichbar sein. Materielle Kontinuität bedeutet die Beibehaltung einmal gewählter Bewertungsgrundsätze. Formelle Kontinuität bedeutet Übereinstimmung von Schlussbilanz eines Jahres und Anfangsbilanz des Folgejahres (Bilanzidentität) sowie Beibehaltung von Bilanzgliederung und Abschlussstichtag.

- **Vorsicht:** Hier geht es um die vorsichtige Abschätzung der mit der Geschäftstätigkeit verbundenen Chancen, vereinfacht ausgedrückt: Es darf kein Scheinvermögen – etwa durch zu hohe Bewertung von Vermögen oder zu niedrige Bewertung von Schulden – ausgewiesen werden.

Wie läuft nun die Buchführung im Betrieb im Einzelnen ab? Eine erste Antwort gibt Abbildung 3.10, die den Ablauf schematisch darstellt.

Die Buchführung beginnt grundsätzlich mit der Gründung eines Unternehmens und endet bei dessen Liquidation. Ausgangspunkt hierfür ist zunächst eine Bestandsaufnahme zu Beginn der Buchführung und dann zum Ende eines jeden Geschäftsjahres. Diese Bestandsaufnahme wird auch Inventur genannt.

Inventur ist die Bestandsaufnahme der Vermögensteile und Schulden zu Beginn des Unternehmens und am Ende jedes Geschäftsjahres

Die **Inventur** ist die jährliche, obligatorische art-, mengen- und wertmäßige Bestandsaufnahme aller Vermögensteile und Schulden des Unternehmens. Die Bestandsaufnahme kann je nach zu erfassendem Gegenstand körperlich oder buchmäßig erfolgen. Körperlich erfolgt sie bei Vermögensgegenständen, die sich zählen, wiegen oder messen lassen wie z. B. Maschinen, Gebäude oder Vieh und Vorräte. Lassen sich Vermögensteile wie Forderungen oder Schulden nicht zählen oder wiegen, dann nimmt man Belege und Aufzeichnungen her und macht eine so genannte Buchinventur.

Ergebnis der Inventur ist ein Bestandsverzeichnis (= Inventar)

Im Ergebnis der Inventur erhält man ein Verzeichnis der erfassten Gegenstände: Dieses Verzeichnis wird auch **Inventar** genannt. Mit dem Inventar erfolgt nicht nur die körperliche oder buchmäßige Erfassung, sondern

Abb. 3.10
Schematischer Ablauf
der Buchführung
(AID 2004, verändert)

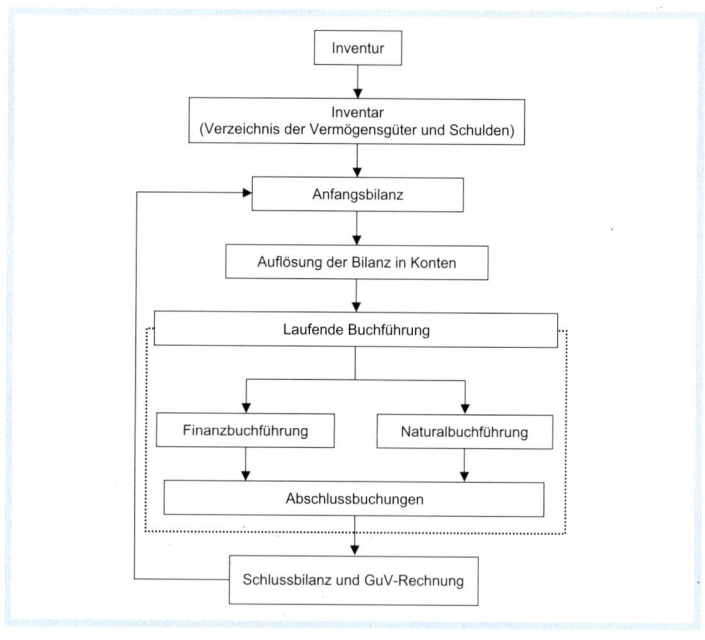

auch die Bewertung der Vermögensgegenstände. Das Inventar weist alle Vermögensgüter sowie Schulden einzeln aus und ist daher nicht sehr übersichtlich. Für die weitere Verwendung der Daten dieser Bestandsaufnahme zum Beginn des Wirtschaftsjahres werden deshalb die Einzelwerte zu so genannten Bilanzpositionen zusammengefasst und in der Bilanz übersichtlich dargestellt. Beispiele hierfür: Anlagevermögen und Umlaufvermögen.

Kommen wir vom Inventar zur **Bilanz**: Neben der Zusammenfassung von Positionen und der Vernachlässigung mengenmäßiger Informationen ist ein weiterer wichtiger Unterschied, dass die Bilanz in der Regel **in Kontenform** dargestellt wird: Vermögen und Schulden werden also nicht untereinander, sondern nebeneinander aufgeführt. Als Saldo zwischen Vermögen und Schulden erscheint das Eigenkapital, das zum Ausgleich des Kontos auf der jeweils »kleineren« Seite der Bilanz eingestellt wird. Die Bilanz zeigt somit die Struktur und die Entwicklung von Vermögen einerseits und dessen Finanzierung andererseits. Die beiden Seiten des Kontos werden auch als **Aktivseite oder Aktiva** und **Passivseite oder Passiva** bezeichnet.

> Die Bilanz ist die Gegenüberstellung von Vermögen und Schulden mit dem Ziel, das Eigenkapital als Restgröße zu ermitteln

Auf der **Aktivseite** werden die Vermögensgegenstände aufgeführt, mit denen das Unternehmen wirtschaftet. Fragen, die damit beantwortet werden können: Welchen Wert haben die Ackerflächen des Unternehmens? Wie hat sich der Wert der Gebäude oder Maschinen entwickelt? Wie hoch war der Bestand des Girokontos zum Ende des Wirtschaftsjahres?

> **Aktivseite der Bilanz**

Will man dagegen wissen, wer diese Vermögensgegenstände finanziert hat, dann reicht ein Blick auf die **Passivseite** der Bilanz. Gehören die Vermögensteile dem Betrieb oder anderen Geldgebern (z. B. Banken oder Lieferanten)?

> **Passivseite der Bilanz**

Dadurch, dass das Eigenkapital als Differenz zwischen Vermögen und Fremdkapital auf der kleineren Seite eingestellt wird, wird sichergestellt, dass stets folgende **Bilanzgleichung gilt: Aktiva = Passiva**. Abbildung 3.11 zeigt vereinfacht die Grundstruktur und Informationen einer Bilanz.

Die Bilanz weist den Vermögensstand und dessen Finanzierung zu einem bestimmten Zeitpunkt (Bilanzstichtag) aus. Diese Darstellung ist also eine Momentaufnahme. Während des Wirtschaftsjahres finden jedoch viele Geschäftsvorfälle wie z. B. Ein- und Verkäufe, Ernte von Früchten, Privatentnahmen oder -einlagen, Abschreibungen etc. statt. Jeder dieser Geschäftsvorfälle berührt das Vermögen (Aktivseite der Bilanz) und/oder das Kapital (Passivseite der Bilanz). Mit anderen Worten: Die in der Bilanz festgestellten Vermögens- und Kapitalwerte verändern sich ständig. Wollte man alle diese Veränderungen in der Bilanz ständig fortschreiben, wäre das sehr aufwendig.

Aktivseite (Aktiva)	Passivseite (Passiva)
zeigt: Kapitalverwendung Vermögensarten	zeigt: Kapitalherkunft
gegliedert in: • Anlagevermögen • Tiervermögen • Umlaufvermögen	gegliedert in: • Eigenkapital • Fremdkapital (Schulden)

Abb. 3.11
Grundstruktur der Bilanz

Konto erfasst die laufenden Veränderungen der Bilanzpositionen während des Jahres

Zur Vereinfachung wird die Bilanz deshalb in Teilbereiche (**Konten** genannt) aufgelöst und über die laufende Buchführung – also fortlaufend während des Wirtschaftsjahres – weitergeführt. Die laufende Buchführung hat dadurch die wichtige Aufgabe, Bilanzänderungen während des Jahres ordnungsgemäß zu erfassen.

Während des Jahres werden also die **Geschäftsvorfälle auf Konten** gebucht. Der Begriff Konto stammt aus dem Italienischen und bedeutet Rechnung. Etwas genauer ausgedrückt: Ein Konto ist eine zweiseitig geführte Rechnung, bei der Zugänge und Abgänge jeweils gesondert erfasst werden und keine laufende Saldierung erfolgt. Die Darstellung der Konten erfolgt meist in der Form eines »T« als sogenanntes T-Konto. Auf einem T-Konto werden Anfangsbestand und Zugänge (Bestandsmehrungen) auf der einen Seite, Abgänge (Bestandsminderungen) und der Endbestand auf der anderen Seite gebucht.

Mit Soll und Haben werden die beiden Seiten eines Kontos bezeichnet

Die linke Seite eines T-Kontos wird als »**Soll**« bezeichnet, die rechte Seite mit »**Haben**«. Die Bilanzgleichung Aktiva = Passiva gilt prinzipiell auch für jedes Konto. Man sagt, das Konto muss ausgeglichen sein. Dies bedeutet nichts anderes als die Übereinstimmung der Summen von Soll- und Habenseite.

Saldo ist der Unterschiedsbetrag zwischen beiden Seiten des Kontos

Wenn dies am Ende der Abrechnungsperiode nicht der Fall ist, dann wird das Konto durch Eintragen des **Saldos** zum Ausgleich gebracht. Der Saldo ist der Unterschiedsbetrag zwischen den beiden Seiten des Kontos und wird auf die »kürzere Seite« geschrieben. Der Saldo zeigt zu jedem Zeitpunkt den aktuellen Bestand des Kontos und damit der jeweiligen Bilanzposition.

Dazu ein Beispiel (vgl. Tab. 3.7): Wir betrachten das Konto »Bank«. Es hat zum Stichtag einen Stand von 15 000 € (Anfangsbestand). Der Landwirt bezahlt den Düngemitteleinkauf für 15 000 €, die Molkerei überweist das Milchgeld in Höhe von 25 000 € und schließlich ist noch die Pachtzahlung mit 5 000 € zu überweisen. Wie sieht der Endbestand des Bankkontos aus? Die Sollbuchungen (Anfangsbestand und Milchgeld) betragen 40 000 €, die Habenbuchungen (Düngemitteleinkauf und Pachtzahlung) betragen insgesamt 20 000 €: Die Differenz beträgt also 20 000 € und wird als Saldo auf der Habenseite eingetragen. Ergebnis: Aktuell beträgt der Bestand des Bankkontos 20 000 €.

Bestandskonten

Bei der Auflösung der Bilanz in Konten ist zu unterscheiden in **Bestandskonten** und **Erfolgskonten**. Bei Einzelunternehmen – also Familienbetrieben – kommt darüber hinaus noch das **Privatkonto** dazu (vgl. Abb. 3.12).

Tab. 3.7.

Buchung von Geschäftsvorfällen auf T-Konten			
Soll	**Konto**	**»Bank«**	**Haben**
Anfangsbestand	15 000 €	Düngemitteleinkauf	15 000 €
Milchgeld	25 000 €	Pachtzahlung	5 000 €
		Saldo (Endbestand)	**20 000 €**
Summe	40 000 €	Summe	40 000 €

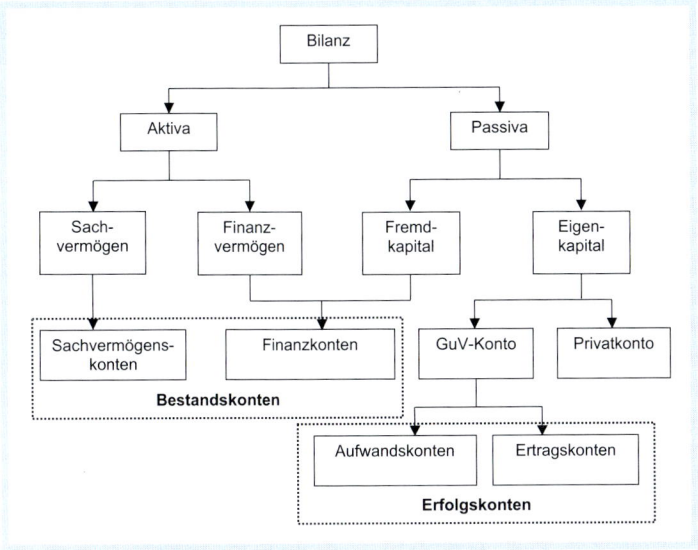

Abb. 3.12
Auflösung der Bilanz
in Konten (AID 2004,
verändert)

Die **Bestandskonten** entstehen unmittelbar aus der Anfangsbilanz. Jede Bilanzposition erhält ein eigenes Konto (z. B. Maschinen, Verbindlichkeiten). Dabei wird unterschieden, ob die Bilanzposition auf der Aktivseite der Bilanz oder auf der Passivseite steht.

Ergebnis: Steht sie auf der Aktivseite, dann handelt es sich um ein aktives Bestandskonto, im anderen Fall um ein passives Bestandskonto. Warum diese Unterscheidung? Die Antwort hängt mit der Verbuchung der Geschäftsvorfälle zusammen:

Aktive und passive Bestandskonten

- **Aktives Bestandskonto**: Hier werden Anfangsbestand und Zugänge im Soll (linke Seite) erfasst; Abgänge und Saldo (Endbestand) im Haben (rechte Seite).
- **Passives Bestandskonto**: Anfangsbestand und Zugänge werden im Haben (rechte Seite) erfasst; Abgänge und Saldo (Endbestand) im Soll (linke Seite).

Für die Übertragung der Bestände aus der Bilanz in die Bestandskonten kann man sich merken: Bestände, die in der Bilanz auf der linken Seite (Aktiva) stehen, erscheinen als Anfangsbestände im Bestandskonto ebenfalls links (= aktive Bestandskonten). Bestände, die in der Bilanz auf der rechten Seite stehen (Passiva), erscheinen im Bestandskonto ebenfalls als Anfangsbestand auf der rechten Seite (= passive Bestandskonten). Für passive und aktive Bestandkonten gilt:

Anfangsbestand + Zugänge = Abgänge + Endbestand (Saldo)

Wie zu Beginn des Wirtschaftsjahres die Bilanz in Konten aufgelöst und der Anfangsbestand von der Bilanz auf das Konto übertragen wird, so führen wir sie am Ende des Jahres wieder zur Schlussbilanz zusammen.

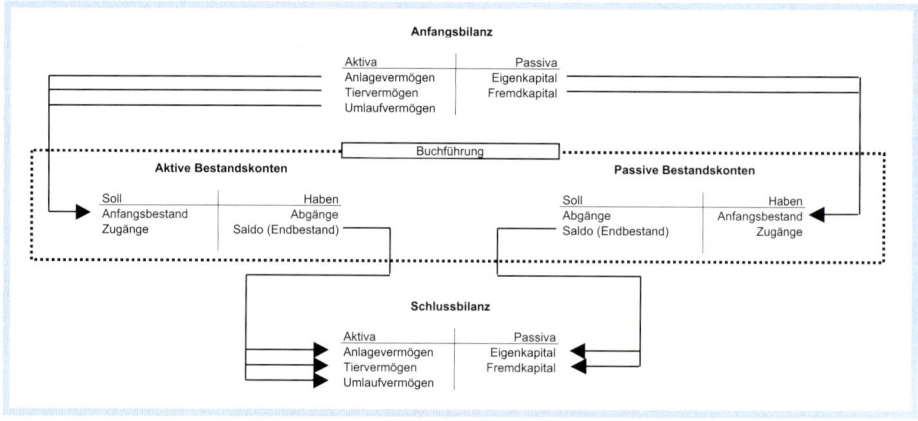

Abb. 3.13
Grundprinzip der
Buchung auf Bestands-
konten

**Die Schlussbilanz
ergibt sich aus dem
Endbestand (Saldo)
der Bestandskonten**

Einziger Unterschied: Statt Anfangsbeständen werden nun Endbestände auf die Bilanz übertragen.

Wir sagen: Der Endbestand wird über die Schlussbilanz abgeschlossen. Die Konten stellen also ein Bindeglied zwischen Anfangsbilanz und Schlussbilanz dar. Die Schlussbilanz ist mit der Anfangsbilanz des nächsten Jahres identisch (vgl. Abb. 3.13).

In der Mehrzahl der Geschäftsvorfälle wird das Eigenkapital verändert. Eine Veränderung ergibt sich meist durch **erfolgswirksame Geschäftsvorfälle** wie etwa den Verkauf von Getreide oder das Bezahlen einer Reparaturrechnung. Darüber hinaus wird das Eigenkapital in Einzelunternehmen erfolgsneutral auch noch durch Privateinlagen und -entnahmen verändert. Um diese Vorgänge, die ja einerseits aus dem betrieblichen Prozess und andererseits aus der Verbindung von Betrieb und Privatbereich resultieren, detailliert und überschaubar darzustellen, wird das Eigenkapital noch weiter in die Unterkonten

**GuV-Konto und
Privatkonto sind
Unterkonten
des Eigenkapitalkontos**

• **Gewinn- und Verlust-Konto** (kurz: GuV-Konto) und
• **Privatkonto**
unterteilt.

In diese beiden Konten werden also alle Geschäftsvorfälle verbucht, die das Eigenkapital verändern. Die Salden der beiden Unterkonten werden am Ende des Jahres über das Eigenkapitalkonto abgeschlossen. Da es sich bei GuV-Konto und Privatkonto um Unterkonten des Eigenkapitalkontos handelt, gelten für die Verbuchung der Geschäftsvorfälle die Regeln, die bei einem passiven Bestandkonto gelten. Allerdings werden beim GuV-Konto andere Bezeichnungen verwendet:
• Zugänge – verbucht auf der Habenseite des Kontos – heißen Erträge.
• Abgänge – verbucht auf der Sollseite des Kontos – heißen Aufwendungen.
Bei der Vielzahl der auf dem GuV-Konto zu vebuchenden Geschäftsvorfälle würde schnell der Überblick verloren gehen.

**Aufwands- und Ertrags-
konten sind Unter-
konten des GuV-Kontos**

Auch hier nutzt man daher die Vorzüge von Unterkonten: Man eröffnet also für die Ertrags- und Aufwandsarten eigene Erfolgskonten – **Aufwands- und Ertragskonten:** z. B. Saatgutaufwand, Düngeraufwand, Ertrag Getreide oder Milch. Vorteil dabei: Das GuV-Konto weist in übersichtlicher Weise die während des Geschäftsjahres angefallenen Aufwendungen und Erträge getrennt in einer Summe aus. Wir bekommen somit einen guten Überblick über die Entstehung des Gewinns.

Die Salden der Aufwands- und Ertragskonten werden nicht direkt über die Bilanz, sondern über das GuV-Konto als Sammelkonto abgeschlossen. Der daraus entstehende Saldo des GuV-Kontos wird über das Eigenkapitalkonto abgeschlossen.

Zur Trennung von betrieblichen und privaten Geschäftsvorfällen in Einzelunternehmen werden neben den Erfolgskonten **Privatkonten** geführt, auf denen private Vorfälle verbucht werden. Wenn also private Ausgaben vom betrieblichen Bankkonto bezahlt oder private Einnahmen (z. B. Kindergeld) auf das Betriebskonto überwiesen werden, wird mit Privatkonten gearbeitet. Die Verbuchung auf den Privatkonten erfolgt nach den gleichen Grundsätzen wie bei Erfolgskonten. Wir erinnern uns: Erfolgs- und Privatkonten sind Unterkonten des Eigenkapitalkontos (vgl. Abb. 3.14).

Privatkonten

Welche Auswirkungen haben nun die einzelnen Geschäftsvorfälle und wie werden sie verbucht?

Zur Beantwortung dieser Frage ist es sinnvoll, die **Geschäftsvorfälle einzuteilen nach ihren Auswirkungen auf das Vermögen und das Eigenkapital**: Wird das Eigenkapital erhöht oder vermindert, sind die Vorgänge erfolgsneutral oder erfolgswirksam? Findet lediglich eine Umschichtung innerhalb des Vermögens statt oder wird das Vermögen vermehrt oder vermindert (vgl. Abb. 3.15)?

Erfolgsneutrale und erfolgswirksame Geschäftsvorfälle

Die Unterschiede wollen wir an einem Beispiel erläutern. Folgende **Geschäftsvorfälle** sollen verbucht werden:
1. Der Betrieb kauft einen Schlepper für 50 000 € und bezahlt diesen über die Bank.
2. Ein kurzfristiger Kredit in Höhe von 25 000 € wird durch die Aufnahme eines langfristigen Darlehens in gleicher Höhe abgelöst.
3. Ein Darlehen wird durch eine Banküberweisung in Höhe von 15 000 € getilgt.

Abb. 3.14
Unterteilung des Eigenkapitalkontos in Unterkonten

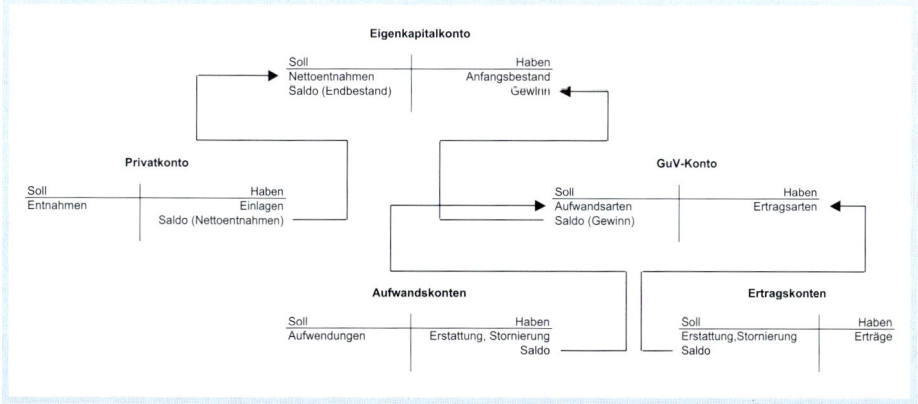

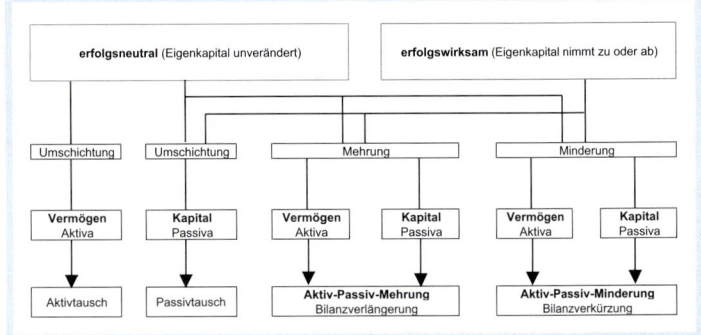

Abb. 3.15
Grundtypen von Ge-
schäftsvorfällen nach
Wirkung auf Vermögen
und Eigenkapital

4. Die Reparatur des Melkstandes in Höhe von 8 500 € wird beglichen, Zahlung über die Bank.
5. Für den Verkauf des Getreides überweist der Landhändler 10 000 €.
6. Private Einkäufe (Lebensmittel, Kleidung) in Höhe von 300 € werden über die Bank bezahlt.
7. Kindergeld in Höhe von 500 € wird auf dem Bankkonto gutgeschrieben.

In Tabelle 3.8 sind die einzelnen Geschäftsvorfälle – ausgehend von einer Bilanz – einzeln und der Übersichtlichkeit wegen nicht in Form von T-Konten, sondern untereinander dargestellt.

Beim 1. Geschäftsvorgang nimmt das Maschinenvermögen um 50 000 € zu, während das Bankkonto im Gegenzug um 50 000 € abnimmt. Wir buchen also auf zwei aktiven Bestandskonten (Maschinenvermögen und Bank) einmal einen Zugang auf der Sollseite und den Abgang auf der Habenseite in gleicher Höhe. Im Ergebnis bleibt also die Höhe des Vermögens unverändert und lediglich die Struktur hat sich verändert: 50 000 € Geldvermögen wurden umgewandelt in 50 000 € Maschinenvermögen. Es hat also eine Umschichtung von Bilanzpositionen auf der Aktivseite stattgefunden, ohne dass sich das Eigenkapital verändert hat. Man nennt diesen Vorgang deshalb auch **erfolgsneutralen Aktivtausch**.

Beim 2. Geschäftsvorgang erfolgt vom Grundsatz her das gleiche: Es werden zwei passive Bestandskonten (Fremdkapital) angesprochen und es findet lediglich ein Tausch statt. Kurzfristiges Fremdkapital nimmt um 25 000 € ab (Buchung Sollseite), langfristiges um 25 000 € zu (Buchung Habenseite). Die Bilanzsumme und das Eigenkapital haben sich nicht verändert. Ergebnis: **Erfolgsneutraler Passivtausch**.

Vorgang 3: Durch die Tilgung des Darlehens nimmt der Bankbestand um 15 000 € ab (Buchung Habenseite) und das Darlehen nimmt ebenfalls um den gleichen Betrag ab (Buchung Sollseite). Hier fand eine Umschichtung von Vermögen und Kapital um den gleichen Betrag statt. Die Bilanzsumme nimmt beidseitig um 15 000 € ab, weshalb man von einer Aktiv-Passiv-Minderung (auch **Aktiv-Passivtausch mit Bilanzverkürzung** genannt) spricht. Eine Aktiv-Passiv-Mehrung (**Aktiv-Passiv-Tausch mit Bilanzverlängerung**) liegt dagegen im umgekehrten Fall vor. Wenn etwa ein Darlehen aufgenommen wird, um den Kauf einer Maschine zu bezahlen. Auf beiden Sei-

Tab. 3.8.

Buchung von Geschäftsvorfällen				
Aktiva	01.01.2005	Veränderung*		31.12.2005
Boden	1000000			1000000
Gebäude	250000			250000
Maschinen	250000	(1)	50000	300000
Tiere	40000			40000
Bank	60000	(1)	−50000	10000
Summe Aktiva	1600000		0	1600000
Passiva				
Eigenkapital	1300000			1300000
Darlehen kurzfr.	50000	(2)	−25000	25000
Darlehen langfr.	250000	(2)	25000	275000
Summe Passiva	1600000		0	1600000
Aktiva	01.01.2005	Veränderung		31.12.2005
Boden	1000000			1000000
Gebäude	250000			250000
Maschinen	250000			250000
Tiere	40000			40000
Bank	60000	(3)	−15000	45000
Summe Aktiva	1600000		−15000	1585000
Passiva				
Eigenkapital	1300000			1300000
Darlehen kurzfr.	50000	(3)	−15000	35000
Darlehen langfr.	250000			250000
Summe Passiva	1600000		−15000	1585000
Aktiva	01.01.2005	Veränderung		31.12.2005
Boden	1000000			1000000
Gebäude	250000			250000
Maschinen	250000			250000
Tiere	40000			40000
Bank	60000			
		(4)	−8500	
		(5)	10000	
		(6)	−300	
		(7)	500	61700
Summe Aktiva	1600000		1700	1601700

Tab. 3.8.

Buchung von Geschäftsvorfällen (Fortsetzung)			
Passiva			
Eigenkapital	1 300 000		
		(4) − 8 500	
		(5) 10 000	
		(6) − 300	
		(7) 500	1 301 700
Darlehen kurzfr.	50 000		50 000
Darlehen langfr.	250 000		250 000
Summe Passiva	1 600 000	1 700	1 601 700

* Die Zahlen in Klammern geben den jeweiligen Geschäftsvorfall an.

ten der Bilanz nimmt die Summe zu (die Bilanz verlängert sich) und es wird Kapital in Vermögen umgeschichtet, ohne dass sich das Eigenkapital geändert hat.

Bei Vorgang 4 nimmt das Bankvermögen um 8 500 € ab (Buchung auf der Habenseite). Es erfolgt aber weder bei einer Bilanzposition auf der Aktivseite noch bei den Schulden auf der Passivseite eine entsprechende Zunahme. Damit hat sich das Betriebsvermögen durch diesen Vorgang um denselben Betrag verringert. Zur Herstellung des Bilanzgleichgewichtes muss also das Eigenkapital durch diesen Aufwand um den entsprechenden Betrag abnehmen. Ergebnis: Wir buchen auf der Sollseite des Erfolgskontos »Reparaturen« und haben einen **erfolgswirksamen Geschäftsvorfall**.

Vorgang 5: Die **Bezahlung des Getreideverkaufes** ist ein erfolgwirksamer Geschäftsvorfall mit Eigenkapital erhöhender Wirkung: Der Bankbestand nimmt um 10 000 € zu (Buchung auf der Sollseite), ohne dass sich ein anderes aktives Konto oder die Schulden in gleichem Umfang vermindert haben. Zum Bilanzausgleich muss also wiederum das Eigenkapital herhalten: Es wird um denselben Betrag erhöht, da wir auf dem Ertragskonto »Getreide« auf der Habenseite gegenbuchen.

Bei den Vorgängen 6 und 7 haben wir ebenfalls eigenkapitaländernde Geschäftsvorfälle. Die Bezahlung der 300 € für die privaten Einkäufe über die Bank vermindert den Bankbestand (Buchung im Haben) und gleichermaßen hat sich die Bilanz verkürzt. Es wurde ja keine andere aktive Bilanzposition erhöht, auch der Schuldenstand hat nicht abgenommen. Den Ausgleich stellt man wieder über das Eigenkapitalkonto her und bucht, da es sich nicht um betriebliche, sondern um private Einkäufe handelt, auf dem **Privatkonto** auf der Sollseite. Bei der Gutschrift des Kindergelds ist der Sachverhalt nur mit anderem Vorzeichen zu sehen: Das Eigenkapital nimmt erfolgsneutral zu: Es handelt sich um eine Einlage.

Wie wir gesehen haben, berührt jeder Geschäftsvorfall mindestens ein Konto auf der Sollseite und mindestens ein Konto auf der Habenseite. Werden mehr als zwei Konten berührt, muss die Summe der Buchungen auf der Soll-Seite der Summe der Buchungen auf der Habenseite entsprechen. Der Grund dafür: Die Bilanzgleichung muss stets erfüllt sein: Aktiva = Passiva.

Einen Überblick über die 4 Grundtypen von Geschäftsvorfällen sowie deren Verbuchung zeigen die Abbildungen 3.15 und 3.16.

Die Verbuchung der Geschäftsvorfälle während des Wirtschaftsjahres im Rahmen der Finanzbuchführung bildet das Kernstück der laufenden Buchführung.

Für jeden Geschäftsvorfall muss ein Beleg vorliegen, denn es gilt der Grundsatz: **keine Buchung ohne Beleg**. Im Rahmen dieser Belegbuchführung werden die Geschäftsvorgänge kontiert. Mit anderen Worten: Auf dem Beleg werden die betroffenen Konten (Konto und Gegenkonto) vermerkt. **Keine Buchung ohne einen Beleg**

Für die Kontierung wurde eine abgekürzte Darstellungsform – der **Buchungssatz** – entwickelt. Er lautet **»Soll an Haben«** und besagt, dass immer zuerst das Konto genannt wird, auf dem die Sollbuchung erfolgt und dann das Konto, bei dem auf der Habenseite gegengebucht wird. Beispiel: Geschäftsvorfall 1: Schlepperkauf 50000 €, Bezahlung über Bank: Der Buchungssatz dazu: »Maschinen an Bank: 50000 €«. **Buchungssatz**

Anschließend werden die Geschäftsvorfälle auf der Basis der kontierten Belege in zeitlicher Reihenfolge im **Grundbuch** aufgenommen.

Grundbücher werden in der Praxis auch als Journal, Tagebuch oder Geld- und Kassenbericht bezeichnet. Im Grundbuch sind Geschäftsvorfall, Datum, Belegnummer, Betrag und Konten zu erfassen. Vom Grundbuch werden dann die Geschäftsvorfälle in sachlicher Ordnung in das **Hauptbuch** übertragen. Im Hauptbuch sind die durch die Auflösung der Bilanz abgeleiteten Sach- und Finanzkonten enthalten. Es stellt die eigentliche doppelte Buchführung dar, da hier die Geschäftsvorfälle nach Konten zugeordnet jeweils doppelt (im Soll und im Haben) verbucht werden. Bei der Benennung der Konten kann auch auf einfache Codeziffern zurückgegriffen werden, mit denen v. a. durch den zunehmenden Einsatz von Software, die einzelnen Konten im sog. Branchenkontenrahmen oder im **betrieblichen Kontenplan** benannt werden. Den schematischen Ablauf der laufenden Buchführung zeigt Abbildung 3.17. **Grundbuch (Journal) und Hauptbuch**

Sind während des Wirtschaftsjahres alle laufenden Geschäftsvorfälle in der beschriebenen Art gebucht worden, erfolgt zum Ende des Wirtschaftsjahres die Erstellung der **Schlussbilanz** bzw. des Jahresabschlusses. Bevor Bilanz sowie Gewinn- und Verlustrechnung entstehen können, müssen

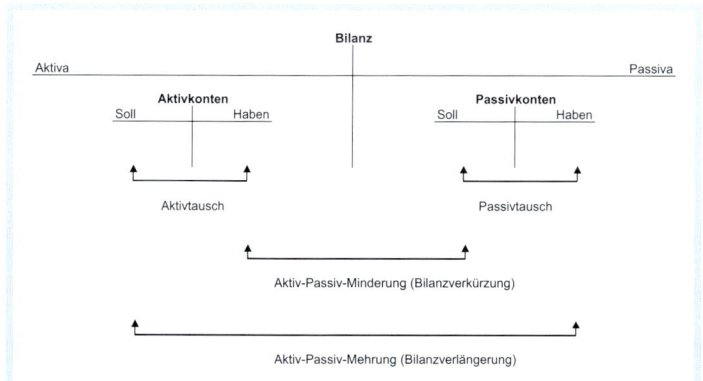

Abb. 3.16
Verbuchung typischer Geschäftsvorfälle

jedoch noch **Abschlussbuchungen** (Nachbuchungen, Korrekturbuchungen) vorgenommen werden. Man unterscheidet bei den Abschlussbuchungen solche, die den Abschluss vorbereiten und solche, die zum Abschluss führen. Zu den **vorbereitenden Abschlussbuchungen** gehören:

Vorbereitende Abschlussbuchungen

- **Buchung der Abschreibungen** (z. B. von Maschinen, Gebäuden, aber auch zweifelhafte Forderungen),
- **Bildung von Abgrenzungsposten und Rückstellungen,**
- **Abschluss der Privatkonten,**
- **Umbuchung oder Verrechnung von Privatanteilen** z. B. Kosten PKW, Telefon, Naturalentnahmen,
- **Abschluss der Inventarlisten** und Abstimmung mit Inventur,
- **Abschluss des Vorsteuerkontos** über Umsatzsteuerkonto (bei Regelbesteuerung).

Schlussbilanz ergibt sich aus Abschluss (Saldo) der Konten

Im Anschluss daran erfolgen dann die eigentlichen Abschlussarbeiten, d. h. es werden die Erfolgskonten (Aufwands- und Ertragskonten) und die Bestandskonten (Aktiv- und Passivkonten) über das Eigenkapitalkonto bzw. die Schlussbilanzkonten abgeschlossen.

Um die Vergleichbarkeit der Ergebnisse zwischen den Betrieben auch unterschiedlicher Rechtsform zu erhöhen, wurde vom Bundesministerium für Verbraucherschutz, Ernährung und Landwirtschaft ein Rahmen für die Erstellung des Jahresabschlusses erstellt.

Dieser Rahmen wird allgemein als **BMELV-Jahresabschluss** bezeichnet und von denjenigen Unternehmen der Landwirtschaft angewandt, die im

Abb. 3.17
Schematischer Ablauf der Finanzbuchhaltung

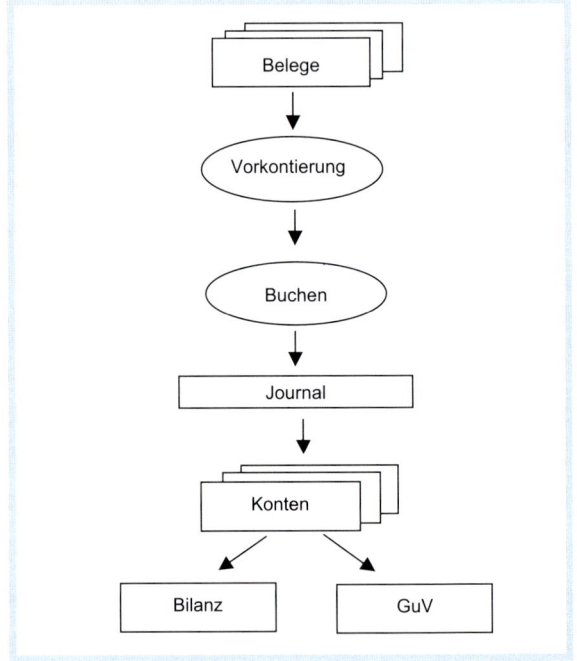

Rahmen der Testbetriebsbuchführung des BMELV ihre Ergebnisse zur Verfügung stellen. Aus diesen Daten speist sich der alljährliche ernährungs- und agrarpolitische Bericht der Bundesregierung. Der BMELV-Jahresabschluss orientiert sich an den handels- und steuerrechtlichen Vorschriften zu Aufbau und Gliederung von Bilanz und Gewinn- und Verlustrechnung. Einen Überblick über den Aufbau der Ertrags-Aufwands-Rechnung bzw. der Gewinn- und Verlustrechnung sowie der Bilanz des BMELV-Jahresabschlusses geben Abbildung 3.18 und Tabelle 3.9.

Mit der Erstellung des Jahresabschlusses hat man also umfangreiches **Datenmaterial zur wirtschaftlichen Lage** des Unternehmens zusammengestellt. Es kann von den einzelnen Adressaten wie z. B. Unternehmensleitung, Banken, Fiskus etc. für die Beantwortung verschiedener Fragestellungen herangezogen werden:

- Wie rentabel hat das Unternehmen gewirtschaftet und haben wir unser gestecktes Ziel erreicht?
- Gibt es Reserven zur Verbesserung der wirtschaftlichen Lage oder ist der Übergang zum Nebenerwerb die einzige Alternative?
- Ist es möglich, dem Unternehmen einen Kredit zur Finanzierung eines weiteren Wachstumsschrittes etwa eines Stallneubaus zu gewähren?

BMELV-Jahresabschluss

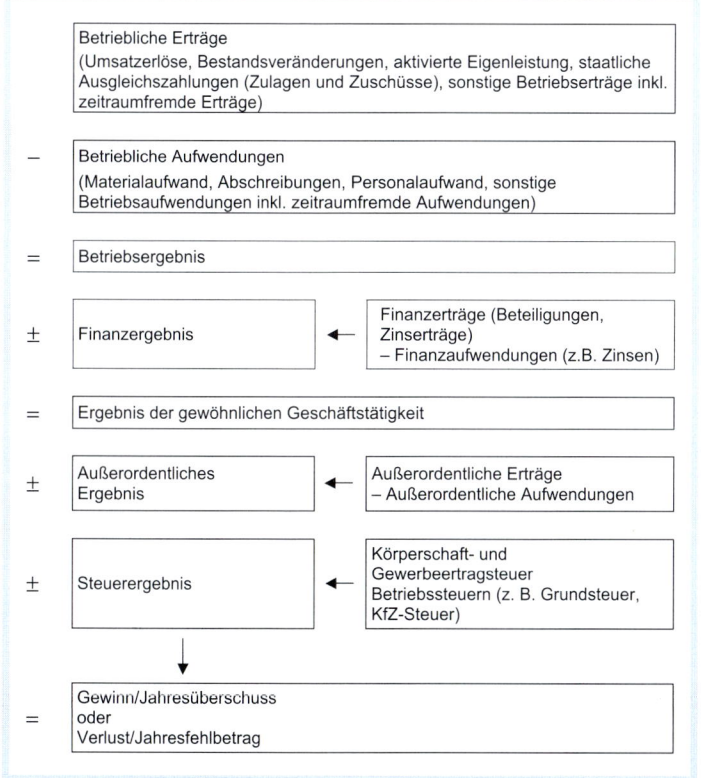

Abb. 3.18
Aufbau der Gewinn-/Verlustrechnung im BMELV-Jahresabschluss

Zur Beantwortung dieser Fragen liefert der Jahresabschluss (Bilanz und Gewinn- und Verlustrechnung) eine wichtige Datengrundlage. Angesichts der Vielzahl von Zahlen, die in einem solchen Werk stecken, ist es zweckmäßig, diese zu verdichten und in schnell erfassbare Informationen zu transformieren.

Diese Verdichtung lässt sich durch **Kennzahlen** erreichen. Kennzahlen können auch als relative oder absolute Zahlen aufgefasst werden, die in

Tab. 3.9.

Allgemeiner Aufbau der Bilanz			
Aktiva		**Passiva**	
A	Ausstehende Einlagen	A	Eigenkapital
B	Anlagevermögen Immaterielle Vermögens- gegenstände Sachanlagen Grundstücke etc. Technische Anlagen u. Maschinen Andere Anlage, Betriebs- ausstattung Stehendes Holz Dauerkulturen Geleistete Anzahlungen, Anlagen im Bau		**Bei Einzelunternehmen:** Anfangskapital Entnahmen Gewinn Verlust Nicht durch Eigenkapital gedeckter Fehlbetrag Eigenkapital (am Ende des Geschäftsjahres) **Bei juristischen Personen:** Gezeichnetes Kapital Kapitalrücklage Gewinnrücklagen Bilanzgewinn
	Finanzanlagen	B	Einlage des stillen Gesellschafters
C	Tiervermögen	C	Sonderposten mit Rücklageanteil
D	Umlaufvermögen Vorräte Forderungen Wertpapiere Schecks, Kasse, Bankguthaben	D	Rückstellungen
E	Rechnungsabgrenzungs- posten	E	Verbindlichkeiten
F	Sonderverlustkonto gem. § 17 DMBilG*	F	Rechnungsabgrenzungsposten
G	Nicht durch Eigenkapital gedeckter Fehlbetrag		
* DM-Bilanz-Gesetz			

konzentrierter Form über zahlenmäßig erfassbare betriebliche Tatbestände informieren: **Kennzahlen dienen als Indikatoren.**

Die wesentlichen Aufgaben, die den Kennzahlen zukommen sind

- Identifikation von Stärken und Schwächen der Unternehmensführung,
- Aufzeigen von Rationalisierungs- oder Verbesserungspotenzialen (»Benchmarking«),
- Bereitstellung von Daten für Planungen und Entscheidungen hinsichtlich der zukünftigen Entwicklung.

Grundsätzlich ist es möglich, eine **nahezu unbegrenzte Anzahl von Kennzahlen** zu errechnen und für Auswertungen zu nutzen. Allerdings besteht dabei die Gefahr, dass man einen »Kennzahlendschungel« entwickelt und das Wesentliche verloren geht. Vor diesem Hintergrund sind die Informationen des Jahresabschlusses zu einigen wenigen, betriebswirtschaftlich aussagekräftigen und branchenangepassten Kennzahlen zu komprimieren.

Die Kennzahlen beziehen sich im Wesentlichen auf die Bereiche Rentabilität, Liquidität und Stabilität. Was bedeutet das im Einzelnen?

- **Kennzahlen zur Rentabilität** beziehen sich auf den Erfolg des Unternehmens bzw. des Einsatzes der Produktionsfaktoren (Boden, Arbeit, Kapital, Lieferrechte) und werden durch das Verhältnis von Gewinn (oder davon abgeleiteter Größen) zu den eingesetzten Produktionsfaktoren ausgedrückt.
- **Kennzahlen zur Liquidität** beziehen sich auf die Fähigkeit des Unternehmens, jederzeit seinen fälligen Zahlungsverpflichtungen fristgerecht nachzukommen.
- **Die Stabilitätskennzahlen** weisen auf die Fähigkeit des Unternehmens hin, Rentabilität und Liquidität auch bei Eintritt unvorhersehbarer Risiken und Verschlechterung der Rahmenbedingungen aufrechtzuerhalten.

Im Folgenden wollen wir exemplarisch einige wichtige Kennzahlen zu den genannten Bereichen in der Berechnung und ihrer Aussagekraft darstellen.

Die wichtigste Kennzahl und Ausgangspunkt zur Beurteilung der Rentabilität ist zunächst der Gewinn. Er dient zur Entlohnung der im Unternehmen eingesetzten eigenen Faktoren (Eigenkapital und nicht entlohnte Arbeitskräfte), außerdem zur Entlohnung des unternehmerischen Risikos. Anders ausgedrückt: Der Gewinn steht für die Lebenshaltung der Unternehmerfamilie, für die Tilgung des Fremdkapitals und zur Finanzierung von Nettoinvestitionen zur Verfügung.

Aus dem Jahresabschluss kann die Aussage abgeleitet werden: »Im letzten Jahr hat das Unternehmen einen Gewinn von 50 000 € erwirtschaftet«. Können wir aus dieser Information bereits ableiten wie erfolgreich das Unternehmen gewirtschaftet hat? Die Antwort lautet »nein«. 50 000 € Gewinn im Jahr sind für einen 100 ha Ackerbaubetrieb mit einer Familienarbeitskraft ganz anders zu bewerten als für einen 500 ha Betrieb mit 200 Milchkühen und 4 Familienarbeitskräften.

Deshalb sollte der Gewinn – insbesondere, wenn ein horizontaler Betriebsvergleich durchgeführt wird – grundsätzlich als **Relativzahl z. B. Gewinn je ha oder Gewinn je nicht entlohnte Arbeitskraft** ausgedrückt werden.

Allerdings entspricht der im Jahresabschluss ausgewiesene Gewinn meist nicht den Ansprüchen, die bei einer betriebswirtschaftlichen Analyse an den Erfolgsmaßstab »Gewinn« zu stellen sind. Denn will man die tatsächliche nachhaltige Leistungsfähigkeit des Unternehmens beurteilen, dann sind **»einmalige« Ereignisse möglichst zu eliminieren.**

Kennzahlen verdichten die Informationen des Jahresabschlusses

Bereiche, für die Kennzahlen ermittelt werden

Für horizontale Betriebsvergleiche sollte der Gewinn als Relativzahl ausgewiesen werden

Ordentliches Ergebnis

Hat ein Unternehmen etwa aus dem Verkauf eines Grundstücks einen Ertrag von 30 000 € erzielt, dann sind diese 30 000 € – als **außerordentlicher Ertrag** – im Gewinn enthalten: Streng genommen wird der Gewinn – besser die mit der Produktion erzielte Leistungsfähigkeit – um 30 000 € zu hoch ausgewiesen. Wir müssen diesen Betrag also vom Gewinn abziehen. Das Gleiche gilt für staatliche **Investitionszulagen** oder **zeitraumfremde Erträge** wie z. B. Buchgewinne. Mit anderem Vorzeichen sind entsprechende (zeitraumfremde oder außerordentliche) Aufwendungen zu behandeln. Kurzum: Betriebswirtschaftlich sinnvoll ist es, den Gewinn laut Abschluss zu korrigieren und das so genannte **ordentliche Ergebnis** als Ausgangsgröße heranzuziehen. Die Berechnung des ordentlichen Ergebnisses wird in Tabelle 3.10 aufgezeigt; der zahlenmäßige Vergleich für zwei Unternehmen verdeutlicht den Unterschied zum Gewinn.

Das ordentliche Ergebnis wird daher in der Regel, v. a. beim Vergleich zwischen Betrieben, herangezogen und stellt die Ausgangsgröße für weitere Kennzahlen zur Rentabilität dar. Will man nun wissen, inwieweit die eigene Arbeit oder das eigene Kapital durch die eigentliche Betriebstätigkeit entlohnt, also rentabel eingesetzt wurden, dann sind die im Betrieb eingesetzten Faktoren Boden, Arbeit und Eigenkapital sowie Lieferrechte (unentgeltlich erworben) noch zu berücksichtigen. Denn schließlich entstanden für sie weder Ausgabe noch Aufwand.

Für nicht entlohnte Produktionsfaktoren können kalkulatorische Kosten angesetzt werden

Die **kalkulatorischen Kosten** für den Einsatz dieser Faktoren werden deshalb pauschal wie folgt in Ansatz gebracht:

• **Lohnansatz:** Der Lohnansatz ist eine dynamische Größe, die von Betriebsgröße und Betriebsleiterqualifikation abhängt. Bei betriebsindividuellen Kalkulationen kann daher von den individuellen Vorstellungen des Unternehmers hinsichtlich der Entlohnung der Familienarbeitskräfte ausgegangen werden. Anhaltspunkt: Kosten einer Ersatzperson mit entsprechenden Anforderungen hinsichtlich ihrer Qualifikation. Bei Betriebsvergleichen und im Rahmen der Agrarstatistik wird der Lohnan-

Tab. 3.10.

Vom Gewinn zum ordentlichen Ergebnis		
	Unternehmen A	**Unternehmen B**
Gewinn/Verlust laut Abschluss	50 000 €	50 000 €
– Steuern vom Einkommen und Ertrag*	–	–
– Investitionszulagen	–	–
– zeitraumfremde Erträge	–30 000 €	–
+ zeitraumfremde Aufwendungen	–	–
– außerordentliche Erträge	–	–
+ außerordentliche Aufwendungen	–	–
= Ordentliches Ergebnis	20 000 €	50 000 €
Differenz zum Gewinn	30 000 €	0
* nur bei juristischen Personen		

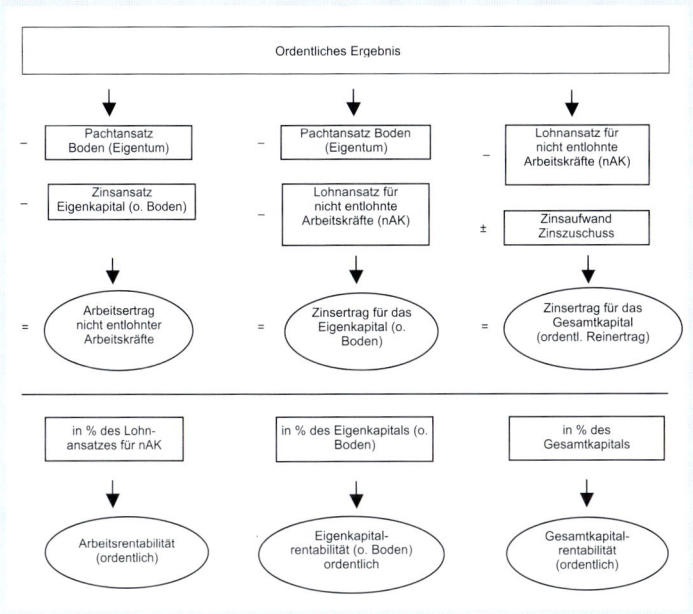

Abb. 3.19
Kennzahlen zur Rentabilität und deren Ableitung vom ordentlichen Ergebnis

satz als fiktiver Lohn ermittelt, der nach dem Wirtschaftswert des Unternehmens gestaffelt ist.

• **Zinsansatz:** Bei der Bemessung des Zinsansatzes sind bei individueller Kalkulation als Grundlage das durchschnittlich gebundene Eigenkapital (ohne Werte für Grund und Boden) sowie ein am Geldmarkt orientierter Zinssatz heranzuziehen. Eine Verzinsung für unentgeltlich erworbene Lieferrechte sollte berücksichtigt werden. In der Agrarstatistik wird das Eigenkapital am Ende des Geschäftsjahres herangezogen und mit 3,5 % verzinst.

• **Pachtansatz:** Für den Pachtansatz wird die bewirtschaftete Fläche im Eigentum mit der ortsüblichen Nettopacht bewertet.

Sind diese kalkulatorischen Kosten für die eingesetzten eigenen Produktionsfaktoren errechnet, dann lässt sich ausgehend vom ordentlichen Ergebnis die Rentabilität einzelner Faktoren im Unternehmen bewerten (vgl. Abb. 3.19).

Für Betriebsleiter und mitarbeitende Familienarbeitskräfte sind der **Arbeitsertrag der nicht entlohnten Arbeitskräfte** (nAK) oder die Arbeitsrentabilität eine wichtige Größe: Ein Beispiel: Das ordentliche Ergebnis beträgt 50 000 €, für die Eigentumsflächen sind 10 000 € Pachtansatz und für das Eigenkapital sowie unentgeltlich erworbene Lieferrechte insgesamt 15 000 € abzuziehen. Im Ergebnis beträgt der Arbeitsertrag 25 000 €. Bei zwei nichtentlohnten Familienarbeitskräften (Vater und Sohn) stehen also nach Entlohnung des Eigenkapitals rund 12 500 € je nAK zur Verfügung. Mögliche Entscheidung für die Zukunft des Betriebes: Beim Vergleich mit alternativen Verdienstmöglichkeiten entschließt sich der Sohn zur Suche nach außerlandwirtschaft-

Arbeitsertrag der nicht entlohnten Arbeitskräfte

Zinsertrag des Eigenkapitals

licher Erwerbsmöglichkeit. Der Vater – ohne Alternative – bewirtschaftet den Betrieb weiter und sucht nach Ansatzpunkten zur Rationalisierung.

Der **Zinsertrag des Eigenkapitals** zeigt die Effizienz des im Betrieb eingesetzten Eigenkapitals. Es ist der Teil des Gewinns, der nach der Entlohnung der nichtentlohnten Arbeitskräfte und der Eigentumsflächen zur Entlohnung des Eigenkapitals zur Verfügung steht. Bezogen auf das vorhandene Eigenkapital kann man auch von Eigenkapitalrentabilität oder Eigenkapitalrendite sprechen. Haben wir z. B. von unserem ordentlichen Ergebnis (50 000 €) wiederum 10 000 € Pachtansatz und 35 000 € Lohnansatz für Vater und Sohn abzuziehen, dann ergibt sich ein Zinsertrag von 5 000 €. Haben wir dann im Unternehmen durchschnittlich 200 000 € Eigenkapital (ohne Boden) gebunden, dann wird unser Eigenkapital mit 2,5 % verzinst. Die Beurteilung der Rentabilität des Einsatzes des Eigenkapitals hängt von den alternativen Geldanlagemöglichkeiten ab. Insgesamt sollten die Opportunitätskosten des Eigenkapitals geringer sein als die Eigenkapitalrentabilität, da ansonsten – vereinfacht ausgedrückt – mittelfristig der Abzug des Eigenkapitals aus dem Betrieb vorteilhaft wäre.

Gesamtkapital-rentabilität

In ähnlicher Weise ist der Einsatz des Gesamtkapitals zu bewerten, wobei hier ein Vergleich mit dem Fremdkapitalzinssatz sinnvoll ist. Je mehr die Gesamtkapitalrentabilität unter dem Fremdkapitalzinssatz liegt, desto geringer ist bei gegebenem Fremdkapitalanteil die Eigenkapitalverzinsung und umgekehrt.

Eigenkapitalbildung »aus eigener Kraft« = Gewinn minus Privatentnahme

Mit Blick auf die Stabilität ist die **Eigenkapitalveränderung** eine wichtige Kennzahl. Sie ist die zentrale Größe im Rahmen der Stabilitätsanalyse. »Ohne Eigenkapitalbildung kann kein Wachstum stattfinden«.

Diese vereinfachte Aussage macht die Bedeutung deutlich und zeigt im Fall des Einzelunternehmens, wie der private Bereich mit der betrieblichen Leistung abgestimmt ist. Viele Unternehmer machen hohe Gewinne, geben im Gegenzug aber auch mehr aus, wodurch mancher in die bekannten »roten Zahlen« kommt. Andere haben einen niedrigeren Gewinn und können durch sparsame Lebenshaltung dennoch Eigenkapital bilden.

Eigenkapital kann nur zunehmen, wenn:
- der Gewinn höher ist als die Entnahmen oder
- von außen mehr Kapital zufließt als durch Verlust verzehrt oder entnommen wurde.

Wir können die Eigenkapitalveränderung durch den Vergleich von Eigenkapital am Ende und Eigenkapital am Beginn des Geschäftsjahres ermitteln. Die Differenz zeigt, ob Eigenkapital gebildet wurde oder ob es abgenommen hat.

Nun kann eine positive Eigenkapitalveränderung auch durch Einlagen erreicht werden. Mit anderen Worten: Das Eigenkapital wurde erhöht, ohne dass dies auf betriebliche Leistungen zurückzuführen ist. Ein einfacher Vergleich zwischen Jahresende und -anfang reicht also nicht aus. Hat sich z. B. das Eigenkapital nach Abzug der Einlagen verringert, dann wurde Verlust gemacht oder für den Privatbereich zu viel entnommen bzw. ausgeschüttet. Wir müssen also rechnen:

Eigenkapitalveränderung laut Bilanz = Gewinn + Einlagen – Entnahmen.

Erst dann wissen wir, was tatsächlich betrieblich oder von außen verursacht wurde.

Um auch hier »einmalige« Einflüsse zu eliminieren, sollte die **bereinigte Eigenkapitalveränderung** laut Bilanz ermittelt werden. Damit hat man eine Stabilitätsgröße, die nachhaltig aus der betrieblichen Leistung erzielbar ist. Der Rechenweg lautet:

Bereinigte Eigen-
kapitalveränderung

Eigenkapitalveränderung laut Bilanz

- – Investitionszulagen
- – zeitraumfremde Erträge
- + zeitraumfremde Aufwendungen
- – außerordentliche Erträge
- + außerordentliche Aufwendungen

= **Bereinigte Eigenkapitalveränderung laut Bilanz**

Ausgehend von der bereinigten Eigenkapitalveränderung, wie sie aus der Bilanz zu ermitteln ist, kann die **Kapitaldienstgrenze** berechnet werden. Sie ist eine Kennzahl, die sowohl zur Beurteilung der Stabilität als auch zur Beurteilung der Liquidität herangezogen werden kann. Die Kapitaldienstgrenze gibt also unter Berücksichtigung von betrieblicher Leistungsfähigkeit und Privatbereich oder Ausschüttung einen Anhaltspunkt darüber, ob und in welcher Höhe Fremdkapital eingesetzt und der daraus entstehende Kapitaldienst – das sind Zahlungen für Zinsen und Tilgung – getragen werden kann. Je nach geplanter Unternehmensentwicklung und entsprechendem Investitionsbedarf muss der Kapitaldienst der lang-, mittel- oder kurzfristigen Kapitaldienstgrenze gegenüber gestellt werden. Für die entsprechenden Kapitaldienstgrenzen lautet der Rechenweg wie folgt:

Kapitaldienstgrenze

Bereinigte Eigenkapitalveränderung laut Bilanz

+ Zinsen und ähnliche Aufwendungen
– Zinszuschuss

= **Langfristige Kapitaldienstgrenze**

+ Abschreibungen Gebäude und baul. Anlagen

= **Mittelfristige Kapitaldienstgrenze**

+ Sonstige Abschreibungen

= **Kurzfristige Kapitaldienstgrenze**

Mit der **langfristigen Kapitaldienstgrenze** wird angegeben, welcher Kapitaldienst langfristig zu tragen ist. Sie ist insbesondere bei der Aufnahme von Krediten eine wichtige Größe, die auch von Kreditgebern beachtet wird. Liegt der Kapitaldienst darunter, dann stehen alle Abschreibungen für Ersatzinvestitionen zur Verfügung. Mit anderen Worten: Auch bei Neuaufnahme von Krediten können die Zahlungsverpflichtungen gegenüber dem

Kapitaldienst = Zins
und Tilgung für Kredite
(Fremdkapital)

Kreditgeber eingehalten werden, ohne dass auf die Reinvestition beispielsweise Kauf einer neuen Maschine verzichtet werden bzw. hierfür neues Fremdkapital aufgenommen werden muss.

Ist erst vor kurzer Zeit größer investiert worden und daher nicht mit erheblichen Reinvestitionen zu rechnen, dann können auch die Abschreibungen der Gebäude zur Leistung des Kapitaldienstes herangezogen werden. Man hat also die **mittelfristige Kapitaldienstgrenze**. Schlägt man zu ihr nochmals alle übrigen Abschreibungen – v. a. die für Maschinen etc. – obendrauf, dann erhält man die **kurzfristige Kapitaldienstgrenze**. Sie besagt, dass bis zu dieser Höhe Kapitaldienst leistbar ist; allerdings unter völligem Verzicht auf jegliche Ersatzinvestition. Es sei denn, man nimmt für die Ersatzinvestition zusätzlich Fremdkapital auf oder baut Vermögen ab (z. B. Grundstücksverkauf). Sie sollte deshalb nur in Unternehmen mit sehr guter Vermögenssubstanz, erheblicher Ertragssteigerung durch die Investitionen oder bei absehbarer Betriebsaufgabe in Betracht gezogen werden. Der Grund dafür: Ist der Kapitaldienst so hoch wie die kurzfristige Kapitaldienstgrenze ist die Gefahr der Illiquidität sehr hoch.

Fragen zur Wiederholung

▶ Was sind wesentliche Elemente des Informationsmanagements?
▶ Welche Kriterien sind für den Gebrauchswert einer Information von Bedeutung?
▶ Welche externen und internen Informationsquellen kennen Sie?
▶ Welche Aufgaben umfasst das betriebliche Rechnungswesen? In welche Teilgebiete wird es unterteilt?
▶ Nennen Sie die vier Begriffspaare (Strömungsgrößen) des betrieblichen Rechnungswesens. Warum werden Sie als Strömungsgrößen bezeichnet?
▶ Was sind die Unterschiede zwischen Einzahlung und Einnahme?
▶ Unterscheiden Sie zwischen Einnahmen und Ertrag.
▶ Was sind die Unterschiede zwischen Ertrag und Leistung?
▶ Was wird in der Finanzbuchführung erfasst?
▶ Erklären Sie das Prinzip der doppelten Buchführung. Wie unterscheidet sich der Aufbau der Aktiv- und Passivkonten?
▶ Wie werden Geschäftsvorfälle eingeteilt und welche Grundtypen von Buchungsfällen ergeben sich daraus?
▶ Warum wird das Eigenkapitalkonto in Unterkonten unterteilt?
▶ Was sind Abschlussbuchungen und wozu sind sie erforderlich?
▶ Wozu sind Kennzahlen nötig?
▶ Was verstehen Sie unter Rentabilität, Liquidität und Stabilität?
▶ Wie berechnen sich die Erfolgsgrößen Gewinn, ordentliches Ergebnis, Arbeitsertrag der nichtentlohnten Arbeitskräfte, Zinsertrag des Eigenkapitals?
▶ Wie werden bereinigte Eigenkapitalveränderung und Kapitaldienstgrenzen berechnet? Welche Aussage lässt sich mit den Begriffen machen?

Weiterführende Literatur

Für einen tieferen Einstieg in das landwirtschaftliche Rechnungswesen und die Buchführung eignen sich:

BODMER, U. und HEISSENHUBER, A. (1993): Rechnungswesen in der Landwirtschaft, Verlag Eugen Ulmer Stuttgart.

SCHMAUNZ, F. (2000): Buchführung in der Landwirtschaft, BLV Verlag, München.

Einen sehr guten und verhältnismäßig kurzen Überblick über wichtige Begriffe gibt:

MANTHEY, R. (1996): Betriebswirtschaftliche Begriffe für die landwirtschaftliche Buchführung und Beratung, Heft 14 der Schriftenreihe des Hauptverbandes der Landwirtschaftlichen Buchstellen und Sachverständigen, Sankt Augustin.

Um tiefer in den BMELV-Jahresabschluss einsteigen zu können, sind folgende Bücher wichtig:

HALBIG, W. und MANTHEY, R. (1994): Begriffskatalog zum Jahresabschluss für Betriebe der Landwirtschaft, des Gartenbaues, des Weinbaues und der Fischerei, Heft 80 der Schriftenreihe des Hauptverbandes der Landwirtschaftlichen Buchstellen und Sachverständigen, Sankt Augustin, und

HALBIG, W. und MANTHEY, R. (1995): Bewertung im landwirtschaftlichen Rechnungswesen, Heft 88 der Schriftenreihe des Hauptverbandes der Landwirtschaftlichen Buchstellen und Sachverständigen, Sankt Augustin.

Wer Interesse hat an der Analyse des Jahresabschlusses und seiner je nach Rechtsform dafür erforderlichen Umarbeitung hat eine gute Grundlage mit diesem Buch:

DLG (Deutsche Landwirtschafts-Gesellschaft) (Hrsg.) (1997): Effiziente Jahresabschlussanalyse, Arbeiten der DLG, Band 194, DLG-Verlag, Frankfurt am Main.

Darüber hinaus gibt es stets aktualisierte Hinweise zum BMELV-Jahresabschluss auf der Homepage des Ministeriums (www.bmelv.de).

3.4.3 Leistungs-Kosten-Rechnung

Im vorigen Kapitel haben wir die Ertrags-Aufwands-Rechnung als wichtige Periodenrechnung im Rahmen des betrieblichen Rechnungswesens ausführlich beschrieben. Im folgenden Kapitel wollen wir die Leistungs-Kosten-Rechnung näher betrachten. Dabei werden wir uns auf die Grundsätze beschränken und für eine detaillierte Erläuterung auf die entsprechende Fachliteratur verweisen.

Die **Leistungs-Kosten-Rechnung** ist ein zentraler Bestandteil des internen Rechnungswesens. Neben der Finanzbuchführung ist sie der zweite wichtige Zweig des betrieblichen Rechnungswesens. Ihre Hauptaufgabe besteht darin, den Einsatz der Produktionsfaktoren im betrieblichen Produktionsprozess zu dokumentieren und den mit der betrieblichen Leistungserstellung verbundenen Werteverbrauch und -zuwachs zahlenmäßig

Die Leistungs-Kosten-Rechnung bildet den mit der betrieblichen Leistungserstellung verbundenen Werteverbrauch und -zuwachs ab

abzubilden. Die Leistungs-Kosten-Rechnung ist eine objektorientierte Abrechnung. Im Gegensatz dazu erfolgt bei der Ertrags-Aufwands-Rechnung die Ermittlung des Unternehmenserfolges in Form einer periodenbezogenen Gesamtabrechnung. Die Ertrags-Aufwands-Rechnung stellt über pagatorische Größen die Beziehungen zur Unternehmensumwelt dar. Pagatorisch bedeutet: Sie basiert auf Zahlungsgrößen (Einnahmen und Ausgaben) einer Periode, während die Leistungs-Kosten-Rechnung eine kalkulatorische Rechnung ist, bei der der zu erfassende Einsatz von Produktionsfaktoren nicht unmittelbar im Zusammenhang mit Zahlungen steht.

Abgrenzung der Leistungs-Kosten-Rechnung von der Ertrags-Aufwands-Rechnung

Folgende Merkmale kennzeichnen die Leistungs-Kosten-Rechnung und grenzen sie von der Ertrags-Aufwands-Rechnung ab:

- **Keine Berücksichtigung von Werteveränderungen, die nicht direkt mit einer betrieblichen Leistung zusammenhängen** (neutrale Aufwendungen und Erträge bleiben außen vor).
- **Berücksichtigung von Kosten und Nutzen aus unternehmenseigenen Produktionsfaktoren** (wie z. B. Arbeitsleistung der Familienarbeitskräfte, landwirtschaftliche Nutzflächen im Eigentum, Eigenkapital) oder aus innerbetrieblichen Leistungen (wie z. B. der Düngewert von Gülle oder Stroh).
- **Betriebsindividuelle und problembezogene Ausrichtung**, denn sie ist nicht durch gesetzliche Vorschriften in ihrem Aufbau bestimmt.
- **Einsatz als kurzfristige Erfolgsrechnung:** Sie weist kürzere Abrechnungszeiträume als das Wirtschaftsjahr auf und lässt je nach organisatorischer Gestaltung auch einen kurzfristigen Zugriff auf Abrechnungsdaten zu. Ferner wird sie oft durch andere vorhandene Datengrundlagen (wie Kuh- oder Sauenplaner, Ackerschlagkartei etc.) ergänzt, in denen naturale Leistungen und Mengen erfasst werden.

Aufgaben der Leistungs-Kosten-Rechnung

Die wesentlichen **Aufgaben der Leistungs-Kosten-Rechnung** lassen sich folgendermaßen beschreiben:

1. **Ermittlung des kurzfristigen Betriebserfolgs** als Differenz zwischen Leistungen und Kosten. Kernstück der Erfolgsrechnung ist die Kostenrechnung: Sie verfolgt den Prozess der Kostenentstehung schrittweise je nach Betrachtungsebene (Betrieb, Betriebszweig, Produktionsverfahren) und ermöglicht eine rechnerische Differenzierung der gesamten Kosten in Kostenarten, Kostenstellen und Kostenträger.
2. **Kontrolle der Wirschaftlichkeit und Budgetierung** (für den Gesamtbetrieb oder Betriebszweige): Die Unternehmensprozesse werden in ihrem Ablauf überwacht. Durch den Vergleich von geplanten (budgetierten) und tatsächlich entstandenen Kosten und Leistungen können Planabweichungen identifiziert werden. Weiterhin können die Ursachen der Abweichungen ermittelt werden – sie liegen möglicherweise sowohl im Planungs- als auch im Produktionsprozess.
   Fazit: Die Leistungs-Kosten-Rechnung dient der vergangenheitsorientierten Kontrolle oder Nachkalkulation.
3. **Kalkulatorische Fundierung zukunftsorientierter Entscheidungen:** Die Daten aus der Leistungs-Kosten-Rechnung der Vorjahre dienen als wichtige Datengrundlage für die Planung auf taktischer und strategischer Ebene. Damit kann diese Rechnungsart auch als entscheidungsorientierte Zukunftsrechnung oder Vorkalkulation genutzt werden.

Auf die Ausgestaltung der Leistungs-Kosten-Rechnung als Vorkalkulation oder für die Verwendung als Planungsgrundlage wird in diesem Kapitel nicht vertiefend eingegangen. Dieser Bereich wird in Kapitel 4 beschrieben.

In der betriebswirtschaftlichen Literatur wird der **Kostenbegriff** uneinheitlich verwendet.

Üblicherweise werden Kosten jedoch – abgeleitet aus dem wertmäßigen Kostenbegriff – wie folgt definiert: Kosten sind der monetär bewertete Verbrauch von Gütern und Dienstleistungen, der für die Herstellung und den Absatz betrieblicher Leistungen sowie zur Aufrechterhaltung der Betriebsbereitschaft notwendig ist. Wesentliche Merkmale der Kosten sind demzufolge

Kosten sind der leistungsverbundene, monetär bewertete Verbrauch von Gütern und Dienstleistungen

- **Leistungsbezogenheit:** Zu den Kosten wird nur derjenige Güter- und Leistungsverzehr gerechnet, der in unmittelbarer Beziehung zur Erstellung der Leistung steht.
- **Mengenkomponente:** Kosten leiten sich aus der Menge aller Güter und Leistungen ab, die für die Produktion und den Absatz eingesetzt werden (wie Arbeitskraft, Ackerfläche, Düngemittel, Futtermittel etc.).
- **Bewertung:** Die verbrauchten Mengen an Gütern und Leistungen sind monetär zu bewerten, damit sie addierbar und vergleichbar werden.

Bei der Bewertung des Verbrauchs von Produktionsfaktoren besteht im Gegensatz zur Ertrags-Aufwands-Rechnung Gestaltungsfreiheit, d. h. es gibt hierfür keine gesetzlichen Vorschriften. Deshalb hängt die Bewertung vom jeweiligen Zweck der Kostenrechnung ab. Als mögliche Wertansätze kommen in Frage:

Bewertung der Kostengüter

- **Anschaffungspreis** (Anschaffungswert)
- **Nutzungskosten** (Opportunitätskosten)
- **Wiederbeschaffungswert**
- **Verrechnungspreis**

Bei der Planung werden z. B. Kosten von Produktionsfaktoren, deren Umfang im Planungszeitraum nicht verändert werden kann, mit Nutzungskosten bewertet. Das gilt im landwirtschaftlichen Bereich oft für die Ackerfläche. Will man dagegen die Frage beantworten, ob eine vorhandene Maschine durch eine neue ersetzt werden soll, dann sind die Kosten der Weiternutzung der alten Maschinen vom Wiederveräußerungswert abzuleiten.

Der Zweck der Kostenrechnung bestimmt nicht nur die Bewertung, sondern auch die Differenzierung der Kosten. Dem entsprechend werden die einzelnen Kosten weiter differenziert nach folgenden Kriterien:

Differenzierung der Kosten

- **Zuordenbarkeit** bzw. Art der Verrechnung auf die Leistungseinheiten,
- **Verhalten bei Beschäftigungsänderung** (wenn mehr oder weniger produziert wird),
- **Planungsabhängigkeit.**

Bei der Differenzierung nach der Zuordenbarkeit werden die Kosten eingeteilt in Direkt- bzw. Einzelkosten (oft auch als Spezialkosten bezeichnet) und in Gemeinkosten. Die Verwendung der Begriffe – Direktkosten und Gemeinkosten – ist vielfach unpräzise, da es sich um relative Begriffe handelt. Streng genommen muss zur Präzisierung deshalb eine weitere Kennzeichnung der Kosten in dem Sinne erfolgen, dass der Begriff das jeweilige Bezugsobjekt einschließt. Konkretes Beispiel: Kostenträgergemeinkosten und Kostenträgereinzelkosten.

Direkt- (Einzel-) und Gemeinkosten

Direkt- oder Einzelkosten lassen sich unmittelbar – direkt – einer bestimmten Leistung zuordnen. Dies trifft im Ackerbau z. B. für Saatgut oder

Einzelkosten lassen sich verursachungsgerecht (direkt) einer Leistung zurechnen

Düngemittel zu. In der Tierproduktion gilt dies für die Ferkelkosten in der Schweinemast. Diese Kosten werden von den jeweiligen Leistungen direkt verursacht und lassen sich je Leistungseinheit erfassen.

Gemeinkosten lassen sich nicht verursachungsgerecht, sondern nur über Schlüssel verrechnen

Gemeinkosten lassen sich dagegen nicht direkt einer Leistung zurechnen, da sie von mehreren Kostenträgern (Produktionsverfahren, Betriebszweigen) gemeinsam verursacht werden. Die Zurechnung muss durch geeignete Verteilungsschlüssel über Kostenstellen erfolgen. Beispiele für Gemeinkosten im landwirtschaftlichen Unternehmen: Kosten des Bodens, Gebäudekosten (sofern es sich nicht um Spezialgebäude handelt), Schlepperkosten, Maschinenkosten (wenn die Maschine in mehreren Bereichen eingesetzt wird) und die Kosten für Familien- und Fremdarbeitskräfte. Bei ihnen lässt sich das Verursachungsprinzip als Verteilungsprinzip nicht anwenden.

Echte und unechte Gemeinkosten

Bei den Gemeinkosten ist zu unterscheiden in **echte und unechte Gemeinkosten**: Echte Gemeinkosten lassen sich aus theoretischen Gründen auch bei exakter Analyse nicht einer bestimmten Leistung korrekt zuordnen. Bei unechten Gemeinkosten handelt es sich dagegen um Einzelkosten, bei denen nur aus wirtschaftlichen oder technischen Gründen auf eine direkte Zuordnung zum Bezugobjekt verzichtet wird. Ein Beispiel hierfür sind die Kosten für den Wasserverbrauch eines Betriebes. Eine direkte Zuordnung der Kosten des Wasserverbrauchs wäre theoretisch durch den Einbau von Wasserzählern für sämtliche Kostenträger zwar möglich, wirtschaftlich aber nicht sinnvoll.

Variable und fixe Kosten

Werden die Kosten nach ihrem Verhalten bei Beschäftigungsänderung differenziert, unterscheidet man variable und fixe Kosten. Zur Präzisierung ist explizit die Bezugsgröße anzugeben, gegenüber der sich die Kosten variabel oder fix verhalten.

Fixe (feste, konstante) Kosten fallen unabhängig von der Ausbringung bzw. Produktionsmenge immer in gleicher Höhe an wie z. B. Abschreibungen von Gebäuden oder Maschinen, die unterhalb der Schwelle der variablen Abschreibung genutzt werden.

Variable Kosten verändern sich mit der Ausbringungs- bzw. Produktionsmenge. Je nach deren Änderungsrate wird unterschieden in

- **Proportionale variable Kosten:** Die Kosten ändern sich im gleichen Verhältnis wie die Produktionsmenge.
- **Progressiv variable Kosten:** Die Kostenzuwachsrate nimmt mit steigendem Umfang der Produktionsmenge zu.
- **Degressiv variable Kosten:** Die Kostenzuwachsrate nimmt mit steigendem Produktionsumfang ab.

Die Einteilung der Kosten nach dem Verhalten bei Beschäftigungsänderung in fixe und variable darf nicht schematisch gehandhabt werden, da es praktisch keine Kostenart gibt, die ihrem Wesen nach nur fix oder variabel ist. Vielmehr werden die Kostenarten durch die Art der Zuordnung (Verrechnung) oder durch die Art des Entscheidungsproblems zu fixen oder variablen Kosten. So sind z. B. Abschreibungen nach der Leistung bezogen auf die Leistungseinheit – etwa Hektar beim Einsatz des Mähdreschers – immer variable Kosten. Wird dagegen die optimale Düngungsintensität für Weizen ermittelt, dann sind die leistungsbedingten Abschreibungen des Mähdreschers bezogen auf eine Dezitonne Weizen fixe Kosten.

Schließlich hängt die Einteilung der Kosten in variable oder fixe Kosten davon ab, welches Entscheidungsproblem zu lösen ist. Anders ausgedrückt: Welche Kosten hängen von der Planung ab und welche nicht? Im Rahmen der mittelfristigen Planung steht ein Schweinemäster vor der Frage, ob er Ferkel für die Mast aufstallen soll oder nicht. In diesem Fall sind die Abschreibungen des Schweinestalls fixe Kosten, denn sie sind nicht planungsabhängig. Mit anderen Worten: Der vorhandene Stall kostet Geld, ob er belegt ist oder leer steht.

Ganz anders sieht es aus, wenn der Mäster vor der Entscheidung steht, seinen Stall zu erweitern. In diesem Fall sind die anfallenden Abschreibungen und Zinskosten planungsabhängig und damit variabel. Im Klartext: Abschreibungen und Zinskosten fallen nur dann an, wenn der Landwirt tatsächlich baut.

Variabel und fix – diese Unterscheidung besagt lediglich, dass manche Kosten bei gegebenen Bedingungen, wie etwa Faktorausstattung oder Betrachtungsperiode, vom Ausmaß der Beschäftigung unabhängig – also fix sind. Bei Änderung der Bedingungen, wie z. B. Veränderung der Faktorausstattung oder Verlängerung der Betrachtungsperiode, können sie sich durchaus verändern – also variabel sein.

Vor diesem Hintergrund müssen die Kosten sachgerecht in variable und fixe Kosten eingeteilt werden (vgl. Kapitel 4). Die Planungsabhängigkeit steht in engem Zusammenhang mit der Länge des Planungshorizonts. Der Anteil fester, planungsunabhängiger Kosten nimmt mit zunehmender Länge des Planungshorizontes ab, während der Anteil variabler bzw. planungsabhängiger Kosten zunimmt: Die Kosten sind dispositionsbezogen. Bei einer Planung für die nächsten zehn oder mehr Jahre sind deutlich mehr Kostenarten dispositionsabhängig als bei einer Planung für das kommende Jahr. Deshalb hängt es in erster Linie vom Kostenrechnungszweck ab, welche Kosten verrechnet werden und welche nicht. Als zentraler Grundsatz gilt dabei, dass nur die für den jeweiligen Kostenrechnungszweck **relevanten Kosten** zu verrechnen sind.

In der Planungsrechnung werden deshalb die Kosten nach ihrer Dispositionsbezogenheit differenziert in

- dispositionsabhängige, **disponible bzw. entscheidungsrelevante Kosten** (= variable Kosten),
- dispositionsunabhängige, **nicht disponible bzw. entscheidungsirrelevante Kosten** (= feste Kosten).

> (Entscheidungs-)relevante Kosten sind alle Kosten, die sich mit der (Entscheidungs-)Alternative verändern

Im Rahmen der Wirtschaftlichkeitskontrolle oder Nachkalkulation werden die Kosten dagegen nicht nach ihrer Dispositionsbezogenheit unterteilt, sondern nach der Zurechenbarkeit, also in Einzel- oder Direktkosten einerseits und in Gemeinkosten andererseits.

Eng mit der Frage der Differenzierung der Kostenarten verbunden sind die angewandten **Kostenrechnungssysteme.**

Je nach dem Zweck, der mit der Kostenrechnung verfolgt wird, sind sie unterschiedlich auszugestalten. Mit anderen Worten: Die Kostenrechnung ist stets zweckabhängig zu gestalten, weshalb in Theorie und Praxis der Kostenrechnung unterschiedliche Kostenrechnungssysteme entwickelt und angewendet werden. Eine zusammenfassende Darstellung dieser Systeme findet sich in Abbildung 3.20.

> Kostenrechnungssysteme werden entsprechend dem Zweck der Kostenrechnung gewählt

Plankosten- und Normalkostenrechnung dürfen nicht als Alternative zur Ist-Kostenrechnung betrachtet werden, sondern sie sind eine sinnvolle und je nach Rechnungszweck auch notwendige Ergänzung.

Sachumfang	Zeitbezug		
	Vergangenheitsorientiert		Zukunftsorientiert
Vollkosten	Istkostenrechnung	Normalkostenrechnung	Plankostenrechnung
Teilkosten			

Abb. 3.20
Kostenrechnungs-
systeme

Eine weitere Unterscheidung von Kostenrechnungssystemen bezieht sich auf den Sachumfang der verrechneten Kosten. Insofern können die Ist-, Plan- und Normalkostenrechnung je nach Kostenrechnungszweck weiter unterteilt werden in Teilkostenrechnung oder Vollkostenrechnung.

Voll- und Teilkostenrechnung

In der **Vollkostenrechnung** werden alle angefallenen Kosten auf die Kostenträger verrechnet. Bei der **Teilkostenrechnung** wird nur ein Teil der Kosten den Kostenträgern zugerechnet und die übrigen Kostenanteile werden direkt auf das Betriebsergebnis übertragen.

Deckungsbeitrag (DB) = direkt zurechenbare Leistungen minus direkt zurechenbare Kosten

Das wichtigste Kriterium im Rahmen der Teilkostenrechnung in der landwirtschaftlichen Planungsrechnung ist der Deckungsbeitrag (DB): Der Deckungsbeitrag eines Objektes ergibt sich aus den direkt zurechenbaren Leistungen (z. B. Erlöse, Prämien) und den direkt zurechenbaren Kosten. Die Forderung, nur direkt zurechenbare Kosten und Leistungen zu berücksichtigen, ergibt sich aus der Tatsache, dass direkte Zurechenbarkeit nur dann gegeben ist, wenn Leistungen und Kosten durch das Bezugsobjekt verursacht werden. Bei der Zurechenbarkeit der Kosten gilt folgendes:

- **Einzelkosten = variable Kosten**
- **Unechte Gemeinkosten = variable Kosten**
- **Echte Gemeinkosten = feste Kosten**

Schwierigkeiten der Kostenrechnung bei Koppelproduktion

Die Zurechnung der Kosten erweist sich in der Landwirtschaft vor allem wegen der **Koppelproduktion** als schwierig (vgl. Kapitel 2.2). Wie sollen die Kosten, die für Produktion von Getreide entstanden sind auf das Korn und das Stroh verursachungsgerecht zugeordnet werden? Hat das Korn oder das Stroh die Kosten zu tragen? Diese Fragen verdeutlichen, dass hier die Gleichsetzung von Einzelkosten und variablen Kosten für den einzelnen Kostenträger nicht funktioniert. Zur Verteilung der Kosten auf die Kostenträger gibt es Kalkulationsverfahren, die allerdings auch Schwächen aufweisen.

Bezugsobjekte bei Koppelproduktion

In der landwirtschaftlichen Kosten- bzw. Planungsrechnung wird dieses Zurechnungsproblem umgangen, indem man die Koppelprodukte in Form von »Leistungspaketen« oder Kostenstellen als Kalkulationsobjekte heranzieht. Die Bezugsobjekte lauten dann etwa »1 ha Weizen« oder »1 Milchkuh« und es wird nicht weiter unterschieden in Korn und Stroh oder Milch, Altkuh und Kalb.

Ziel Gewinnmaximierung kann durch das Ziel Deckungsbeitragsmaximierung ersetzt werden

Den Begriff **»Deckungsbeitrag« (DB)** kann man sich so erklären, dass er zunächst zur »Deckung« der Festkosten des Betriebes, die ja noch nicht berücksichtigt sind, beiträgt. Sind alle Festkosten »gedeckt«, entsteht Gewinn. Gewinnmaximierung als Planungsziel kann also durch das Ziel der Deckungsbeitragsmaximierung (zumindest bei kurzfristiger Betrachtung) ersetzt werden. Denn es gilt:

Gesamtdeckungsbeitrag (GDB) – feste Kosten = Gewinn

Bei der **Planung eines landwirtschaftlichen Betriebes** wird also der Deckungsbeitrag der einzelnen Produktionsverfahren – zunächst bezogen auf eine
Planungseinheit (1 ha, 1 Tier) – ermittelt. Anschließend werden die Deckungsbeiträge der Produktionsverfahren mit dem realisierten Verfahrensumfang multipliziert und dann zum Gesamtdeckungsbeitrag (GDB)
aufsummiert. Durch Abzug der Festkosten vom Gesamtdeckungsbeitrag
erhält man den Gewinn (vgl. Abb. 3.21). Auf die Planung mit dem Deckungsbeitrag wird in Kapitel 4 noch detaillierter eingegangen.

Teilkostenrechnungen wie z. B. die Deckungsbeitragsrechnung sind immer dann einzusetzen, wenn es um die Wirtschaftlichkeitskontrolle und
die Fundierung unternehmenspolitischer Planungsentscheidungen geht.
Mit anderen Worten: Hier steht die Lenkungsfunktion der Kosten im Vordergrund.

> **Teilkostenrechnungen werden zur Wirtschaftlichkeitskontrolle und für Entscheidungen eingesetzt**

Geht es jedoch um die Verrechnung sämtlicher in der Produktionsperiode angefallenen Kosten auf die einzelnen Kostenträger, dann sind
Vollkostenrechnungen das Instrument der Wahl. Hier steht eher die Ver-
rechnungsfunktion der Kosten im Vordergrund: Es werden beispielsweise
vergangenheitsorientiert Preisgrenzen oder Schwachstellen im betrieblichen Ablauf ermittelt.

In der Leistungs-Kosten-Rechnung werden den Kosten die Leistungen
gegenüber gestellt. Als **Leistung wird der monetär bewertete Umfang der Gütererzeugung** verstanden, der auf einen bestimmten Input bezogen ist. Die
Einteilung der Leistungen erfolgt je nach Zweck der Leistungs-Kosten-
Rechnung nach dem Grad der Zuordenbarkeit oder der Veränderlichkeit
bei Veränderung der Produktion.

> **Leistung = monetär bewerteter Umfang der Gütererzeugung**

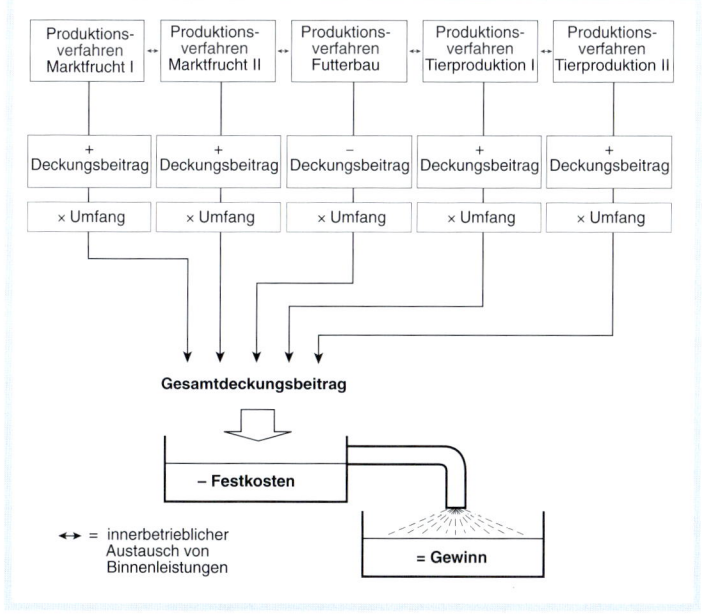

Abb. 3.21
Ermittlung des Gewinns
auf der Basis der
Deckungsbeiträge

Die Leistungen werden eingeteilt in **Spezial- oder Direktleistungen**, die direkt einem Produkt/Kostenträger zugeordnet werden können und in **Gemeinleistungen**, die nicht direkt zuordenbar sind (Abb. 3.22).

Bei Koppelproduktionen können Haupt- und Nebenleistungen unterschieden werden

Direkt- oder Spezialleistungen lassen sich auf Grund der Koppelproduktion weiter untergliedern in **Haupt- und Nebenleistungen**. Als Hauptleistung wird die bewertete Gütererzeugung bezeichnet, die den größten Anteil an der Leistung eines Produktionsprozesses hat. Nebenleistungen fallen zwangsläufig gleichzeitig mit der Erzeugung der Hauptleistung an. In der Getreideerzeugung entspricht z. B. der Umsatzerlös aus dem Getreideverkauf der Hauptleistung und das zwangsläufig anfallende Stroh der Nebenleistung. Bei der Milcherzeugung sind z. B. die Verkaufserlöse der Milch als Hauptleistung und Kälber sowie Altkuh als Nebenleistungen zu bezeichnen.

Unter **Gemeinleistungen** lassen sich solche Wertzugänge bezeichnen, die nicht direkt einem Kostenträger/Produkt zuzuordnen und somit mehr oder weniger vom Produktionsprogramm unabhängig sind. Dies gilt z. B. für produktionsunabhängig gewährte EU-Direktzahlungen, die nicht einem bestimmten Produkt zugeordnet werden können.

Abb. 3.22
Gliederung der Leistungen im landwirtschaftlichen Betrieb (STRÖBEL 1987, verändert)

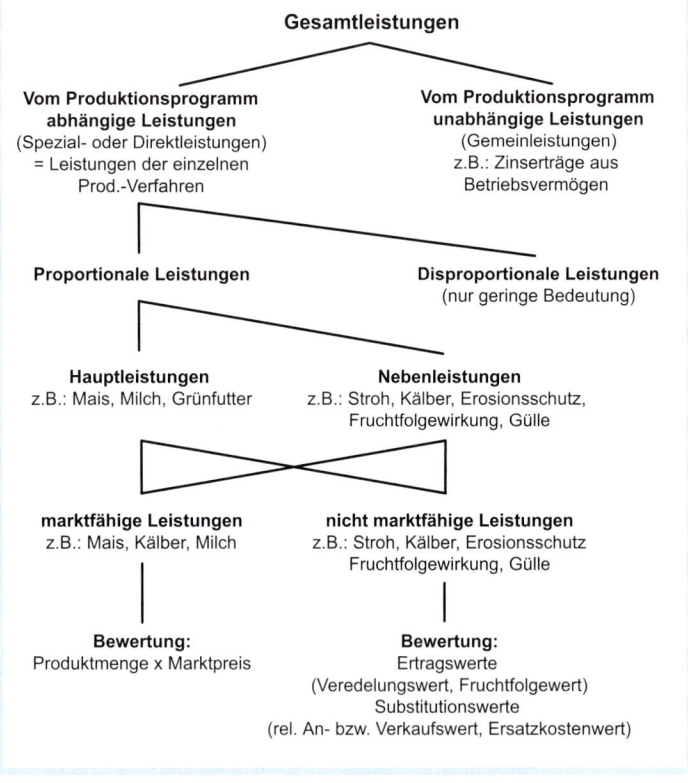

Bei der Planung sind die Leistungen meist entsprechend ihrem Verhalten bei Änderung des Produktionsumfangs zu untergliedern in planungsabhängige und planungsunabhängige Leistungen.

Da wir Planungsfragen in Kapitel 4 ausführlich behandeln, wollen wir hier die Leistungs-Kosten-Rechnung vorrangig als Mittel zur Nachkalkulation bzw. vergangenheitsorientierten Wirtschaftlichkeitskontrolle näher betrachten.

Die Wirtschaftlichkeit des Betriebes kann zwar auch mit Hilfe der Ertrags-Aufwands-Rechnung ermittelt werden; allerdings gelingt es dabei nicht, den erreichten Unternehmensgewinn einzelnen Betriebszweigen zu zuordnen. Im Klartext: Es ist nicht möglich zu ermitteln, welcher Betriebszweig oder Betriebsteil in welchem Umfang zum Gesamterfolg des Unternehmens beigetragen hat. Dies ist jedoch eine wichtige Information für den Betriebsleiter, wenn er entscheiden muss, was er künftig produziert.

Um die Wirtschaftlichkeit einzelner Betriebszweige ermitteln zu können und die Kosten und Leistungen »verursachergerecht« einander gegenüber zu stellen, muss daher eine Istkosten-Leistungsrechnung für den Gesamtbetrieb durchgeführt werden.

Sie wird in der Regel auf Ist- und Vollkostenbasis in einer Reihe von Abrechnungsstufen vorgenommen, die unterteilt werden in

- **Kostenartenrechnung,**
- **Kostenstellenrechnung,**
- **Kostenträgerrechnung** und
- **Erlös- bzw. Leistungsrechnung.**

Obwohl die einzelnen Stufen aufeinander aufbauen, sind sie deutlich voneinander abzugrenzen. Um den kurzfristigen Betriebserfolg zu ermitteln, genügt es zunächst, neben einer entsprechenden Leistungsarten- eine **Kostenartenrechnung** vorzunehmen, die der vollständigen Erfassung der Kosten einer Abrechnungsperiode dient. Kalkulatorische Kosten werden also auch erfasst! Bei einer derartigen Vorgehensweise hat man jedoch nur den Gesamterfolg des Betriebes ermittelt und nicht den Erfolg der einzelnen Betriebszweige. Deshalb schiebt sich zwischen die Leistungsarten- und die Kostenartenrechnung noch eine **Kostenstellen- und Kostenträgerrechnung**, die den betrieblichen Verhältnissen angepasst ist. Ihre Aufgabe ist es, das komplexe betriebliche Kostengefüge nach Kostenstellen und Kostenträgern aufzugliedern, um darauf aufbauend die Kosten auf bestimmte **Betriebszweige bzw. Kostenträger** verteilen zu können. Der formale Ablauf einer auf dem System der Vollkostenrechnung basierenden Betriebsabrechnung findet sich beispielhaft in Abbildung 3.23.

Abrechnungsstufen der Kostenrechnung

Kostenartenrechnung

Die Kostenartenrechnung ist die Grundlage der periodischen Betriebsabrechnung und dient der systematischen Erfassung aller Kosten, die bei der Erstellung und Verwertung der Kostenträger (Leistungen) in der Abrechnungsperiode entstanden sind. Sie hat im Wesentlichen die Abgrenzung gegenüber der Aufwandsrechnung in der Finanzbuchführung zum Inhalt. Die Fragestellung der Kostenartenrechnung lautet: **Welche Kosten sind an-**

Die Kostenartenrechnung dient der systematischen Erfassung der Periodenkosten

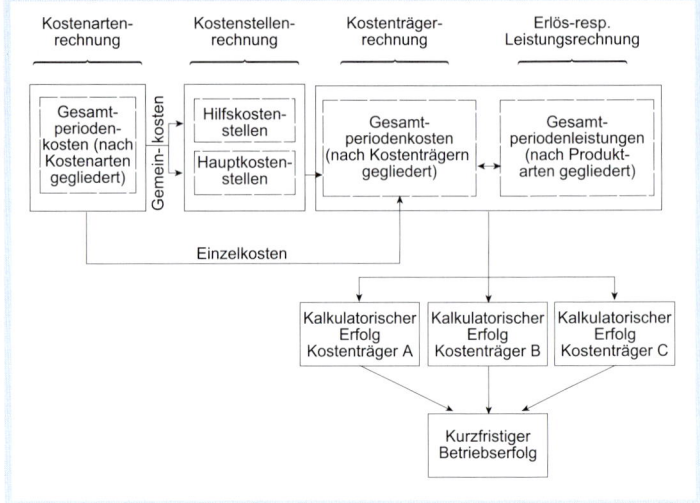

Abb. 3.23
Formaler Ablauf der
Betriebsabrechnung
auf Vollkostenbasis
(SCHIERENBECK 2000,
verändert)

gefallen? So sind beispielsweise Löhne und Gehälter die Kostenarten für die Arbeitsleistung der Beschäftigten. Zur Kostenart »Materialkosten« gehören die Kosten für den Verbrauch von Werkstoffen wie Dünger, Pflanzenschutzmittel oder Dieselkraftstoff.

Die gesamten Kosten einer Abrechnungsperiode lassen sich nach verschiedenen Kriterien gliedern. Dabei soll die Gliederung zum Zweck der Kostenrechnung passen. Die Kostenartenrechnung lässt sich aus der Ertrags-Aufwands-Rechnung des Unternehmens relativ leicht ableiten und orientiert sich daher oft an deren Ausgestaltung. Und wer bereits jetzt in Einzel- oder Direktkosten einerseits und Gemeinkosten andererseits unterscheidet, tut sich später bei der Kostenstellenrechnung leichter.

Kostenstellenrechnung

Die Kostenstellenrechnung verteilt die Gemeinkosten auf die einzelnen Betriebsbereiche (Kostenstellen)

Die Kostenstellenrechnung baut auf die Kostenartenrechnung auf. Sie verteilt die erfassten Kosten auf die einzelnen Betriebsbereiche oder -zweige und beantwortet die Frage, wo die einzelnen Kosten angefallen sind. Inhalt der Kostenstellenrechnung ist die Verteilung der Gemeinkosten, wie z. B. die Kosten für einen Schlepper, der für mehrere Produkte und Leistungen eingesetzt wird. Direktkosten werden nicht in der Kostenstellenrechnung berücksichtigt, sie gehen unmittelbar in die Kostenträgerrechnung ein.

Aufgaben der Kostenstellenrechnung

Bei einem sehr differenzierten Produktionsprogramm ist eine genaue (möglichst verursachergerechte) Verteilung der Gemeinkosten auf die Kostenträger ohne die vorherige Verteilung auf Kostenstellen nicht möglich, da die Zurechnung nach tatsächlicher Kostenverursachung allenfalls für die Direktkosten funktioniert. Ohne eine Kostenstellenrechnung müssten die Gemeinkosten als Zuschlag auf die Direktkosten eingerechnet werden. Dies wäre mit großen Ungenauigkeiten verbunden, denn Direkt- und Gemeinkosten würden bei allen Kostenträgern im gleichen Verhältnis verrechnet werden. Es würde also eine Proportionalität von Direkt- und Gemeinkosten unterstellt, die den betrieblichen Verhältnissen nicht entsprechen muss.

Deshalb teilt man den Betrieb in einzelne Abrechnungsbereiche ein, die nach bestimmten Kriterien abgegrenzt werden: z. B. organisatorisch, räumlich oder sachlich. So können die Kostenstellen wie folgt eingeteilt werden: nach betrieblichen Funktionen (wie Beschaffung, Produktion, Verwaltung und Verkauf), nach räumlichen Gesichtspunkten (wie Werkstatt, Maschinen- oder Lagerhalle) oder abrechnungstechnisch (Haupt- und Hilfskostenstellen).

Hauptkostenstellen beziehen sich unmittelbar auf den Herstellungsprozess der Hauptprodukte. Deshalb werden die den Hauptkostenstellen zugeordneten Kosten direkt auf die Kostenträger weiter verrechnet (unter Anwendung von Zuschlagsätzen).

In **Hilfskostenstellen** werden dagegen die Kosten gesammelt, die durch Produktionsmittel entstehen, die nur mittelbar an der Herstellung von Produkten beteiligt sind und in der Regel Leistungen für den ganzen Betrieb erbringen, wie z. B. Maschinen, Wirtschaftsgebäude und Verwaltung. Die Kosten der Hilfskostenstellen werden anderen (Haupt-)Kostenstellen zugeschlagen – und damit indirekt den Kostenträgern. Dies geschieht mit speziellen Verfahren der innerbetrieblichen Leistungsverrechnung.

Die Verrechnung der Kostenarten auf die Haupt- und Hilfskostenstellen erfolgt mit Hilfe des so genannten Betriebsabrechnungsbogens (BAB). Er entspricht einer großen Tabelle, in der die Kostenarten in den Zeilen und die Kostenstellen in den entsprechenden Spalten enthalten sind.

Etwas schwierig, aber wichtig für die Qualität der Ergebnisse der Kostenstellenrechnung ist die Wahl ursachengerechter Verteilungsschlüssel für die Gemeinkosten und die Verrechnung innerbetrieblicher Leistungen.

Gliederung des Betriebs in Kostenstellen *(marginal note)*

Hauptkostenstellen *(marginal note)*

Hilfskostenstellen *(marginal note)*

Betriebsabrechnungsbogen (BAB) *(marginal note)*

Kostenträgerrechnung

Als letzter Schritt der Kostenrechnung erfolgt die Kostenträgerrechnung. Hier werden die Werte aus den Kostenstellen auf die verschiedenen Kostenträger (Erzeugnisse) des Betriebs verrechnet. Die Kostenträgerrechnung beantwortet also die Frage, wofür welche Kosten in welcher Höhe in der Abrechnungsperiode entstanden sind.

Da es sich bei der Betriebsabrechnung um eine Periodenrechnung handelt, ist diese Stufe der Kostenrechnung korrekterweise als **Kostenträgerzeitrechnung** zu bezeichnen. Sie ist von der Kostenträgerstückrechnung abzugrenzen, die zwar auf der Kostenträgerzeitrechnung aufbaut, jedoch andere Ziele verfolgt.

Die Kostenträgerzeitrechnung wird regelmäßig um die Leistungsrechnung ergänzt. Man könnte somit auch von einer **Kostenträgerergebnisrechnung** sprechen, die in folgenden Schritten abläuft:

Die Kostenträgerrechnung verrechnet die Kosten auf die Leistungen *(marginal note)*

Ablauf der Kostenträgerergebnisrechnung *(marginal note)*

- **Direkte Verteilung der Direktkosten** aus der Kostenartenrechnung auf die Kostenträger.

- **Indirekte Verteilung der Gemeinkosten** mit Hilfe möglichst verursachungsgerechter Verteilungsschlüssel aus der Kostenstellenrechnung auf die Kostenträger.
- Einbeziehung der nach Kostenträgern gegliederten **Periodenleistungen und Ermittlung des kurzfristigen Betriebserfolges.**

Die **Kostenträgerstückrechnung** wird aus der Kostenträgerzeitrechnung abgeleitet. Dabei werden lediglich Periodengrößen in Stückgrößen umdimensioniert. Kostenträgerstückrechnungen sind somit nichts anderes als eine besondere Form der Auswertung des Datenmaterials kalkulatorischer Erfolgsrechnungen. Sie beziehen sich auf die einzelne Leistungseinheit des Betriebes.

In der Landwirtschaft werden im Rahmen der Leistungs-Kosten-Rechnung bzw. der vergangenheitsorientierten Kontrolle des Betriebserfolges die einzelnen zuvor genannten Teilbereiche in unterschiedlicher Form angewandt. Im Ergebnis geht es immer um die Frage der Rentabilität von Betriebszweigen wie der Milchproduktion, der Schweinemast oder des Ackerbaus.

Betriebszweig-abrechnung

Die in den landwirtschaftlichen Betrieben oder Arbeitskreisen aufgestellten Leistungs-Kosten-Rechnungen werden als **Betriebszweigabrechnungen** bezeichnet.

Als Betriebszweige gelten dabei je nach verfolgtem Zweck unterschiedlich große Teilbereiche eines landwirtschaftlichen Betriebes. Allgemein gilt als Betriebszweig ein Teilbereich eines landwirtschaftlich geprägten Unternehmens, der auf ein oder mehrere Produkte oder Dienstleistungen ausgerichtet ist.

Gliederung des Betriebs in Betriebszweige

Für die Aufteilung landwirtschaftlicher Unternehmen in Betriebszweige gibt es keine allgemeingültige Vorgehensweise. So kann z. B. nach der Funktion in Haupt- oder Hilfsbetriebszweige (wie etwa Futterbau, Milchvieh und Getreidebau) oder nach der Beanspruchung von Produktionsfaktoren wie Fläche oder Kapital unterteilt werden. Ist in meinem Betrieb Brot-, Futter- oder Saatgetreide rentabler? Wenn der Landwirt dieser Frage nachgeht, sieht die Unterteilung anders aus als wenn ihn interessiert, ob er die Marktfruchtproduktion zu Lasten des Futterbaus ausdehnen soll.

Betriebszweig-abrechnung ist eine spezielle Leistungs-Kosten-Rechnung

Ist das Unternehmen in einzelne Betriebszweige gegliedert, werden in der **Betriebszweigabrechnung** die Leistungen (inkl. öffentlicher Direktzahlungen) und Kosten eines Betriebszweiges mit dazugehörigen monetären und naturalen Ergänzungsdaten dargestellt. Mit anderen Worten: Wie bei der Leistungs-Kosten-Rechnung werden die Leistungen und die zugehörigen Kosten monetär gegeneinander aufgerechnet.

Zunächst werden Kostenarten zusammengestellt (Kostenartenrechnung), dann auf Haupt- und Hilfskostenstellen verteilt (Kostenstellenrechnung) und schließlich auf die Produkte oder Kostenträger (Kostenträgerrechnung) verrechnet.

Allerdings werden Leistungen und Kosten nicht ganz streng nach dem Grad der Zuordenbarkeit auf die Betriebszweige verteilt. Durch die Zurechnung der Kosten zu den Betriebszweigen ergibt sich je nach Abgrenzung der Betriebszweige folgendes: Die direkt zurechenbaren Kosten (also Direkt- oder Einzelkosten) für die Produkte oder Leistungen aus einem Betriebszweig können auch Gemeinkosten darstellen. So werden z. B. die

Futterkosten dem Betriebszweig Milchproduktion direkt zugeordnet, obwohl es sich streng genommen um Gemeinkosten handelt. Im Betriebszweig Milchproduktion werden ja auf Grund der Koppelproduktion neben Milch auch Kälber, Altkühe, und Gülle erzeugt. Die Futterkosten werden jedoch nicht auf alle Produkte verteilt, weil dies praktisch nicht möglich ist. Ergebnis: Die Rechnung ist einfacher, aber der Informationsgehalt sinkt.

Streng genommen sind also die Begriffe Einzel- und Gemeinleistungen sowie Einzel- und Gemeinkosten nicht exakt, da es sich bei den Betriebszweigen nicht um Kostenträger im engeren Sinne handelt. Dennoch werden diese Begriffe im Rahmen von Betriebszweigabrechnungen verwendet.

Um der unterschiedlichen Datenverfügbarkeit in landwirtschaftlichen Betrieben gerecht zu werden, bietet es sich an, die Betriebszweigabrechnung stufenweise durchzuführen und folgende Stufen abzugrenzen:
* Direktkostenfreie Leistung,
* Gewinn des Betriebszweiges (vor Zinsen und Ertragsteuern),
* kalkulatorisches Betriebszweigergebnis.

Die **direktkostenfreie Leistung** bietet eine Zielgröße für die Kontrolle der produktionstechnischen Effizienz. Sie ergibt sich aus den Leistungen eines Betriebszweiges abzüglich der Direktkosten. Zu den Leistungen gehören Umsatzerlöse, öffentliche Direktzahlungen, Bestandsveränderungen, Naturalentnahmen und innerbetriebliche Leistungen an andere Betriebszweige. Als Direktkosten werden alle Kosten abgezogen, die unmittelbar dem Betriebszweig zugeordnet werden können, weil sie von ihm verursacht wurden. Es werden jedoch nicht sämtliche Direktkosten abgezogen, sondern nur die »leicht erfassbaren und leistungsnahen«. Begründung dafür: Die direktkostenfreie Leistung soll auch dann berechnet werden können, wenn nur wenige Daten erfasst wurden. Bei überregionalen Vergleichen müssen die Kostenarten, die hier zu berücksichtigen sind, selbstverständlich einheitlich erfasst werden.

> **Direktkostenfreie Leistung dient der Kontrolle der Effizienz**

Der Gewinn des Betriebszweiges ergibt sich, wenn von der direktkostenfreien Leistung die bisher nicht berücksichtigten Direktkosten sowie die anteiligen **Gemeinkosten** abgezogen werden. Gegebenenfalls sind Gemeinleistungen zu addieren.

Die möglichst ursachengerechte Verteilung der Gemeinkosten und -leistungen ist insbesondere in vielseitigen landwirtschaftlichen Betrieben schwierig. Um in der Nachkalkulation ein möglichst zutreffendes Bild des wirtschaftlichen Erfolges zu erhalten, müssen alle Kosten und Leistungen auf die Betriebszweige verteilt werden. Wenn jedoch Kosten wie die Abschreibungen eines Schleppers oder die Gebühren für allgemeine Beratung auf einzelne Betriebszweige zu verteilen sind, müssen zweckmäßige Verteilungsschlüssel ermittelt werden. Grundsätzlich kann die Verteilungsgrundlage aus eigenen Aufzeichnungen oder Messergebnissen ermittelt werden – andernfalls muss sie geschätzt werden.

Mit dem Gewinn des Betriebszweiges steht eine Größe zur Verfügung, die mit dem Betriebsergebnis des BMELV-Jahresabschlusses abzüglich sonstiger Steuern übereinstimmt. Zuvor müssen allerdings die einzelnen Gewinne der Betriebszweige addiert werden, außerdem müssen alle Kosten und Leistungen berücksichtigt werden, die bisher nicht den Betriebszweigen zugerechnet wurden. Der Gewinn des Betriebszweiges dient allein zur internen Abstimmung mit dem Jahresabschluss und ist nicht geeignet für Vergleiche mit anderen Betrieben, da die unterschiedlichen Faktorkosten nicht berücksichtigt sind.

Die Vergleichbarkeit wird in der nächsten Stufe erreicht, dem kalkulatorischen Betriebszweigergebnis. Dieses ergibt sich, wenn vom Gewinn des Betriebszweiges die Ansätze für Faktorkosten subtrahiert werden, also Lohnansatz, Pachtansatz und Zinsansatz. Dabei wird im Lohnansatz die familieneigene, bisher nicht entlohnte Arbeit bewertet. Der Pachtansatz bewertet die Eigentumsflächen und der Zinsansatz das investierte Kapital. Beim Kapital muss nicht unterschieden werden zwischen Eigen- und Fremdkapital, da eine Verteilung des Kapitals nach seiner Herkunft auf Betriebszweige nicht ohne Verzerrungen möglich ist. (Aufpassen! Die DLG, die diese Begrifflichkeiten geprägt hat, versteht unter Faktorkosten nur Lohnansatz, Zinsansatz und Pachtansatz – nicht die Entlohnung sämtlicher Produktionsfaktoren.)

In Abbildung 3.24 ist zusammengefasst, wie die einzelnen Erfolgsgrößen ermittelt werden und welche Kostenarten zu berücksichtigen sind. Vor allem bei den Direktkosten hängt der Umfang der zu erfassenden Kostenarten von der Datenverfügbarkeit und – bei Gruppenvergleichen – von deren gemeinsamer Festlegung ab. Wichtig ist hierbei: Einheitlichkeit in allen Stufen!

Abb. 3.24
Stufen der Betriebszweigabrechnung (DLG 2004)

+	Leistungen	Umsatzerlöse + Naturalentnahmen + Direktzahlungen + innerbetr. Leistungsabgaben +/– Bestandsveränderungen (Gesamtkostenverfahren)
–	Direktkosten (leistungsnah) (o. Ansätze für Faktorkosten)	Saatgut Düngemittel Pflanzenschutz Trocknung, Lagerung, Vermarktung Wasser Sonstige (inkl. Spezialberatung)
=	**Direktkostenfreie Leistung**	
–	Übrige Direktkosten und anteilige Gemeinkosten (o. Ansätze für Faktorkosten)	Arbeitserledigungskosten Gebäudekosten Flächenkosten (Pacht, Grundsteuer, Drainage etc.) Sonstige Kosten (Gebühren, Versicherung, Verwaltung etc.)
=	**Gewinn des Betriebszweiges (vor Zinsen und Ertragssteuern)**	
–	Ansätze für Faktorkosten	Lohnansatz Zinsansatz Pachtansatz (Eigentumsflächen)
=	**Kalkulatorisches Betriebszweigergebnis**	

Ansprüche an die möglichen knappen Produktionsfaktoren. Schließlich resultieren daraus **unterschiedliche Deckungsbeiträge je Tier**. Der Deckungsbeitrag je Bulle ist am höchsten bei Verfahren III und beträgt 185 €, während durch das Verfahren der Ochsenmast lediglich ein Deckungsbeitrag von 17 € je Tier erzielt werden kann.

Bestimmung des Deckungsbeitrags der Produktionsverfahren

Ist nun daraus der Schluss zu ziehen, dass Verfahren III den größten Gewinn bringt und ein Mastendgewicht von 625 kg bei einer täglichen Zunahme von rund 1 050 g angestrebt werden soll? Der Landwirt wäre mit dieser Entscheidung nicht gut beraten. Schließlich ist entscheidend, wel-

Gewinn wird maximiert, wenn der knappe Faktor am besten verwertet wird

Tab. 4.1.

Produktionsverfahren der Rindermast					
	Einheit	Verfahren			
		Bulle (Stallmast) I	Bulle (Stallmast) II	Bulle (Stallmast) III	Ochse (Weidemast) IV
Tägliche Zunahme	g	1200	1100	1050	750
Mastdauer	Tage	379	436	476	620
Mastendgewicht	kg	580	608	625	590
Lebensalter	Monate	16,4	18,2	19,5	24,3
Leistungen					
Erlös Schlachtgewicht	€/Tier	783	816	880	738
Sonderprämie	€/Tier	210	210	210	300
Schlachtprämie + Zusatzbetrag	€/Tier	100	100	100	100
Düngerwert	€/Tier	57	62	66	41
Leistungen gesamt	**€/Tier**	**840**	**878**	**946**	**779**
variable Kosten					
Bestandsergänzung	€/Tier	205	205	205	205
Maissilage	€/Tier	228	247	265	153
Weidenutzung	€/Tier	0	0	0	94
Kraftfutter	€/Tier	87	95	90	62
Mineralfutter	€/Tier	19	22	24	32
Energie, Wasser etc.	€/Tier	49	57	62	81
Tierarzt + sonstige var. Kosten	€/Tier	61	66	74	84
Zinsanspruch	€/Tier	31	36	40	51
Summe var. Kosten	**€/Tier**	**680**	**728**	**760**	**762**
Deckungsbeitrag	**€/Tier**	**160**	**150**	**185**	**17**
Anspruch an fixe (knappe) Produktionsfaktoren					
Stallplatz (Jahr)	Plätze/Tier	1,066	1,223	1,332	1,726
Arbeit	AKh/Tier	26,64	28,55	29,87	36,00
Grundfutter (Maissilage)	MJ ME/Tier	22 800	24 700	26 500	15 500

cher Produktionsfaktor knapp ist. Nur wenn der Mäster das Verfahren wählt, das den knappen Faktor am besten verwertet, kann er den **maximalen Gewinn** realisieren oder seinen Verlust minimieren.

Bestimmung des knappen Faktors

Deshalb ist zunächst der tatsächlich **knappe Produktionsfaktor** zu bestimmen. Dazu wird für die Faktoren Arbeit, Stallplätze und Grundfutter (Maissilage) der jeweils maximal mögliche Verfahrensumfang ermittelt. Rechnerisch werden die **vorhandenen Kapazitäten** an Stallplätzen, Arbeit und Grundfutter **durch die Ansprüche der einzelnen Verfahren** an diese Faktoren **dividiert**. Daraus ergibt sich der mögliche Verfahrensumfang pro Faktor. Das Ergebnis ist in Tabelle 4.2 dargestellt.

Verfahren I hat auf Grund der höchsten täglichen Zunahmen und des niedrigsten Mastendgewichts den geringsten Anspruch an den Faktor Stallplätze: Es beansprucht bei 379 Tagen Mastdauer nur insgesamt 379/365 = 1,066 Stallplätze pro erzeugtes Tier und Jahr. Stehen 50 Stallplätze zur Verfügung, dann können über dieses Verfahren 50/1,066 = 46,9 Bullen pro Jahr gemästet werden. Im Hinblick auf den Faktor Arbeit könnten mit diesem Verfahren bei einer Kapazität von 1 300 AKh je Jahr und einem Anspruch von 26,64 AKh je Tier insgesamt 1 300/26,64 = 48,8 Tiere gemästet werden. Die Futtergrundlage von 1 250 000 MJ ME (Mega Joule Umsetzbare Energie) reicht bei einem Anspruch von 22 800 MJ ME aus, um 1 250 000/22 800 = 54,82 Bullen zu erzeugen.

Daraus folgt: Weil die Produktion durch die Stallplätze mit 46,9 Tieren pro Jahr am stärksten begrenzt wird, ist bei Verfahren I die Stallplatzkapazität knapp. Analog dazu müssen die knappen Faktoren für die Verfahren II bis IV berechnet werden. Das Ergebnis zeigt, dass bei allen Verfahren unabhängig von der Mastdauer die Stallplatzkapazität der am stärksten begrenzende fixe Faktor und demzufolge der einzige knappe Faktor ist. Dies ist eine weitere wichtige Voraussetzung für die Durchführung des Verfahrensvergleiches: **Bei allen möglichen Verfahren muss der gleiche Produktionsfaktor am stärksten begrenzend wirken.**

Deckungsbeitrag je Einheit des knappen Faktors (= relativer Deckungsbeitrag)

Im dritten Schritt wird das Verfahren ermittelt, das den möglichen knappen Faktor am besten verwertet. Dazu braucht man den Deckungsbeitrag je Einheit des knappen Faktors, den man auch als relativen Deckungsbeitrag bezeichnet.

Tab. 4.2.

Maximal möglicher Umfang der Verfahren und Stallplatzverwertung						
Faktor	Einheit	Kapazität	Maximal möglicher Umfang (Tiere)			
			Bulle (Stallmast) I	Bulle (Stallmast) II	Bulle (Stallmast) III	Ochse (Weidemast) IV
Stallplätze	Plätze	50	46,90	40,89	37,54	28,97
Arbeit	AKh	1 300	48,80	45,54	43,52	36,11
Maissilage	MJ ME	1 250 000	54,82	50,61	47,17	80,65
Stallplatzverwertung	**€/Platz**		149,77	122,73	138,95	10,11

Es wird also der Quotient aus Deckungsbeitrag und Stallplatzanspruch gebildet. Es zeigt sich, dass Verfahren I mit einem Mastendgewicht von 580 kg und 1200 g täglicher Zunahme die knappe Stallkapazität mit einem Deckungsbeitrag von rund 149,77 € je Stallplatz und Jahr am besten verwertet (vgl. Tab. 4.2). Der Landwirt ist also gut beraten, wenn er sich für Verfahren I entscheidet. Realisiert er dieses Verfahren, das den höchsten Deckungsbeitrag je Einheit des knappen Faktors erbringt, dann maximiert er den Gesamtdeckungsbeitrag und damit seinen Gewinn. Ökonomisch ausgedrückt: Bei einem Mastendgewicht von 580 kg ist die optimale spezielle Intensität des Faktoreinsatzes erreicht.

Jetzt sind Sie an der Reihe, verehrte Leserinnen und Leser: Überlegen Sie bitte, welches Verfahren Sie wählen würden, wenn Arbeit oder Kälber knapp wären. Viel Spaß!

Neben der Bestimmung der optimalen speziellen Intensität ist der Verfahrensvergleich auch dazu geeignet, die Produktionsrichtung zu bestimmen. Mit dem einfachen Verfahrensvergleich kann zwar nicht die optimale Produktionsrichtung bestimmt werden, es sind jedoch Aussagen zur Wettbewerbskraft von Produktionsverfahren möglich. Daraus ergeben sich Anhaltspunkte für die Ausdehnung und Einschränkung der jeweiligen Verfahren. Auch hier gilt: Der Verfahrensvergleich ist vor allem dann einsetzbar, wenn die einzelnen Verfahren um einen einzigen fixen Faktor konkurrieren. Der Vergleich selbst läuft ähnlich wie bei der Bestimmung der optimalen speziellen Intensität:

1. Definition der Produktionsverfahren und **Ermittlung der Deckungsbeiträge sowie der Faktoransprüche**.
2. **Bestimmung der Kapazitäten** fixer Produktionsfaktoren und **Ermittlung des jeweils knappen Produktionsfaktors**.
3. **Bestimmung der Deckungsbeiträge je Einheit des knappen Faktors** (auch als Wettbewerbskraft bezeichnet).
4. **Bestimmung der optimalen Produktionsrichtung** anhand der Wettbewerbskraft der Produktionsverfahren in der Ausnutzung des fixen Faktors. Dazu wird das wettbewerbskräftigste Produktionsverfahren so lange ausgedehnt, bis entweder der fixe Produktionsfaktor in vollem Umfang eingesetzt oder eine weitere Produktionsausdehnung aus anderen Gründen (z. B. Fruchtfolge, Kontingente etc.) nicht möglich ist. Die Nutzung der dann noch vorhandenen Kapazität des Produktionsfaktors erfolgt durch das Verfahren, das von den noch nicht realisierten Verfahren die höchste Wettbewerbskraft besitzt.

Auch hierzu ein Beispiel: Ein **Ackerbaubetrieb** mit 40 ha Ackerfläche und 420 AKh verfügbarer Arbeitskapazität in der knappen Zeitspanne HE (Hackfruchternte) will die optimale **Produktionsrichtung** bestimmen.

Der Getreideanbau ist aus fruchtfolgetechnischen Gründen auf 27 ha begrenzt, der Weizenanbau ist nur jedes zweite Jahr möglich. Das Zuckerrübenkontingent beschränkt den Anbau auf 3 ha. Die einzelnen Produktionsverfahren des Ackerbaus sind in Tabelle 4.3 mit **Deckungsbeiträgen und Ansprüchen an die fixen und alternativ einsetzbaren Faktoren** Arbeit in der Zeitspanne HE und Ackerfläche dargestellt. Damit sie vergleichbar werden, beziehen sich alle Verfahren auf die gleiche Planungseinheit (hier z. B. 1 ha).

Im ersten Schritt ist nun der **knappe Faktor zu bestimmen**

Bestimmung der optimalen Produktionsrichtung

Tab. 4.3.

Deckungsbeiträge und Faktoransprüche der Verfahren des Ackerbaus

Verfahren	Einheit	1 ha Weizen	1 ha Gerste	1 ha Hafer	1 ha Raps	1 ha Zucker-rüben
Marktleistung	€/ha	910	780	650	730	3 000
variable Kosten						
Saatgut	€/ha	62	70	50	38	116
Dünger	€/ha	180	147	131	132	263
Pflanzenschutz	€/ha	150	145	55	174	325
var. Masch.kosten	€/ha	220	220	220	250	595
Versicherung etc.	€/ha	68	64	65	62	51
Zinsansatz	€/ha	17	16	7	16	27
Summe var. Kosten	**€/ha**	697	662	528	672	1377
Deckungsbeitrag	**€/ha**	213	118	122	58	1623
Faktoransprüche						
Fläche	ha	1	1	1	1	1
Arbeit in HE	AKh/ha	4	4	0	7	10
Maximal möglicher Umfang der Verfahren						
Faktor	Kapazität	maximal möglicher Umfang (ha)				
Fläche (ha)	40	40,00	40,00	40,00	40,00	40,00
Arbeit in HE (AKh)	420	105,00	105,00	∞	60,00	42,00
Flächenverwertung						
Deckungsbeitrag (€) je ha		213	118	122	58	1623
Rangfolge		2	4	3	5	1

Bestimmung des knappen Faktors

Dazu wird für jedes Verfahren der maximal mögliche Umfang pro Faktor bestimmt. Dabei sind nur die Faktoren zu berücksichtigen, die von mehreren Produktionsverfahren beansprucht werden und daher eine alternative Verwendungsmöglichkeit bieten. In unserem Beispiel kommt demzufolge der Produktionsfaktor »Zuckerrübenkontingent« nicht als knapper Faktor in Frage, da nur der Zuckerrübenanbau diesen Faktor beansprucht. Für die Getreidefläche im Beispiel gilt: Sie wird zwar von mehreren Verfahren beansprucht, ihre Verwertung ist hier jedoch identisch mit der Ackerflächenverwertung. Somit müssen wir die Getreidefläche ebenfalls nicht als knappen Faktor berücksichtigen.

Im Beispiel sind also die Produktionsfaktoren Fläche und Arbeit in der Zeitspanne HE knapp. Bezüglich der Fläche kann jedes Verfahren insgesamt 40 mal durchgeführt werden (40 ha verfügbare Fläche dividiert durch 1 ha = 40) – wenn alle anderen Beschränkungen außer Acht gelassen werden. Von der Arbeitskapazität her kann z. B. das Produktionsverfahren »1 ha Weizen« insgesamt 420/4 = 105 mal durchgeführt werden.

Bei analoger Berechnung für die anderen Verfahren ergibt sich, dass die **Ackerfläche die Ausdehnung der Verfahren am wirksamsten begrenzt** und daher als knapper Faktor anzusehen ist.

Im nächsten Schritt wird die Wettbewerbskraft der Produktionsverfahren im Hinblick auf die Verwertung des knappen Faktors Fläche ermittelt. Da jedes definierte Verfahren einen Hektar Fläche beansprucht, ergibt sich die in Tabelle 4.3 dargestellte Verwertung der Fläche (Deckungsbeitrag je ha Ackerfläche). Um schnell einen Überblick über die relative Wettbewerbskraft der Verfahren zu bekommen, werden **Rangfolgen** vergeben.

Das Verfahren mit dem höchsten Deckungsbeitrag je Einheit des knappen Produktionsfaktors erhält die Rangziffer 1, das zweitbeste die Ziffer 2 usw.

Mit einem Deckungsbeitrag von 1 623 €/ha verwertet der Anbau von Zuckerrüben die Fläche am besten, so dass dieses Produktionsverfahren in der Rangfolge auf Platz 1 steht. Am schlechtesten verwertet wird die Ackerfläche durch den Anbau von Raps, der mit einem Deckungsbeitrag von 58 €/ha Platz 5 in der Rangfolge erhält.

Zur **Bestimmung der Produktionsrichtung** wird nun zunächst das Verfahren mit der Rangziffer 1 soweit wie möglich ausgedehnt.

Wie Tabelle 4.4 zeigt, wird zunächst das Zuckerrübenkontingent voll ausgeschöpft, weil die Rüben mit Rangziffer 1 auf 3 ha Ackerfläche mit 4 869 € Deckungsbeitrag am meisten bringen. Danach bleiben aber noch 37 ha Ackerfläche **Restkapazität** ungenutzt. Deshalb wird im nächsten Schritt das zweitbeste Verfahren in der Rangfolge soweit als möglich ausgedehnt. Die »Nummer zwei« ist hier der Weizenanbau. Allerdings kann der Ackerbauer im Beispiel wegen der Fruchtfolge nur jedes zweite Jahr Weizen säen, also maximal 20 ha. Der Deckungsbeitrag steigt dadurch um 20 × 213 €/ha = 4 260 € auf 9 129 €. Nachdem Zuckerrüben und Weizen im Anbauplan stehen, sind noch 17 ha Flächen frei. Jetzt kommt das Verfahren zum Zug, das die Fläche am drittbesten verwertet: der Hafer. Von dieser Frucht können höchstens 7 ha angebaut werden, da der Getreide-

Bestimmung der Rangfolge

Bestimmung des optimalen Produktionsprogramms

Tab. 4.4.

Schritt	Kapazität knapper Faktor	Rangfolge	Verfahren	Ausdehnung	Deckungsbeitrag		Begrenzung durch	Restkapazität knapper Faktor	Gesamtdeckungsbeitrag
	ha			ha	€/ha	€/Betrieb		ha	€/Betrieb
1	40	1	Zuckerrüben	3	1 623	4 869	Zuckerrübenkontingent	37	4 869
2	37	2	Weizen	20	213	4 260	Fruchtfolgegrenze Weizen	17	9 129
3	17	3	Hafer	7	122	854	Fruchtfolgegrenze Getreide	10	9 983
4	10	5	Raps	10	58	580	Ackerfläche	0	10 563

Bestimmung der Produktionsrichtung mit Verfahrensvergleich

anbau aus Fruchtfolgegründen auf insgesamt 27 ha beschränkt ist und bereits 20 ha Weizen eingeplant sind. Es ergibt sich eine weitere Deckungsbeitragssteigerung von 7 × 122 €/ha = 854 €.

Wie geht es weiter? Das viertbeste Verfahren ist die Gerste, sie kann allerdings aus Fruchtfolgegründen nicht angebaut werden. Deshalb kommt das Verfahren auf Platz 5 in der Rangfolge zum Zug: Winterraps. Zehn Hektar Raps bringen weitere 10 × 58 €/ha = 580 € Deckungsbeitrag.

Aus dem Verfahrensvergleich ergibt sich für den Beispielsbetrieb folgende optimale Organisation des Ackerbaus: 3 ha Zuckerrüben, 20 ha Weizen, 7 ha Hafer und 10 ha Raps. Diese Früchte bringen zusammen 10 563 € Deckungsbeitrag.

Fazit: Der Verfahrensvergleich ist gut brauchbar in Fällen, in denen nur ein fixer Faktor knapp ist. Sobald es komplexer wird, zum Beispiel in Betrieben mit pflanzlicher und tierischer Produktion, bringt der Verfahrensvergleich kaum noch brauchbare Aussagen zur optimalen Produktionsrichtung. Dennoch lässt er sich für eine erste Einschätzung der optimalen Produktionsrichtung nutzen, wenn danach mit Instrumenten wie Voranschlag oder Optimierung weiter gearbeitet wird.

Fragen zur Wiederholung

▶ Zu welchen Zwecken wird der Verfahrensvergleich als Planungsmethode eingesetzt?
▶ Nennen Sie erforderliche Voraussetzungen für die Durchführung des Verfahrensvergleiches.
▶ In welchen Schritten erfolgt die Bestimmung der optimalen speziellen Intensität mit Hilfe des Verfahrensvergleiches?
▶ Welche Rolle spielt der Verfahrensvergleich bei der Ermittlung der optimalen Produktionsrichtung und wodurch wird seine Aussagekraft in diesem Fall eingeschränkt?

4.2 Voranschlag

Der Voranschlag ist ein Planungswerkzeug für Teilbereiche des landwirtschaftlichen Betriebes oder für den Gesamtbetrieb. Alle Voranschläge gehen auf das gleiche Grundprinzip zurück: **Der Bedarf an Produktionsfaktoren wird den vorhandenen Kapazitäten gegenübergestellt** (Abb. 4.1). Bei zu großen Abweichungen zwischen Bedarf und Kapazität werden Maßnahmen ergriffen, damit Bedarf und Kapazitäten wieder übereinstimmen.

Je nachdem welche Maßnahmen gewählt werden, ergeben sich unterschiedliche Betriebspläne mit unterschiedlich hohen Gewinnen. **Daraus wählt der Betriebsleiter den Plan aus**, der ihm vor dem Hintergrund seiner persönlichen, subjektiven Zielvorstellungen als der beste erscheint.

Mit dem Voranschlag werden mehrere Betriebspläne zur Auswahl gestellt

Um die Auswahl zu ermöglichen, werden für den Ist-Betrieb und für mehrere unterschiedliche geplante Betriebsorganisationen (Betriebspläne) betriebswirtschaftliche Kennzahlen ermittelt wie Deckungsbeitrag und Gewinn.

Die verschiedenen Betriebspläne (-organisationen) werden dabei in einem »**Probierprozess**« nach dem Motto »**Versuch und Irrtum**« erstellt. Die einzelnen möglichen Produktionsverfahren werden so aufeinander abgestimmt, dass ihre Kombination den Zielvorstellungen des Betriebsleiters weitgehend Rechnung trägt. Beim Betriebsvoranschlag ist die Betriebsorganisation des geplanten Betriebes (der Betriebsplan) also eine Vorgabe für den eigentlichen Rechenprozess und nicht das Ergebnis.

Das Vorgehen im Rahmen des Probierprozesses folgt sachlogischen Überlegungen, aber auch der Erfahrung und Intuition des Planers. Aus den Betriebsplänen ist zunächst nicht zu ersehen, ob es sich um die optimale (gewinnmaximale) Organisation handelt. Es ist nicht sicher, ob nicht mit dem gleichen Einsatz an Produktionsfaktoren in einer anderen Betriebsorganisation ein höheres Einkommen erzielt werden könnte.

Der Voranschlag ist eine intuitive Methode zur Ermittlung einer möglichst optimalen Betriebsorganisation

Trotz dieses Nachteils ist die Voranschlagsrechnung für die Betriebsplanung ein geeignetes Werkzeug: Für den Planer ist es einfach zu handhaben, außerdem ist der Planungsprozess transparent und daher leicht nachzuvollziehen. Darüber hinaus ist der **Rechenaufwand** dank moderner Tabellenkalkulationsprogramme **gering**.

Die Betriebsplanung mit dem Betriebsvoranschlag lässt sich in folgende **Schritte** gliedern (Abb. 4.2):

1. **Betriebsaufnahme.**
2. **Betriebsanalyse.**
3. **Festlegung zusätzlicher Produktionsverfahren für die Betriebspläne.**
4. **Zusammenstellung der potenziellen Produktionsverfahren für die Planbetriebe.**
5. **Erstellung mehrerer Betriebspläne.**
6. **Beurteilung der Betriebspläne und Auswahl des geeigneten Betriebsplanes.**

An erster Stelle der Planung steht die **Betriebsaufnahme**, also die Erfassung der Betriebsdaten, die für die Planung nötig sind.

Erfassung der Betriebsdaten

Zunächst werden allgemeine Informationen zu den Rahmenbedingungen gesammelt. Dazu gehören die natürlichen Standortbedingungen (Bodenqualität, Niederschläge, Temperatur), die innere Verkehrslage (Schlaggrößen, Feld-Hof-Entfernung etc.), die äußere Verkehrslage (Entfernung zu Beschaffungs- und Absatzmärkten), die Marktverhältnisse (Preise für Produkte und Produktionsmittel), agrarpolitische Rahmenbedingungen

Abb. 4.1
Prinzip
des Voranschlages

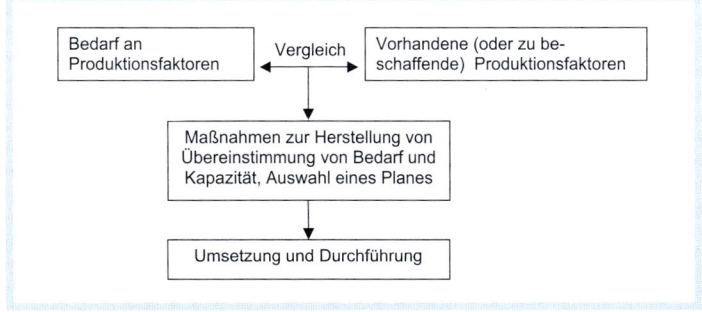

(Flächen-, und Tierprämien usw.) sowie die sozioökonomischen Verhältnisse (familiäre Situation etc.).

Anschließend werden die **verfügbaren Produktionskapazitäten und sonstigen Beschränkungen erfasst:** Welche Produktionsfaktoren im Betrieb sind fix und möglicherweise knapp? Dabei geht es um die Faktoren Fläche, Arbeit, Gebäude/Maschinen sowie Lieferrechte.

• **Fläche:** Die vorhandene Fläche wird in die einzelnen Nutzungsarten untergliedert wie Ackerfläche, Grünlandfläche, Dauerkulturflächen, Wald etc. und der entsprechende Umfang wird in ha angegeben.

Abb. 4.2
Ablaufschema
der Betriebsplanung

1. Betriebsaufnahme

1.1 Allgemeine Informationen
• Klima und Boden
• Innere und äußere Verkehrslage
• Marktverhältnisse
• Sozioökonomische Verhältnisse

1.2 Definition der Produktionsverfahren des Ist-Betriebes
• Marktfrucht
• Futterbau
• Tierhaltung

1.3 Kombination der Produktionsverfahren gemäß Ist-Betrieb und Ermittlung betriebswirtschaftlicher Kenngrößen

---

2. Betriebsanalyse

Beurteilung von
• Rentabilität
• Stabilität
• Liquidität
an Hand von Kenngrößen

---

3. Festlegung zusätzlicher (neuer) Produktionsverfahren für Planbetriebe
• Marktfrucht
• Futterbau
• Viehhaltung

---

4. Zusammenstellung der potenziellen Produktionsverfahren für Planbetriebe
• Ermittlung der Wettbewerbsmaßstäbe
• Ermittlung der Rangfolge hinsichtlich Verwertung der knappen Faktoren

---

5. Erstellung mehrerer alternativer Betriebspläne mit Voranschlagsrechnung

---

6. Auswahl des am besten geeigneten Betriebsplanes unter Verwendung betriebswirtschaftlicher Kenngrößen und subjektiver Einschätzung

- **Arbeit:** Um möglichst genaue Daten zu erhalten, werden **ständige und nicht-ständige Arbeitskräfte** unterschieden. Ebenso ist mit Blick auf die Entlohnung zu unterscheiden, ob es sich um nicht entlohnte Familien-arbeitskräfte oder um Lohnarbeitskräfte handelt. Die Arbeitsleistung der einzelnen Arbeitskräfte wird in **Arbeitskraftstunden (AKh)** angege-ben – und zwar für die **Blockzeitspannen**, die nach Hauptarbeitsauf-gaben abgegrenzt wurden und in denen die Arbeit besonders knapp werden kann (Arbeitsspitzen). Je nach betrieblicher Situation muss mehr oder weniger stark differenziert werden, mindestens jedoch in die Arbeitszeitspannen Frühjahrsbestellung (FB), Hackfruchtpflege-Heu-ernte (HH), Getreideernte (GE) und Hackfruchternte (HE).

  Maßgebend für die tatsächliche **Arbeitskapazität** sind zum einen die Zahl der vorhandenen Arbeitskräfte und deren tägliche Arbeitsleistung und zum anderen die Zahl der verfügbaren Feldarbeitstage.

  Die Gesamtkapazität erhält man durch Multiplikation der Zahl der Ar-beitskräfte mit der täglichen Arbeitsleistung und der Zahl der verfüg-baren Feldarbeitstage bzw. Arbeitstage für das gesamte Jahr. (Beispiel: Eine Arbeitskraft leistet in den knappen Zeitspannen täglich zehn Stun-den, dann ergibt sich bei 35 Feldarbeitstagen in der Zeitspanne FB eine Arbeitskapazität von 350 AKh. Bezogen auf das Jahr ergeben sich für eine Fremdarbeitskraft bei 220 Arbeitstagen und einer durchschnitt-lichen täglichen Arbeitszeit von acht Stunden insgesamt 1 760 Stun-den).

  > **Arbeitskapazität in den Zeitspannen = Feldarbeitstage × Zahl der Arbeitskräfte × tägliche Arbeitszeit**

  Bei der Arbeitskapazität müssen zusätzlich die **nicht termingebundenen Arbeiten** berücksichtigt werden (z. B. Betriebsführung und -leitung). Diese Arbeiten sind in den meisten Fällen planungsunabhängig. Des-halb bietet es sich an, den Arbeitszeitbedarf für diese Arbeiten bereits vor der Planung – da planungsunabhängig, aber notwendig – von der Arbeitskapazität abzuziehen.

  > **Nicht termingebundene Arbeiten**

- **Gebäude, bauliche Anlagen und Maschinen:** Hier werden zunächst die vorhandenen **Stallplätze** nach Tierart und Stalleinrichtung erfasst. Wei-terhin sind die Kapazitäten an **Silo- und Lagerraum** im m³ zu erfassen, so-fern diese knapp werden können. Ebenso kann es sinnvoll sein, **Maschi-nenkapazitäten** je nach Maschinenleistung getrennt zu erfassen (Schlep-per für Bodenbearbeitung, Schlepper für Pflege etc.).

  Bei Gebäuden und Maschinen müssen gleichzeitig die festen Kosten für Abschreibung, Zinsanspruch und Versicherungen erfasst werden. Sie werden später bei der Berechnung entsprechender Erfolgs- und Kenn-größen benötigt.

- **Lieferrechte und vertraglich festgelegte Absatzmengen** – etwa bei Vertrags-anbau – werden als produktionsbegrenzende Rechte im Bereich der Produktionskapazitäten erfasst.

Zusätzlich zu den Produktionskapazitäten müssen alle weiteren Beschrän-kungen erfasst werden, die für einzelne Produktionsfaktoren gelten. Was ist damit gemeint? Im Wesentlichen geht es um Beschränkungen im Rah-men der **Fruchtfolge** sowie um Beschränkungen im Rahmen rechtlicher und **agrarpolitischer Vorgaben**. Beispiele: Maximaler Kartoffelanteil in einer Fruchtfolge, maximaler Viehbesatz (GV/ha) für die Gewährung von Tier-prämien, maximale Anzahl von Vieheinheiten (VE) hinsichtlich der Ab-grenzung von Landwirtschaft und Gewerbe.

Datengrundlage

Im Hinblick auf die **Datengrundlage** ist grundsätzlich betriebsspezifischen Daten der Vorrang zu geben. Die Daten aus der Buchführung bilden hier die wichtigste Quelle.

Sofern bestimmte Daten, wie etwa verfügbare Feldarbeitstage, nicht mit vertretbarem Aufwand zu ermitteln sind, kann auf Normdaten zurückgegriffen werden, wie sie vom KTBL oder den Landwirtschaftskammern zur Verfügung gestellt werden. Prinzipiell gilt: **soviel betriebsspezifische Daten wie möglich, soviel Normdaten wie nötig.**

Festkosten

Dies gilt auch für die **Festkosten** bei der gegenwärtigen Betriebsorganisation für Gebäude, bauliche Anlagen und Maschinen: Die zugehörige Abschreibung lässt sich aus der Buchführung entnehmen. Bei der Maschinenabschreibung ist jedoch zu beachten: Wenn sie aus der Buchführung abgeleitet wird, liegen historische Anschaffungswerte zugrunde. Diese Werte aus der Vergangenheit könnten für zukünftige Betriebspläne zu niedrig angesetzt sein. Hier können die Daten aus Normdatensammlungen realitätsnäher sein, da sie von Wiederbeschaffungswerten abgeleitet werden.

Definition der Produktionsverfahren

Im zweiten Teil der Betriebsaufnahme werden die **Produktionsverfahren** definiert.

Ein Produktionsverfahren stellt die kleinste Planungseinheit dar. Es ist eindeutig definiert durch ein bestimmtes Verhältnis von Faktoreinsatz und Leistung. Folglich werden bei der Planung die verschiedenen Arten der Produktion eines bestimmten landwirtschaftlichen Gutes jeweils als eigene Produktionsverfahren beschrieben.

So können Zuckerrüben beispielsweise herkömmlich oder per Mulchsaat angebaut werden. Weiterhin kann das Rübenblatt entweder untergepflügt oder verfüttert werden. All dies sind im Sinne der Planungsrechnung unterschiedliche Produktionsverfahren (siehe Tab. 4.5).

Das gleiche gilt für Verfahren der Tierproduktion, wenn beispielsweise Bullen mit Grassilage oder Maissilage gemästet werden – oder mit einer Kombination aus beiden Futtermitteln.

Die wichtigste Kenngröße für die Definition der Produktionsverfahren ist der Deckungsbeitrag als Differenz zwischen Leistung (= Verkaufserlöse, zurechenbare Prämien, evtl. Düngerwert etc.) und variablen Spezialkosten. Welche Kostenpositionen der Planer im Einzelnen bei den variablen Spezialkosten berücksichtigen muss, werden wir später anhand eines Beispiels darstellen.

Ergänzend zu den Deckungsbeiträgen werden die Ansprüche an fixe bzw. knapp werdende Faktoren wie beispielsweise Arbeit, Fläche oder Stallplätze als naturale Größen angegeben.

Tab. 4.5.

Definition von Produktionsverfahren des Zuckerrübenanbaus

Verfahren I	Verfahren II	Verfahren III	Verfahren IV
• Mulchsaat	• Pflug	• Mulchsaat	• Pflug
• Einarbeitung Rübenblatt	• Einarbeitung Rübenblatt	• Blattbergung	• Blattbergung

Dies ist notwendig, um anschließend die Produktionsverfahren im Rahmen der vorhandenen betrieblichen Faktorkapazitäten miteinander zu kombinieren. **Produktionsverfahren unterscheiden sich also hinsichtlich des Deckungsbeitrages und der Faktoransprüche.**

Je nachdem, wie detailliert der Planer vorgeht, gibt er weiterhin die Ansprüche einzelner Produktionsverfahren an **innerbetriebliche Leistungen** anderer Verfahren in naturalen Größen an (z. B. der Anspruch der Verfahren der Tierhaltung an Futter oder Stroh).

Das Gleiche gilt für Leistungen von Verfahren, die nur innerbetrieblich zu verwerten sind, oder für die es alternative Verwendungen gibt (wenn Getreide z. B. entweder verkauft oder in der Tierhaltung verfüttert werden kann).

Die Zuordnung der Kosten des Faktoreinsatzes zu den **festen oder variablen Kosten** hängt von der jeweiligen Beweglichkeit der Produktionsfaktoren ab.

Anders ausgedrückt: Die Zuordnung wird durch die **Ausgangssituation im Planungszeitpunkt** und den **Planungshorizont** bestimmt. Die Höhe des Deckungsbeitrages kann in zwei Betrieben daher auch dann unterschiedlich sein, wenn sich die Betriebe hinsichtlich der Faktoreinsatzmenge und der Faktorpreise nicht unterscheiden, die Beweglichkeit der Faktoren jedoch unterschiedlich ist. Ein Beispiel dazu: Für zwei Betriebe soll der Deckungsbeitrag der Milchproduktion ermittelt werden. Einziger Unterschied: Betrieb A verfügt bereits über das notwendige Milchkontingent, Betrieb B muss es noch zukaufen. Betrieb A muss also die Kosten des Kontingents bei der Deckungsbeitragsberechnung nicht berücksichtigen, für Betrieb B sind die jährlichen Kosten des Quotenkaufs als variable Kosten anzusehen.

Um die definierten Produktionsverfahren im Rahmen der Planung vergleichen und bewerten zu können, sind eindeutige **Bezugsgrößen** nötig für Leistungen, variable Kosten, Faktoreinsatz und Faktoransprüche.

Diese Bezugsgrößen heißen Planungseinheiten. Sie sind durch die Menge eines Produktes oder eines Produktionsfaktors eindeutig definiert oder auch durch Menge und Zusammensetzung eines Produkt- oder Faktorbündels. Sie können beliebig gewählt werden; ihre Festlegung ist eine Frage der Konvention und Zweckmäßigkeit. Für die Planung landwirtschaftlicher Betriebe verwenden wir folgende **Planungseinheiten**:

- Eine bestimmte **Faktormenge** wie z. B. 1 ha oder ein Stallplatz,
- eine bestimmte **Menge eines Endproduktes** wie z. B. 1 kg Milch oder 1 dt Getreide,
- eine bestimmte **Menge von Produktionseinheiten** (Zwischenprodukten) wie z. B. eine Kuh, eine Zuchtsau oder 100 Legehennen.

Als **Datengrundlage** für die Definition der Produktionsverfahren dienen in erster Linie die **Buchführungsdaten.**

Das sind vor allem die Gewinn- und Verlustrechnung und die Aufzeichnungen aus **Ackerschlagkartei** sowie **Kuh- und Sauenplaner**. Die Preise der Produkte und Produktionsmittel lassen sich aus der Buchführung entnehmen. Die Ackerschlagkartei liefert unter anderem Erträge, Einsatzmengen an Pflanzenschutz- und Düngemitteln, sowie Zahl der Arbeitsgänge mit den jeweiligen Schleppern und Maschinen. Daraus lassen sich die notwendigen Arbeitszeitstunden in den jeweiligen Arbeitszeitspannen und (in

Produktionsverfahren werden durch Deckungsbeitrag und Ansprüche an die fixen Faktoren definiert

Innerbetriebliche Leistungen

Feste und variable Kosten

Festlegung der Planungseinheiten

Datengrundlage

Verbindung mit der Finanzbuchführung) auch die variablen Maschinenkosten ableiten. Sind einzelne Daten nicht zu ermitteln, kommen **Normdaten** zum Einsatz (z. B. KTBL-Datensammlung). Bei allen Daten muss sich der Planer grundsätzlich und kritisch fragen: Inwieweit treffen meine »historischen« Daten auch für die Zukunft zu?

Naturale Erträge und Leistungen können stark schwanken, ebenso die Preise für Produktionsmittel und Produkte. Deshalb muss sich jeder sorgfältige Planer die Frage stellen, in welcher Höhe er Größen wie z. B. zukünftigen Getreideertrag und -preis, Mastleistung, Schweinepreis, Milchleistung und Milchpreis festlegt.

Planungsrelevant sind zukünftige Leistungs- und Kostengrößen

Das Ergebnis einer Planung taugt wenig, wenn beispielsweise für die Berechnung der Deckungsbeiträge der Schweineproduktion nur aktuelle Preisdaten herangezogen würden. Kämen die Preise zufällig aus einer Hochphase, würden wir als Planer das nachhaltig erzielbare Ergebnis hoffnungslos überschätzen. Kämen sie aus einem Preistief, würden wir den Betrieb »arm rechnen«.

Erfolgversprechende, bisher nicht realisierte Verfahren sind zu berücksichtigen

Bei der Definition der Produktionsverfahren dürfen weitsichtige Planer nicht nur von den derzeit realisierten Produktionsverfahren ausgehen. Sie sollten zusätzlich Verfahren berücksichtigen, die heute im Betrieb noch keine Rolle spielen, aber künftig interessant sein könnten. Problematisch ist dabei, dass für »Zukunftsverfahren« keine betrieblichen Aufzeichnungen vorhanden sind. Der Planer muss auf Normdaten aus Datensammlungen oder auf Erfahrungen anderer Betriebe zurückgreifen. Generell sollte er dabei das gegenwärtige Leistungsniveau des Betriebes berücksichtigen.

Relativer Deckungsbeitrag = Deckungsbeitrag je Einheit des knappen Faktors

Ergänzend zur Ermittlung der Produktionsverfahren ist es für den Betriebsvoranschlag nützlich, die Verwertung der fixen oder knapp werdenden Produktionsfaktoren zu ermitteln. Dies bietet eine Orientierung für spätere Veränderungen der Ist-Organisation, also für alternative Betriebspläne: Welches Produktionsverfahren hat den höchsten **relativen Deckungsbeitrag** und verwertet einen knappen Produktionsfaktor am besten?

Um diese Frage zu beantworten, brauchen wir die knappen Produktionsfaktoren, die wir aus der Ermittlung der Produktionskapazitäten abgeleitet haben (wie z. B. Fläche, Arbeit, Stallplätze, Kontingente, Lieferrechte etc.). Diese knappen Produktionsfaktoren werden in der Regel von mehreren Produktionsverfahren gemeinsam beansprucht. Im Klartext: Diejenigen Produktionsfaktoren sind relevant, um deren Nutzung mehrere Verfahren konkurrieren.

Die Verwertung der knappen Produktionsfaktoren wird berechnet, indem der Deckungsbeitrag des jeweiligen Verfahrens durch seinen natural vorgegebenen Anspruch an den jeweiligen Produktionsfaktor dividiert wird. So verwertet beispielsweise das Produktionsverfahren »1 ha Winterweizen« mit einem Deckungsbeitrag von 1 000 € je ha und einem Arbeitszeitanspruch von 10 AKh je ha die Arbeit mit 1 000 €/10 AKh = 100 €/AKh. Das Verfahren »1 ha Hafer« (Deckungsbeitrag: 750 €/ha; Arbeitszeitanspruch: 9 AKh je ha) verwertet die Arbeit nur mit 83,33 €/AKh (= 750 €/9 AKh).

Um die relative Vorzüglichkeit darzustellen, werden die einzelnen Produktionsverfahren nach Deckungsbeitrag je Einheit des knappen Faktors sortiert. Daraus ergibt sich die **Rangfolge hinsichtlich der Faktorverwertung**.

Im genannten Beispiel würde also der Anbau von 1 ha Winterweizen gemessen an der Verwertung des knappen Faktors Arbeit Platz 1 in der Rangfolge erhalten und der Anbau von 1 ha Hafer Platz 2.

Nachdem die Produktionskapazitäten und -verfahren des Betriebes ermittelt sind, werden die Produktionsverfahren kombiniert. Dabei ist als Grundlage für mögliche weitere Betriebsorganisationen bzw. Pläne zunächst die **Ist-Organisation** darzustellen: Die einzelnen Produktionsverfahren sind in dem Umfang zu kombinieren, wie es dem Betrieb zum Zeitpunkt der Planung entspricht.

Aus der Summe der einzelnen Deckungsbeiträge der Verfahren wird zunächst der Gesamtdeckungsbeitrag des Betriebes berechnet. Aus ihm müssen zunächst die festen Kosten gedeckt werden. Wir erinnern uns: Feste Kosten sind vom Produktionsprogramm unabhängig (siehe Kasten 4.3).

Die Rangfolge (Vorzüglichkeit) der Verfahren wird durch die relativen Deckungsbeiträge festgelegt

Ausgangspunkt der Planung ist die Ist-Organisation

Kasten 4.3
Vom Produktionsprogramm unabhängige Kosten

- Sachkosten wie z. B.
  - Abschreibungen und Unterhaltung von Gebäuden und baulichen Anlagen
  - Abschreibungen und Versicherungen von Maschinen und Geräten
  - Allgemeine Betriebsversicherungen
  - Beiträge zur Berufsgenossenschaft und Kammerumlage
  - Sonstige feste Sachkosten
  - Pacht, Maschinenmiete oder -leasing (sofern noch nicht im Betriebsplan berücksichtigt)
  - Betriebssteuern und Abgaben
- Lohnkosten (sofern noch nicht im Betriebsplan berücksichtigt)
- Kosten für Fremdkapital (Zinsen)

Die genannten Kostengrößen sind aus der Gewinn- und Verlust-Rechnung des Betriebes zu entnehmen oder wurden bei der Ermittlung der Produktionskapazitäten bereits teilweise erfasst.

Zum Gesamtdeckungsbeitrag müssen produktionsunabhängige Leistungen und Erträge addiert werden. Dazu gehören unter anderem **produktionsunabhängige Prämienzahlungen** (Zahlungsansprüche), Zinsen aus betrieblichem Kapitalvermögen, Erträge aus Lohnarbeit bei freien Kapazitäten und Maschinenmieten.

Aus Gesamtdeckungsbeitrag minus **produktionsunabhängige Kosten** plus produktionsunabhängige Leistungen ergibt sich der **Gewinn des Betriebes**. Aus ihm werden all diejenigen Produktionsfaktoren entlohnt, die vom Betriebsleiter unentgeltlich zur Verfügung gestellt werden, zudem wird aus dem Gewinn das unternehmerische Risiko abgedeckt.

Gewinn = Gesamtdeckungsbeitrag + produktionsunabhängige Leistungen minus produktionsunabhängige Kosten

Werden mehrere Betriebspläne erstellt und will man diese hinsichtlich der Entlohnung der im Ist-Betrieb vorhandenen eigenen Produktionsfaktoren bewerten, dann muss nicht unbedingt der Gewinn jedes einzelnen Betriebsplanes errechnet werden. Kann man sich daher mit der Berechnung des Gesamtdeckungsbeitrages begnügen? Die Antwort lautet: Nein, denn schließlich können sich bei größeren Änderungen des Produktionsprogramms auch noch **Änderungen in den bisher festen Produktionsfaktoren ergeben.** Werden beispielsweise Zuckerrüben neu in das Produktionsprogramm aufgenommen, und wird hierfür ein Zuckerrübenroder angeschafft, so entstehen neue Festkosten (Abschreibung, Zinsen). Diese Veränderung der Festkosten muß im neuen Betriebsplan berücksichtigt werden. Darüber hinaus wäre der Gesamtdeckungsbeitrag als Vergleichsmaßstab auch nur dann richtig, wenn der Einsatz von Eigenkapital und Familienarbeitskräften unverändert bliebe. Diese Bedingungen sind aber oft nicht gegeben.

Der Vergleichs-deckungsbeitrag ist eine Hilfsgröße für die Beurteilung der Betriebspläne

Deshalb gehen wir pragmatisch vor und ermitteln als Zwischengröße den **Vergleichsdeckungsbeitrag.**

Mit dem Vergleichsdeckungsbeitrag stellen wir fest, wie sich das Entgelt bzw. der Einkommensbeitrag der im Ist-Betrieb vorhandenen eigenen Produktionsfaktoren verändert, wenn wir das Produktionsprogramm variieren. Damit können wir zwar nicht die absolute Höhe des Gewinns errechnen. Immerhin lässt sich aber dessen absolute Veränderung feststellen mit Hilfe einer einfachen **Differenzrechnung** auf der Basis der Gesamtdeckungsbeiträge zwischen dem Ist-Betrieb und dem jeweiligen Betriebsplan. Handfester Vorteil dabei: **Die verschiedenen Betriebspläne werden vergleichbar** und wir müssen für die Auswahl eines bestimmten Planes nicht unbedingt bis zum Gewinn rechnen.

Wie errechnen wir nun den Vergleichsdeckungsbeitrag?

Ermittlung des Vergleichsdeckungs-beitrags

Allgemeine Antwort: Im Rahmen einer Differenzrechnung wird der Gesamtdeckungsbeitrag eines Planes berichtigt, indem Veränderungen bei Kosten und Leistungen, die im Gesamtdeckungsbeitrag noch nicht enthalten sind, berücksichtigt werden. Die Differenzrechnung baut sich folgendermaßen auf:

Zusätzliche Kosten, die beim Vergleichs-deckungsbeitrag zu berücksichtigen sind

- Alle Kosten, die sich aus der zusätzlichen Beanspruchung von bisher festen Produktionsfaktoren im Planbetrieb ergeben sowie sonstige zusätzliche Kosten werden vom Gesamtdeckungsbeitrag abgezogen. Dazu gehören:
  - **Kosten zusätzlicher Gebäude** (Abschreibung, Unterhaltung, Versicherung und Zinsanspruch).
  - **Kosten zusätzlicher Maschinen** (Abschreibung, Versicherung und Zinsanspruch sowie Reparaturen, sofern nicht in den variablen Kosten der Produktionsverfahren enthalten).
  - **Lohnansatz** für zusätzlich benötigte Familienarbeitskräfte und Lohnkosten für zusätzlich benötigte, ständige Fremdarbeitskräfte.
  - **Zinsanspruch** für zusätzlich eingesetztes Kapital für Vieh- und Umlaufvermögen.
  - **Zusätzliche Kosten für die Bestandsergänzung.** Werden z. B. im Ist-Betrieb die Ferkel für die Schweinemast selbst erzeugt (»Kombi-Betrieb«) und entfällt die Ferkelerzeugung im Plan-Betrieb, dann erhöhen sich die Kosten der Bestandsergänzung in der Schweinemast um die Differenz zwischen Zukaufs- und Verkaufspreis. Je nach Einzelfall müssen für solche Veränderungen auch neue Produktionsverfahren definiert werden.
  - **Jährliche Kosten für zusätzliche Lieferrechte** (Abschreibung, Zinsanspruch).

- **Sonstige zusätzliche Fest- bzw. Gemeinkosten** (Berufsgenossenschaft, Buchführung, Versicherungen).

● Sonstige zusätzliche Leistungen sowie eingesparte Kosten aus freigesetzten bzw. nicht mehr benötigten eigenen Produktionsfaktoren kommen zum Gesamtdeckungsbeitrag dazu.

Im Einzelnen sind dies:

- **Außerlandwirtschaftliches Einkommen** freigesetzter Familienarbeitskräfte.
- **Zinsertrag bzw. Einsparungen von Zinsen** durch freigesetztes Kapital. Vereinfachend gehen wir hier vom Veräußerungserlös der Güter aus.
- **Eingesparte Abschreibungen** nicht mehr benötigter Maschinen und Gebäude. Maßgebend für die Berechnung der Ersparnis sind der Veräußerungserlös und die Restnutzungsdauer der Maschine oder des Gebäudes.
- **Einsparungen sonstiger Fest- bzw. Gemeinkosten** (Berufsgenossenschaft, Versicherungen, Buchführung etc.).

Zusätzliche Leistungen und eingesparte Kosten, die beim Vergleichsdeckungsbeitrag zu berücksichtigen sind

Dieser so auf der Basis des Gesamtdeckungsbetrages ermittelte Vergleichsdeckungsbeitrag bezieht sich auf die in der Ist-Organisation vorhandenen eigenen Produktionsfaktoren.

Damit ist die **Feststellung der relativen Vorzüglichkeit alternativer Pläne** ohne Berücksichtigung der für die Ausgangssituation ermittelten Festkosten möglich. Die Differenz zwischen den Vergleichsdeckungsbeiträgen entspricht der Veränderung des Einkommensbeitrages aus der Nutzung der in der Ausgangssituation vorhandenen eigenen Produktionsfaktoren.

Aussagekraft des Vergleichsdeckungsbeitrags

Wir wollen nun die komplette Voranschlagsrechnung an einem hypothetischen **Beispiel** entwickeln.

Wir wählen das Beispiel bewusst sehr einfach und umgeben uns dabei mit einer »agrarpolitischen Welt«, die weit entfernt ist von den gegenwärtig gültigen häufig sehr komplizierten Regelungen. Trotzdem soll diese Welt einige wichtige Prinzipien abbilden. Der landwirtschaftliche Beispielsbetrieb verfügt über 100 ha Ackerfläche und 10 ha Grünland. Der Landwirt hält Milchkühe und Zuchtsauen und mästet die selbst erzeugten Ferkel. Agrarpolitische Rahmenbedingungen: 10% der Ackerfläche sind stillzulegen, Prämien werden entkoppelt gewährt und zwar in Höhe von 300 € je ha Acker- und Grünlandfläche. Eine Zusammenfassung der vorhandenen **Produktionskapazitäten** ist in Tabelle 4.6 wiedergegeben.

Beispiel einer Voranschlagsrechnung

Im nächsten Schritt der Betriebsaufnahme werden die **Fest- und Gemeinkosten** des Betriebes ermittelt. Hierfür greift der Betriebsleiter auf die vorhandene Buchführung zurück und entnimmt der Gewinn-und-Verlust-Rechnung die erforderlichen Daten, wie sie in Tabelle 4.7 wiedergegeben sind.

Dabei ist zu beachten, dass lediglich die Kostenpositionen berücksichtigt werden, die in der Berechnung der Deckungsbeiträge für die Produktionsverfahren noch nicht enthalten sind. Dies können beispielsweise die Kosten für Treib- und Schmierstoffe sein. Werden Normdaten für die variablen Maschinenkosten der Produktionsverfahren verwendet, dann sind Kosten für Treib- und Schmierstoffe bereits hier enthalten. Aus der Buchführung gewonnen, können sie kaum den einzelnen Produktionsverfahren zugeordnet werden. Sie müssen daher pauschal bei der Ermittlung der Gemein- und Festkosten berücksichtigt werden.

Tab. 4.6.

Zusammenstellung der Produktionskapazitäten des Beispielsbetriebes

Flächenausstattung

Betriebsflächen	Eigentum ha	Zupacht ha	Verpacht ha	Insgesamt ha	Bemerkungen
Ackerfläche	60	40	0	100	Pachtpreis 300 €/ha
Dauergrünland	10			10	
Obstflächen					
Summe LF	70	40		110	
Hoffläche	1,5			1,5	
Summe Betriebsfläche	71,5	40		111,5	

Arbeitskapazitäten

Ständige Personen	Alter (Jahre)	AK
Betriebsleiter	55	1
Sohn	23	1
Summe		2

Arbeitskapazität nach Zeitspannen

Zeitspanne		FB	HH	GE	HE	Jahr
verfügbare Feldarbeitstage	Tage	35	43	53	53	
Arbeitsstunden je Tag	AKh/AK und Tag	10	10	10	10	
AKh insgesamt	AKh	700	860	1060	1060	4600
AKh für Verwaltung etc.	AKh/Tag	2	2	2	2	
	AKh	70	86	106	106	500
verfügbare AKh	AKh	630	774	954	954	4100

FB = Frühjahrsbestellung, HH = Hackfruchtpflege-Heuernte, GE = Getreideernte, HE = Hackfruchternte

Stallplatzkapazitäten

Nutzungsart	Einheit	Anzahl
Milchkühe	Plätze	40
Zuchtsauen	Plätze	40
Mastschweine	Plätze	300

Lieferrechte

Produkt	Einheit	Menge
Milchquote	kg	280000
Zuckerrübenkontigent	dt	3000

Im nächsten Schritt werden die im Betrieb derzeit durchgeführten und zukünftig in Betracht kommenden **Produktionsverfahren** definiert. (Wir fassen also die Schritte 1.3 und 3 in der Abbildung 4.2 zusammen). Die einzelnen Produktionsverfahren des Beispielbetriebes mit ihren Leistungen und variablen Spezialkosten sowie ihren Faktoransprüchen und -lieferungen sind in Tabellen 4.8 und 4.9 aufgelistet.

Die Definition der Verfahren soll beispielhaft an Hand des Verfahrens »1 ha Winterweizen Marktware« erläutert werden.

Wichtig ist dabei, dass sämtliche Größen auf die jeweilige **Planungseinheit** bezogen werden (hier: 1 ha).

Zuerst wird das realisierbare **Ertragsniveau** ermittelt. Dabei greift der Planer möglichst auf die Aufzeichnungen und Erfahrungen des Landwirts zurück. Im Beispiel wird der erzielbare Ertrag des Winterweizens auf 80 dt je ha festgelegt (siehe Tab. 4.8). Der erzielbare **Produktpreis** beträgt 12 € je dt, was zu einem Erlös von insgesamt 960 € je ha führt. Eine Flächenprämie wurde nicht berücksichtigt, da sie unabhängig von der Produktion gewährt wird.

Im nächsten Schritt sind die **variablen Spezialkosten** aus den jeweiligen Einsatzmengen und den Produktionsmittelpreisen zu bestimmen. Die **Saatgutkosten** resultieren aus einer gesamten Saatgutmenge von 180 kg, wobei unterstellt wurde, dass die Hälfte des Saatgutes aus eigenem Nachbau kommt und die andere Hälfte zugekauft wird. Das Zukaufssaatgut kostet 38 €/dt und für das eigene Saatgut wurde ein Preis von 22 €/dt festgelegt. Daraus ergeben sich Saatgutkosten von (0,9 dt × 22 €/dt + 0,9 dt × 38 €/dt =) 54 € je Hektar. Hinzu kommt noch eine Nachbaugebühr von 2 €/ha, so dass Saatgut insgesamt 56 € je ha kostet.

Die **Düngerkosten** von insgesamt 187,50 €/ha setzen sich zusammen aus

180 kg	Stickstoff je ha	× 0,6	€/kg	Reinnährstoff =	108,00 €/ha
75 kg	Phosphor je ha	× 0,51	€/kg	Reinnährstoff =	38,25 €/ha
135 kg	Kalium je ha	× 0,25	€/kg	Reinnährstoff =	33,75 €/ha und
300 kg	Kalk je ha	× 0,025	€/kg	Reinnährstoff =	7,50 €/ha.

Für die Bestimmung der **Pflanzenschutzmittelkosten** wurde von einer mittleren Aufwandsstufe ausgegangen und der in Tabelle 4.10 dargestellte Einsatz von Herbiziden, Fungiziden, Insektiziden und Wachstumsreglern unterstellt.

Die **variablen Maschinenkosten** von insgesamt 160 € je ha ergeben sich aus den einzelnen Arbeitsgängen mit dem entsprechenden Maschineneinsatz und den jeweiligen variablen Kosten (Treib- und Schmierstoffe, Reparaturen für Schlepper, Maschinen und Geräte). Je nach Schlaggröße und Feld-Hof-Entfernung ergeben sich unterschiedliche Arbeitszeitbedarfswerte für die einzelnen Arbeitsgänge. Im vorliegenden Beispiel wurde eine Schlaggröße von 5 ha sowie eine durchschnittliche Feld-Hof-Entfernung von 2 km unterstellt (Tab. 4.11).

Für die **Kosten der Trocknung** wurde eine betriebseigene Satztrocknungsanlage mit einer Leistung von 2 t/h zu Grunde gelegt. Bei einer Erntefeuchte von durchschnittlich 18 % für rund 25 % der geernteten Menge ergeben sich bei Trocknungskosten von 5 €/t und einem Ertrag von 80 dt je ha Trocknungskosten von insgesamt 10 €/ha (= 8 t/ha × 25 % × 5 €/t).

Beispiel für die Definition eines Produktionsverfahrens

Tab. 4.7.

Ermittlung der Fest- und Gemeinkosten	
Kostenart	**Ist-Betrieb** **€**
Arbeitskräfte	
Löhne Fremd-AK	0
Arbeitgeberanteil	0
Berufsgenossenschaft	3 300
Summe Arbeitskräfte	**3 300**
Maschinen	
Abschreibung Maschinen	22 000
Unterhaltung Maschinen*	
Maschinen-Miete*	
Betriebsanteil PKW	5 000
Treib- und Schmierstoffe*	
Summe Maschinen	**27 000**
Gebäude	
Abschreibung Wohngebäude	3 000
Unterhaltung Wohngebäude	1 500
Abschreibung Wirtschaftsgebäude	6 600
Unterhaltung Wirtschaftsgebäude	5 500
Summe Gebäude	**16 600**
Allgemeine Betriebsversicherungen	7 700
Betriebssteuern und Abgaben	4 000
Energie, Wasser*	
Buchführung, Steuerberater	1 000
Kammerumlage	700
Sonstige Kosten	2 000
Summe	**15 400**
Fest- und Gemeinkosten gesamt	**62 300**

* sofern nicht in den Deckungsbeiträgen berücksichtigt

Pacht	12 000
Fremdkapitalzinsen	3 000

Die Prämie für die **Hagelversicherung** beträgt im Beispiel 9,6 €/ha (= 1 % des Markterlöses). Unter der Position **»sonstige Kosten«** sind die Kosten für die Bodenuntersuchung (N_{min}-Untersuchung, sonstige Nährstoffanalysen) zusammengefasst. Sie betragen insgesamt 10 €/ha.

Addiert man alle genannten Positionen der variablen Kosten, erhält man die gesamten variablen Kosten in Höhe von 597 €/ha. Bei einer Leistung von 960 €/ha ergibt sich daraus ein **Deckungsbeitrag** von 363 €/ha (= 960 €/ha – 597 €/ha).

Im Gegensatz zur Berechnung der Deckungsbeiträge in Kapitel 4.1 wurde hier auf die Berücksichtigung des Zinsanspruches für das Umlaufkapital als Position der variablen Kosten verzichtet. Das hat einen einfachen pragmatischen Grund: Würden wir den Zinsansatz für das Umlaufkapital bei den Deckungsbeiträgen berücksichtigen, müssten wir ihn nachher, wenn wir vom Gesamtdeckungsbeitrag zum Gewinn weiterrechnen, wieder dazu zählen. Diese »Arbeit« wollen wir vermeiden, zumal die Vergleichbarkeit der Deckungsbeiträge der Verfahren dadurch kaum beeinträchtigt wird.

Kalkulatorische Zinskosten für das Umlaufkapital im Deckungsbeitrag nicht berücksichtigt

Ergänzend zum Deckungsbeitrag sind mit Blick auf die weitere Planung in den Tabellen 4.8 und 4.9 die **Faktoransprüche und -lieferungen** wiedergegeben. Im einzelnen wurden hier berücksichtigt: die Ansprüche an Ackerfläche, an Arbeit (differenziert nach den Zeitspannen Frühjahrsbestellung (FB) und Hackfruchternte (HE), in denen die Arbeit knapp werden könnte) sowie die Lieferung von Grundfutter und Futtergetreide für das Getreide, das innerbetrieblich in der Tierhaltung eingesetzt wird. Obwohl in den Produktionsverfahren »Winterweizen Futterware«, »Wintergerste« und »Hafer« im Fall der Verfütterung kein Verkaufserlös erzielt werden kann, wurde dennoch mit ihm gerechnet. Entsprechend wurden bei den Verfahren der Tierhaltung die Kosten des Kraftfuttereinsatzes bereits im Deckungsbeitrag berücksichtigt. Es wird also unterstellt, dass das Kraftfutter zum innerbetrieblichen Verrechnungspreis von der Pflanzenproduktion an die Tierhaltung verkauft wird. Ebenso gut könnten wir Produktionsverfahren definieren, die in der Pflanzenproduktion den Verkaufserlös und in der Tierhaltung die Kosten für innerbetrieblich erzeugtes Kraftfutter unberücksichtigt lassen – in der Gesamtbetrachtung macht dies keinen Unterschied.

Die für das Verfahren Winterweizen beschriebene Vorgehensweise zur Definition der Produktionsverfahren gilt entsprechend für die anderen Verfahren der pflanzlichen und tierischen Produktion. Das heißt: Ausgehend von den vorhandenen Daten über die jeweiligen Leistungen und die entsprechenden Faktoreinsatzmengen der Verfahren werden diese naturalen Größen mit Hilfe der jeweiligen Produkt- und Produktionsmittelpreise bewertet und in Leistungen und Kosten verwandelt. Dabei werden lediglich die variablen Faktoren (Betriebsmittel) bewertet, während die Einsatzmengen an fixen Produktionsfaktoren (z. B. Fläche oder Arbeit) als naturale Größen in Form der Faktoransprüche wiedergegeben werden.

Darüber hinaus werden **Leistungen, die nur innerhalb des Betriebes Verwendung finden** können, als Faktorlieferungen in naturalen Größen formuliert (z. B. Grundfutter aus Silomais). Alternativ zu dieser Darstellung von Faktorlieferungen in naturalen Größen ist es auch möglich, sie bereits

Tab. 4.8.

Produktionsverfahren der pflanzlichen Produktion des Beispielsbetriebes

Produktionsverfahren	Einheit	Winter-weizen Markt-ware	Winter-weizen Futter-ware	Winter-gerste	Hafer	Zucker-rüben	Speise-kartoffeln	Winter-raps	Silomais	Flächen-still-legung	Grünland-nutzung Grassilage
		1 ha	1 ha	1 ha	1 ha	1 ha	1 ha	1 ha	1 ha	1 ha	1 ha
Leistungen											
Ertrag	dt/ha	80	90	90	60	550	450	35	350		350
Produktpreis	€/dt	12	11	10	10	5	8	23			
Erlös	€/ha	960	945	855	600	2 475	3 600	805			
Leistungen	**€/ha**	**960**	**945**	**855**	**600**	**2 475**	**3 600**	**805**			
variable Spezialkosten											
Saatgut	€/ha	54	56	50	52	175	800	50	160	25	17
Düngung											
N	€/ha	108	119	96	54	90	90	102	90		106
P	€/ha	38	43	43	23	43	43	33	33		80
K	€/ha	34	35	35	30	90	66	43	43		50
Ca	€/ha	8	8	8	8	8	8	8	8	8	25
gesamt	€/ha	188	205	182	115	231	207	186	174	8	261
Pflanzenschutz	€/ha	165	165	135	45	265	235	90	125		24
variable Maschinenkosten	€/ha	160	165	160	140	245	430	145	195	45	329
Lohnmaschinen	€/ha					250					
Trocknung	€/ha	10	12	13	5		36	17			
Versicherung	€/ha	10	10	9	6	25	36	8			
Sonstiges	€/ha	10	9	9	6	25		8	52		40
Summe var. Spezialkosten	**€/ha**	**597**	**622**	**558**	**369**	**1 216**	**1 744**	**504**	**706**	**78**	**671**
Deckungsbeitrag	**€/ha**	**363**	**323**	**297**	**231**	**1 259**	**1 856**	**301**	**−706**	**−78**	**−671**

Faktoransprüche/-lieferung

Arbeit

FB	AKh/ha	0,8	0,8	0,8	1,4	2	3	0,8	3,5	1	1,5
HE	AKh/ha	3	3	2	0,5	4	22		15	1	4,1
Jahr gesamt	AKh/ha	10	10,5	10,2	7,5	18	29	9,5	20	3	21,1
Futtergetreide	dt TS	77,4	77,4		51,6						
Grundfutter	MJ NEL					550					
Zuckerrübenkontingent	dt								60 000		52 000

Faktorverwertung (Deckungsbeitrag je Einheit des knappen Faktors)

Ackerfläche	€/ha	363	323	297	231	1259	1856	301	-706	-78	
Rangfolge		3	4	6	7	2	1	5	9	8	

Arbeit

FB	€/AKh	454	404	371	165	630	619	376	-202	-78	-447
Rangfolge		3	4	6	7	1	2	5	9	8	10
HE	€/AKh	121	108	149	462	315	84	1a	-47	-78	-164
Rangfolge		4	5	3	1	2	6	7	7	8	9
Jahr gesamt	€/AKh	36	31	29	31	70	64	32	-35	-26	-32
Rangfolge		3	5	6	5	1	2	4	9	7	8

Tab. 4.9.

Produktionsverfahren der tierischen Produktion des Beispielbetriebes				
Produktionsverfahren	**Einheit**	**Milchkuh**	**Zuchtsau**	**Mastschwein**
		7000 kg	20 Ferkel	700 g tZ
Nutzungs- bzw. Mastdauer		4 Jahre	3 Jahre	137 Tage
Einheit		1 Tier	1 Tier	1 Tier
Leistung	kg; Stück	7000	20	95
Produktpreis	€/kg, €/Stück	0,30	50	1,45
Erlös	€/Einheit	2100	1000	137,8
Alttier	€/Einheit	100	65	
Kalb	€/Einheit	60		
Düngerwert	€/Einheit	102	34	4
Leistungen	**€/Einheit**	**2362**	**1099**	**142**
variable Spezialkosten				
Bestandsergänzung	€/Einheit	300	85	50,0
Kraftfutter	€/Einheit	320	400	52,0
Mineralfutter	€/Einheit	10		
Besamung, Tierarzt etc.	€/Einheit	130	80	2,5
Beiträge, Gebühren, Versicherung	€/Einheit	35	25	3,0
variable Maschinenkosten	€/Einheit	10	12	1,5
Strom, Wasser etc.	€/Einheit	100	95	3,5
Summe var. Spezialkosten	**€/Einheit**	**905**	**697**	**112,5**
Deckungsbeitrag	**€/Einheit**	**1457**	**402**	**29,5**
Faktoransprüche/-lieferung				
Arbeit				
FB	AKh/Einheit	3,8	1,8	0,09
HE	AKh/Einheit	5,7	2,7	0,13
Jahr gesamt	AKh/Einheit	39,5	18,3	0,3
Futtergetreide	dt TS	6,3	4,7	1,26
Grundfutter	MJ NEL	27000		
Milchquote	kg/Einheit	7000		
Stallplätze	Plätze/Einheit	1	1	0,38

Berücksichtigung innerbetrieblicher Leistungen

bei der Berechnung der Leistungen eines Produktionsverfahrens monetär zu bewerten und zu berücksichtigen.

In unserem Beispiel haben wir dies bei den Verfahren der Tierproduktion für die Lieferung des organischen Düngers getan und einen Düngerwert berechnet. Bei der Bewertung von Leistungen muss man unterschei-

Tab. 4.9.

Produktionsverfahren der tierischen Produktion des Beispielbetriebes (Fortsetzung)				
Faktorverwertung (Deckungsbeitrag je Einheit des knappen Faktors)				
Arbeit				
FB	€/AKh	384	229	337
Rangfolge		1	3	2
HE	€/AKh	254	152	222
Rangfolge		1	3	2
Jahr gesamt	€/AKh	37	22	89
Rangfolge		2	3	1

den, ob es für sie einen Markt gibt (etwa bei Getreide) oder ob dies nicht der Fall ist (wie z. B. bei Gülle). Man unterscheidet in marktfähige und nicht **marktfähige** Leistungen. Für die Bewertung von **nichtmarktfähigen Leistungen** gibt es mehrere Wertansätze (vgl. Kasten 4.4).

Kasten 4.4
Bewertung marktfähiger und nicht marktfähiger Leistungen

Marktfähige Leistungen: Der Wert marktfähiger Leistungen errechnet sich aus dem Produkt von Naturalertrag/-leistung und Marktpreis je Einheit.

Nichtmarktfähige Leistungen: Der Wert nichtmarktfähiger Leistungen wird als Betriebswert je nach betrieblicher Situation folgendermaßen abgeleitet:

- Aus dem Wert eines Produktes, das mit Hilfe der nichtmarktfähigen Leistung hergestellt werden kann (Beispiel: Bewertung von Silomais über die Verwertung in der Milchproduktion). Diesen Wert bezeichnet man als **Veredlungswert**.
  Er entspricht dem Wert des Grenzertrages oder – vereinfacht ausgedrückt – dem Deckungsbeitrag des Veredlungsverfahrens bezogen auf die Einheit des zu bewertenden Produktes.
- Aus den Kosten (oder dem Wert) eines Produktes, das das zu bewertende Produkt wirkungsgleich ersetzen kann.

Die so abgeleiteten Werte werden auch als **Substitutionswerte** bezeichnet und lassen sich auf verschiedene Weise errechnen als

- **Relativer Verkaufswert**, d. h. die Kosten eines marktfähigen Produktes, das der Betrieb bisher ganz oder teilweise verkauft hat und das die nichtmarktfähige Leistung wirkungsgleich ersetzen kann,
- **Relativer Zukaufswert**, d. h. die Kosten für ein am Markt erhältliches Produktionsmittel, das die nichtmarktfähige Leistung wirkungsgleich ersetzen kann,
- **Ersatzkostenwert**, d. h. die zusätzlichen Kosten eines im eigenen Betrieb herzustellenden Produktes, das die nichtmarktfähige Leistung wirkungsgleich ersetzen kann.

Marktfähige und nicht marktfähige Leistungen

Veredlungswerte

Substitutionswerte

Relativer Verkaufswert

Relativer Zukaufswert

Ersatzkostenwert

Tab. 4.10.

Einsatz von Pflanzenschutzmitteln für 1 ha Winterweizen im Beispielbetrieb

Kategorie	Mittel	Aufwandmenge l/ha bzw. kg/ha	Preis €/kg; €/l	Kosten €/ha
Herbizide	Herold	0,3	114	34,20
	Starane +	0,5	18	9,00
	Duplosan KV	1	20	20,00
Fungizide	Juwel Forte	0,5	67,40	33,70
	Amistar +	0,5	61,00	30,50
	Gladio	0,4	49,5	19,80
Insektizide	Karate Zeon	0,085	144,00	12,24
Wachstumsregler	CCC	1,0 + 0,4	4	5,60
Summe				**165,04**

Tab. 4.11.

Variable Maschinenkosten für das Verfahren Winterweizen-Marktware

Arbeitsgang	Schlepper Typ	var. Kosten €/Sh; €/t	Gerät Typ	Einsatzeigenschaft	var. Kosten €/ha; €/t	je Arbeitsgang AKh	Zahl der Abeitsgänge Anzahl	gesamt AKh	variable Kosten gesamt €/ha
Pflügen	103 kW, Allrad	13,86	Pflug + Packer	1,75 m	15,08	1,37	1	1,37	34,07
Bestellung	66 kW, Allrad	10,32	Kreiselegge + Drillmaschine	3 m	9,74	0,99	1	0,99	19,96
Düngung	66 kW, Allrad	10,32	Düngerstreuer	0,6 t/ha	1,39	0,1	3	0,30	7,27
Pflanzenschutz	66 kW, Allrad	10,32	Feldspritze	24 m, 3000 l, 300 l/ha	0,58	0,16	7	1,12	15,62
Ernte	Mähdrescher	36,22		5 m		1,04	1	1,04	37,67
Transport, Einlagerung	66 kW, Allrad	10,32	3-Seitenkipper	14 t Nutzlast	0,62	0,1423	8	1,14	16,71
Stoppelbearbeitung	103 kW, Allrad	13,86	Scheibenegge	4 m	7,54	0,48	2	0,96	28,39
Summe								**6,92**	**159,67**

Je nach betrieblicher Situation können für eine Leistung mehrere dieser Wertansätze ermittelt werden, so dass dann der relevante, für die betriebliche Situation maßgebliche Wert auszuwählen ist. Die Auswahl erfolgt in 3 Stufen:

1. Aus den errechneten Veredlungswerten wird
   a) der niedrigste ausgewählt, wenn die Verfahren mit den höchsten Veredlungswerten sich nicht weiter ausdehnen lassen, oder
   b) der höchste ausgewählt, wenn sich dieses Verfahren, weiter ausdehnen läßt.
2. Aus den möglichen Substitutionswerten ist immer der niedrigste auszuwählen.
3. Aus den bereits ausgewählten Veredlungswerten und den ausgewählten Substitutionswerten ist der niedrigere Wert für die Bewertung relevant.

Auswahl des relevanten Werts

Für die Berechnung des **Düngerwertes** der tierischen Produktionsverfahren setzen wir in unserem Beispiel den **relativen Zukaufswert** an.

Mit anderen Worten: Wir leiten die Leistung der Düngerlieferung der tierischen Produktionsverfahren gedanklich aus den eingesparten Kosten für den Zukauf von mineralischem Dünger ab. Für das Verfahren Milchkuh errechnet sich der Wert wie folgt: Eine Milchkuh liefert über Mist bzw. Gülle im Jahr 80 kg Stickstoff, 40 kg Phosphor und 135 kg Kalium. Mit den Preisen je kg Reinnährstoff bewertet ergibt sich:

Düngerwert ergibt sich aus dem relativen Zukaufswert

```
80 kg Stickstoff × 0,60 €/kg Reinnährstoff  =   48,00 €/Kuh
40 kg Phosphor × 0,51 €/kg Reinnährstoff    =   20,40 €/Kuh
135 kg Kalium × 0,25 €/kg Reinnährstoff     =   33,75 €/Kuh
─────────────────────────────────────────────────────────
Düngerwert gesamt                              102,15 €/Kuh
```

Die Tabellen 4.8 und 4.9 zeigen in ihren unteren Teilen die relative Vorzüglichkeit der einzelnen Produktionsverfahren hinsichtlich der **Verwertung der fixen Produktionsfaktoren**. Der Deckungsbeitrag des Verfahrens wird durch den jeweiligen Anspruch an den fixen Faktor dividiert – auf diese Weise wird die **innerbetriebliche Wettbewerbskraft** der einzelnen Verfahren dargestellt (vgl. Kapitel 4.1).

Im Beispiel wurde die relative Vorzüglichkeit der Verfahren für die Produktionsfaktoren Ackerfläche sowie Arbeit nach den Zeitspannen FB und HE und für das Jahr gesamt ermittelt. Entsprechend der Höhe des Deckungsbeitrages je Einheit des knappen Faktors ergibt sich eine Rangfolge. Es zeigt sich, dass der Anbau von 1 ha Kartoffeln mit einem Deckungsbeitrag von 1 857 € je ha die Ackerfläche am besten verwertet. Zweitbestes Verfahren sind im Beispiel die Zuckerrüben mit einem Deckungsbeitrag von 1 261 € je ha, gefolgt von Winterweizen (Marktware) mit 363 €/ha. Wenn im Beispielbetrieb also nur die Fläche knapp wäre, sollte der Landwirt seinen Kartoffelanbau soweit wie möglich ausdehnen. Anschließend käme die Zuckerrübe zum Zug, bis das Kontingent ausgeschöpft wäre und schließlich der Weizen.

Betrachten wir allerdings, wie die einzelnen Produktionsverfahren die Arbeitszeit verwerten – z. B. in der knappen Zeitspanne HE – dann sehen die

Ermittlung der Wettbewerbsmaßstäbe

Tab. 4.12.

Zusammenstellung der Produktionsverfahren – Ist-Organisation –

1	Einheit (2)	Kapazitäten (3)	1 ha W-Weizen Marktware (4)	1 ha W-Weizen Futterware (5)	1 ha W-Gerste (6)	1 ha Hafer (7)	1 ha Zuckerrüben (8)	1 ha Speisekartoffeln (9)	1 ha Winterraps (10)	1 ha Silomais (11)	1 ha Flächen-stillegung (12)	1 ha Grünland-nutzung Grassilage (13)	1 Milchkuh (14)	1 Zuchtsau (15)	1 Mastschwein (16)	Gesamtdeckungsbei-trag/Restkapazitäten (17)
Umfang	ha, Stück		35	20	5	2,2	5	2,8	10	10	10	10	40	40	800	
Deckungsbeitrag	€/ha bzw. Stück		363	323	297	232	1261	1857	302	−705	−78	−671	1457	402	29,5	
	€ gesamt		12707	6462	1485	510	6303	5199	3024	−7045	−775	−6710	58286	16065	23585	119095
Flächenbilanz																
Ackerfläche	ha	100	−35	−20	−5	−2,2	−5	−2,8	−10	−10	−10					
Getreide max	ha	66	−35	−20	−5	−2,2										3,8
Raps max	ha	20							−10							10
Kartoffeln max	ha	10						−2,8								7,2
Grünland	ha	10										−10				
Arbeitszeitbilanz																
FB	AKh	630	−28	−16	−4,0	−3,1	−10	−8,4	−8	−35	−10	−15	−151,7	−70	−70	200,9
HE	AKh	954	−105	−60	−10,0	−1,1	−20	−61,6	0	−150	−10	−41	−229,7	−106	−106	53,6
gesamt	AKh	4100	−350	−210	−51,0	−16,5	−90	−81,2	−95	−200	−30	−211	−1581,7	−730	−266	187,6
Stallplätze																
Milchvieh	Stück	40											−40			
Zuchtsauen	Stück	40												−40		
Mastschweine	Stück	300													−300	
Lieferrechte																
Zuckerrübenkontingent	dt	2750					−2750									
Milchkontingent	kg	280000											−280000			
Futterbilanz																
Grundfutter	MJ NEL									600000		520000	−1080000			40000
Futtergetreide	dt TS			1548	387	113,5							−251,1	−188,3	−1006,5	602,5
Ferkel	Stück													800	−800	

Verhältnisse anders aus. Getreide und Raps beanspruchen in dieser Zeitspanne viel weniger Arbeitszeit als Kartoffeln. Angesichts der knappen Arbeitszeit ist es also sinnvoll, Raps oder Getreide in die Betriebsorganisation aufzunehmen. Ganz vorn liegt hier der Hafer, gefolgt von Zuckerrüben, Wintergerste und Winterweizen. Die Kartoffeln liegen hier nur an sechster Stelle.

Aus diesem Beispiel wird deutlich: Es kommt darauf an, welcher Produktionsfaktor knapp ist, wenn wir die optimale Kombination von Produktionsverfahren berechnen wollen.

Allerdings gilt eine **Einschränkung bei Verfahren, deren Leistungen praktisch nur innerbetrieblich verwendet werden** (wie z. B. Silomais).

Sie stehen weit hinten in der Rangliste, aber die Aussagekraft ihres »Listenplatzes« ist gering. Wie das Beispiel zeigt, verwertet der Anbau von Silomais mit einem negativen Deckungsbeitrag (variablen Kosten) von 705 € je ha die Ackerfläche am schlechtesten (Platz 9 in der Rangliste). In dieser DB-Rechnung sind nur Kosten, aber noch keine Leistungen enthalten. Silomais bringt im Beispiel 60 000 MJ NEL Energie, die als Grundfutter in der Milchviehhaltung eingesetzt werden können. Demzufolge könnte die Verwertung der Fläche durch Silomais korrekterweise erst durch eine **Zusammenfassung der Produktionsverfahren Silomais und Milchkuhhaltung** dargestellt werden. Diese Zusammenfassung (auch **Aggregation** genannt) würde allerdings die Flexibilität für weitere von der Ist-Organisation stark abweichende Betriebspläne einschränken und zudem wäre es sehr aufwendig, alle Aggregationsmöglichkeiten zu berücksichtigen. Deshalb verzichten wir auf die Aggregation und berücksichtigen statt dessen die eingeschränkte Aussagekraft der Wettbewerbsmaßstäbe bei der weiteren Planung. Schließlich sollen die Faktorverwertungen bei der Erstellung von Betriebsvoranschlägen nicht mehr als eine Orientierungshilfe für die Wahl der Produktionsverfahren geben.

Sind nun die einzelnen Produktionsverfahren definiert und zusammengestellt, wird im nächsten Schritt die Ist-Organisation berechnet. Sie dient als Grundlage für die Planung alternativer Betriebsorganisationen bzw. Betriebspläne.

Hierzu wird eine **Tabelle erstellt**, in der die möglichen Produktionsverfahren spaltenweise und die vorhandenen Kapazitäten sowie weitere mögliche Beschränkungen zeilenweise dargestellt werden (Tab. 4.12).

In der ersten Spalte finden sich die Kapazitäten und Beschränkungen. In der zweiten Spalte wird die jeweilige Einheit definiert (ha, AKh etc.) und in der dritten Spalte wird der Umfang der vorhandenen Kapazitäten wiedergegeben.

Im nächsten Schritt werden weitere Beschränkungen eingeführt. Damit stellen wir sicher, dass in allen Planungsvarianten der Bedarf an Produktionsfaktoren auch tatsächlich gedeckt wird. In unserem Beispiel gibt der Betriebsleiter aus seinen Erfahrungen und Vorstellungen heraus folgende **weitere Beschränkungen** vor:

- Aus **Fruchtfolgegründen** kann er auf derselben Fläche in maximal 2 von 3 Jahren Getreide, maximal alle 5 Jahre Raps und maximal alle 10 Jahre Kartoffeln anbauen. Für die vorhandene Ackerfläche bedeutet dies: Die Fruchtfolge »verträgt« höchstens 66 ha Getreide, 20 ha Raps und 10 ha Kartoffeln.
- Um sicherzustellen, dass der **Futterbedarf** der Produktionsverfahren der tierischen Produktion gedeckt wird, werden Beschränkungen hinsichtlich des **Grundfutters** (in MJ NEL = Mega Joule Netto-Energie-Laktation) und des Futtergetreides (in dt TS) eingeführt. Letzteres deshalb,

Wettbewerbsmaßstäbe sind für innerbetriebliche Leistungen nicht aussagekräftig

Berechnung des Deckungsbeitrags und der Restkapazitäten

Tableau der Ist-Organisation

weil der Betriebsleiter rund 50 % des Bedarfs an Futtergetreide (Kraftfutter) durch eigenes Getreide decken will. Da es sich hier um eine innerbetriebliche Leistungsverflechtung handelt, wird hier in der Spalte **»Kapazitäten« der Wert 0** eingetragen.

- Eine weitere Beschränkung stellt die Anzahl der **Ferkel** dar. In diesem Fall handelt es sich ebenfalls um eine betriebsspezifische Beschränkung, da der Betriebsleiter ausschließlich eigene Ferkel mästen will (»geschlossenes System«). Aus diesem Grund beträgt die verfügbare Kapazität ebenfalls 0, da die Ferkel für die Mast erst durch die Zuchtsauenhaltung bereitgestellt werden müssen. Anders ausgedrückt. Der Bedarf des Verfahrens »Schweinemast« an Ferkeln kann nur über das Verfahren »Zuchtsauen« gedeckt werden.

Für die Darstellung der Produktionsverfahren in den Spalten 4 bis 16 wird in der ersten Zeile die **Bezeichnung der Verfahren** bezogen auf die Planungseinheit formuliert. In der zweiten Zeile wird der **Umfang des Produktionsverfahrens** dargestellt, das in der Ist-Organisation und im jeweiligen Betriebsplan realisiert ist. In der dritten Zeile wird der **Deckungsbeitrag je Planungseinheit** als Orientierungsgröße nochmals wiedergegeben. Schließlich ist in der vierten Zeile der **Deckungsbeitrag** enthalten, der sich für den Umfang des Verfahrens im Betrieb ergibt.

In den folgenden Zeilen werden alle **Ansprüche und Lieferungen** an die vorhandenen Kapazitäten oder Beschränkungen eingetragen, die sich aus dem Umfang der Verfahren ergeben. Für die Formulierung gilt dabei folgendes: Ein Bedarf oder Anspruch an einen knappen Produktionsfaktor bzw. eine Beschränkung erhalten ein negatives Vorzeichen.

Ansprüche erhalten ein negatives Vorzeichen, Lieferungen ein positives

Umgekehrt erhalten eine Lieferung oder eine Bedarfsdeckung ein positives Vorzeichen.

In der letzten Spalte der Tabelle wird der **Gesamtdeckungsbeitrag** der geplanten Organisation ausgewiesen sowie die vorhandene **Restkapazität** an fixen Produktionsfaktoren oder sonstigen Beschränkungen. Der Gesamtdeckungsbeitrag errechnet sich aus der Summe der Deckungsbeiträge der einzelnen Verfahren. Die Restkapazitäten werden wie folgt ermittelt: Die jeweiligen Ansprüche oder Lieferungen der Produktionsverfahren werden mit den vorhandenen Kapazitäten (Spalte 3) saldiert.

Für die praktische **Planung** unterschiedlicher Betriebsorganisation bedeutet dies:

Überprüfung der Zielerreichung und Realisierbarkeit der Planung

- Ausgehend vom Ziel der Gewinnmaximierung sollte der Gesamtdeckungsbeitrag so groß wie möglich sein.
- Die Salden einzelner Bilanzen (also Differenz zwischen Bedarf und Bedarfsdeckung oder Anspruch und Lieferung) dürfen auf keinen Fall negativ werden, da ansonsten die vorhandenen Ansprüche an fixe oder knappe Faktoren die Möglichkeiten der Bedarfsdeckung (die Kapazitäten und Faktorlieferungen) überschreiten würden. Folge: Die geplante Organisation wäre in der Praxis nicht realisierbar.

In diesem Zusammenhang lässt der Betriebsvoranschlag allerdings dem Planer etwas Spielraum bei der Planung und Beurteilung der einzelnen Betriebspläne. So kann in der Arbeitsbilanz ein **geringfügig negativer Saldo** noch ausgeglichen werden – wenn beispielsweise einige Arbeitsstunden mehr erbracht werden können als zunächst angenommen.

In jedem Fall geben negative Bilanzsalden wertvolle Hinweise darauf, wo Engpässe in der geplanten Organisation entstehen können. Bei dieser Gelegenheit sollte der Planer nochmals folgenden Fragen nachgehen: Welche Daten habe ich unterstellt, als ich die Produktionskapazitäten ermittelt habe? Und auf der Basis welcher Daten habe ich die Produktionsverfahren errechnet?

Im Folgenden wollen wir die Ist-Organisation des Beispielbetriebes näher analysieren. Wie in Tabelle 4.12 dargestellt, ergibt sich folgende Betriebsorganisation (vgl. Zeile »Umfang«):

35 ha Winterweizen Marktware
20 ha Winterweizen Futterware
5 ha Wintergerste
2,2 ha Hafer
5 ha Zuckerrüben
2,8 ha Speisekartoffeln
10 ha Winterraps
10 ha Silomais
10 ha Flächenstilllegung
10 ha Grünland (Silage)
40 Milchkühe
40 Zuchtsauen
800 Mastschweine

Ist-Organisation des Beispielbetriebes

Mit dieser Betriebsorganisation erwirtschaftet der Landwirt einen **Gesamtdeckungsbeitrag von rund 119 095 €.**

Ein Blick auf die Spalte »Restkapazitäten« zeigt, dass er die vorhandene Ackerfläche voll ausnutzt (Restkapazität = 0), ebenso seine Grünlandfläche, Stallplätze und Kontingente für Milch und Zuckerrüben.

Gesamtdeckungsbeitrag (GDB)

Bei der Arbeit besteht in den Zeitspannen und auf das Jahr gesehen eine »Überkapazität«, die von rund 50 AKh in der Zeitspanne HE bis rund 200 AKh in FB reicht.

Dies ist ein deutlicher Hinweis darauf, dass Flächen und Stallplätze den Betrieb in seiner Entwicklung mehr einschränken als die verfügbare Arbeitskapazität.

Restkapazitäten

Ein Blick auf die Futterbilanz zeigt, dass in der gegenwärtigen Organisation rund 40 000 MJ NEL an Grundfutter zuviel produziert werden. Anders ausgedrückt: Der Betriebsleiter hält eine Futterreserve von 40 000 MJ NEL vor. Das Gleiche gilt für das Futtergetreide: Hier werden 600 dt mehr als zur Fütterung notwendig erzeugt.

Der **Gewinn** des Betriebes errechnet sich aus Gesamtdeckungsbeitrag minus Fest- und Gemeinkosten plus produktionsunabhängige Prämien und sonstige Leistungen.
Für den Beispielbetrieb heißt das:

Gewinn

Gesamtdeckungsbeitrag:	119 095 €
– Festkosten:	62 300 €
– Pacht:	12 000 €
– Fremdkapitalzinsen:	3 000 €
+ Prämien:	33 000 €
+ Zinserträge:	1 000 €
= Gewinn:	75 795 €

Tab. 4.13.

Verbesserung der Betriebsorganisation – Plan 1 (Schritt 1)

1	Einheit	Kapazitäten	1 ha W-Weizen Marktware	1 ha W-Weizen Futterware	1 ha W-Gerste	1 ha Hafer	1 ha Zuckerrüben	1 ha Speisekartoffeln	1 ha Winterraps	1 ha Silomais	1 ha Flächenstilllegung	1 ha Grünlandnutzung Grassilage	1 Milchkuh	1 Zuchtsau	1 Mastschwein	Gesamtdeckungsbeitrag/Restkapazitäten
	2	3	4	5	6	7	8	9	10	11	12	13	14	15	16	17
Umfang	ha, Stück		35	16	5		5	9	10	10	10	10	40	40	800	
Deckungsbeitrag	€/ha bzw. Stück		363	323	297	232	1261	1857	302	−705	−78	−7671	1457	402	29,5	
	€ gesamt		12707	5170	1485		6303	16711	3024	−77045	−7775	−76710	58286	16065	23585	128804
Flächenbilanz																
Ackerfläche	ha	100	−35	−16	−5		−5	−9	−10	−10	−10					
Getreide max	ha	66	−35	−16	−5											10
Raps max	ha	20							−10							10
Kartoffeln max	ha	10						−9								1
Grünland	ha	10										−10				
Arbeitszeitbilanz																
FB	AKh	630	−28	−12,8	−4		−10	−27	−8	−35	−10	−15	−151,7	−70	−70	188,5
HE	AKh	954	−105	−48	−10		−20	−198		−150	−10	−41	−229,7	−106	−106	−69,7
gesamt	AKh	4100	−350	−168	−51		−90	−261	−95	−200	−30	−211	−1581,7	−730	−266	66,3
Stallplätze																
Milchvieh	Stück	40											−40			
Zuchtsauen	Stück	40												−40		
Mastschweine	Stück	300													−300	
Lieferrechte																
Zuckerrübenkontingent	dt	2750					−2750									
Milchkontingent	kg	280000											−280000			
Futterbilanz																
Grundfutter	MJ NEL									600000		520000	−1080000			40000
Futtergetreide	dt TS	1238,4											−251,1	−188,3	−800	−1006,5
Ferkel	Stück	387												800	−800	179,4

Mit einem Gewinn von umgerechnet rund 690 €/ha LF liegt der Betrieb gleichauf mit den guten Betrieben in seiner Region. Das ist eine wichtige Voraussetzung für die nächsten Entwicklungsschritte.

Im nächsten Schritt überlegen wir, wie der Betriebsleiter seinen Gewinn bei gegebenen Kapazitäten weiter steigern kann.

Wie muss seine Betriebsorganisation aussehen, wenn er dieses Ziel erreichen will? Seine Kapazitäten an Ackerfläche und Stallplätzen hat er vollkommen ausgeschöpft – im Gegensatz zur Arbeitskapazität. **So denkt er daran, alle Produktionsverfahren auszudehnen, die das Ackerland besser verwerten.** Da der Betriebsleiter aber in der Tierhaltung nichts ändern will und sein Grünland nur in der Milchkuhhaltung verwerten kann, sucht er nach neuen Verfahren in der pflanzlichen Produktion.

Verbesserung der Betriebsorganisation: Plan 1 (Schritt 1)

Zunächst fällt auf, dass in der Ist-Organisation 2,2 ha **Hafer** angebaut werden (Tab. 4.12). Dieser Hafer bringt zwar 115 dt Futtergetreide sowie die bekannten Fruchtfolgevorteile (»Gesundungsfrucht«). Dennoch steht er mit einem Deckungsbeitrag von 232 €/ha nur an siebter Stelle in der Rangfolge, wenn es um die Flächenverwertung geht.

Hafer und Futterweizen werden eingeschränkt

Außer dem Hafer wird ein weiteres Verfahren mit mäßiger Ackerflächenverwertung realisiert: Der Anbau von **Winterweizen zur Verfütterung** (insgesamt 20 ha).

Es ist nun folgendes zu überlegen: Wie verändert sich der Gesamtdeckungsbeitrag, wenn der Betriebsleiter weniger Futterhafer und Futterweizen anbaut und statt dessen mehr **Speisekartoffeln**?

Dabei soll die Futterbilanz einen positiven Saldo von etwa 200 dt aufweisen. Überschlägig berechnet, würde dies bedeuten: Wenn 2,2 ha Hafer weniger angebaut werden, nimmt die Futterbilanz um 113,5 dt Futtergetreide ab. Ausgehend von 600 dt Überschuss bei der Futtergetreidebilanz können wir also den Futterweizen um rund 4 ha – das sind 310 dt – reduzieren ohne hinsichtlich der Futterbilanz in Schwierigkeiten zu kommen. Für die insgesamt 6,2 ha, die freigesetzt werden, können nun Speisekartoffeln angebaut werden.

Speisekartoffeln werden ausgedehnt

Im Ergebnis würde sich der Gesamtdeckungsbeitrag durch diese Veränderung um rund 9 700 € erhöhen und der Überschuss der Futtergetreidebilanz würde sich um 423 dt verringern. Allerdings sind in diesem ersten Kalkulationsschritt die Auswirkungen auf die Flächen- und Arbeitszeitbilanz nicht berücksichtigt. Wir wollen daher das Ergebnis mit Hilfe des **Betriebsvoranschlages** überprüfen (vgl. Tab. 4.13).

Es zeigt sich, dass durch diese Änderung der **Gesamtdeckungsbeitrag auf 128 804 €** ansteigt und somit der Gewinn des Unternehmers deutlich erhöht werden kann. Dabei weist die Futtergetreidebilanz den gewünschten Überschuss von knapp 180 dt auf. Allerdings fällt auf, dass die Arbeitszeitbilanz in der Zeitspanne HE einen Saldo von – 69,7 AKh aufweist. Mit anderen Worten: Die Bilanz rutscht ins Minus, **die vorhandenen Kapazitäten reichen nicht**, um die Arbeitsspitze zu schaffen. Was tun?

Überprüfung von Plan 1 mit Betriebsvoranschlag

Der Betriebsleiter überlegt, ob er zusammen mit seinem Sohn in der Zeitspanne HE (53 Feldarbeitstage) insgesamt 70 Stunden mehr arbeitet. Umgerechnet auf einen Tag sind dies rund 1,5 Stunden, die er zusammen mit seinem Sohn mehr leisten müsste. Da jetzt schon mit 10 AKh je Tag kalkuliert, **verwirft er diese Möglichkeit** und sucht nach Alternativen.

Tab. 4.14.

Verbesserung der Betriebsorganisation – Plan 1 (Schritt 2)

1	2 Einheit	3 Kapazitäten	4 1 ha W-Weizen Marktware	5 1 ha W-Weizen Futterware	6 1 ha W-Gerste	7 1 ha Hafer	8 1 ha Zuckerrüben	9 1 ha Speisekartoffeln	10 1 ha Winterraps	11 1 ha Silomais	12 1 ha Flächenstilllegung	13 1 ha Grünlandnutzung Grassilage	14 1 Milchkuh	15 1 Zuchtsau	16 1 Mastschwein	17 Gesamtdeckungsbeitrag/Restkapazitäten
Umfang	ha, Stück		35	16	5	232	5	9	10,5	9,5	10	10	40	40	800	
Deckungsbeitrag	€/ha bzw. Stück		363	323	297		1261	1857	302	-705	-78	-671	1457	402	29,5	
	€ gesamt		12707	5170	1485		6303	16711	3175	-6693	-775	-6710	58286	16065	23585	129307
Flächenbilanz																
Ackerfläche	ha	100	-35	-16	-5		-5	-9	-10,5	-9,5	-10					
Getreide max	ha	66	-35	-16	-5											10
Raps max	ha	20							-10,5							9,5
Kartoffeln max	ha	10						-9								1
Grünland	ha	10										-10				
Arbeitszeitbilanz																
FB	AKh	630	-28	-12,8	-4		-10	-27	-8,4	-33,3	-10	-15	-151,7	-70	-70	189,9
HE	AKh	954	-105	-48	-10		-20	-198		-142,5	-10	-41	-229,7	-106	-106	-62,2
gesamt	AKh	4100	-350	-168	-51		-90	-261	-99,8	-190,0	-30	-211	-1581,7	-730	-266	71,6
Stallplätze																
Milchvieh	Stück	40											-40			
Zuchtsauen	Stück	40												-40		
Mastschweine	Stück	300													-300	
Lieferrechte																
Zuckerrübenkontingent	dt	2750					-2750									
Milchkontingent	kg	280000											-280000			
Futterbilanz																
Grundfutter	MJ NEL									570000		520000	-1080000			10000
Futtergetreide	dt TS	1238,4											-251,1	-188,3	-1006,5	179,4
Ferkel	Stück	387												800	-800	-800

Tab. 4.15.

Verbesserung der Betriebsorganisation – Plan 1 (Schritt 3)

1	Einheit	Kapazitäten	1 ha W-Weizen Marktware	1 ha W-Weizen Futterware	1 ha W-Gerste	1 ha Hafer	1 ha Zuckerrüben	1 ha Speisekartoffeln	1 ha Winterraps	1 ha Silomais	1 ha Flächenstilllegung	1 ha Grünlandnutzung Grassilage	1 Milchkuh	1 Zuchtsau	1 Mastschwein	Gesamtdeckungsbeitrag/Restkapazitäten
2	2	3	4	5	6	7	8	9	10	11	12	13	14	15	16	17
Umfang	ha, Stück		35	16	5				13,5	9,5	10	10	40	40	800	
Deckungsbeitrag	€/ha bzw. Stück		363	323	297	232	1261	1857	302	−705	−78	−671	1457	402	29,5	
	€ gesamt		12707	5170	1485		6303	11141	4082	−6693	−775	−6710	58286	16065	23585	124644
Flächenbilanz																
Ackerfläche	ha	100	−35	−16	−5		−5	−6	−13,5	−9,5	−10					
Getreide max	ha	66	−35	−16	−5											10
Raps max	ha	20							−13,5							6,5
Kartoffeln max	ha	10						−6								4,0
Grünland	ha	10										−10				
Arbeitszeitbilanz																
FB	AKh	630	−28	−12,8	−4		−10	−18	−10,8	−33,3	−10	−15	−151,7	−70	−70	196,5
HE	AKh	954	−105	−48	−10		−20	−132		−142,5	−10	−41	−229,7	−106	−106	3,8
gesamt	AKh	4100	−350	−168	−51		−90	−174	−128,3	−190	−30	−211	−1581,7	−730	−266	130,1
Stallplätze																
Milchvieh	Stück	40											−40			
Zuchtsauen	Stück	40												−40		
Mastschweine	Stück	300													−300	
Lieferrechte																
Zuckerrübenkontingent	dt	2750					−2750									
Milchkontingent	kg	280000											−280000			
Futterbilanz																
Grundfutter	MJ NEL									570000		520000	−1080000			10000
Futtergetreide	dt TS			1238,4	387								−251,1	−188,3	−1006,5	179,4
Ferkel	Stück													800	−800	

Plan 1 lässt sich so nicht realisieren

Plan 1 (Schritt 2): Silomais eingeschränkt, Winterraps ausgedehnt

Plan 1 läßt sich so nicht realisieren

Plan 1 (Schritt 3): Speisekartoffeln eingeschränkt, Winterraps ausgedehnt

Plan 1 lässt sich realisieren

Plan 2: 9 ha Speisekartoffeln und Saison-Arbeitskraft

Zusätzliche Lohnkosten

Zusätzliche Kapitalkosten

Seine nächste Idee ist es, den Silomaisanbau einzuschränken – schließlich steht die Grundfutterbilanz mit 40 000 MJ NEL im Plus.

Der Betriebsleiter probiert folgendes: Einschränkung des Silomaisanbaus um 0,5 ha und stattdessen **Anbau von Winterraps**. Damit erntet er 30 000 MJ NEL weniger, spart in der Zeitspanne HE dafür aber Zeit, denn der Raps ist der beste »Zeitverwerter« in HE. Was dieser Tausch bringt, zeigt Tabelle 4.14.

Ergebnis: Der **Gesamtdeckungsbeitrag steigt noch einmal auf 129 307 €**, die Futterbilanz weist noch eine Reserve von 10 000 MJ NEL auf.

Doch leider hat sich die Arbeitszeitbilanz in der Zeitspanne HE kaum verändert, das **Minus liegt immer noch bei rund 60 AKh**. Vor diesem Hintergrund entscheidet der Betriebsleiter, den Speisekartoffelanbau solange zu reduzieren, bis die Arbeitszeitbilanz in der Zeitspanne HE »ins Plus dreht«. Auf der freigesetzten Fläche will er Winterraps anbauen. Daraus ergibt sich die Betriebsorganisation wie sie in Tabelle 4.15 dargestellt ist.

Der **Gesamtdeckungsbeitrag liegt nun bei 122 644 €** – gut 5 500 € mehr als in der Ist-Organisation.

Mit dieser Ergebnissteigerung gibt sich der Betriebsleiter zufrieden. Seine Fest- und Gemeinkosten bleiben unverändert, weil sich die Ausstattung an fixen Faktoren nicht geändert hat: Damit schlagen die 5 500 € voll auf den Gewinn durch. Der Betriebsleiter entscheidet, diese Organisation zunächst als Plan 1 festzuhalten.

Allerdings faszinieren ihn die möglichen 10 000 € Plus beim Gesamtdeckungsbeitrag, wenn er 9 ha Speisekartoffeln anbaut (Plan 1 (Schritt 2), vgl. Tab. 4.14).

Doch seine Arbeitskapazität ist um 62 AKh zu niedrig. Er überlegt deshalb, eine Saison-Arbeitskraft für die Kartoffelernte einzustellen. Dabei geht er von 15 € Lohnkosten je AKh aus. Er rechnet also mit 62 AKh × 15 €/AKh = **930 € zusätzlichen Kosten**, die er vom Gesamtdeckungsbeitrag abziehen muss.

Schließlich entsteht durch die Anbauveränderung – insbesondere die große Kartoffelfläche – noch ein zusätzlicher Bedarf an Umlaufvermögen (Feldinventar). Wir errechnen dies vereinfacht aus der Veränderung der variablen Kosten gegenüber der Ist-Organisation. Diese Veränderung beträgt 7 785 € (bitte nachrechnen!).

Unterstellen wir vereinfacht eine durchschnittliche Kapitalbindungsdauer von einem halben Jahr, ergibt sich bei 6 % Kalkulationszinsfuß ein **Zinsanspruch von 233,54 €**. Insgesamt ergeben sich daraus die **Vergleichsdeckungsbeiträge** aus Tabelle 4.16.

Tab. 4.16.

Vergleichsdeckungsbeiträge (in €) der Betriebsorganisationen			
Organisation	Gesamt-deckungsbeitrag	Vergleichs-deckungsbeitrag	Differenz zur Ist-Organisation
Ist-Organisation	119 095	119 095	
Plan 1 (Stichwort »Mehr Kartoffeln«)	124 644	124 644	5 549
Plan 2 (Stichwort »Mehr Kartoffeln und Saison-AK«)	129 307	128 377	9 283

Tab. 4.17.

Betriebsorganisation mit Schwerpunkt Schweinehaltung – Plan 3

1	Einheit	Kapazitäten	1 ha W-Weizen Marktware	1 ha W-Weizen Futterware	1 ha W-Gerste	1 ha Hafer	1 ha Zuckerrüben	1 ha Speisekartoffeln	1 ha Winterraps	1 ha Silomais	1 ha Flächenstilllegung	1 ha Grünlandnutzung Grassilage	1 Milchkuh	1 Zuchtsau	1 Mastschwein	Gesamtdeckungsbeitrag/Restkapazitäten
	2	3	4	5	6	7	8	9	10	11	12	13	14	15	16	17
Umfang	ha, Stück		19	33	13,5		5	9	10,5		10			120	2400	
Deckungsbeitrag	€/ha bzw. Stück		363	323	297	232	1261	1857	302	–705	–78	–671	1457	402	29,5	
	€ gesamt		6898	10662	4008		6303	16711	3175		–775			48194	70754	165931
Flächenbilanz																
Ackerfläche	ha	100	–19	–33	–13,5		–5	–9	–10,5		–10					
Getreide max	ha	66	–19	–33	–13,5											0,5
Raps max	ha	20							–10,5							9,5
Kartoffeln max	ha	10						–9								1
Grünland	ha	10									–10					10
Arbeitszeitbilanz																
FB	AKh	630	–15,2	–26,4	–10,8		–10	–27	–8,4		–10			–210	–210	102,2
HE	AKh	954	–57	–99	–27		–20	–198			–10			–318	–318	–93
gesamt	AKh	4100	–190	–346,5	–137,7		–90	–261	–99,8		–30			–2190	–798	–42,9
Stallplätze																
Milchvieh	Stück	40														40
Zuchtsauen	Stück	40												–120		–80
Mastschweine	Stück	300													–901	–601
Lieferrechte																
Zuckerrübenkontingent	dt	2750					–2750									
Milchkontingent	kg	280000														280000
Futterbilanz																
Grundfutter	MJ NEL											2554,2	1044,9			
Futtergetreide	dt TS													–565,0	–3019,6	14,4
Ferkel	Stück													2400	–2400	

Wir erinnern uns: Der Vergleichsdeckungsbeitrag ist der Gesamt-deckungsbeitrag, korrigiert um noch nicht berücksichtige Veränderungen von Kosten (i. d. R. »Festkosten«) und Leistungen und bezogen auf die in der Ist-Organisation vorhandenen eigenen Produktionsfaktoren.

Für seine langfristige Planung möchte der Betriebsleiter wissen, wie sich sein Einkommen entwickeln würde, wenn er die Kühe abschaffen und statt dessen voll auf Zuchtsauen plus Mast setzen würde.

Die erforderlichen neuen Zuchtsauenplätze könnte er im ehemaligen Milchviehstall einrichten, für die Mastschweine müsste er neu bauen.

Insgesamt plant er, den Zuchtsauenbestand auf 120 Tiere aufzusto-cken und die Schweinemast um 600 Plätze zu erweitern. Das Milchkon-tingent könnte er an der Milchquotenbörse verkaufen: Er kalkuliert mit einem Verkaufspreis von 40 Cent pro kg Quote. Sein Grünland kann er (glücklicherweise) für 300 €/ha verpachten; den Silomaisanbau gibt er auf. Ausgehend von Plan 2 ergibt sich daraus die folgende Betriebsorga-nisation (Tab. 4.17).

Folgende Überlegungen stehen dabei im Vordergrund: Zunächst muss sichergestellt werden, dass die **Futtergetreidebilanz** leicht im Plus steht.

Deshalb werden der Futterweizenanbau um 17 ha und der Wintergers-tenanbau um 8,5 ha ausgedehnt. Es entsteht also ein Flächenbedarf von 25,5 ha. Der Betriebsleiter nimmt aus fruchtfolgetechnischen Gründen die Wintergerste mit ins Programm, obwohl sie die Fläche schlechter verwer-tet als der Futterweizen. Die erforderliche Fläche setzt er frei, weil er den Silomaisanbau aufgibt (9,5 ha) und den Anbau von Verkaufsweizen um 16 ha einschränkt. Es ergibt sich die in Tabelle 4.17 gezeigte Organisation, die 165 931 € Gesamtdeckungsbeitrag bringt.

Es zeigt sich, dass die Arbeitszeitbilanz in der knappen Zeitspanne HE mit 93 AKh ins Minus rutscht.

Diesen zusätzlichen Arbeitszeitbedarf will der Betriebsleiter, dem Plan 2 entsprechend, durch den **Einsatz einer Saison-Arbeitskraft** decken.

Welcher Gewinn lässt sich mit der neuen Organisation erzielen und wie ist sie im Vergleich mit den bisherigen Plänen zu bewerten? Eine Antwort ist auf der Grundlage des Gesamtdeckungsbeitrags nicht möglich. Wir müssen zunächst wieder mit **Vergleichsdeckungsbeiträgen** arbeiten, weil sich die fixen Produktionsfaktoren ändern.

Die daraus entstehenden zusätzlichen Festkosten sind variabel in Bezug auf die Entscheidung, den neuen Schweinestall zu bauen oder nicht. An-ders gesagt: Sie sind der Entscheidung verursachungsgerecht zurechen-bar. Das gleiche gilt für »wegfallende Festkosten«: Sie sind in unserem Fall abbaubar, da wir davon ausgehen, dass der Wiederverkaufspreis dem Buchwert entspricht.

Es entstehen zusätzliche Kosten durch den Umbau des Milchviehstalls und den Neubau des Mastschweinestalls.

Der Betriebsleiter kalkuliert mit einem **Investitionsbedarf** für den Um-bau von 1 200 € je Stallplatz (1 000 € für die Gebäudehülle und 200 € für die Stalleinrichtung). Für die Gebäudehülle werden 25 Jahre und für die Einrichtung 10 Jahre Nutzungsdauer unterstellt. Den Neubau des Mast-schweinestalls kalkuliert er mit einem Investitionsbedarf von 400 € je Stallplatz (300 € Gebäudehülle und 100 € technische Ausrüstung). Die **zusätzlichen Kosten** setzen sich wie folgt zusammen (Tab. 4.18):

Tab. 4.18.

Zusätzliche »Festkosten« für Um- und Neubau der Ställe

	notwen-dige Plätze	Investitions-bedarf		Nut-zungs-dauer	Ab-schrei-bung	Zinsan-spruch*	Ver-siche-rung	Unter-haltung	Fest-kosten
		je Stall-platz	gesamt				1%	2%	gesamt
	Stück	€	€	Jahre	€	€	€	€	
Umbau									
Gebäudehülle	80	1000	80000	25	3200	2880	80	1600	7760
Einrichtung	80	200	16000	10	1600	576	16	320	2512
gesamt	80	1200	96000		4800	3456	96	1920	10272
Neubau									
Gebäudehülle	600	300	180000	25	7200	6480	180	3600	17460
Einrichtung	600	100	60000	10	6000	2160	60	1200	9420
gesamt	600	400	240000		13200	8640	240	4800	26880
Insgesamt			336000		18000	12096	336	6720	37152

* Kalkulationszinsfuß 6 % p. a., durchschnittlich gebundenes Kapital: 60 % des Investitionsbedarfs

Für die **Aufstockung des Viehbestandes** braucht der Unternehmer zusätzliches Vieh- und Umlaufvermögen – und daraus ergibt sich ein zusätzlicher Zinsanspruch.

Der Betriebsleiter leitet diesen in seiner Kalkulation aus dem **durchschnittlich gebundenen Kapital** und dessen Festlegungsdauer ab. Alternativ hätte er auch vom niedrigsten oder höchsten Wert ausgehen können: Bei der Zuchtsauenhaltung z. B. wäre im ersten Fall nur der Bedarf für den Kauf der Jungsau anzusetzen. Der höchste Wert würde den gesamten variablen Kosten entsprechen. Für das durchschnittlich gebundene Kapital rechnet er also folgendermaßen:

Zusätzliche Kapitalkosten durch Aufstockung des Viehbestandes

$$\text{Zuchtsau:} \quad \frac{(\text{Wert Jungsau} + \text{Wert Altsau}) + (\text{var. Kosten} - \text{Bestandsergänzung})}{2}$$

$$\text{Mastschwein:} \quad \left(\text{Kosten Ferkel} + \left(\frac{\text{var. Kosten} - \text{Kosten Ferkel}}{2}\right)\right) \times \frac{\text{Mastdauer}}{365}$$

Nehmen wir die Werte der Tabelle 4.9, dann beträgt das durchschnittlich gebundene Kapital

$$\text{für die Zuchtsau:} \quad \frac{((258\ € + 197\ €) + 612\ €)}{2} = 533{,}5\ €;$$

$$\text{je Mastschwein ergibt sich:} \quad \left(50 + \left(\frac{63\ €}{2}\right)\right) \times \frac{137\ \text{Tage}}{365\ \text{Tage}} = 30{,}59\ €$$

Insgesamt errechnet sich daher ein zusätzlicher Bedarf an Vieh- und Umlaufvermögen von $80 \times 533{,}5\ € + 1\,600 \times 30{,}59\ € = 91\,624\ €$. Bei einem Kalkulationszinsfuß von 6 % ergeben sich 5 497 € pro Jahr.

Der zusätzliche Bedarf an Vieh- und Umlaufvermögen aus der Aufstockung des Schweinebestandes muss mit dem freiwerdenden Kapital aus der aufgegebenen Milchviehhaltung saldiert werden.

Gesparte Kapitalkosten durch Abstockung des Milchviehbestandes

Hierfür gehen wir wieder vom durchschnittlich gebundenen Kapital aus und rechnen wie folgt:

$$\text{Je Milchkuh: } \frac{(\text{Wert Färse} + \text{Wert Altkuh}) + (\text{var. Kosten} - \text{Bestandsergänzung})}{2}$$

$$\text{Es ergibt sich daraus: } \frac{(1\,200\ € + 400\ €) + 980\ €}{2} = 1\,290\ €$$

Für 40 Milchkühe ergibt dies ein durchschnittliches Kapital von 51 600 €, woraus sich ein Zinsanspruch (bei 6 % Zinsfuß) von 3 096 € p. a. ergibt. Insgesamt entsteht also durch die Veränderung des Viehbestandes ein zusätzlicher Zinsanspruch für das Vieh- und Umlaufvermögen in Höhe von 5 497 € – 3 096 € = 2 401 € pro Jahr.

Gemäß dem Betriebsplan steht die Arbeitsbilanz in der Zeitspanne HE mit 93 AKh im Minus (Tab. 4.17).

Zusätzliche Kosten durch Saison-Arbeitskräfte

Der Betriebsleiter sieht die Möglichkeit, diese Arbeitsspitze mit dem Einsatz einer **Fremdarbeitskraft** saisonal zu decken, wofür er 15 € je AKh Lohn ansetzt. Insgesamt ergeben sich daraus bei einem Einsatz von rund 100 AKh zusätzliche Lohnkosten von 1 500 €.

Zum Gesamtdeckungsbeitrag aus der Voranschlagsplanung sind Leistungen bzw. Kosteneinsparungen zu addieren, die aus den freigesetzten Produktionsfaktoren entstehen. Im Einzelnen sind dies:

Gesparte Abschreibung durch Maschinenverkauf

- **Eingesparte Abschreibungen** aus nicht mehr benötigten Maschinen für die Grundfuttererzeugung (Maishäcksler, Kreiselmäher, Kreiselzettwender, Kreiselschwader, Ladewagen etc.). Die jährlichen Abschreibungen für diese Maschinen lagen bisher bei 3 000 € (bei einer Restnutzungsdauer von 2 Jahren).

- **Zinserträge bzw. gesparte Zinsen** aus dem Verkauf von Vermögensgütern. Im Beispielbetrieb werden die Maschinen der Grundfutterwerbung verkauft. Der Betriebsleiter rechnet auf Grund des Alters dieser Maschinen mit einem Veräußerungserlös, der mit insgesamt 6 000 € dem Buchwert entspricht.

Zusätzliche Erträge aus freigesetztem Kapital

- **Erträge aus dem Verkauf der 280 000 kg Milchquote.** Der Betriebsleiter rechnet bei einem Preis von 40 Cent pro kg an der Quotenbörse mit einem Erlös von 112 000 €.

Zusammen mit dem Verkaufserlös der Maschinen ergeben sich Einnahmen von 118 000 €, was bei einem Kalkulationszinsfuß von 6 % zu einem Zinsertrag bzw. eingesparten Zinsen von 7 080 € führt. Darüber hinaus ergeben sich **zusätzliche Leistungen aus der Verpachtung der 10 ha Grünland** zu einem Pachtzins von 300 €, also insgesamt 3 000 €.

Zusätzliche Pachterträge

Zusammengefasst ergibt sich für die geplante Variante folgender **Vergleichsdeckungsbeitrag:**

Gesamtdeckungsbetrag lt. Planung: 165 931 €   **Vergleichsdeckungs-**
- zusätzliche Festkosten für Gebäude   **beitrag Plan 3**
  (davon Zinsanspruch 12 096 €):   37 152 €
- Zinsanspruch für zusätzliches Vieh- und Umlaufvermögen: 2 401 €
- zusätzliche Lohnkosten für Saison-AK: 1 500 €
- + eingesparte Abschreibungen für Maschinen: 3 000 €
- + Zinserträge aus freigesetztem Kapital: 7 080 €
- + Pachterträge aus Grünlandverpachtung: 3 000 €
- - Veränderung Flächenprämien: 3 000 €

= Vergleichsdeckungsbeitrag: 134 958 €

In der Zusammenstellung der einzelnen geplanten Betriebsorganisationen ergibt sich nun folgendes Bild (Tab. 4.19):

Tab. 4.19.

Vergleichsdeckungsbeiträge (in €) der Betriebsorganisationen			
Organisation	**Gesamt-deckungsbeitrag**	**Vergleichs-deckungsbeitrag**	**Differenz zur Ist-Organisation**
Ist-Organisation	119 095	119 095	
Plan 1 (Stichwort »Mehr Kartoffeln«)	124 644	124 533	5 439
Plan 2 (Stichwort »Mehr Kartoffeln und Saison-AK«)	129 307	128 155	9 060
Plan 3 (Stichwort »Mehr Schweine«)	165 931	134 958	15 863

Mit Hilfe des Vergleichsdeckungsbeitrags kann die absolute **kalkulatorische Gewinnveränderung** der einzelnen Planungsvarianten ermittelt und deren Rentabilität verglichen werden. Bezugsgröße sind dabei immer die im Ist-Betrieb vorhandenen eigenen Produktionsfaktoren. Das zusätzlich erforderliche Kapital ist in den einzelnen Varianten deshalb mit dem kalkulatorischen Zinsanspruch eingerechnet (Nutzungskosten für den Einsatz des Kapitals). Für freigesetztes Kapital wurde eine Zinsgutschrift einkalkuliert.

Wenn Planer und Unternehmer die einzelnen Varianten bewerten wollen, müssen sie neben der Rentabilität noch die Finanzierung der jeweiligen Maßnahmen sowie die Stabilität der Organisation berücksichtigen. Zunächst stellen wir die **Finanzierung bzw. die Finanzierungsplanung der einzelnen Varianten** dar.

Im weiteren Verlauf werden wir die Erfolgsgrößen Gewinn und Eigenkapitalveränderung sowie Kapitaldienstgrenzen ermitteln, um die Stabilität der Varianten abschätzen zu können.   **Ist Plan 3 finanzierbar?**

In unserem Beispiel hatten wir lediglich im Plan 3 größere Investitionen in Stallgebäude für die Schweinehaltung unterstellt. Der Kapitalbedarf   **Gesamter** hierfür liegt bei 336 000 €. Darüber hinaus muss die Aufstockung des Vieh-   **Kapitalbedarf** bestandes berücksichtigt werden. Dafür braucht der Unternehmer 92 000 €, so dass sich insgesamt ein Kapitalbedarf von 428 000 € ergibt. Dazu kommen Baunebenkosten (Planung, Genehmigung etc.) und Finanzierungsnebenkosten in Höhe von schätzungsweise 10 000 €. Es ergeben sich **438 000 € an Kapitalbedarf** zur Finanzierung des neuen Stalls.

Zur Finanzierung stehen folgende Eigenmittel zur Verfügung:

Verfügbares Eigenkapital

Maschinenverkauf:	6 000 €
Milchkuhverkauf: 40 × 400 € =	16 000 €
Quotenverkauf:	112 000 €
Bare Mittel:	20 000 €

Summe:	154 000 €

Nach Abzug der Eigenmittel braucht der Unternehmer also noch insgesamt **284 000 € an Fremdkapital** in Form von Bankdarlehen.

Zusätzliches Fremdkapital

Bei seiner Hausbank erhält er ein Darlehen zu folgenden Konditionen: Laufzeit 20 Jahre, nominaler Zinssatz 4,5 %, Annuitätendarlehen). Für das Darlehen von 284 000 € ergibt sich daraus eine Annuität oder – passender

Kapitaldienst für zusätzliches Fremdkapital

ausgedrückt – ein **jährlicher Kapitaldienst** von 21 832,82 €. Ausgehend von diesem Betrag errechnen wir durchschnittliche Tilgungs- und Zinszahlungen wie folgt:

Annuität:	21 832,82 €/Jahr
durchschnittliche Tilgung (284 000 €/20 Jahre):	− 14 200,00 €/Jahr

durchschnittliche Zinsen:	=	7 632,82 €/Jahr

Kapitaldienst für bereits bestehende Kredite

Darüber hinaus muss der Betriebsleiter den **Kapitaldienst für bereits bestehende Kredite** berücksichtigen. Deren Laufzeit beträgt noch 5 Jahre. Der Kapitaldienst für diese »alten« Kredite liegt bei 5 000 € pro Jahr. Daraus ergibt sich ein **Gesamt-Kapitaldienst von insgesamt 26.833 € pro Jahr.**

Für die **Ermittlung des Gewinns, der Eigenkapitalbildung und der Kapitaldienstgrenze** ist wie folgt vorzugehen (Tab. 4.20).

Ausgehend vom Vergleichsdeckungsbeitrag der einzelnen Pläne muss zunächst der Zinsanspruch für das im Vergleich zur Ist-Organisation zusätzlich eingesetzte oder eingesparte Kapital berücksichtigt werden.

Ermittlung des Gewinns

Wir erhalten eine Zwischengröße, die für die Ermittlung der weiteren Erfolgsgrößen geeignet ist: Im Gewinn ist nämlich dieser Zinsanspruch nicht enthalten – **wir rechnen mit tatsächlich gezahlten Zinsen**. Von dieser Zwischensumme werden nur die Festkosten des Ist-Betriebes abgezogen. Zusätzliche oder eingesparte Festkosten wurden in den jeweiligen Varianten bereits beim Vergleichsdeckungsbeitrag berücksichtigt. Weiterhin werden die produktionsunabhängigen Prämien des Ist-Betriebes hinzugezählt.

Im ersten Schritt wollen wir den **Gewinn des Unternehmens** berechnen. Dazu müssen wir Pacht- und Mieterträge (z. B. Verpachtung von Flächen, Vermietung von Maschinen) hinzurechnen, Pacht- und Mietaufwand sowie den Personalaufwand abziehen. Beachten müssen wir dabei, dass wir nur die Werte abziehen bzw. hinzuzählen, die wir noch nicht bei der Berechnung des Vergleichsdeckungsbeitrages berücksichtigt haben. Außerdem müssen wir Zinserträge aus Kapitalvermögen hinzuzählen und die tatsächlich gezahlten Fremdkapitalzinsen abziehen, um zum Gewinn zu gelangen.

Im Beispiel werden die Pachterträge in Plan 3 in Höhe von 3 000 € aus der Verpachtung des Grünlandes nicht berücksichtigt, da sie im Vergleichs-

Tab. 4.20.

Berechnung von Erfolgsgrößen (in €) für den Beispielbetrieb				
Kenngröße	Ist-Betrieb	Plan 1	Plan 2	Plan 3
Vergleichsdeckungsbeitrag	119 095	124 533	128 155	134 958
± Zinsanspruch		111	222	7 417
Zwischensumme	119 095	124 644	128 377	142 375
+ Prämien Ist	33 000	33 000	33 000	33 000
– Festkosten Ist	– 62 300	– 62 300	– 62 300	– 62 300
+ Pacht- und Mieterträge*				
+ Zinserträge	1 000	1 000	1 000	0
– Pacht- und Mietaufwand*	– 12 000	– 12 000	– 12 000	– 12 000
– Personalaufwand*				
– Fremdkapitalzinsen	– 3 000	– 3 000	– 3 000	– 10 633
= Gewinn	75 795	81 344	85 077	90 442
+ Einlagen				
– Entnahmen	– 40 000	– 44 000	– 44 000	– 44 000
= Eigenkapitalveränderung	35 795	37 344	41 077	46 442
Berechnung der Kapitaldienstgrenzen				
Eigenkapitalveränderung	35 795	37 344	41 077	46 442
+ Fremdkapitalzinsen	3 000	3 000	3 000	10 633
= Kapitaldienstgrenze langfristig	38 795	40 344	44 077	57 075
+ Abschreibung Gebäude	9 600	9 600	9 600	27 600
= Kapitaldienstgrenze mittelfristig	48 395	49 944	53 677	84 675
+ Abschreibung Maschinen	22 000	22 000	22 000	19 000
= Kapitaldienstgrenze kurzfristig	70 395	71 944	75 677	103 675
Kapitaldienst	5 000	5 000	5 000	26 833

* sofern nicht im Vergleichsdeckungsbeitrag enthalten

deckungsbeitrag enthalten sind. Im Gegensatz zu den anderen Varianten ergeben sich in Plan 3 auch keine Zinserträge, weil das Bankguthaben ja zur Finanzierung des Stallbaus eingesetzt wird.

Im Ist-Betrieb und in allen drei Planungsvarianten entstehen Kosten für die Zupacht von 40 ha Ackerfläche in Höhe von 300 €/ha. Sie sind ebenso abzuziehen wie die Zinsen für das Fremdkapital. Aufgrund der Fremdfinanzierung der Baumaßnahmen steigen die Fremdkapitalzinsen ausgehend vom Ist-Betrieb um 7 633 € auf 10 633 € in Plan 3 an.

Ausgehend vom Vergleichsdeckungsbeitrag und den genannten Kosten und Erträgen ergibt sich im Ist-Betrieb ein **Gewinn von 75 795 €**.

Der Gewinn ist die wichtigste Einkommens- und Rentabilitätsgröße des Betriebes. Er dient zur Entlohnung der familieneigenen Arbeitskräfte, des

Ermittlung der Eigenkapitalveränderung

Eigenkapitals und der unternehmerischen Tätigkeit sowie zur Deckung des unternehmerischen Risikos. Im Familienbetrieb steht er für die **Eigenkapitalbildung** sowie für die **Privatentnahmen des Unternehmers** zur Verfügung (Lebenshaltung, private Steuern, Krankenversicherung, Alterssicherung, Altenteillasten, Erbabfindungen, private Vermögensbildung etc.). Aus dem Gewinn tilgt der Familienbetrieb das Fremdkapital und finanziert Investitionen, die über Ersatzinvestitionen hinaus gehen (Nettoinvestitionen oder Wachstumsinvestitionen).

Mit 75 800 € liegt der Gewinn des Beispielbetriebs in der Ist-Situation gegenüber allen Planungsvarianten deutlich niedriger. Wenn der Betriebsleiter einen Stall baut, mehr Schweine hält und die Kühe aufgibt, steigen auch seine Festkosten. Dennoch erhöht sich der Gewinn in dieser Variante am stärksten um rund 14 500 €. Mit gut 10 000 € bringen die Kartoffeln allerdings auch schon eine deutliche Gewinnsteigerung – und das ohne zusätzliche Investition!

Wie kommen wir vom Gewinn zur Eigenkapitalveränderung? Wir müssen zum Gewinn zunächst mögliche **Einlagen** addieren – z. B. Kindergeld, Renten, Einkommen aus nicht-landwirtschaftlicher Tätigkeit, Einkommen aus Privatvermögen (Kapitalvermögen).

Einlagen und Privatentnahmen

Im nächsten Schritt ziehen wir vom Gewinn die **Privatentnahmen** ab. Zu ihnen gehören Entnahmen für die Lebenshaltung, Altenteil, private Steuern und Abgaben sowie private Versicherungen.

Von entscheidender Bedeutung ist hier die Höhe der **konsumierten Privatentnahmen** also der Lebenshaltungskosten der Betriebsleiterfamilie. Um den Lebensstandard der Ausgangssituation zu sichern, ist hier je nach familiärer Situation (Alter, Ausbildung der Kinder, Größe der Familie) mit einer Steigerung zu rechnen. Im vorliegenden Beispiel wurde unterstellt, dass die Lebenshaltungskosten in den einzelnen Planungsvarianten gegenüber der Ist-Situation um 10 % steigen auf 44 000 €.

Insgesamt ergibt sich im Vergleich der Varianten eine mit dem Gewinn steigende positive Eigenkapitalbildung. Hier gilt: **Je mehr Eigenkapital gebildet wird, umso besser.** Als Unternehmer brauche ich Eigenkapital für Netto- und Erweiterungsinvestitionen. Zudem sichert ein Eigenkapitalpolster die Stabilität und Liquidität des Betriebes in stürmischen Zeiten. Der Beispielbetrieb schafft es in allen Varianten, ausreichend Eigenkapital zu bilden. Damit ist er stabil und zukunftsfähig. Allerdings ist zu beachten, dass ein erheblicher Teil der Eigenkapitalbildung aus Prämien resultiert. Im Ist-Betrieb sind es über 90 % und sogar bei der Erweiterung der Schweinehaltung sind es noch über 70 %. Es zeigt sich: Alle Varianten unterliegen einem mehr oder weniger großen Risiko. Schließlich muss sich jeder Betriebsleiter – insbesondere wenn er investiert – die Frage stellen, wie lange es noch Prämien in dieser Höhe gibt.

Wichtig bei der Beurteilung von unterschiedlichen Betriebsplänen ist auch die Liquidität.

Eine wichtige Kenngröße für die Liquidität ist die Kapitaldienstgrenze

Ein Unternehmen ist liquide, solange es seinen Zahlungsverpflichtungen nachkommen kann (z. B. Zahlungen von Lieferantenrechnungen, Löhnen, Tilgung von Fremdkapital). Sobald ein Unternehmen nicht mehr zahlungsfähig, also illiquide ist, droht die Insolvenz. Im Klartext: Die Existenz des Unternehmens steht auf dem Spiel. Deshalb ist insbesondere bei größeren Erweiterungsinvestitionen (Nettoinvestitionen), eine genaue

Bewertung der Liquidität erforderlich. Mit der Höhe der Investition steigt der Einsatz von Fremdkapital – und damit der Kapitaldienst (Zins und Tilgung). Eine wichtige und geeignete Kenngröße zur Liquiditätsbewertung ist die Kapitaldienstgrenze.

Die Kapitaldienstgrenze stellt den Betrag dar, den ein Betrieb maximal an Zins- und Tilgungsleistungen tragen kann. Dabei unterscheiden wir zwischen langfristiger, mittel- und kurzfristiger Kapitaldienstgrenze. Langfristig steht einem Betrieb nur die jährliche Eigenkapitalbildung (vor Zinsen) zur Verfügung, um neu aufgenommenes und bestehendes Fremdkapital tilgen zu können. Daraus folgt: **Die langfristige Kapitaldienstgrenze berechnet sich aus der Eigenkapitalbildung plus Fremdkapitalzinsen.** (Wir müssen die Fremdkapitalzinsen wieder dazurechnen, weil wir sie bei der Berechnung der Eigenkapitalbildung abgezogen hatten.)

Ermittlung der langfristigen Kapitaldienstgrenze

Liegt der Kapitaldienst unter dieser Grenze, dann kann der Betrieb die Zins- und Tilgungsleistungen langfristig tragen. Dabei muss er nicht auf liquide Mittel aus Abschreibungen von Gebäuden, Maschinen etc. zurückgreifen. Deshalb ist auch die langfristige Kapitaldienstgrenze bei der Beurteilung von Unternehmen die entscheidende. Im Beispielbetrieb liegt die langfristige Kapitaldienstgrenze **in allen Planungsvarianten deutlich über dem kalkulierten Kapitaldienst.** In der Ist-Organisation und in Plan 1 beträgt die Differenz über 33 000 €, in Plan 2 sogar knapp 40 000 €. In Plan 3 ist die Differenz zwar geringer, aber mit gut 30 000 € immer noch hoch genug als Reserve für anstehende Nettoinvestitionen.

Sofern ein Betrieb gerade eine größere Summe investiert hat (wie z. B. in Plan 3) und in den nächsten Jahren keine größeren finanziellen Belastungen zu erwarten sind, können für einen begrenzten Zeitraum die Gebäudeabschreibungen für den Kapitaldienst herangezogen werden. Begründung: Diese Mittel werden nicht unbedingt für Erhaltungsinvestitionen gebraucht. Die Summe aus langfristiger Kapitaldienstgrenze und Abschreibungen für Gebäude heißt **mittelfristige Kapitaldienstgrenze.** Im Beispielbetrieb liegt diese Grenze in Plan 3 mit rund 84 700 € deutlich am höchsten – dafür sorgen die zusätzlichen Abschreibungen aus dem Stallbau in dieser Variante.

Mittelfristige Kapitaldienstgrenze

Zur Not kann ein Betrieb kurzfristig noch auf Ersatzinvestitionen in Maschinen verzichten – und das freiwerdende Geld für den Kapitaldienst einsetzen.

Daraus ergibt sich die **kurzfristige Kapitaldienstgrenze** als Summe aus Eigenkapitalbildung und allen Abschreibungen für Gebäude und Maschinen. Diese Grenze sollte jedoch nur dann ausgeschöpft werden, wenn ein finanzieller Engpass kurzfristig nicht anders zu überbrücken ist. Keinesfalls sollte mit der kurzfristigen Kapitaldienstgrenze geplant werden, da bei Investitionen ein Risiko nie auszuschließen ist und die langfristige Stabilität nicht mehr gegeben ist.

Kurzfristige Kapitaldienstgrenze

Was tun, wenn ein Betrieb die kurzfristige Kapitaldienstgrenze überschreitet?

Zuerst wird der Betriebsleiter mit seinen Banken darüber verhandeln, wie er seinen Kapitaldienst verringern kann (z. B. durch längere Laufzeiten oder Stundungen von Rückzahlungen). Wenn die Banken dies ablehnen, muss der Betriebsleiter »sein Tafelsilber verkaufen«, also Vermögenssubstanz veräußern (z. B. Flächen). Dies kann die Entwicklungsfähigkeit des Betriebes unter Umständen stark schwächen.

Maßnahmen zur Sicherung der Liquidität

Fazit: In keiner der Planungsvarianten unseres Beispiels wird die langfristige Kapitaldienstgrenze überschritten. Damit verfügt der Betrieb in allen Varianten über eine ausreichende Liquidität. Am besten schneidet in Sachen Liquidität die Planungsvariante 2 ab, da die langfristige Kapitaldienstgrenze am wenigsten ausgeschöpft wird.

Welcher Betriebsplan sollte realisiert werden?

Welcher Plan passt am besten zum Betrieb? Wie wollen wir in unserem Betrieb die Weichen in Richtung Zukunft stellen?

Diese Entscheidung kann nur der Betriebsleiter mit seiner Familie treffen. Denn sie tragen die Folgen der Entscheidung und damit auch die Verantwortung. Je langfristiger die Investitionsentscheidungen wirken, umso sorgfältiger müssen sie abgewogen werden. Dabei helfen den »Entscheidern« die folgenden Bewertungskriterien:

Bewertungskriterien für Betriebspläne

- Rentabilität (Höhe des Gewinns und des Vergleichsdeckungsbeitrags),
- Stabilität,
- Liquidität (Ausschöpfung der Kapitaldienstgrenzen),
- Investitionsbedarf und damit verbundenes Risiko,
- Liquiditätsreserve,
- Arbeitsbelastung,
- Möglichkeiten der Weiterentwicklung des Betriebes,
- Risikobeurteilung,
- Persönliche Neigungen und Fähigkeiten.

In unserem Beispiel sind alle Planungsvarianten grundsätzlich positiv zu beurteilen – allerdings unterscheiden sie sich in ihrer Rentabilität, Liquidität und Stabilität erheblich. Plan 2 schneidet hier am besten ab. Auch Plan 3 bietet ein gutes Einkommens- und Entwicklungspotenzial, allerdings ist er mit Investitionen verbunden. Hier ist abzuwägen zwischen Chance und Risiko.

Reicht ein »Gewinnvorsprung« von knapp 5 000 € gegenüber dem Plan 2 aus, um das **Risiko der Investition** einzugehen?

Abwägung zwischen Chancen und Risiko

Das Risiko in Plan 3 ist angesichts der bekanntlich **stark schwankenden Schweinepreise** und der starken Spezialisierung auf die Schweinehaltung deutlich höher als bei Plan 2. Plan 2 bietet zudem regelmäßige Einnahmen aus der Milchproduktion, somit ist das Liquiditätsrisiko geringer als in Plan 3.

Darüber hinaus ist der Betrieb durch die Investition in die Schweinehaltung mit Blick auf Produktion und Finanzierung **lange Zeit gebunden**. Der Betriebsleiter mit seinen 55 Jahren dürfte sich daher eher gegen die Investition entscheiden. Die Entscheidung kann allerdings auch anders aussehen, wenn feststeht, dass der Sohn den Betrieb später übernimmt. Aber auch dann muss geprüft werden, ob der Betrieb mit erweiterter Schweinehaltung eine stabile und ausreichende Existenzgrundlage bieten kann. Von Bedeutung ist hier auch die Frage des Politikänderungsrisikos, also die Frage nach Höhe und Dauerhaftigkeit der Prämien.

Nach Abwägung zwischen den genannten Risiken und Chancen bzw. dem Einkommenszuwachs wäre der Betriebsleiter gut beraten, der Variante 2 den Vorzug zu geben und auf eine Erweiterung der Schweinehaltung zu verzichten. Mit Blick auf die Hofnachfolge sollten andere Entwicklungsalternativen bis hin zum Übergang in den Nebenerwerb durchdacht werden.

Wie wir gesehen haben, ist der Betriebsvoranschlag ein gut geeignetes Werkzeug für eine gesamtbetriebliche Planung.

Der Rechenvorgang ist leicht nachvollziehbar und transparent. Allerdings kann es bei komplexeren Planungsproblemen (z. B. Betrieben mit einer großen Anzahl möglicher Produktionsverfahren) viel Zeit in Anspruch nehmen, ein befriedigendes Ergebnis zu errechnen. Dies deshalb, weil im Betriebsvoranschlag die begrenzt verfügbaren Produktionsfaktoren nicht simultan (gleichzeitig) betrachtet werden können. Er führt daher nicht mit Sicherheit zu einem eindeutig bestimmten Optimum der Betriebsorganisation.

Andererseits erlaubt es der Betriebsvoranschlag, die **subjektiven Vorstellungen** des Betriebsleiters zu berücksichtigen. Darüber hinaus lässt er einen gewissen Ermessensspielraum zu. Und schließlich lassen sich Fehler in der Datenerfassung und Formulierung von Verfahren bereits während des Rechenganges erkennen und berichtigen.

Der Planer ist in der Gestaltung des Betriebsvoranschlages (Form der Darstellung, Einbeziehung verschiedener Bilanzen etc.) weitgehend frei: Er kann ihn dem Planungszweck und dem Betrieb individuell anpassen. Die hier gewählte Darstellung ist daher nicht fest vorgegeben, sondern nur eine von vielen Möglichkeiten. Die Tabelle, die dem Betriebsvoranschlag zugrunde liegt, lässt sich dank moderner **Tabellenkalkulationsprogramme** leicht ändern und erweitern. Zudem lassen sich die zugrunde liegenden Daten (z. B. zu den einzelnen Produktionsverfahren) jederzeit aktualisieren.

Betriebsvoranschlag ist ein flexibles Instrument der gesamtbetrieblichen Planung

Fragen zur Wiederholung

▶ Was ist das Prinzip der Voranschlagsrechnung?
▶ Welche Schritte sind für eine Voranschlagsrechnung erforderlich?
▶ Wie erfolgt die Ermittlung knapper Produktionsfaktoren?
▶ Auf welche Weise und anhand welcher Daten werden die Produktionsverfahren definiert? Welche Kenngröße spielt dabei eine bedeutende Rolle?
▶ Welche Faktoren sind bei der Ermittlung der relativen Vorzüglichkeit einzelner Produktionsverfahren relevant?
▶ Erläutern Sie den Begriff Gesamtdeckungsbeitrag. Wie wird er errechnet?
▶ Welche Rolle spielt der Vergleichsdeckungsbeitrag?
▶ Weshalb sind die Liquidität und Rentabilität bei der Erstellung eines Betriebsplanes zu berücksichtigen?
▶ Was versteht man unter der Kapitaldienstgrenze? Nennen und definieren Sie mögliche Kapitaldienstgrenzen.

4.3 Grundlagen der Investitionsrechnung

Eine Investition ist die Verwendung von Finanzmitteln zur Beschaffung von Produktionsmitteln. Es geht also darum, Geld in Vermögensgegenstände wie z. B. Maschinen oder Stallgebäude umzuwandeln, um dadurch die Voraussetzung für Produktionsprozesse zu schaffen. Von Investitionsentscheidungen sprechen wir, wenn es um **Entscheidungen über den Einsatz langlebiger Produktionsmittel** geht.

Investition bezeichnet die Anschaffung langfristig nutzbarer Produktionsfaktoren

Beispiele für solche langlebigen Produktionsmittel sind in der Landwirtschaft Maschinen oder Stallbauten, immaterielle Wirtschaftsgüter wie z. B. Kontingente, aber auch die Anlage von Dauerkulturen wie Obstanlagen oder Weinbergen. Investitionsentscheidungen sind oft von weit reichender Bedeutung für das Unternehmen: Sie bestimmen, was das Unternehmen in den nächsten Jahren (und Jahrzehnten) produzieren soll. Diese grundlegenden Entscheidungen über die Produktionsausrichtung können später nur schwer korrigiert werden – und häufig sind diese Korrekturen verlustreich.

Größere Investitionsentscheidungen gehören somit zur **strategischen und taktischen Planung** (vgl. Kapitel 5) – je nach Ausmaß der daraus entstehenden Folgen für die Unternehmensstruktur (Produktionsausrichtung). Stellt sich etwa die Entscheidung für den Bau eines Schweinestalls nach zwei Jahren als falsch heraus, so steckt der Betriebsleiter in der »Investitionsfalle«. Denn in der Praxis gibt es kaum Beispiele dafür, dass dieser praktisch neuwertige Stall zu einem adäquaten Preis verkauft oder vermietet werden kann. Darin liegt ein grundlegender Unterschied zu Entscheidungen über den Einsatz kurzlebiger Produktionsmittel wie etwa Saatgut. Hat sich der Betriebsleiter bei der Getreidesorte »vergriffen«, weil sie auf seinem Standort nicht den erhofften Ertrag bringt, so kauft er im nächsten Jahr wahrscheinlich eine andere Sorte.

Charakteristisch für Investitionen ist, dass den Investitionsausgaben am Beginn der Planungsperiode erst zu einem späteren Zeitpunkt Einnahmen aus dem Verkauf von Leistungen gegenüberstehen.

Investitionen werden durch eine Zahlungsreihe charakterisiert

Präziser ausgedrückt: Eine **Investition ist durch eine Zahlungsreihe charakterisiert**, die mit einer Auszahlung beginnt und erst später Einzahlungsüberschüsse erwarten lässt.

Auszahlungen sind – vereinfacht betrachtet – alle Ausgaben für das Investitionsvorhaben. Entsprechend sind Einzahlungen den Einnahmen gleichzusetzen. Gegebenenfalls sind auch anfallende Naturalentnahmen, gesparte Ausgaben oder Nutzungskosten (z. B. für Arbeit) als Ein- oder Auszahlungen anzusehen.

Auszahlung zu Beginn = Anschaffungspreis + Anschaffungsnebenkosten

Die Auszahlung für die Investition zu Beginn der Planungsperiode ergibt sich aus der Bezahlung des **Anschaffungspreises** und den **Anschaffungsnebenkosten**.

Einzahlungsüberschüsse der folgenden Periode = laufende Einnahmen minus laufende Ausgaben der Periode

Die **Einzahlungsüberschüsse** zu späteren Zeitpunkten ergeben sich aus den Umsatzerlösen in Folge der Investition – also Einnahmen aus dem Verkauf von Gütern, die mit Hilfe der Investition erzeugt wurden. Von den Umsatzerlösen müssen allerdings noch alle Auszahlungen abgezogen werden, die für den Produktionsprozess notwendig sind – wie die Auszahlungen für Verbrauchsgüter, Dienstleistungen und Arbeit.

Das **zeitliche Auseinanderfallen** der Auszahlungen und der Einzahlungsüberschüsse ist der Grund dafür, warum wir überhaupt eine gesonderte Investitionsrechnung brauchen. Wer einfach die Auszahlung zu Beginn mit den später folgenden Einzahlungsüberschüssen verrechnen würde, käme zu völlig falschen Ergebnissen. In Tabelle 4.21 ist ein Beispiel dafür aufgeführt.

Ein Lohnunternehmer investiert in einen Mähdrescher. Zum Zeitpunkt t_0 geht es also um eine Auszahlung von 100 000 € für den Kauf der Maschine. Der Einzahlungsüberschuss für die nächsten zehn Jahre soll jedes Jahr bei 11 000 € liegen. Diese 11 000 € Überschuss ergeben sich aus dem Einsatz der Maschine in Lohnarbeit abzüglich laufender Auszahlungen wie Dieselkraftstoff und Reparaturen. Wir nehmen an, dass nach 10 Jahren die Maschine wertlos ist: Der Schrottwert und die Entsorgungskosten heben sich gerade auf. Eine einfache Saldierung (Tab. 4.21) ergibt einen Gesamtüberschuss von 10 000 €. Der Landwirt könnte daraus schlussfolgern, dass sich die Investition lohnt. Doch wenn er so rechnet, hat er einen wichtigen Aspekt vergessen: den Zins.

Der Zins führt dazu, dass **Ein- und Auszahlungen nicht direkt miteinander vergleichbar sind, wenn sie in unterschiedlichen Perioden liegen.**

Um sie zu vergleichen, müssen wir sie auf dieselbe Periode beziehen (z. B. ein bestimmtes Jahr). Bei betriebswirtschaftlichen Entscheidungen gehen wir in der Regel von **positiven Zinssätzen** aus, die sich auch an den Geldmärkten beobachten lassen. Diese führen dazu, dass nominal gleich hohe Einzahlungsüberschüsse real umso weniger wert sind, je weiter sie in der Zukunft liegen. Und dies gilt auch, wenn wir den Faktor **Inflation vernachlässigen** (was wir vereinfachend während dieses gesamten Kapitels tun werden). Da das Verständnis der Zinsrechnung essentiell ist, gehen wir hier noch einmal kurz auf die Grundlagen ein.

Auch die Zinsrechnung vereinfacht die Wirklichkeit. Wir zerlegen den Betrachtungszeitraum in Perioden.

Weiterhin nehmen wir an, dass alle Zahlungen jeweils am Ende der Periode erfolgen (**»nachschüssige Zahlungen«**). Folgerichtig liegt für uns der Zeitpunkt t_0 am Ende der Periode 0. Als Periodenlänge nehmen wir ein Jahr an, in anderen Zusammenhängen wären auch kürzere Zeiträume denkbar.

Wie verfahren wir mit Zahlungen, die am Anfang einer Periode anfallen (**»vorschüssige Zahlungen«**)? Da vorschüssige Zahlungen für die Periode $N + 1$ zeitgleich erfolgen mit nachschüssigen Zahlungen für die

> **Ein- und Auszahlungen verschiedener Perioden müssen vergleichbar gemacht werden**

> **Zahlungen werden entweder dem Beginn (= vorschüssige Zahlung) oder dem Ende (= nachschüssige Zahlung) einer Periode zugeordnet**

Tab. 4.21.

Wie Investitionsrechnung nicht funktioniert			
Zeitpunkt		**€**	**Bemerkungen**
0	Auszahlung	– 100 000	Preis des Mähdreschers
1	Einzahlungsüberschuss	11 000	
2	Einzahlungsüberschuss	11 000	Die Einzahlungsüber-
3	Einzahlungsüberschuss	11 000	schüsse ergeben sich
4	Einzahlungsüberschuss	11 000	aus dem Einsatz der
5	Einzahlungsüberschuss	11 000	Maschine in Lohnarbeit
6	Einzahlungsüberschuss	11 000	abzüglich laufender
7	Einzahlungsüberschuss	11 000	Auszahlungen für
8	Einzahlungsüberschuss	11 000	Reparaturen, Treibstoff
9	Einzahlungsüberschuss	11 000	etc.
10	Einzahlungsüberschuss	11 000	
Differenz zwischen Einzahlungs-überschüssen und Auszahlungen		10 000	

Periode N, genügen die Formeln für nachschüssige Zahlungen für beide Fälle (Abb. 4.3). Die Genauigkeit kann durch eine kürzere Periodenlänge verbessert werden: Damit sinkt der zeitliche Abstand zwischen vor- und nachschüssiger Zahlung.

Abb. 4.3
Vor- und nachschüssige Zahlungen auf der Zeitachse

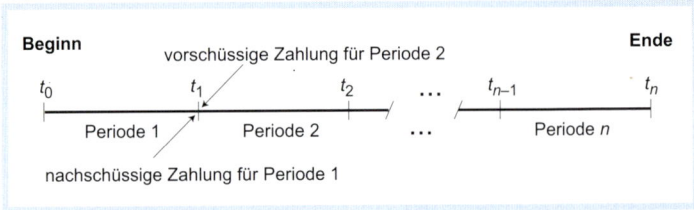

Auf- und Abzinsungsfaktoren

Die Ein- und Auszahlungen einer Periode werden saldiert und als **Einzahlungsüberschüsse** oder **Nettozahlungen** bezeichnet. Einzahlungsüberschüsse können auch negativ sein. Für die Zins- und Zinseszinsrechnung verwenden wir folgende Abkürzungen:

K_0 = **Kapital zum Zeitpunkt t_0**
K_N = **Kapital am Ende der Periode N** (d. h. zum Zeitpunkt t_N); es gibt Periode 1, 2, 3, ..., N
i = **Zinssatz**, ausgedrückt als Dezimalzahl, z. B. 0,07 (entspricht 7 %)
q = **$1 + i$**

Das Kapital wird also unterschiedlich benannt, je nach dem, in welcher Periode es anfällt. Die Periodenbezeichnung taucht im Subskript auf. Folglich wird mit K_N das Kapital am Ende des Betrachtungszeitraumes bezeichnet. Ebenfalls definiert ist nun der Zinssatz, für den sich die beiden Rechengrößen i und q eingebürgert haben. Unter Verwendung der definierten Abkürzungen können wir nun das Kapital, das sich am Ende der Periode 1 ergibt (K_1), in folgende Gleichung fassen:

$$K_1 = K_0 + K_0 \times i$$

Das Kapital am Ende der Periode 1 (K_1) entspricht also dem Kapital im Zeitpunkt t_0 (K_0) plus den Zinsen aus Periode 1. Die Zinsen müssen wir berücksichtigen, da der Unternehmer das Geld ja z. B. auch auf die Bank bringen könnte – diese würde ihm Zinsen zahlen. Diese Zinsen rechnen wir durch Multiplikation von K_0 mit i aus. Durch Ausklammern von K_0 können wir diesen Ausdruck folgendermaßen verändern:

$$K_1 = K_0 (1 + i)$$

oder auch:

$$K_1 = K_0 (1 + i)^1$$

Da wir oben definiert hatten, dass $1 + i$ auch als q geschrieben werden kann, ergibt sich

$$K_1 = K_0 \times q^1$$

In Worten: Das Kapital am Ende einer Periode ist das Ergebnis aus Ausgangskapital und Zinsen. Dieses Kapital verzinst sich im Folgejahr weiter. Daher lässt sich folgende Reihe aufstellen:

$$K_1 = K_0 + K_0 \times i = K_0\,(1 + i) = K_0 \times q^1$$

$$K_2 = K_1 + K_1 \times i = K_1\,(1 + i) = K_0 \times q \times q = K_0 \times q^2$$

$$K_3 = K_2 + K_2 \times i = K_2\,(1 + i) = K_0 \times q^2 \times q = K_0 \times q^3$$

$$K_N = K_{N-1} + K_{N-1} \times i = K_{N-1}\,(1 + i) = K_0 \times q^{N-1} \times q = K_0 \times q^N$$

Das Kapital der letzten Periode hängt also vom Anfangskapital, dem Zinssatz und der Zahl der Perioden ab:

$$K_N = K_0 \times q^N$$

Den Ausdruck q^N bezeichnet man auch als **Aufzinsungsfaktor (AuF)**, da das Anfangskapital K_0 mit diesem Faktor multipliziert wird, um den gesamten Aufzinsungsprozess abzubilden und das Endkapital zu ermitteln.

Wenden wir uns nun folgender Frage zu: Welchen Wert besitzt ein Kapital K_N, das erst in n Jahren anfällt, zum heutigen Zeitpunkt? Dazu stellen wir die obige Formel um:

Aufzinsungsfaktor (AuF) = q^N

$$K_0 = \frac{K_N}{q^N}$$

In Worte gefasst: Der Wert des Kapitals K_0 lässt sich ermitteln, in dem man das Endkapital durch den Aufzinsungsfaktor teilt. Statt zu teilen können wir auch mit $\frac{1}{q^N}$ bzw. q^{-N} multiplizieren.

Diesen Kehrwert des Aufzinsungsfaktors nennen wir **Abzinsungsfaktor (AbF)** oder **Diskontierungsfaktor**.

Abzinsungsfaktor (AbF) = $\frac{1}{q^N}$

Mit den obigen Formeln steht ein Instrument zur Verfügung, mit dem sich ausrechnen lässt, wie hoch das Kapital zu einem zukünftigen Zeitpunkt (K_N) sein muss, damit es mit einem gegebenen Anfangskapital (K_0) **äquivalent** ist.

Oder auch anders herum: Wie hoch muss das Anfangskapital sein, damit es mit dem zu einem zukünftigen Zeitpunkt gegebenen Kapital äquivalent ist? Um diese äquivalente Kapitalmenge berechnen zu können, benötigen wir lediglich die Anzahl der Perioden, die Höhe des Anfangskapitals oder Endkapitals und die Höhe des Zinssatzes.

Äquivalent = gleichwertig

Versteht man unter K eine Zahlung oder einen Zahlungsüberschuss (Nettozahlung), so kann man mit Hilfe derselben Formel Zahlungen zu unterschiedlichen Zeitpunkten vergleichbar machen. Diese finanzmathematische Formel ermöglicht es uns, Zahlungen oder Kapitalbeträge miteinander zu vergleichen oder zusammenzufassen, die zu verschiedenen Zeitpunkten geflossen sind. **Durch Abzinsen auf den Zeitpunkt t_0 können wir die zukünftigen Einzahlungsüberschüsse auf den Zeitpunkt der Investition beziehen.**

Kehren wir mit diesem Wissen zu unserem Mähdrescher-Beispiel zurück (Tab. 4.21): Dort haben wir behauptet, dass eine einfache Addition aller Nettozahlungen kein vernünftiges Kriterium darstellt, um die Wirtschaftlichkeit einer Investition zu beurteilen.

Beziehen wir den Zins mit Hilfe des Abzinsungsfaktors in die Zahlungsreihe ein, so können wir ein **Entscheidungskriterium dafür ableiten, ob sich eine Investition lohnt.** In Tabelle 4.22 ist ein Zinssatz von 5 % unterstellt, die Nettozahlungsreihe innerhalb der einzelnen Perioden ist dieselbe wie in Tabelle 4.21.

Multiplizieren wir die Nettozahlungen mit dem jeweiligen Abzinsungsfaktor, so erhalten wir den **Wert der jeweiligen Zahlung auf den Zeitpunkt t_0 bezogen.** Diesen Wert nennen wir den **Gegenwartswert** oder **Barwert** der jeweiligen Zahlung.

Diese Gegenwartswerte lassen sich problemlos addieren, auch wenn sie ursprünglich aus unterschiedlichen Perioden stammen. Es stellt sich heraus, dass der Gegenwartswert aller Ein- und Auszahlungen negativ ist. Daraus folgern wir: Die Investition in den Mähdrescher ist bei einem Zinssatz von 5 % nicht wirtschaftlich und sollte deshalb unterbleiben.

Anders bei einem (unterstellten) Zinssatz von 0 %: Hier wäre die Investition wirtschaftlich. Bei einem Zinssatz von 0 % könnten wir die Nettozahlungen einfach addieren, da hier (und nur hier) der Abzinsungsfaktor für alle Perioden gleich 1 ist, was sich aus $\left[\frac{1}{(1+i)^N} = \frac{1}{1}\right]$ ergibt. Dies führt zu der praktisch wichtigen Frage: Welchen Zinssatz soll man für die Berechnung der Wirtschaftlichkeit von Investitionen verwenden?

Der zu verwendende Zinssatz (auch Kalkulationszinsfuß genannt) ist letztlich ein **subjektiver Wert**.

Durch Auf- oder Abzinsung werden Zahlungen unterschiedlicher Perioden vergleichbar gemacht

Barwert (Gegenwartswert)

Tab. 4.22.

Abzinsen einer Zahlungsreihe			
		$q = 1{,}05$	
Zeitpunkt	Nettozahlung	Abzinsungsfaktor	Wert der jeweiligen Zahlung abgezinst auf t_0
0	−100 000	$1/1{,}05^0 =$ 1,0000	−100 000
1	11 000	$1/1{,}05^1 =$ 0,9524	10 476
2	11 000	$1/1{,}05^2 =$ 0,9070	9 977
3	11 000	$1/1{,}05^3 =$ 0,8638	9 502
4	11 000	$1/1{,}05^4 =$ 0,8227	9 050
5	11 000	$1/1{,}05^5 =$ 0,7835	8 619
6	11 000	$1/1{,}05^6 =$ 0,7462	8 208
7	11 000	$1/1{,}05^7 =$ 0,7107	7 817
8	11 000	$1/1{,}05^8 =$ 0,6768	7 445
9	11 000	$1/1{,}05^9 =$ 0,6446	7 091
10	11 000	$1/1{,}05^{10} =$ 0,6139	6 753
Summe	10 000		−15 061

Wir können den anzunehmenden Zinssatz auch als **subjektiv geforderte Mindestverzinsung** beschreiben. Bei Fremdfinanzierungen lässt er sich aus den **Sollzinsen** ableiten – also aus dem Zinssatz, den die Bank für das Darlehen verlangt. Bei Eigenfinanzierungen können wir uns an den **Habenzinsen** orientieren und damit an der erreichbaren Verzinsung des Eigenkapitals oder den Nutzungskosten des Eigenkapitals. Werden sowohl eigene Mittel als auch Fremdkapital eingesetzt (Mischfinanzierung), so können wir den Kalkulationszinsfuß auch entsprechend »mischen«, etwa als **gewogenes Mittel zwischen Eigen- und Fremdkapitalzinssatz**. ◄ **Kalkulationszinsfuß**

In den Zinssatz lassen sich auch **Risikozuschläge** einarbeiten, wenn man den Zinssatz etwa von risikofreien Finanzanlagen ableitet. Alternativ könnte das Risiko auch direkt über Zu- und Abschläge bei den Aus- und Einzahlungen berücksichtigt werden.

Wenn wir das Risiko berücksichtigen – etwa durch einen Risikozuschlag zum Zinssatz – dann gehen wir davon aus, dass der Erfolg der Investition keineswegs sicher ist. Denn in jede Investition gehen notwendigerweise zahlreiche Annahmen (= Hypothesen) über zukünftige Entwicklungen ein. Diese **Hypothesen** betreffen technische und biologische Parameter (Mastleistung pro Schwein, Milchleistung pro Kuh, Hektarleistung der Maschine), aber auch die Marktseite (Preise für Vorleistungen und Produkte) und nicht zuletzt auch das Zinsniveau selbst, das ebenfalls schwanken kann. Ich handle unternehmerisch, wenn ich diese Investitionsrisiken einschätze und meine Entscheidungen daraus ableite.

Zum Glück basieren nicht alle Daten zur Investitionsrechnung auf Hypothesen, sondern einige sind bekannt. Dazu gehören vor allem die unmittelbaren Ausgaben für die Beschaffung des Investitionsgutes.

Mit den »unsicheren« Daten lohnt es sich häufig, eine **Sensitivitätsanalyse** durchzuführen. Was ist darunter zu verstehen? Im Rahmen einer solchen Analyse führe ich die Investitionsrechnung mit verschiedenen Varianten der »unsicheren« Daten durch. Daraus erkenne ich beispielsweise, wie stark sich die unsicheren Eingangsdaten »verschlechtern« dürfen, bevor das Ergebnis »ins Minus kippt«. ◄ **Sensitivitätsanalyse zur Abschätzung des Risikos**

Ein weiterer wichtiger Aspekt in der Investitionsrechnung ist die Frage nach der **optimalen Nutzungsdauer** der Investition. Wir gehen hier in diesem Grundlagenbuch davon aus, dass die Nutzungsdauer bekannt und von vorn herein festgelegt ist. Tatsächlich ist die Frage nach der optimalen Nutzungsdauer für den Praktiker wichtig – bei Maschinen beispielsweise die Frage nach dem **optimalen Ersatzzeitpunkt**. Doch die wissenschaftliche Antwort auf diese Frage würde den Rahmen unseres Grundlagenbuches sprengen.

Hier drängen sich grundsätzliche Fragen auf: Was bringt es überhaupt, sich mit Verfahren zu beschäftigen, die keine eindeutige Antwort darauf liefern, ob sich eine Investition lohnt oder nicht?

Warum soll ich mich als Studierender mit mathematischen Formeln herumschlagen, wenn sie keine endgültigen Ergebnisse bringen? Die Antworten auf diese (berechtigten) kritischen Fragen liegen in der möglichen Alternative begründet: Wenn wir Investitionsentscheidungen treffen würden, ohne vorher systematisch zu rechnen, dann wären diese Entscheidungen sehr wahrscheinlich schlechter als solche, die mit Investitionsrechnungen unterfüttert sind. Dies liegt vor allem daran, dass es den meisten Menschen sehr schwer fällt, die Auswirkungen positiver Zinssätze »intuitiv« ◄ **Sollte bei unsicherer Datenlage nicht intuitiv entschieden werden?**

richtig abzuschätzen. Außerdem helfen uns die Berechnungen, all diejenigen Investitionsalternativen auszusortieren, die auf eher unwahrscheinlichen Zukunftsentwicklungen basieren. Und noch ein ganz pragmatischer Grund spricht für die Mühe der Investitionsrechnung: Sobald ich für mein Vorhaben Geld von der Bank (Fremdkapital) brauche, will die Bank sehen, unter welchen Bedingungen die Investition wirtschaftlich sein kann.

Rentenendwertfaktor

In Tabelle 4.22 hatten wir in den Perioden 1 bis 10 eine jeweils gleiche Nettoeinzahlung von 11 000 € am Ende der jeweiligen Periode unterstellt. Jede dieser gleichen Zahlungen mussten wir einzeln mit dem jeweiligen Abzinsungsfaktor multiplizieren, ein etwas umständlicher Vorgang. Erfolgen **gleichmäßige Einzahlungen über mehrere Perioden**, so nennt man dies eine **Rente**. Im finanzmathematischen Sinn ist also der Begriff Rente weiter gefasst als in der Alltagssprache. Er schließt nicht nur die allgemein bekannte Altersrente ein, sondern alle anderen Zahlungen, die über eine Reihe von Perioden immer in derselben Höhe erfolgen. Stehen diese Zahlungen jeweils am Ende der Periode, spricht man von **nachschüssiger Rente**. Fallen die Zahlungen dagegen am Anfang einer Periode an, handelt es sich um eine vorschüssige Rente. Ist die Anzahl der Perioden (N), die Höhe der periodischen Zahlungen (Z) und der Zinssatz (q) bekannt, so lässt sich der Endwert der Zahlungen bzw. Rente berechnen. Dies ist etwa im Falle eines regelmäßigen Sparplanes interessant. Der fleißige Sparer fragt sich: Wenn ich am Ende jedes Jahres einen bestimmten Betrag auf die hohe Kante lege, wie hoch ist dann der Betrag nach zehn oder 20 Jahren? Diesen **Endbetrag** im Jahre N bezeichnen wir mit K_N. Zur Berechnung können wir folgende Formel aufstellen:

$$K_N = Z + Z \times q + Z \times q^2 + \ldots + Z \times q^{N-1}$$

Endwert einer Rente

Der Wert aller zukünftigen Zahlungen K_N setzt sich also zusammen aus dem Wert der Zahlung Z in der letzten Periode, die nicht mehr verzinst wird (weil sie am Ende des Betrachtungszeitraumes anfällt), dem Wert der Zahlung der Vorperiode, die für ein Jahr verzinst wird ($Z \times q$), dem Wert der Zahlung der Vorvorperiode, bei der der Zinseszins zu berücksichtigen ist ($Z \times q^2$), bis hin zur Zahlung in der ersten Periode unserer Zahlungsreihe, die über $N-1$ Perioden verzinst wird. Aus dieser Gleichung kann man auf der rechten Seite Z ausklammern und es ergibt sich:

$$K_N = Z(1 + q + q^2 + \ldots + q^{N-1})$$

Nun folgt ein kleiner mathematischer Trick: Die rechte Seite der Gleichung wird mit dem Ausdruck $\frac{(q-1)}{(q-1)}$ multipliziert. Der Einschub entspricht dem Wert 1. Die Multiplikation mit 1 ist ja jederzeit zulässig. Es ergibt sich:

$$K_N = \frac{Z[(1 + q + q^2 + \ldots + q^{N-1})(q-1)]}{(q-1)}$$

Durch Ausmultiplizieren ergibt sich ein etwas längerer Ausdruck:

$$K_N = \frac{Z\,[1 + q + q^2 + q^3 + \ldots + q^N - 1 - q - q^2 - \ldots - q^{N-1}]}{q-1}$$

Diese Gleichung enthält auf der rechten Seite im Zähler des Bruches zahlreiche sich gegenseitig aufhebende Terme, so dass man vereinfachen kann zu:

$$K_N = \frac{Z\,(q^N - 1)}{q-1} = Z \times \frac{q^N - 1}{q-1}$$

Damit haben wir die Formel für den **Rentenendwertfaktor** abgeleitet. Die periodisch anfallende Zahlung Z wird mit einem Faktor multipliziert, in dem der Zinssatz und die Dauer der Zahlung enthalten sind. Hätten wir diese Formel bereits bei der Berechnung der Tabelle 4.22 gekannt, hätte es die Rechenarbeit vereinfacht.

Den Faktor $\frac{q^N - 1}{q-1}$ nennt man den **Rentenendwertfaktor (ReF)**. Mit ihm lässt sich der Endbetrag einer nachschüssigen Rente berechnen. Anders ausgedrückt: Eine Reihe gleich hoher, nachschüssiger Zahlungen wird in eine »Einmalzahlung nach N Jahren« verwandelt.

Rentenendwertfaktor (ReF) $= \frac{q^N - 1}{q-1}$

Rentenbarwertfaktor

Jetzt wissen wir, wie wir eine Rente in eine »Einmalzahlung zum Schluss« umrechnen. Dagegen ist es bei Investitionen häufig üblich, alle Zahlungen auf den Zeitpunkt t_0, also den Beginn des Planungszeitraums zu beziehen. Dazu müssen alle Zahlungen, die in zukünftigen Perioden N anfallen, auf t_0 abgezinst werden.

Bei der Erläuterung des Abzinsens haben wir bereits eine Formel für den Barwert K_0 kennen gelernt. Sie gibt Antwort auf die Frage: Was ist ein Kapital, das nach der Periode N zur Verfügung steht, heute wert (zum Zeitpunkt t_0):

$$K_0 = \frac{K_N}{q^N}$$

Wird in diese Formel an Stelle von K_N die Formel für die Berechnung des **Endwertes einer Rente** eingesetzt, so ergibt sich:

$$K_0 = Z \,\frac{q^N - 1}{(q-1) \times q^N}$$

Der Barwert K_0 ist also der Endwert der Rente abgezinst mit Hilfe des Faktors q^N. Betrachtet man den Faktor $\frac{q^N - 1}{(q-1) \times q^N}$ für sich alleine, so bezeichnet man ihn als Rentenbarwertfaktor (RbF). Der Rentenbarwertfaktor wandelt also gleich hohe Zahlungen, die über eine gewisse Zahl von Perioden nachschüssig anfielen, in eine »Einmalzahlung jetzt« um.

Rentenbarwertfaktor (RbF) $= \frac{q^N - 1}{(q-1) \times q^N}$

Annuitätenfaktor

Mit Hilfe des Rentenbarwertfaktors haben wir ein Instrument, um die Höhe einer Einmalzahlung zum Zeitpunkt t_0 zu ermitteln, die den gleichen Wert besitzt wie eine jährliche identische nachschüssige Zahlung Z über N Perioden. Wir können uns allerdings auch die umgekehrte Frage stellen: Wie hoch müsste eine jährliche Zahlung sein, damit sie äquivalent zu einer Einmalzahlung am Beginn der Periode ist?

Diese Frage ist zum Beispiel bei Krediten relevant. Nehmen wir an, dass ein Unternehmer für einen Kredit jeweils am Jahresende Zins plus Tilgung (beides zusammen bezeichnet man als Kapitaldienst) bezahlen muss. Nehmen wir weiterhin an, der Unternehmer möchte jedes Jahr exakt die gleiche Summe Z als Kapitaldienst zahlen. Damit stellt sich die Frage: Wie lässt sich diese **jährliche Rückzahlungssumme (= Annuität)** ausrechnen?

Annuität = jährlich gleich bleibende Zahlung

Wir können die oben stehende Gleichung umformen und erhalten

$$Z = K_0 \frac{(q-1) \times q^N}{q^N - 1}$$

Annuitätenfaktor (ANN) = $\frac{(q-1) \times q^N}{q^N - 1}$

Der so genannte **Annuitätenfaktor** $\frac{(q-1) \times q^N}{q^N - 1}$ ist also der Kehrwert des Rentenbarwertfaktors. Er wird mit ANN abgekürzt. Oft wird er auch als **Kapitalwiedergewinnungsfaktor** bezeichnet.

Jetzt wissen wir, was Aufzinsen und Abzinsen bedeutet, außerdem kennen wir den Rentenendwertfaktor, den Rentenbarwertfaktor und den Annuitätenfaktor. Mit diesem grundlegenden Handwerkszeug (siehe auch Abb. 4.4) sind wir gut gerüstet für Investitionsrechnungen aller Art.

Kapitalwertmethode

Die Kapitalwertmethode zur Ermittlung der Wirtschaftlichkeit einer Investition basiert auf dem Instrumentarium, das wir im vorigen Abschnitt kennen gelernt haben. Den typischen Verlauf eines Zahlungsstroms bei landwirtschaftlichen Investitionsvorhaben in graphischer Form sehen wir in Abbildung 4.5.

Den Anschaffungskosten als Ausgaben zum Zeitpunkt t_0 stehen gleichmäßige Netto – Einzahlungen (d. h. Zahlungsüberschüsse) aus den Folgeperioden gegenüber.

Der Kapitalwert einer Investition ist die Summe der Barwerte aller Ein- und Auszahlungen

Durch Anwendung der Formel für den Rentenbarwert lässt sich der Barwert der Zahlungsüberschüsse berechnen. Übersteigt dieser Wert die Anschaffungskosten, so entsteht ein **positiver Kapitalwert der Investition** (Abb. 4.6). Im Klartext: Die Investition lohnt sich, weil sie mehr bringt, als sie kostet.

Damit liefert die Kapitalwertmethode eine eindeutige Antwort auf die Frage »Soll ich in dieses Objekt investieren?«.

Entscheidungsregel: Ist der Kapitalwert positiv, lohnt sich die Investition

Darüber hinaus kann sie dafür verwendet werden, **unterschiedliche Investitionsobjekte miteinander zu vergleichen**. In diesem Fall ist das Investitionsobjekt vorzuziehen, das den höheren Kapitalwert erbringt.

Ein beträchtlicher Vorteil der Kapitalwertmethode ist, dass sich mit ihrer Hilfe auch **Investitionsobjekte von unterschiedlicher Lebensdauer ver-**

gleichen lassen – etwa zwei Maschinen mit einer Lebensdauer von acht bzw. zwölf Jahren. Auch hier gilt als Entscheidungskriterium der höhere Kapitalwert. Darüber hinaus lässt sich die Methode auch für Fälle anwenden, in denen die Einzahlungsüberschüsse mit den Jahren wechseln. Allerdings können wir in diesem Fall nicht auf die Rentenbarwertformel zurückgreifen, sondern müssen die jährlichen Zahlungsüberschüsse einzeln abzinsen (wie in Tab. 4.22).

Nachteil der Kapitalwertmethode: **Der Kapitalwert ist von der Höhe des Kapitaleinsatzes abhängig.** Doch das vorhandene Eigenkapital ist in der Regel begrenzt. Daher sollte man beim Vergleich zweier Investitionsobjekte

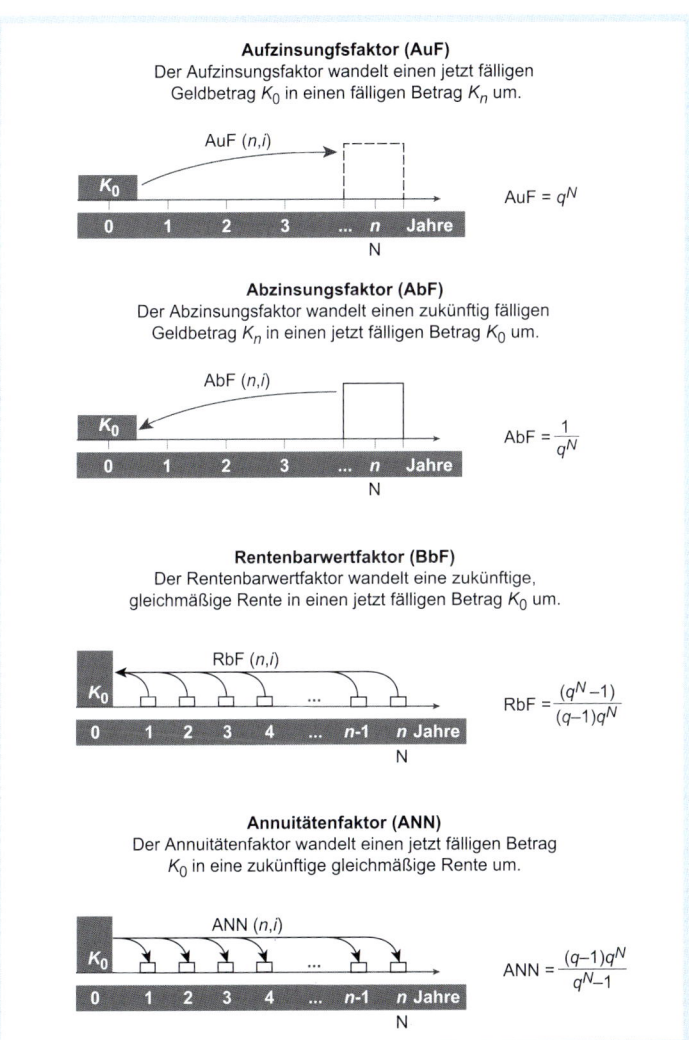

Aufzinsungsfaktor (AuF)
Der Aufzinsungsfaktor wandelt einen jetzt fälligen Geldbetrag K_0 in einen fälligen Betrag K_n um.

AuF (n,i)

K_0

0   1   2   3   ...   n   Jahre
N

$AuF = q^N$

Abzinsungsfaktor (AbF)
Der Abzinsungsfaktor wandelt einen zukünftig fälligen Geldbetrag K_n in einen jetzt fälligen Betrag K_0 um.

AbF (n,i)

K_0

0   1   2   3   ...   n   Jahre
N

$AbF = \dfrac{1}{q^N}$

Rentenbarwertfaktor (BbF)
Der Rentenbarwertfaktor wandelt eine zukünftige, gleichmäßige Rente in einen jetzt fälligen Betrag K_0 um.

RbF (n,i)

K_0

0   1   2   3   4   ...   n-1   n   Jahre
N

$RbF = \dfrac{(q^N - 1)}{(q-1)q^N}$

Annuitätenfaktor (ANN)
Der Annuitätenfaktor wandelt einen jetzt fälligen Betrag K_0 in eine zukünftige gleichmäßige Rente um.

ANN (n,i)

K_0

0   1   2   3   4   ...   n-1   n   Jahre
N

$ANN = \dfrac{(q-1)q^N}{q^N - 1}$

Abb. 4.4
Finanzmathematische Instrumente der Investitionsrechnung (Übersicht) (SCHEUERLEIN 1997, verändert)

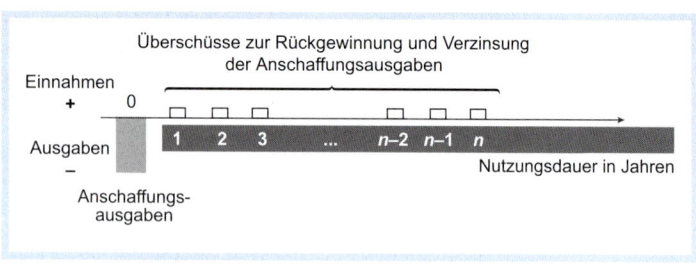

Abb. 4.5
Typischer Verlauf
des Zahlungsstromes
bei Investitionsvor-
haben (Schema)
(SCHEUERLEIN 1997)

Abb. 4.6
Der Kapitalwert
einer Investition
(SCHEUERLEIN,
1997, S. 35)

unterschiedlicher Größenordnung nicht schematisch immer das mit dem höheren Kapitalwert wählen. Vielmehr sollte in diesem Fall auch die interne Verzinsung (s. u.) geprüft werden.

Annuitätenmethode

Annuität der Anschaffungskosten = jährliche Kapitalkosten

Die Annuitätenmethode ist in gewisser Weise eine Variation der Kapitalwertmethode. Dort hatten wir die Einzahlungsüberschüsse auf den Zeitpunkt t_0 bezogen. Dagegen werden bei der Annuitätenmethode die Auszahlungen zum Zeitpunkt t_0 mit Hilfe des Annuitätenfaktors (ANN) in jährlich gleiche Auszahlungen umgewandelt. Sofern die Einzahlungsüberschüsse über die Nutzungsdauer der Investition in jeder Periode gleich sind (wie etwa im Beispiel in der Abb. 4.5), entsteht ein griffiger Vergleich für ein typisches Jahr.

Die Annuität der Anschaffungskosten repräsentiert dabei die **Kapitalkosten der Investition**. Dem gegenüber steht der Einzahlungsüberschuss der Investition für ein typisches Jahr. Die **Entscheidungsregel** lautet: **Die Investition lohnt sich, wenn die Einzahlungsüberschüsse die Annuität der Anschaffungskosten übersteigen.**

Entscheidungsregel

Beim Vergleich mehrerer Investitionsmöglichkeiten gilt: Die Investition ist vorzuziehen, deren positive Differenz zwischen Einzahlungsüberschüssen und Annuität am höchsten ist. Allerdings gilt dies uneingeschränkt nur, wenn es sich um Investitionsobjekte mit etwa gleichem Kapitalbedarf handelt. Andernfalls ist der unterschiedliche Eigenkapitalbedarf zu berücksichtigen.

Äquivalente Annuität

Etwas mühsamer anzuwenden ist dieses Verfahren, wenn die Einzahlungsüberschüsse zwischen den Jahren variieren. In diesem Fall müssen zunächst die Einzahlungsüberschüsse abgezinst werden, um den Barwert der Einzahlungsüberschüsse in der Periode 0, d. h. zum Zeitpunkt t_0 zu ermitteln. In einem zweiten Schritt ist dann mit Hilfe des Annuitätenfaktors aus dem Barwert die so genannte **äquivalente Annuität** der Einzahlungsüberschüsse zu errechnen. Wir wandeln also die tatsächlich ungleichen Einzahlungsüberschüsse in (fiktiv) gleiche Überschüsse um. Erst danach lässt sich die Annuitätenmethode anwenden.

Interne Zinsfußmethode

Unter internem Zinsfuß verstehen wir das, was man landläufig als »**Rendite**« oder »**effektive Verzinsung**« einer Kapitalinvestition bezeichnet.

Man sucht genau den **Zinsfuß, bei dem der Kapitalwert der Investition gleich 0 ist.** Erhöht man bei einer Investition schrittweise den Zinssatz, so werden die zukünftigen Einzahlungsüberschüsse immer geringer gewichtet, bis sie schließlich genau dem Wert der Auszahlung für die Investition entsprechen; der Kapitalwert der Investition wird dann gleich 0. Für diesen Suchvorgang gibt es keine Formel, der Wert lässt sich nur **durch Probieren** ermitteln. Allerdings ist in allen modernen Tabellenkalkulationsprogrammen ein Suchalgorithmus implementiert, der den internen Zinsfuß ermittelt.

Interner Zinsfuß = effektive Verzinsung

Liegt der interne Zinsfuß eines Investitionsobjektes über dem festgelegten Kalkulationszinsfuß, so lohnt sich die Investition.

So weit, so gut. Sollen mit der internen Zinsfußmethode jedoch mehrere Investitionsobjekte verglichen werden, wird es schon schwieriger. Denn bei zwei einander ausschließenden Investitionen mit unterschiedlichen Planungshorizonten kann die interne Zinsfußmethode unter bestimmten Umständen zu falschen Empfehlungen führen. Wer sich für die Details dieser Problematik interessiert, sei auf das Lehrbuch von Brandes und Odening (1992) verwiesen (siehe Ende dieses Abschnitts). Hier bleibt festzuhalten: Die interne Zinsfußmethode ist zwar intuitiv überzeugend, dennoch sollte sie »**mit Vorsicht genossen**« werden. Bei der Entscheidung zwischen zwei einander ausschließenden Investitionsalternativen ist im Zweifelsfall die Anwendung der Kapitalwertmethode vorzuziehen.

Entscheidungsregel

Die interne Zinsfußmethode ist ein gutes Werkzeug, um eine Rangfolge bei einander nicht ausschließenden Investitionsvorhaben zu ermitteln: Das Investitionsvorhaben mit dem höchsten internen Zinsfuß sollte zuerst durchgeführt werden. Die interne Zinsfußmethode kann jedoch auch in anderem Zusammenhang ein sehr nützliches Hilfsmittel sein. Will der Unternehmer etwa verschiedene Kreditangebote miteinander vergleichen, so machen es ihm die Banken nicht immer einfach.

Häufig wird das Darlehen nicht voll ausgezahlt, sondern es gibt eine Differenz zwischen dem Rückzahlungsbetrag eines Darlehens und dem ausgezahlten Betrag, das so genannte **Damnum**. In Kreditangeboten heißt es dann z. B. Auszahlungskurs 95 %, was gleichbedeutend ist mit 5 % Damnum. Ergebnis für den Kreditnehmer: Bei einem Darlehen von nominal 100 000 € bekommt er 95 000 € ausgezahlt, muss aber trotzdem 100 000 € zuzüglich der Zinsen zurückzahlen. Auch unterschiedliche Bearbeitungsgebühren oder die unterschiedliche Berücksichtigung von Tilgungsraten bei der Zinsberechnung bewirken Unterschiede im effektiven Zins. In solchen Fällen reicht es nicht aus, den **Nominalzinssatz** der unterschiedlichen Kreditangebote miteinander zu vergleichen, sondern es kommt auf den

Ermittlung des effektiven Zinssatzes eines Kredits

Tab. 4.23.

Berechnung des internen Zinsfußes durch Probieren

Darlehen	100 000
Auszahlungskurs	90 %
Nominalzinssatz	9 %
Kreditlaufzeit Jahre)	20
Einmalige Tilgung nach (Jahren)	20

1. Versuch:
Interner Zinsfuß   12 %

Periode	Darlehen	Darlehens-rückzahlung	Zinsen	Nettozahlung pro Periode	Abzinsungs-faktor	Barwert
0	90 000			90 000	1,0000	90 000
1			−9 000	−9 000	0,8929	−8 036
2			−9 000	−9 000	0,7972	−7 175
3			−9 000	−9 000	0,7118	−6 406
4			−9 000	−9 000	0,6355	−5 720
5			−9 000	−9 000	0,5674	−5 107
6			−9 000	−9 000	0,5066	−4 560
7			−9 000	−9 000	0,4523	−4 071
8			−9 000	−9 000	0,4039	−3 635
9			−9 000	−9 000	0,3606	−3 245
10		−100 000	−9 000	−109 000	0,3220	−35 095

Summe der Barwerte = Kapitalwert:	6 950

2. Versuch:
Interner Zinsfuß   10,675 %

Periode	Darlehen	Darlehens-rückzahlung	Zinsen	Nettozahlung pro Periode	Abzinsungs-faktor	Barwert
0	90 000			90 000	1,0000	90 000
1			−9 000	−9 000	0,9035	−8 132
2			−9 000	−9 000	0,8164	−7 348
3			−9 000	−9 000	0,7377	−6 639
4			−9 000	−9 000	0,6665	−5 999
5			−9 000	−9 000	0,6022	−5 420
6			−9 000	−9 000	0,5441	−4 897
7			−9 000	−9 000	0,4916	−4 425
8			−9 000	−9 000	0,4442	−3 998
9			−9 000	−9 000	0,4014	−3 612
10		−100 000	−9 000	−109 000	0,3627	−39 530

Summe der Barwerte = Kapitalwert:	0

effektiven Zinssatz an, der oft auch als effektiver Jahreszins bezeichnet wird. Dieser effektive Jahreszins lässt sich mit Hilfe der internen Zinsfußrechnung ermitteln.

Ein Beispiel dazu ist in Tabelle 4.23 aufgeführt.

Das Darlehen im Beispiel beträgt 100 000 €, davon kommen aber nur 90 000 € zur Auszahlung an den Darlehensnehmer. Der Nominalzinssatz von 9 % wird jedoch auf die Nominalsumme des Darlehens angewandt, so dass pro Jahr über die zehn Jahre der Laufzeit 9 000 € Zinsen zu zahlen sind. Am Ende der letzten Periode ist die Darlehenssumme von 100 000 € zurückzuzahlen. Wie hoch ist nun der effektive Zinssatz? Da die Zinsen auf den Nominalbetrag des Darlehens gezahlt werden, der Auszahlungsbetrag jedoch niedriger liegt, kann man davon ausgehen, dass die effektiven Zinsen über den nominalen Zinsen liegen.

Im ersten Versuch rechnen wir mit einem internen Zinsfuß von 12 % (Tab. 4.23). Wir sehen die Zinszahlungen der Perioden und den Abzinsungsfaktor, der sich errechnet aus $\frac{1}{q^N}$, also z. B. für das 10. Jahr bei einem internen Zinsfuß von 12 % aus $(1 + 0,12)^{10}$. Die Zinszahlungen des jeweiligen Jahres und die Rückzahlung des Darlehens am Ende des 10. Jahres werden mit dem Abzinsungsfaktor multipliziert. Die sich daraus ergebenen Barwerte der Zinszahlungen werden addiert, und als Ergebnis dieses ersten Versuches ergibt sich ein Barwert von 6 950 €. Durch weiteres Probieren ergibt sich: Bei einem Zinssatz von 10,675 % ist der Kapitalwert des Zahlungsstroms gleich Null (Tab. 4.23, unterer Teil). Damit haben wir den effektiven Zinssatz ermittelt.

Andere Methoden

Kapitalwertmethode, Annuitätenmethode und interne Zinsfußmethode reichen im Grunde aus, um alle relevanten Investitionsprobleme bearbeiten zu können. Trotzdem existieren in der Praxis zahlreiche weitere Methoden. Dies ist vor allem deshalb der Fall, da die drei vorgestellten Methoden zu den dynamischen Methoden zählen. Diesen Methoden eilt der Ruf voraus, rechentechnisch schwierig, aufwändig und wenig durchschaubar zu sein. Wir hoffen natürlich, dass unsere Leserinnen und Leser nach der Lektüre der vorangegangenen Seiten diesem negativen Urteil nicht folgen.

Dynamische Verfahren weisen Zahlungsströme korrekt nach Perioden aus und bewerten sie mit Zins und Zinseszins. In der Praxis finden sich daneben zahlreiche so genannte statische Verfahren. Die **statischen Verfahren** vernachlässigen Zinseszinsen und sie arbeiten mit durchschnittlichen oder repräsentativen jährlichen Kosten und Leistungen.

Folge: Sie sind mit Fehlern behaftet. Wir gehen auf diese statischen Verfahren hier nicht näher ein, da die dynamischen für alle praktischen Zwecke hinreichend sind. (In Kapitel 3.1 haben wir bei der Berechnung des Zinses einen statischen Ansatz verwendet.)

Statische Verfahren der Investitionsrechnung

Eine dynamische Methode soll hier noch angesprochen werden: die **dynamische Amortisationsrechnung**. Sie ist im strengen Sinne keine Investitionsrechnungsmethode, wird allerdings in der Praxis häufig eingesetzt. Kernstück ist die Berechnung der so genannten dynamischen **Amortisationszeit**.

Dynamische Amortisationsrechnung

Dies ist die Anzahl der Jahre, die benötigt wird, um den Kapitaleinsatz einer Investition plus Verzinsung aus den Rückflüssen (Einzahlungsüber-

Amortisation = Wiedergewinnung einer Investitionsausgabe

schüssen) wieder zu gewinnen. Die dynamische Amortisationszeit errechnet sich aus dem Zeitraum, für den der Kapitalwert einer Investition erstmalig 0 oder positiv ist.

Es wird deutlich, dass diese Methode eng verwandt ist mit der Kapitalwertmethode und der internen Zinsfußmethode. Beim internen Zinsfuß sucht man bei gegebener Laufzeit oder Nutzungsdauer den Zinsfuß, der einen Kapitalwert von 0 ergibt. Bei der dynamischen Amortisationsdauer ist die **Zahl der Perioden gesucht, die bei gegebenem Zinsfuß einen Kapitalwert von 0 ergeben.** Wer jedoch daraus schließt: »Je kürzer die Amortisationszeit, desto lohnender die Investition«, kann leider falsch liegen. Denn wenn die Nettozahlungsströme, die weiter in der Zukunft liegen, bei zwei zu vergleichenden Investitionsobjekten unterschiedlich hoch sind, muss das Objekt mit der kürzeren Amortisationszeit nicht notwendigerweise den höheren Kapitalwert haben und daher lohnender sein. Entscheidet sich der Unternehmer in diesem Fall für das Objekt mit der kürzeren Amortisationszeit, so hat er eine Fehlentscheidung getroffen.

Die Amortisationsrechnung gibt es auch unter dem Namen »pay off-Rechnung« oder »pay back-Rechnung«. In ihrer naiven Form werden Zins und Zinseszins komplett vernachlässigt. Es wird nur gefragt, nach wie viel Perioden der Nettoüberschuss (ohne Abzinsung!) die ursprünglichen Investitionsausgaben übertrifft. Wer das Kapitel bis hier studiert hat, weiß, warum dieser Ansatz falsch ist.

Trotz aller Kritik können wir aus der Amortisationsrechnung nützliche Informationen gewinnen, dazu sollten wir allerdings möglichst die dynamische Amortisationsrechnung verwenden.

Je kürzer die Amortisationsperiode, desto geringer ist tendenziell das **Investitionsrisiko.** Dies kann eine wichtige Zusatzinformation für andere Methoden der Investitionsrechnung sein.

Die Amortisationsdauer dient der Abschätzung des Investitionsrisiko

Fazit: Die Methoden der dynamischen Investitionsrechung sind unverzichtbar für **die ökonomische Entscheidungsfindung** und die **praktische betriebswirtschaftliche Beratung.** Gleichzeitig beruhen die vorgestellten Methoden auf einer Reihe von Vereinfachungen, die kritikwürdig sind. Dabei geht es vor allem um die folgenden Punkte:

- Es wird mit einem **einheitlichen Kalkulationszinsfuß** gerechnet. Da sich Soll- und Habenzinsen sehr deutlich unterscheiden, kann sich je nach Liquiditätslage des Betriebes der »realistische« Kalkulationszinsfuß stark verändern.
- Das **Herauslösen des einzelnen Investitionsobjektes aus dem Verbundcharakter des landwirtschaftlichen Betriebes** sorgt für Schwierigkeiten. Wenn eine deutlich effizientere Maschine eingesetzt werden kann, und dadurch Arbeit freigesetzt wird, dann kann diese Arbeit in anderen Bereichen des Betriebes produktiv verwendet werden. Dazu müsste allerdings die Arbeitsverwertung im neuen Einsatzbereich bekannt sein. Korrekterweise müsste diese Arbeitsverwertung dann als Leistung der anzuschaffenden Maschine zugeschlagen werden. Dies ist schwierig zu berechnen – deshalb wird dieser Sachverhalt häufig vernachlässigt.
- Die **optimale Nutzungsdauer** von Investitionsgütern ist ein Entscheidungsproblem für sich, das wir aus der Betrachtung ausgeblendet haben.

Trotz dieser Schwachpunkte sind die vorgestellten Methoden der Investitionsrechnung nützlich und finden in der Praxis umfangreiche Anwendungen.

Fragen zur Wiederholung

▶ Welche charakteristischen Merkmale von Investitionen kennen Sie?
▶ Welcher wichtige Aspekt ist im Rechenbeispiel der Tabelle 4.21 nicht berücksichtigt? Wozu führt dieser Aspekt?
▶ Was verstehen wir unter nachschüssiger Zahlung und Einzahlungsüberschuss?
▶ Wofür stehen die Ausdrücke, q, q^N, $\frac{1}{q^N}$, und welcher Wert lässt sich durch Abzinsen errechnen?
▶ Worin liegen die Schwierigkeiten, wenn wir die Höhe des Zinssatzes für die Investitionsrechnung festlegen wollen? Welche Rolle kann die Sensitivitätsanalyse in diesem Zusammenhang spielen?
▶ Was kann mit dem Rentenendwertfaktor und was mit dem Rentenbarwertfaktor berechnet werden? Für welche Berechnung wird der Rentenbarwertfaktor und für welche der Annuitätenfaktor benötigt?
▶ Welche Fragestellungen lassen sich mit der Kapitalwertmethode lösen? Welche der vorgestellten Formeln verwenden Sie hierzu, falls die jährlichen Einzahlungsüberschüsse gleich bleibend sind?
▶ Wie wird bei der Annuitätenmethode, der internen Zinsfußmethode und der Amortisationsrechnung vorgegangen?
▶ Wo liegen Schwachpunkte der vorgestellten Methoden der Investitionsrechnung?

Weiterführende Literatur

Wer ein sehr einfaches, schrittweise aufgebautes Buch sucht, das gleichzeitig das Thema Investitionen in der Landwirtschaft umfassend behandelt, ist mit folgendem Buch bestens bedient:
SCHEUERLEIN, A. (1997): Finanzmanagement für Landwirte, DLG-Verlag, München.

Der agrarökonomische »Klassiker« für alle diejenigen, die sich mit dem Thema Investitionsrechnung vertieft beschäftigen wollen:
BRANDES, W. und ODENING, M. (1992): Investition, Finanzierung und Wachstum in der Landwirtschaft, Verlag Eugen Ulmer Stuttgart.

4.4 Integration ökologischer Gesichtspunkte

In den letzten Jahrzehnten ist das gesellschaftliche Bewusstsein für die ökologischen Funktionen ländlicher Räume erheblich gewachsen. Ein wesentlicher Teil dieser Funktionen lässt sich nur mit Landwirtschaft erfüllen. Mit anderen Worten: Indem die Landwirtschaft zur Erfüllung der ökologischen Funktionen beiträgt oder sogar die Voraussetzungen dafür schafft, erbringt sie eine Leistung, die als **ökologische Leistung** bezeichnet werden kann.

Ein Überblick über die in Frage kommenden Funktionen und konkrete Beispiele dazu finden sich in Tabelle 4.24. Für landwirtschaftliche Betriebe hat dieses veränderte gesellschaftliche Bewusstsein erhebliche Konsequenzen.

Die Landwirtschaft erbringt ökologische Leistung

Der Blick auf Tabelle 4.24 zeigt die große Vielfalt und Komplexität dieser möglichen ökologischen Leistungen der Landwirtschaft. Aus einzelbetrieblicher Sicht werden damit allerdings Leistungen erbracht, die nicht unmittelbar auf Märkten gehandelt werden wie die klassischen landwirtschaftlichen Produkte. Daher kann der Einzelbetrieb vorerst auch keinen Preis für diese Leistungen erzielen – und dies, obwohl viele dieser Leistungen aus gesellschaftlicher Sicht als knapp angesehen werden können. Dies hängt damit zusammen, dass der größere Teil der angesprochenen Leistungen im Landschaftszusammenhang erstellt wird. Daher ist der konkrete Beitrag des einzelnen Betriebes kaum abgrenzbar. Zudem besteht das

Tab. 4.24.

Funktionen von Umweltressourcen ländlicher Räume (LIPPERT 2005)	
Funktion	**Beispiele**
Regulierung des Gashaushaltes; Klimaregulierung	CO_2/O_2-Gleichgewicht; Treibhausgasregulierung
Abpuffern von Störungen	Abdämpfung von Stürmen, Überschwemmungen etc.
Regulierung des Wasserhaushaltes	Sicherung der Bereitstellung von Wasser für Landwirtschaft, Industrie und Transport
Wasserspeicherung	Speicherung von Trinkwasser
Erosionsschutz	Vermeidung von Bodenverlusten durch Wind- oder Wassererosion, Bewahrung künftiger Produktionsmöglichkeiten
Bodenbildung	Gesteinsverwitterung, Ansammlung organischer Substanzen
Nährstoffbereitstellung	Stickstofffixierung, Ermöglichung von Nährstoffkreisläufen
Entsorgungsfunktion	Lagerung oder Abbau von Giftstoffen
Biologische Regulierung	Ermöglichung ökologischer Gleichgewichte, Räuber-Beute-Gleichgewichte
Habitatfunktion	Bereitstellung von Lebensräumen für von der Gesellschaft besonders geschätzte seltene Tier- und Pflanzenarten
Hervorbringung genetischer Vielfalt	Nutzung für züchterische, medizinische oder phytomedizinische Zwecke
Erholungsfunktion	Nutzung zum Wandern, Skifahren, Angeln etc.
Kulturelle Funktion	Ästhetische Eigenschaften von Landschaften (Anregungen für Kunst und Wissenschaft)

ökonomische Problem der Nichtausschließbarkeit von Nutzern und (teilweise) auch das Problem der Nichtrivalität bei der Nutzung. Im Klartext: **Fast alle der angesprochenen Leistungen tragen ganz oder teilweise den Charakter öffentlicher Güter.**

Es gibt unterschiedliche Ansätze, um unter diesen Bedingungen ökologische Aspekte in landwirtschaftliche Betriebe zu integrieren. Einerseits versucht die Politik, auf den landwirtschaftlichen Betrieb von außen einzuwirken. Andererseits gibt es landwirtschaftliche Betriebe, die versuchen, ökologische Funktionen besonders gut zu erfüllen und daraus eine marktorientierte Unternehmensstrategie zu entwickeln. Zum »politischen« Ansatz gehören **Auflagen des Staates**, die in vielfältiger Weise für die Landwirtschaft relevant geworden sind.

Ökologische Leistungen sind weitgehend öffentliche Güter

Allgemein gesprochen wandern damit Verfügungsrechte, die ursprünglich beim Landwirt lagen, in die Hände des Staates (siehe auch Kapitel 2.6). Mit anderen Worten: **Das Eigentumsrecht des Landwirtes wird eingeschränkt.** Die Kritik von landwirtschaftlicher Seite an diesen Auflagen entzündet sich vor allem daran, dass sie die **Produktionskosten erhöhen**. So erhöhen sich die Kosten der Milch- und Fleischerzeugung, wenn etwa umfangreiche Güllelager gebaut werden müssen, um Ausbringungsverbote über lange Zeiträume einzuhalten.

Integration ökologischer Aspekte durch staatliche Auflagen

Aus einzelbetrieblicher Sicht ist die entscheidende Frage: Wie kann ich eine rechtsgültige Auflage **kostenminimal erfüllen**?

In manchen Fällen ist der Handlungsspielraum dabei sehr gering, in anderen Fällen mag es eine Vielzahl von Möglichkeiten geben, aus denen dann die kostengünstigste auszuwählen ist. So ist beispielsweise beim Bau von Güllelagerstätten der Spielraum für die Suche nach kostengünstigen Lösungen durch die Bauvorschriften eingeschränkt. Soll hingegen der Stickstoffbilanzüberschuss des Gesamtbetriebes auf ein bestimmtes Maß begrenzt werden, so steht dazu eine Vielzahl innerbetrieblicher Maßnahmen zur Verfügung. Der Betriebsleiter kann beispielsweise weniger mineralischen Stickstoffdünger einsetzen, seine Fruchtfolge verändern oder die Fütterung seiner Mastschweine umstellen. Aus einem weiten Spektrum möglicher Maßnahmen ist in diesem Fall eine Kombination so auszuwählen, dass das gegebene ökologische Ziel mit den geringsten Kosten erreicht wird. Dies bezeichnet man als Ökoeffizienz.

Planungsproblem: Wie können Auflagen kostenminimal erfüllt werden?

Die im Zuge der EU-Agrarreform 2005 eingeführte **»Cross Compliance«** fordert von den Landwirten, zahlreiche in nationales Recht umgesetzte EU-Vorschriften und einige spezifische Länderregelungen im Bereich Bodenschutz einzuhalten.

Nur wenn sie das tun, haben die Landwirte einen Anspruch auf die Zahlungen aus der gemeinsamen Agrarpolitik. Faktisch entsprechen damit die Cross Compliance-Vorschriften für fast alle landwirtschaftlichen Betriebe einer Auflage.

Cross Compliance

Ein weiteres wichtiges Instrument von staatlicher Seite sind **Anreizprogramme**, etwa in Form von Agrarumweltprogrammen als Teil ländlicher Entwicklungsprogramme.

Innerhalb der Agrarumweltprogramme herrscht bisher weitgehend ein maßnahmenorientierter Ansatz vor: Ein Betrieb wird beispielsweise mit einer Flächenprämie honoriert, falls er eine bestimmte Maßnahme durchführt oder unterlässt – wenn er also Getreide in Direktsaat bestellt oder bei

Integration ökologischer Aspekte durch Anreizprogramme

Weizen auf Halmverkürzer verzichtet. Aus einzelbetrieblicher Sicht wird zur Bewertung der Rentabilität solcher Maßnahmen der **Verfahrensvergleich** eingesetzt (vgl. Kapitel 4.1). Das im Agrarumweltprogramm geforderte Verfahren wird einschließlich der veränderten Kosten und Leistungen dem bisher praktizierten Verfahren gegenübergestellt. Der Verfahrensvergleich weist dann aus, welches der beiden Verfahren für den Betriebsleiter gewinnbringender ist.

Innerhalb der Agrarumweltprogramme gibt es auch Beispiele für Zahlungen auf Grund bestimmter Ergebnisse landwirtschaftlicher Tätigkeit, die nicht unmittelbar maßnahmengebunden sind. Was ist darunter zu verstehen? In einigen Programmen bekommen Landwirte beispielsweise Fördergelder dafür, dass eine Mindestzahl gewünschter Pflanzenarten in einem Grünlandbestand vorhanden ist. Damit stellt sich für den Landwirt die (schwierige) Frage: Was kann ich dafür tun, dass sich mein Grünland »programmgemäß« entwickelt? Erst wenn diese Ursache-Wirkungs-Beziehung geklärt ist, kann er sinnvolle Antworten auf die nächste Frage finden: Wenn ich mehrere Möglichkeiten habe, meine Grünlandbestände »programmgemäß« zu führen, welche ist die kostengünstigste? Bei der Suche nach der ökonomisch richtigen Antwort hilft ihm wiederum der **Verfahrensvergleich**.

Entscheidungen über Teilnahme an Anreizprogrammen an Hand eines Verfahrensvergleichs

Ein ganz ähnliches Beispiel sind **Programme zur Stickstoffbegrenzung in Wasserschutzgebieten**. Kern dieser Programme: Wenn in den »betroffenen« Böden bestimmte N_{min}-Werte im Herbst nicht überschritten werden, bekommt der Landwirt eine Ausgleichszahlung. Auch hier steht dem Landwirt grundsätzlich frei, **mit welchen Maßnahmen er den gewünschten N_{min}-Wert erreicht**. Somit werden die möglichen Maßnahmen verglichen und die kostengünstigste wird ausgewählt. Das klingt zunächst sehr einfach: Der Indikator »N_{min}-Wert« steht für die Leistung »sauberes Grundwasser«. Sobald die Landwirte mit ihrer Art der Bewirtschaftung den N_{min}-Wert senken, sorgen sie für sauberes Grundwasser – und diese Leistung wird belohnt. Leider hängt der N_{min}-Wert aber nicht nur von der Bewirtschaftungsweise des Landwirts ab, sondern zusätzlich von anderen Faktoren wie z. B. Witterung oder Vegetationsverlauf. Mit anderen Worten: Der Landwirt muss mit einem erhöhten Risiko leben, weil die Maßnahme an einen **Indikator** gebunden ist. Würde eine Maßnahme wie der Verzicht auf N-Düngung direkt subventioniert werden, wäre dies für den Landwirt »berechenbarer«. Zudem ist es oft besonders aufwändig, ökologische Indikatoren wie den N_{min}-Wert zu messen.

Dieser Zusammenhang lässt sich an Hand von Abbildung 4.7 verdeutlichen.

Indikatoren für Gewässergefährdung

Das Grund- und Oberflächenwasser wird belastet durch **Nitrat, Phosphat und Rückstände von Pflanzenschutzmitteln**. Diese Stoffe kommen zu einem erheblichen Teil aus der Landwirtschaft. Für dieses Umweltproblem existieren zahlreiche Indikatoren. Leider sind die Indikatoren oft besonders aufwändig zu ermitteln, die das Problem in besonders guter Weise beschreiben. Andere, leichter zu ermittelnde Indikatoren charakterisieren unter Umständen das Problem weit weniger genau. So ist beispielsweise die **Nitratmenge im Boden im Herbst** aufwändig zu ermitteln – dagegen lässt sich der Viehbesatz leicht bestimmen. Allerdings ist der **Viehbesatz** keine besonders gute Messzahl für die tatsächliche Gewässer-

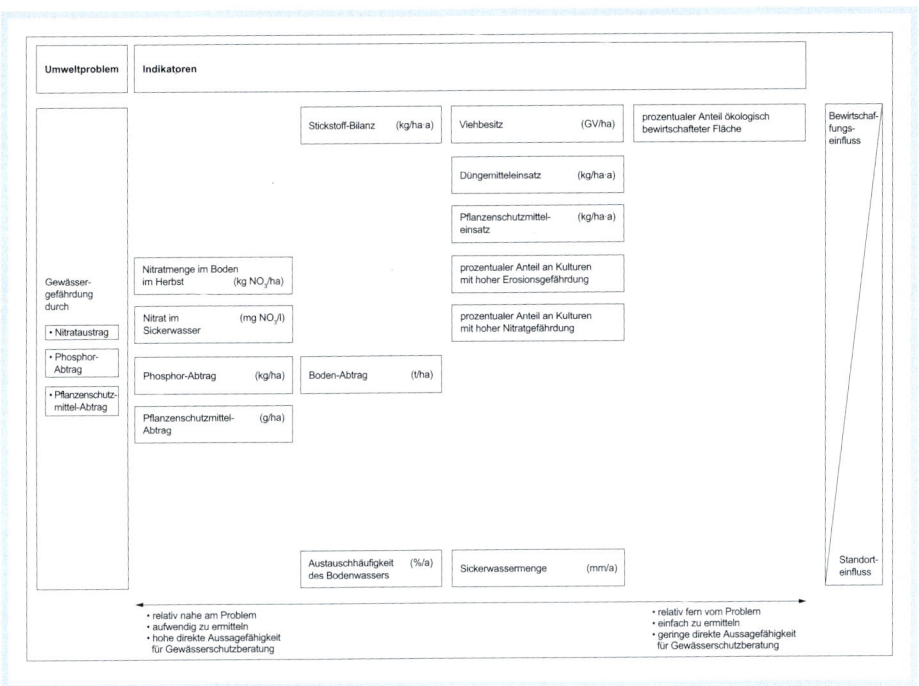

belastung durch Nitrat. Hier spielen Haltungsverfahren, Fütterung, Düngelagerung, Ausbringungstechnik und -zeitraum eine entscheidende Rolle – ganz zu schweigen davon, dass Landwirte ihre Gülle an flächenstarke Betriebe abgeben können. Dies zeigt, dass der Viehbesitz für das
eigentliche Problem nur ein relativ grober Indikator ist. Die Frage nach
geeigneten Indikatoren ist für den praktischen Landwirt wichtig, da er
wissen will, wie er einen gegebenen ökologischen Zielwert möglichst kostengünstig erreicht.

Dies hört sich einfacher an, als es manchmal ist: Abbildung 4.8 zeigt
ökologische Indikatoren für Gewässergefährdung im Spannungsfeld betrieblicher Verfahren und natürlicher Standortverhältnisse.

Sowohl bestimmte Kennzeichen der betrieblichen Verfahren als auch
der natürliche Standort tragen zu den Gefährdungspotenzialen bei. Im
Einzelnen heißt dies: Es sind umfangreiche Daten notwendig, um etwa
den **Bodenabtrag** und die daraus resultierende Gewässergefährdung zu
schätzen. Die dafür weithin verwendete – und unter Naturwissenschaftlern umstrittene – Schätzgleichung heißt Allgemeine **Bodenabtragsgleichung** und wird in Kasten 4.5 näher erläutert.

Abb. 4.7
Umweltproblem Gewässergefährdung und relevante Indikatoren
(FREDE und DABBERT
1999, verändert)

Kasten 4.5
Erosionsgefahr durch flächenhafte Bodenerosion

Die Erosionsgefahr durch flächenhafte Bodenerosion lässt sich mit der Allgemeinen Bodenabtragsgleichung (ABAG) abschätzen. Die ABAG lautet:

$$A = R \times K \times L \times S \times C \times P$$

Dabei lauten die einzelnen Größen:

A = langjähriger mittlerer Bodenabtrag (t/(ha × a)).

R = Regen- und Oberflächenabflussfaktor (N/(h × a)); Maß für die regionale Erosionskraft der Niederschläge eines Jahres.

K = Bodenerodierbarkeitsfaktor [(t/(ha × a))/(N/(h × a))]; Abtrag eines bestimmten Bodens je R-Einheit auf einem Standardhang (22 m Länge, 9 % Gefälle, Schwarzbrache).

L = Hanglängenfaktor (dimensionslos); Verhältnis zwischen dem Abtrag auf einem beliebig langen Hang zum Abtrag auf einem Standardhang mit 22 m Länge.

S = Hangneigungsfaktor (dimensionslos); Verhältnis zwischen dem Abtrag auf einem beliebig steilen Hang zum Abtrag auf einem Standardhang mit 9 % Gefälle.

C = Bedeckungs- und Bearbeitungsfaktor (dimensionslos); Verhältnis zwischen dem Abtrag auf einem Hang mit beliebiger Bewirtschaftung zum Abtrag auf einem Hang unter Schwarzbrache.

P = Erosionsschutzfaktor (dimensionslos); Verhältnis zwischen dem Abtrag auf einem Hang mit speziellen Erosionsschutzmaßnahmen zum Abtrag auf einem Hang, der in Gefällerichtung bearbeitet wird.

Der Bodenabtrag (A) stellt den langjährigen mittleren Bodenabtrag in einer Fruchtfolge bezogen auf ein Jahr dar. Da der jährliche Bodenabtrag witterungbedingt schwankt, versteht sich der geschätzte Bodenabtrag als Mittelwert einer Zeitspanne von 15 bis 20 Jahren.

Quelle: FELDWISCH et al. 1999, verändert

Zurück zu den ökologischen Indikatoren aus Abbildung 4.8: Im Kern läuft die Vorgehensweise darauf hinaus, unterschiedliche Indikatoren für die Gewässergefährdung mit Bezug auf bestimmte Produktionsverfahren zu berechnen. So kann man, wie in Tabelle 4.25 dargestellt, für **jedes Produktionsverfahren den ökologischen Indikator Bodenabtrag** berechnen.

Das Beispiel zeigt eine **eindeutig negative Beziehung (engl.: trade off) zwischen Deckungsbeitrag und Bodenschutz**. Im Klartext: Bodenschutz ist in diesem Beispiel (und häufig in der Praxis) nur auf Kosten des ökonomischen Ergebnisses zu realisieren.

Allerdings zeigt sich auch, dass Betriebsleiter in der Praxis immer wieder Wege zur Erosionsverminderung finden, die wenig oder gar kein Geld kosten und in manchen Fällen auch Geld einsparen helfen. Zum Teil sind

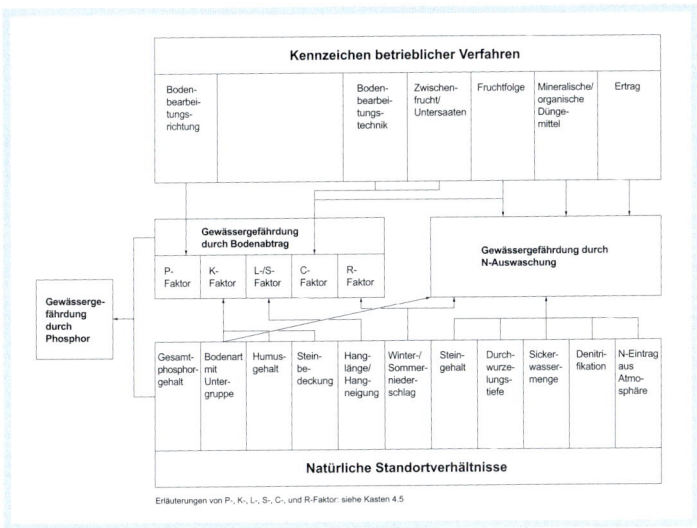

Abb. 4.8
Notwendige Daten zur Bewertung der Produktionsverfahren aus der Sicht des Gewässerschutzes
(FREDE und DABBERT 1999, verändert)

diese Wege anspruchsvoller in der Produktionstechnik und mit höheren Risiken behaftet.

Bei vielen ökologisch relevanten Maßnahmen reicht eine verfahrensbezogene Betrachtung nicht aus.

Wenn etwa Hänge durch Grünstreifen unterteilt werden, wenn die Fütterung angepasst wird, wenn es Folgewirkungen in der Fruchtfolge gibt, ist eine **gesamtbetriebliche Berechnung** nötig. Dazu müssen die ökologischen Indikatoren in die gesamtbetrieblichen Planungswerkzeuge wie Voranschlag (Kapitel 4.2) integriert werden. Darüber hinaus gibt es Maßnahmen, die sich nur im **überbetrieblichen Verbund** realisieren lassen. Ein Beispiel dazu: Zwei Landwirte bewirtschaften gemeinsam einen Hang, einer das obere Teilstück, der andere das untere. Beide gemeinsam können Erosion verhindern, wenn sie ihre Fruchtfolgen absprechen und besonders erosionsgefährdete Früchte wie Mais und Zuckerrüben nicht gleichzeitig an diesem Hang anbauen. **Gesamtbetriebliche und überbetriebliche Planung**

In den bisher in diesem Abschnitt diskutierten Ansätzen gingen wir davon aus, dass der landwirtschaftliche Betrieb nur auf ökologische Anforderungen von außen reagiert, die ihm durch Auflagen oder über Anreizprogramme vermittelt werden.

Es gibt aber auch landwirtschaftliche Unternehmen, die aktiv eine umweltorientierte Strategie entwickelt haben. Das bemerkenswerteste Beispiel für eine solche Strategie ist der **ökologische Landbau**. Als Reinform einer umweltorientierten betrieblichen Strategie kann der ökologische Landbau allerdings nur dort gelten, wo er nicht durch Agrarumweltprogramme gefördert wird. Wegen der weit verbreiteten Förderprogramme für den ökologischen Landbau haben wir es häufig mit einer »Mischform« aus umweltorientierter Strategie und Reaktion auf ökologische Förderprogramme zu tun. Interessant bleibt der **ökologische Landbau als aktive Umweltstrategie** aus betriebswirtschaftlicher Sicht jedoch auch in diesen Fällen. **Ökologischer Landbau als aktive Umweltstrategie**

Tab. 4.25.

Bodenerosion und Deckungsbeitrag bei unterschiedlichen Produktionsverfahren von Zuckerrüben

Produktions-verfahren	Konventionelle Bestellsaat	Konventionelle Bestellsaat – Querhang	Mulchsaat	Mulchsaat – Querhang	Direktsaat	Direktsaat – Querhang
Beschreibung	Die Zwischenfrucht wird untergepflügt, danach wird in das mit der Kreiselegge bestellte Feld eingesät.	Die konventionelle Bestellsaat wird quer zum Hang durchgeführt, obwohl der Schlag in Gefällerichtung verläuft (Größe 160 × 240 m). (Wege nur oben und unten vorhanden)	Die Zwischenfrucht wird durch ein Totalherbizid abgetötet. In den Mulch wird nach einer Bodenbearbeitung mit der Kreiselegge die Saat ausgebracht.	Kombination von Mulchsaat und Querhangbewirtschaftung	Die Zwischenfrucht wird durch ein Totalherbizid abgetötet. Die Saat wird ohne Bodenbearbeitung ausgebracht.	Kombination von Direktsaat und Querhangbewirtschaftung
Ökonomische Auswirkungen		Verluste durch größeres Vorgewende; höherer Zeitaufwand durch vermehrte Wendezeiten	Einsparung Pflug; Mehraufwand durch Totalherbizid		Einsparung Bodenbearbeitung; 15 % Ertragsverlust durch ungenaue Saatgutablage	
DB (€/ha)	2425,30	2337,81	2417,09	2331,66	1804,93	1733,32
Erosion (dt/ha/Jahr)	29,3	17,6	11,7	7,0	7,3	4,4

Doch was genau verstehen wir unter »ökologischem Landbau«? Eine Definition findet sich im Kasten 4.6, der Kasten 4.7 gibt einen Einblick in die grundlegende »Philosophie« des Öko-Landbaus. Seit Anfang der 90er Jahre legt eine EU-Verordnung detailliert fest, was erlaubt und was verboten ist im ökologischen Landbau. Die Richtlinien privater Verbände gehen häufig über die Mindestanforderungen der EU-Verordnung hinaus.

Kasten 4.6
Was ist ökologischer Landbau?

Der ökologische Landbau ist ein ganzheitliches Anbausystem, das die Stabilität des Agrarökosystems fördert und stärkt, einschließlich der Artenvielfalt, der biologischen Zyklen und der biologischen Bodenaktivität. Es bevorzugt den Einsatz von Anbaumaßnahmen anstelle von Betriebsmitteln, die von außerhalb des Betriebes kommen. Das jeweilige Anbausystem soll dabei an die Bedingungen vor Ort angepasst werden. Im ökologischen Landbau werden Anbaumaßnahmen sowie biologische und mechanische Methoden bevorzugt gegenüber synthetischen Stoffen – wo immer dies möglich ist. Ein ökologisches Produktionssystem soll:

a) die Artenvielfalt innerhalb des ganzen Systems erhöhen;
b) die biologische Bodenaktivität steigern;
c) langfristig die Fruchtbarkeit des Bodens aufrechterhalten;
d) von Pflanzen und Tieren stammende Reststoffe wiederverwerten, um den Nährstoffkreislauf zu schließen und nicht erneuerbare Betriebsmittel zu sparen;
e) auf nachwachsende Rohstoffe in örtlich organisierten Agrarsystemen bauen;
f) die nachhaltige Verwendung von Boden, Wasser und Luft fördern und alle Formen von Umweltbelastung als Resultat von Anbaupraktiken minimieren;
g) bei Umgang mit Agrarprodukten auf eine sorgfältige Verarbeitung achten, um in allen Phasen die ökologische Integrität und die vitalen Eigenschaften eines Produktes zu bewahren;
h) nach einer Umstellungsphase auf dem ganzen Betrieb eingeführt werden. Diese Umstellungsphase ist von ortspezifischen Faktoren abhängig (z. B. Geschichte des Bodens, Art der erzeugten Produkte).

Quelle: CAC 1999

Kasten 4.7
Die »Philosophie« des ökologischen Landbaus

Man kann den ökologischen Landbau als ein landwirtschaftliches Konzept ansehen, dessen Ziel es ist, integrierte und humane, in Bezug auf Umwelt und Wirtschaftlichkeit nachhaltige Produktionssysteme zu schaffen. Im englischen Sprachraum spricht man vom organischen Landbau (organic farming). Dabei ist der Begriff »organisch« so zu verstehen, dass er sich nicht auf die Art der eingesetzten Betriebsmittel bezieht, sondern auf das Konzept des Betriebes als einem Organismus, in dem alle Komponenten aufeinander wirken und ein zusammenhängendes, selbstregulierendes und stabiles Ganzes schaffen. Zu den Komponenten gehören Bodenmineralien, organische Substanzen, Mikroorganismen, Insekten, Pflanzen, Tiere und Menschen. Die Abhängigkeit von Betriebsmitteln von außerhalb des Systems wird so weit wie möglich eingeschränkt. In vielen europäischen Ländern wird die Bezeichnung ökologischer Landbau verwendet, was auf das Management des Ökosystems anstelle der Abhängigkeit von Betriebsmitteln von außerhalb des Systems hinweist.

Quelle: LAMPKIN et al. 2001

Der entscheidende Ansatz des ökologischen Landbaus im Hinblick auf die Integration ökologischer Aspekte liegt in der **selektiven Nutzung moderner Technologien.** In der Praxis bedeutet dies: Öko-Bauern verzichten auf Technologien und Verfahrensweisen, die entweder potenziell risikobehaftet sind oder die den landwirtschaftlichen Betriebszusammenhang weitgehend auflösen. Beispiele für solche Technologien und Verfahrensweisen: chemisch-synthetischer Pflanzenschutz, mineralische Stickstoff-Düngung, »flächenunabhängige« Schweinemast oder Legehennenhaltung auf der Basis von Zukauf-Futtermitteln.

Um ihre ökologischen Ziele zu erreichen, setzen Politik, Verbände und Öko-Landwirte also beim Input an.

Von weit reichender Bedeutung ist dabei insbesondere das **Verbot, mineralische Stickstoffdünger einzusetzen.** Dies führt einerseits dazu, dass Stickstoff über die Fruchtfolge (z. B. Anbau von Leguminosen) in den landwirtschaftlichen Betrieb eingebracht werden muss. Andererseits bedeutet dies: Der innerbetriebliche Wert des Stickstoffs ist sehr hoch. Man könnte von einem bewusst verknappten zentralen Produktionsfaktor sprechen. In der Konsequenz entsteht damit für die ökologisch wirtschaftenden Landwirte ein hoher Anreiz, Stickstoffverluste zu vermeiden. Das **Verbot des Einsatzes chemisch-synthetischer Pflanzenschutzmittel** bedeutet, dass deren Wirkung ebenfalls durch innerbetriebliche Maßnahmen ersetzt werden muss (z. B. Fruchtfolge, Bodenbearbeitung, mechanische Bekämpfung).

In Kurzform lautet die Strategie: Begrenzung auf der Inputseite, dadurch veränderte Produktionsverfahren und Betriebsorganisation. Diese Strategie ist durchaus erfolgreich, wie Untersuchungen belegen. Betrachtet man beispielsweise ein breites Spektrum von Umweltindikatoren auf der Nutzfläche, so bringt der **ökologische Landbau mehr positive und weniger negative Umweltwirkungen** mit sich als der konventionelle (STOLZE et al. 2000).

Die veränderte Produktionsweise können wir auch als »**Prozessqualität der erstellten Produkte**« bezeichnen. In Anlehnung an die Diskussion in Kapitel 2.6 können wir sie als ein Attribut sehen, das mit Vertrauenseigenschaften ausgezeichnet ist. Parallel zu dieser veränderten Prozessqualität gehen viele »Öko-Kunden« auch von einer veränderten Zusammensetzung und **ernährungsphysiologischen Qualität der Öko-Produkte** aus. Zwar ist dies

Input- Begrenzungen im ökologischen Landbau

Öko-Produkte weisen eine besondere Prozess- und Produktqualität auf

naturwissenschaftlich schwerer nachzuweisen als die Umweltleistung des ökologischen Landbaus. Dennoch erwarten Verbraucher von Öko-Produkten einen höheren Gesundheitswert als von konventionellen Nahrungsmitteln – sie schreiben diesen Produkten also das Attribut »Gesundheitswert« zu. Für den Öko-Landwirt kommt es aus betriebswirtschaftlicher Sicht darauf an, diese Attribute gewinnbringend zu nutzen. In anderen Worten: Er sollte seine Produkte so vermarkten, dass er auf Grund der genannten Vertrauenseigenschaften einen höheren Preis erzielen kann als sein konventioneller Kollege. Diesen **Preiszuschlag** braucht der Öko-Landwirt, um gewinnbringend zu arbeiten, denn schließlich verzichtet er auf einen Teil des technischen Fortschritts. Daraus folgt, dass die Produktionskosten pro Produkteinheit (= Stückkosten) im ökologischen Landbau in der Regel höher liegen als im konventionellen Landbau.

Wir dürfen davon ausgehen, dass es eine bestimmte Gruppe von Verbrauchern gibt, die bereit ist, für Öko-Produkte einen höheren Preis zu zahlen. Ökonomisch gesehen, zahlen sie für die Vertrauenseigenschaften der Öko-Produkte bei der Prozessqualität und der Produktqualität. Für den ökologisch wirtschaftenden Landwirt stellt sich die (essenzielle) betriebswirtschaftliche Frage: **Wie gelingt es, diesen höheren Preis tatsächlich zu erzielen?** Zunächst muss der Vermarkter von Öko-Produkten seinen (potenziellen) Kunden die Vertrauenseigenschaften glaubwürdig übermitteln. Ein recht erfolgreicher einzelbetrieblicher Ansatz – wenn auch im Gesamtumfang begrenzt – ist die **Direktvermarktung**. Hier steht der Landwirt als Person dem Verbraucher direkt gegenüber und kann so das notwendige Vertrauen vermitteln (wie der Metzger- oder Bäckermeister vor Ort).

Für das Vertrauen der Verbraucher in Öko-Produkte spielt außerdem die **Zertifizierung durch die EU-Kontrollstelle** und das damit verbundene **Öko-Kennzeichen** eine wichtige Rolle. Darüber hinaus investieren Ökolandwirte gemeinsam in privatwirtschaftliche Marken (siehe Kapitel 2.6) und signalisieren damit, dass sie für die Vertrauenseigenschaften ihrer Produkte gerade stehen.

Die Entscheidung für den ökologischen Landbau ist eine langfristige strategische Entscheidung des Betriebsleiters. Dies allein schon deshalb, weil er während der zweijährigen Umstellungszeit kaum mit höheren Preisen für seine Produkte rechnen kann. Zudem ändert sich im Vergleich zur konventionellen Bewirtschaftung die Produktionstechnik erheblich: Der umstellungswillige Landwirt muss in Knowhow, Maschinen und Gebäude investieren. Wer als Unternehmer oder Berater Antworten sucht auf die Frage »Ist die Umstellung auf ökologischen Landbau strategisch sinnvoll?«, kann auf bewährte **Ansätze und Methoden zur strategischen Planung** zurückgreifen. Mehr dazu im folgenden Kapitel.

Marketingstrategien für Öko-Produkte

Entscheidung für den ökologischen Landbau ist eine strategische Entscheidung

Fragen zur Wiederholung

▶ Welche möglichen ökologischen Leistungen der Landwirtschaft kennen Sie? Warum kann der einzelne landwirtschaftliche Betrieb normalerweise keinen Preis für diese Leistungen erzielen?

▶ Welche staatlichen Instrumente, um ökologische Aspekte in landwirtschaftliche Betriebe zu integrieren, kennen Sie? Was verstehen Sie unter »Cross Compliance« im Zusammenhang mit der EU-Agrarpolitik?

▶ Beschreiben Sie anhand eines Beispiels das Problem, geeignete ökologische Indikatoren für ökologische Auswirkungen der Landwirtschaft festzulegen.

▶ Wie lässt sich die Erosion (in t/ha) bei unterschiedlichen Produktionsverfahren berechnen? Vergleichen Sie die Bodenerosion und den Deckungsbeitrag unterschiedlicher Produktionsverfahren im Zuckerrübenanbau.

▶ Was verstehen wir unter ökologischem Landbau? Mit welchen Ansätzen integriert er ökologische Aspekte und Leistungen in den landwirtschaftlichen Betrieb?

▶ Was verstehen wir unter der Prozessqualität der erstellten Produkte? Warum ist es notwendig, im ökologischen Landbau höhere Preise zu erzielen? Wie kann dies gelingen?

Weiterführende Literatur

Zur Vertiefung der Diskussion in Richtung Integration ökologischer Indikatoren in (konventionelle) Betriebe und wenn es um die praktische Durchführung einer simultanen ökologisch-ökonomisch Verfahrensbewertung geht, empfehlen wir folgendes Buch:

FREDE, H.-G. und DABBERT, S. (Hrsg.) (1999): Handbuch zum Gewässerschutz, Ecomed, 2. Aufl., Landsberg.

Zum Thema ökologischer Landbau empfehlen wir:

DABBERT, S., HÄRING, A. M. und ZANOLI, R. (2002): Politik für den Öko-Landbau, Verlag Eugen Ulmer Stuttgart.

Zwar ist dieses Buch mit einem politischen Fokus geschrieben, es enthält allerdings auch eine Fülle betriebswirtschaftlich relevanter Fakten.

5 Betriebliche Planung und strategische Entscheidungen

Betriebliche Planungen und Entscheidungen lassen sich nach dem Zeitraum ordnen, auf den sie sich beziehen:

- Langfristig (**strategische Entscheidungen**),
- mittelfristig (**taktische Entscheidungen**),
- kurzfristig (**operative Entscheidungen**).

Strategische Entscheidungen betreffen die **grundsätzliche Ausrichtung** und **langfristige Entwicklung** des Betriebes.

Den Betrieb künftig im Nebenerwerb führen? Zusammen mit zwei Nachbarn einen neuen Milchviehstall bauen? Den Betrieb auf ökologischen Landbau umstellen? Flächen und Gebäude verkaufen und an anderer Stelle neu anfangen? Auch die bewusste Entscheidung, nichts zu ändern, kann eine strategische Entscheidung sein. Etwa den Betrieb in der bisherigen Form noch zehn Jahre weiter zu betreiben als »Auslaufbetrieb«, weil der Betriebsleiter 55 Jahre alt ist und keinen Nachfolger hat. Die wichtigste Frage bei strategischen Entscheidungen ist: Erzielt der Betrieb zur Zeit ein **befriedigendes Einkommen**, gibt es **Entwicklungspotenziale**, die für die Zukunft ein angemessenes Einkommen versprechen?

Typisch für strategische Entscheidungen: Es geht um grundsätzliche Weichenstellungen, die den Betrieb stark beeinflussen.

Bei **taktischen Entscheidungen** geht es um **kurz- bis mittelfristige** Fragen. Soll ich Raps in die Fruchtfolge aufnehmen? Lohnt es sich, sechs neue Abferkelbuchten in den bestehenden Stall einzubauen? Was bringt es mir, wenn ich mein Grünland zukünftig extensiv bewirtschafte? Lohnt es sich, den Mähdrescher zu ersetzen? Viele solcher Entscheidungen sind jährlich zu treffen, angepasst an die Produktionszyklen in der Landwirtschaft.

Operative Entscheidungen beziehen sich auf **kurzfristige** Fragen. Besser heute oder morgen Weizen dreschen? Wie viel Eigenleistung bringen wir ein, wenn nächste Woche das Fahrsilo betoniert wird? Aus den Beispielen wird deutlich: Die operative Planung steht unmittelbar vor der Durchführung der Arbeit, es geht um die nächsten Arbeitsschritte.

Die Landwirtschaft zeichnet sich dadurch aus, dass die **operative Planung kaum normierbar** ist. Was ist damit gemeint? In der landwirtschaftlichen Produktion müssen operative Entscheidungen getroffen werden, die in Arbeitsabläufe eingreifen, während diese bereits im Gang sind.

Ein Beispiel: Wird plötzlich in der Wettervorhersage eine längere Schlechtwetterperiode angekündigt, so kann dies zu der Entscheidung füh-

Beispiele strategischer Entscheidungen

Taktische und operative Entscheidungen

Operative Planung bietet nur beschränkte Möglichkeiten für normative Entscheidungsmodelle

ren, mit dem Mähdreschen sofort zu beginnen, obwohl der optimale Zeitpunkt noch nicht ganz erreicht ist. Andere Arbeiten werden dann zu Gunsten des Mähdreschens abgebrochen. Allerdings gibt es Bereiche, in denen sich die landwirtschaftliche Produktion in der operativen Planung immer stärker normieren lässt. Beispiele dafür sind die hoch intensiven Tierhaltungsverfahren in der Legehennen- und Schweinehaltung. Im Bereich der Fütterung verlassen sich z. B. in der Legehennenhaltung viele Landwirte auf das eingekaufte Vorprodukt, wohingegen etwa in der Rinderhaltung eine sich ändernde Qualität des betriebseigenen Grundfutters durch Anpassung der zugekauften Komponenten ausgeglichen werden kann.

Auf die operative Planung gehen wir im Folgenden nicht näher ein, da in der Landwirtschaft die schwer normierbaren Produktionsverfahren überwiegen. »Echte« operative Planung ist deshalb kaum möglich. Dennoch können die in Kapitel 4 genannten Planungswerkzeuge grundsätzlich nützlich sein – wenn auch meist kaum Zeit ist, diese formal anzuwenden.

Für die taktische Planung sind die Planungswerkzeuge, die wir im Kapitel 4 kennen gelernt haben, hervorragend geeignet. Dies gilt jedoch nicht für die strategische Planung. Hier sind die bisher diskutierten Planungswerkzeuge für sich alleine genommen wenig brauchbar. Woran liegt das?

Gut messbar ist z. B. der heutige Schweinepreis. Schwer abschätzbar hingegen ist, ob ein heute gebauter Schweinestall die Verbrauchererwartungen und die Umweltvorschriften wie sie in 10 Jahren sein werden erfüllt.

Spezifische Probleme der strategischen Planung

Die Planungswerkzeuge funktionieren erst, wenn wichtige Entscheidungsparameter quantifiziert sind und damit »messbar« werden.

Die Arbeit mit **quantifizierten Entscheidungsparametern** ist eine große Stärke dieser Verfahren, die wir in Kapitel 4 behandelt haben: Sie zwingt den Anwender, sich klar festzulegen und führt zu eindeutigen Ergebnissen. Dies gilt auch noch, wenn nicht sicher ist, welche Eingangsgrößen korrekt sind. Wenn wir den **zukünftigen Schweinepreis** nicht kennen, aber dennoch die Rentabilität einer Investition in einen Schweinestall berechnen sollen, so haben wir Verfahren kennen gelernt, mit denen wir unsichere Preise berücksichtigen können.

So weit, so gut. Schwieriger wird die Angelegenheit, wenn sich sehr viele **Eingangsparameter der Wirtschaftlichkeitsberechnung** gleichzeitig verändern. In diesem Fall wird eine Schwäche der quantitativen Verfahren deutlich. Denn jede Berechnung der Wirtschaftlichkeit landwirtschaftlicher Aktivitäten besteht zum einen aus dem expliziten quantitativen Modell, das verwendet wird – und zum andern aus einer ganzen Reihe von impliziten Annahmen, die diesem Modell zu Grunde liegen.

Bleiben wir bei der Schweinehaltung als Beispiel: Die Entscheidung für einen neuen Schweinestall ist nach der üblichen Investitionskalkulation dann rentabel, wenn unter Berücksichtigung der Nutzungskosten des Kapitals der Betriebsgewinn durch den neuen Stall höher ist, als bei Weiternutzung des vorhandenen Stalls.

Eingangsparameter beruhen auf Vermutungen (Hypothesen)

Doch wenn **Nutzungsdauer** und Finanzierung des neuen Stalls auf zwei Jahrzehnte ausgelegt werden, so können sich Variablen im Umfeld des landwirtschaftlichen Betriebes verändern, die nicht explizit Teil des Investitionskalküls sind, ihm aber implizit zu Grunde liegen. Unvorhergesehene Schwankungen dieser Variablen können das Ergebnis entscheidend beeinflussen. Wird Schweinefleisch in einigen Jahren beim Verbraucher »in« sein – oder wird es vermehrt im Kühlregal liegen bleiben, weil andere Nahrungsmittel im Trend liegen? Beides hätte deutliche Folgen für das Preisniveau.

Veränderte **agrarpolitische Bedingungen** können ebenfalls massive Folgen für die Wirtschaftlichkeit des Neubaus haben, beispielsweise neue und strengere Tierschutzstandards. Aber auch im lokalen Umfeld gibt es Faktoren, die in der quantitativen Analyse nicht ohne weiteres zu berücksichtigen sind. So können Baugebietsausweisungen in unmittelbarer Nähe des neuen Schweinestalls zu Dauerkonflikten führen.

Typisch für die genannten Beispiele ist es, dass sie zwar von großer Bedeutung für die strategische Entscheidung sind. Dennoch lassen sie sich kaum in die Investitionsrechnung integrieren. Ist sinnvolle Planung damit unmöglich geworden? Zum Glück nicht, denn die taktischen Planungsinstrumente lassen sich mit Hilfe qualitativer Techniken in einen strategischen Entscheidungsansatz integrieren.

Damit werden sie in einen weiteren Zusammenhang gestellt und dienen als wertvoller Input für ein umfassenderes Verfahren. Die **Szenariotechnik** ist ein solches umfassendes Verfahren. Sie kann bei der Strukturierung komplexer strategischer Entscheidungen eine große Hilfe sein. Im zweiten Unterabschnitt dieses Kapitels stellen wir die Szenariotechnik vor. Der erste Unterabschnitt beschäftigt sich zuvor mit der **»Stärken-Schwächen-Chancen-Risiken-Analyse«**. Da dieses Wortungetüm kaum auszusprechen ist, greift man üblicherweise auf die Abkürzung **SWOT** der englischen Übersetzung zurück (strengths, weaknesses, opportunities, threats). Dieses qualitative Verfahren kann als eine wichtige Grundlage strategischer Entscheidungen dienen; es lässt sich ebenfalls in die Szenariotechnik integrieren.

Strategische Entscheidungen stützen sich auf qualitative Planungsmethoden

Zwei empirisch wichtige Bereiche strategischer Entscheidungen im Bereich der Landwirtschaft sind

• die **Veränderung der Betriebsgröße** bei unveränderter Produktionsausrichtung,

• die **Diversifikation** (in außerlandwirtschaftliche Bereiche).

Die Veränderung der Betriebsgröße wird in der Regel unter dem Stichwort **»Wachstum«** diskutiert. Dies deshalb, da für Betriebe, die langfristig in der Landwirtschaft bleiben wollten, während der letzten Jahrzehnte Wachstum eine typische und zentrale Anpassungsstrategie war. Deshalb haben wir für das Kapitel 5.3 die Überschrift »Wachstum« gewählt. Ein empirisch interessantes Beispiel ist die Diversifikation landwirtschaftlicher Betriebe in außerlandwirtschaftliche Bereiche. In Kapitel 5.4 werden wir Konzept und Beispiele diskutieren, die dem Leser helfen sollen zu verstehen, wann eine strategische Entscheidung zu Diversifikation sinnvoll ist und wann nicht.

Wachstum und Diversifikation: zwei wichtige Bereiche strategischer Planung

Fragen zur Wiederholung

▶ Nennen Sie Beispiele für strategische, taktische und operative Entscheidungen. Auf welchen Zeithorizont beziehen sie sich jeweils?

▶ Worin liegen Schwächen quantitativer Ansätze für strategische Entscheidungen? Welche drei Schwächen treten bei der Überlegung zur Investition in einen Schweinestall auf?

▶ Nennen Sie qualitative Techniken für die strategische Planung.

5.1 Stärken-Schwächen-Chancen-Risiken-Analyse (SWOT-Analyse)

Die Überschrift gibt zwar den methodischen Ansatz inhaltlich korrekt wieder, ist aber so unhandlich, dass wir ihre ersten vier Wörter ersetzen wollen durch das angelsächsische Akronym SWOT (**strengths, weaknesses, opportunities, threats**).

Mit Hilfe der SWOT-Analyse vergleichen wir das untersuchte Unternehmen zunächst mit wichtigen Konkurrenten. Wo liegen aus heutiger Sicht seine **Stärken und Schwächen im Vergleich zu den Wettbewerbern**?

Die SWOT-Analyse verknüpft die interne Unternehmens-situation mit externen Einflussfaktoren

Anschließend analysieren wir das Umfeld des Unternehmens: Wie werden sich Märkte, Preise, Gesetze etc. entwickeln? Was sind die wichtigsten **Trends im Umfeld**? In einem dritten Schritt werden diese Trends mit den Stärken und Schwächen in Verbindung gebracht. Daraus ergeben sich **Chancen und Risiken** für das Unternehmen (Abb. 5.1).

Im Klartext: In der SWOT-Analyse verbinden wir die »innere« heutige Situation des Unternehmens mit wahrscheinlichen zukünftigen Entwicklungen, um auf diese Weise Chancen und Risiken zu erkennen.

Die SWOT-Analyse wartet mit zwei **besonderen Stärken** auf. Erstens erlaubt sie es, **quantitative und qualitative Daten** über das Unternehmen und das Umfeld systematisch zu integrieren.

Die SWOT-Analyse berücksichtigt quantitative und qualitative Faktoren und subjektive Einschätzungen

Und zweitens bietet sie einen Rahmen, in dem die **subjektiven Einschätzungen** der Unternehmensleitung berücksichtigt werden können. Damit erweitert sie ein betriebswirtschaftliches Denken, das auf rein quantitative Methoden verengt ist. Schon der Dichter Erich Kästner polemisierte gegen dieses Denken mit dem ironischen Ausruf »Was sich nicht zählen lässt, das gibt es nicht!«

Die SWOT-Analyse berücksichtigt Aspekte, die sich nicht zählen lassen, die aber dennoch relevant sind für unternehmerische Entscheidungen (wie z. B. die subjektiven Markteinschätzungen des Unternehmers). Allerdings wird auch im Rahmen der SWOT-Analyse das quantifiziert, was sich in sinnvoller Weise quantifizieren lässt (wie z. B. die Eigenkapitalausstattung des Unternehmens).

Die **Stärken-Schwächen-Analyse** besteht aus den zwei Teilschritten Unternehmensanalyse und Konkurrentenanalyse.

Abb. 5.1
Die Elemente der SWOT-Analyse (SWOT = Strengths, Weaknesses, Opportunities, Threats)

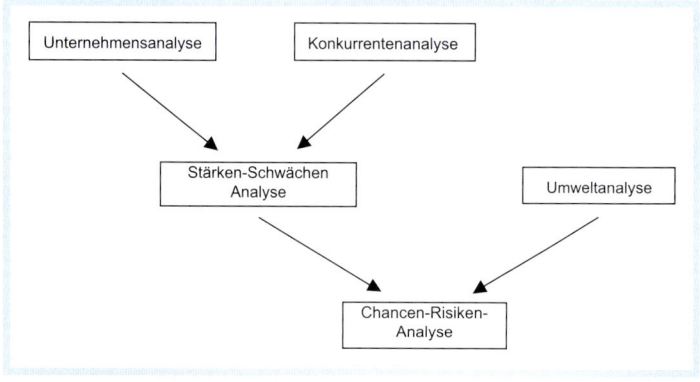

Im ersten Teilschritt, der **Unternehmensanalyse**, wird an Hand einer »Checkliste« ein möglichst vollständiger und detaillierter Überblick über das gesamte Unternehmen erstellt (Tab. 5.1).

Die in Tabelle 5.1 dargestellte Checkliste ist ein Beispiel dafür. Vor dem Einsatz müsste sie auf den konkreten Fall angepasst werden. Obwohl sie noch unvollständig ist, enthält die Liste Daten zur Ressourcenausstattung des Betriebes (z. B. Produktionskapazitäten) und Daten aus dem Controlling und der Buchführung (z. B. Eigenkapitalausstattung). Darüber hinaus enthält sie qualitative Daten (z. B. Kreativität der Mitarbeiter). Auf diese Weise wird versucht, ein umfassendes Bild aller Aspekte des Unternehmens zu zeichnen. Hauptaufgabe der Unternehmensanalyse ist es, die **strategische Position des Unternehmens** zu beschreiben und zu bewerten.

Im nächsten Schritt wird mit Hilfe der **Konkurrentenanalyse** ermittelt, wo das eigene Unternehmen im Vergleich zu den relevanten Konkurrenten steht. Aus diesem Vergleich lässt sich dann ableiten, wo besondere Stärken und Schwächen des eigenen Unternehmens liegen. Das mag einleuchten, doch **wer sind die relevanten Konkurrenten** für ein einzelnes landwirtschaftliches Unternehmen?

Grundsätzlich sind es alle Unternehmen, die dieselben Märkte bedienen. Bei einer **fortschreitenden Liberalisierung und Globalisierung** der Agrarmärkte können dies auch landwirtschaftliche Unternehmen außerhalb der eigenen Region oder des eigenen Landes sein. In der Praxis orientiert man sich aus Gründen der Datenverfügbarkeit meist an den Konkurrenten innerhalb des eigenen Landes.

Ein Konkurrent ist auch, wer auf denselben Faktormärkten agiert – zum Beispiel auf dem Bodenmarkt. Wer mit mir um Boden konkurriert, ist mein Wettbewerber, selbst wenn er Spargel anbaut und ich Weizen.

Für die Konkurrentenanalyse sollten keine »Eintagsfliegen« ausgewählt werden, sondern Unternehmen, die mittelfristig existenzfähig sind. Konkurrenten für Landwirte sind im Übrigen nicht nur landwirtschaftliche Betriebe. So konkurrieren Landwirte beispielsweise in der Direktvermarktung von Brot oder im Tourismus (»Ferien auf dem Bauernhof«) mit **außerlandwirtschaftlichen Anbietern** wie Bäckern oder Hoteliers.

Wir stellen fest: Es ist nicht ganz einfach, die relevanten Konkurrenten zu identifizieren. Denken wir ausschließlich an die landwirtschaftliche Produktion, so ist es grundsätzlich sinnvoll, sich mit ähnlich gelagerten Betrieben zu vergleichen – sowohl innerhalb der eigenen Region als auch überregional.

Das kostet allerdings viel Zeit, außerdem brauchen wir eine solide Datengrundlage. Hier liefern **horizontale Betriebszweigvergleiche (engl.: benchmarks)** wertvolle Daten. Solche Vergleiche werden von landwirtschaftlichen Buchführungsstellen, Erzeugergemeinschaften oder Beratungsringen erstellt (vgl. auch Kapitel 3.4.3).

Zurück zur Praxis der Konkurrentenanalyse: Für die Kriterien, die in der Unternehmensanalyse für den eigenen Betrieb genutzt werden, sollten im nächsten Schritt Werte für die Konkurrenten erhoben werden – und zwar auf einer vergleichbaren Skala, also entweder quantitativ oder qualitativ. Bei einer ganzen Reihe von Kriterien, etwa in der Betriebsführung oder bei den Mitarbeitern, müssen wir dabei auf subjektive Einschätzungen zurückgreifen.

Die Stärken-Schwächen-Analyse beschreibt die Fähigkeiten und Ressourcen der Unternehmung im Vergleich zur Konkurrenz

Wer sind die relevanten Konkurrenten?

Konkurrentenanalyse = konkurrenzorientiertes Benchmarking

Tab. 5.1.
Checkliste zur Unternehmensanalyse (Hamm 1991, verändert)

1.   Standort
1.1   Natürliche Produktionsvoraussetzungen (Boden, Klima)
        in den einzelnen Produktionsbereichen
1.1.1   Ackerbau
1.1.2   Sonderkulturen
1.1.3   Grünland
1.2   Marktlage
1.2.1   Verkehrsanbindung
        – Straßen und öffentliche Verkehrsmittel
1.2.2   Zugang zu Absatzmärkten (produktspezifisch)
        Nähe zu bzw. Dichte von
        – Verarbeitungsunternehmen
        – Großhändlern
        – Einzelhändlern
        – Großverbrauchern (Gaststätten, Kantinen etc.)
        – Endverbrauchern.
1.2.3   Zugang zu Beschaffungsmärkten (produktspezifisch)
        Nähe zu bzw. Dichte von
        – Lieferanten von Betriebs- bzw. Produktionsmitteln
        – Lieferanten von Agrarprodukten zur Ergänzung
          der Angebotspalette
        – Lohnverarbeitern
1.3   Innerbetriebliche Verkehrslage
        – Lage der Produktionsstätten (-flächen) und eventueller
          eigener Verkaufsstätten zueinander
1.4   Attraktivität des Betriebes und seiner Umgebung
        – Erscheinungsbild des Betriebes und eventueller eigener
          Verkaufsstätten
        – Attraktivität der Umgebung (Landschaft)
        – Nähe zu besonderen Sehenswürdigkeiten
        – Sonstiges

2.   Produktion (quantitativ und qualitativ, produktspezifisch)
2.1   Produktionskapazitäten
2.1.1   Pflanzliche Erzeugung
2.1.2   Tierische Erzeugung
2.1.3   Verarbeitungskapazitäten
2.1.4   Lagerkapazitäten
2.1.5   Transportkapazitäten
2.1.6   Sonstige
2.2   Leistungsniveau (quantitativ, qualitativ und Stabilität)
2.2.1   Pflanzliche Erzeugung
2.2.2   Tierische Erzeugung
2.2.3   Verarbeitung
2.3   Produktionskosten
2.4   Produktionstechnologie

Tab. 5.1.
Checkliste zur Unternehmensanalyse (Hamm 1991, verändert) (Fortsetzung)

3.   Betriebsführung, Mitarbeiter
 - schöpferische Fähigkeiten (Kreativität)
 - Verkaufs-, Verhandlungsgeschick
 - Freude am Umgang mit anderen Menschen
 - Aufgeschlossenheit gegenüber Neuem
 - Anpassungsfähigkeit an neue Bedingungen (Flexibilität)
 - Leistungsbereitschaft
 - Sonstiges

4.   Finanzen
 - Eigenkapitalausstattung
 - Verbindlichkeiten (nach Fristigkeit)
 - Finanzierungsmöglichkeiten (nach Fristigkeit)
 - Liquidität (nach Fristigkeit)

5.   Marketing
5.1   Distributionspolitik
5.1.1 Absatzwege
5.1.2 Lieferservice
 - Lieferzeit
 - Lieferungsbeschaffenheit
 - Lieferflexibilität
5.2   Produktpolitik
5.2.1 Einzelprodukte
 - Produktmerkmale (Inhaltsstoffe, Geschmack …)
 - Beständigkeit der Produktmerkmale (Qualitätskonstanz)
 - Produktumfeld (umweltfreundliche, tierartgerechte Erzeugung)
 - Produktverpackung
 - Produktkennzeichnung
 - Produktimage
5.2.2 Angebotsprogramm
 - Umfang (Breite/Tiefe)
 - Spezialitäten
 - Saisonabhängigkeit
 - Dienstleistungen
 - Übereinstimmung des Angebotsprogrammes mit Abnehmerbedürfnissen
5.2.3 Produktpolitische Nebenleistungen
 - Informationen über Verwendung, Verarbeitung
 - Garantie für Qualitätseigenschaften
5.3   Entgeltpolitik
5.3.1 Preislage
5.3.2 Preiskonstanz

Tab. 5.1.
Checkliste zur Unternehmensanalyse (Hamm 1991, verändert) (Fortsetzung)

5.3.3	Preisdifferenzierung
5.3.4	Rabatte
5.3.5	Lieferungs- und Zahlungsbedingungen
5.4	Kommunikationspolitik
5.4.1	Werbung
	– Werbebotschaft
	– Werbemittel
	– Werbeträger
	– Werbestreuung
	– Kontinuität der Werbeaktivitäten
5.4.2	Verkaufsförderung (Einzelmaßnahmen)
5.4.3	Öffentlichkeitsarbeit (Einzelmaßnahmen)

Im nächsten Schritt werden Unternehmensanalyse und Konkurrentenanalyse in eine **Stärken-Schwächen-Analyse** zusammengeführt.

Die Stärken-Schwächen-Analyse beurteilt die Ressourcen und Fähigkeiten des Unternehmens im Vergleich zur Konkurrenz

Dabei wird eine Auswahl von besonders wichtigen Kriterien aus der Checkliste zur Unternehmensanalyse (vgl. Tab. 5.1) als Grundlage genommen.

Ein vereinfachtes Beispiel findet sich in Abbildung 5.2.

Im oberen Teil der Abbildung sind einige für die Betriebsentwicklung bedeutenden Kriterien dargestellt. Dabei kennzeichnen die Kreuze das eigene Unternehmen (Ergebnis der Unternehmensanalyse), die Kreise bezeichnen den Durchschnitt der Konkurrentengruppe (Ergebnis der Konkurrentenanalyse). Die **Skalierung** erfolgt in diesem Beispiel auf einer Skala von $+2$ (sehr gut) bis -2 (sehr schlecht). Der Wert 0 bedeutet »durchschnittlich«.

Der untere Teil der Abbildung zeigt auf einen Blick die Stärken und Schwächen des eigenen Betriebes. Hier werden die positiven und negativen Abweichungen des eigenen Betriebs von den Werten der Konkurrenten zugrunde gelegt.

Fazit: Die Stärken-Schwächen-Analyse ist gut geeignet, sich mit konkurrierenden Unternehmen zu vergleichen. **Das Verfahren selbst ist methodisch einfach und gut nachvollziehbar.** Allerdings ist es nur so gut wie die Informationen, auf denen es basiert. Doch woher bekommen wir detaillierte und zuverlässige Informationen? Um dieses Problem zu lösen, kann es hilfreich sein, sich auf einige wesentliche Punkte aus dem Kriterienkatalog zu konzentrieren. Doch Vorsicht! Orientieren wir uns ausschließlich daran, welche Daten leicht zu haben sind, laufen wir Gefahr, wichtige Aspekte für die Zukunftsfähigkeit des eigenen Unternehmens zu übersehen.

Stärken-Schwächen-Analyse in der Praxis

Eine Lieblingsfrage vieler Studierenden der Agrarwissenschaften an den Hochschulen ist »Wie steht es um die Praxisrelevanz des Stoffes? Kann ich das, was ich hier lerne, überhaupt im Berufsleben verwenden?« Im Fall der Stärken-Schwächen-Analyse lautet unsere Antwort ganz klar: Ja, die Stärken-Schwächen-Analyse lässt sich in der **Praxis** verwenden. Wir gehen sogar einen Schritt weiter und behaupten: Die praktische Landwirtschaft befindet sich in einem permanenten Prozess der Stärken-Schwächen-Analyse. Beleg für diese These: Landwirtschaftliche Unternehmer investieren viel Zeit für die Mitarbeit in Erzeugerringen, für den Besuch von Feldtagen, für Exkursionen zu vergleichbaren Betrieben – und dies immer unter der Fragestellung:»Was macht die Konkurrenz anders oder besser als ich?«. Dabei verwenden die Praktiker den Begriff »Stärken-Schwächen-Analyse« eher selten und auch auf eine systematische schriftliche Darstellung verzichten sie meistens. Dennoch gilt: Das Konzept der Stärken-Schwächen-Analyse ist sehr weit in der Praxis verbreitet.

Nachdem wir Stärken (strengths) und Schwächen (weaknesses) analysiert haben, wenden wir uns der Umwelt unseres Unternehmens zu. Wir brauchen diese **Umweltanalyse**, um auf Chancen (opportunities) und Risiken (threats) für unser Unternehmen schließen zu können. Erst dann ist die SWOT-Analyse komplett. Es hat sich in der Literatur so eingebürgert, den Begriff threats mit Risiken zu übersetzen, obwohl eigentlich Gefährdungen gemeint sind, und es im Kern gerade nicht um solche Risiken geht, denen wir Wahrscheinlichkeiten des Eintreffens zuweisen können (vgl. Kapitel 2.4). Da die Begrifflichkeit nun einmal so eingeführt ist, bleiben wir bei der eigentlich falschen Übersetzung. Aber bitte aufpassen! In diesem Abschnitt wird unter Risiko etwas anderes verstanden als im Kapitel 2.4.

> **Die Umweltanalyse identifiziert Entwicklungen (Trends) des Umfelds**

Abb. 5.2
Stärken-Schwächen-Analyse (HAMM 1991)

A

Kriterien	Beurteilung				
	+ 2	+ 1	0	– 1	– 2
Natürliche Produktionsvoraussetzungen	X		O		
Produktionskosten		X O			
Freude am Umgang mit anderen Menschen				O	X
Eigenkapital		X		O	

O = Durchschnittswert der relevanten Konkurrenten
X = Wert des eigenen Betriebes

B

Kriterien	Beurteilung		
	Stärke ⟵————⟶		Schwäche
Natürliche Produktionsvoraussetzungen	X		
Produktionskosten		X	
Freude am Umgang mit anderen Menschen			X
Eigenkapital	X		

Die Umweltanalyse, wie sie hier verstanden wird, geht folgender Frage nach: Wie verändern sich die Faktoren, die von außen auf das Unternehmen einwirken? Unter dem Begriff »Umwelt« verstehen wir hier also sehr viel mehr als nur die natürlichen Ökosysteme. Korrekterweise müssten wir hier von einer **»Analyse der Veränderungen der unternehmensrelevanten externen Faktoren«** sprechen. Das wollen wir unseren Lesern ersparen, deshalb bleiben wir beim populäreren aber ungenaueren Begriff »Umweltanalyse«.

Die Umweltanalyse beschäftigt sich mit der **Makroumwelt** und der **Mikroumwelt** des Unternehmens. Abbildung 5.3 zeigt die dabei zu betrachtenden Faktoren.

Hier stellt sich dem landwirtschaftlichen Praktiker ein Hindernis in den Weg. Wie soll er als Kleinunternehmer selbst die Veränderungen in Wirtschaft, Politik und Technologie analysieren? Er besitzt in der Regel weder die finanziellen Mittel noch die wissenschaftlichen Ressourcen für eine gründliche Analyse dieser Faktoren. Was tun? Praktiker behelfen sich mit der **»Meta-Analyse«** von Untersuchungen und Einschätzungen, die öffentlich verfügbar sind. Dabei ist es ausreichend, die für das Unternehmen relevanten Trends herauszugreifen – Vollständigkeit muss »im Praxisfall« nicht unbedingt angestrebt werden.

Als Ergebnis wird bei der Umweltanalyse nur jeweils die **wahrscheinlichste Entwicklung** festgehalten. Dies ist ein gravierender Unterschied zur Szenarioanalyse – der dafür sorgt, dass die SWOT-Analyse als Teilelement einer Szenarioanalyse eingesetzt werden kann.

Makro-Umwelt-Analyse

Für die Analyse der Makroumwelt hält die Landwirtschaftliche Betriebslehre nur einen Teil der notwendigen »Werkzeuge« bereit. Wir bedienen uns zusätzlich aus der »Werkzeugkiste« der Agrarpolitik und der Marktlehre; wir beachten aber auch die Sozialwissenschaften und die Agrartechnik. Zum Glück ist an den meisten Hochschulen das agrarwissenschaftliche Studium so aufgebaut, dass den Studierenden das notwendige Rüstzeug für die Analyse der Makroumwelt vermittelt wird.

Wer die Makroumwelt analysieren will, sollte den Bereich der (Agrar-)Technik besonders im Auge behalten. Der **technische Fortschritt** war in der Vergangenheit eine der stärksten Triebkräfte für Veränderungen in den Unternehmen. Wir gehen davon aus, dass sich dieser Trend fortsetzt.

Abb. 5.3
Elemente der Umweltanalyse (HAMM 1991, stark verändert)

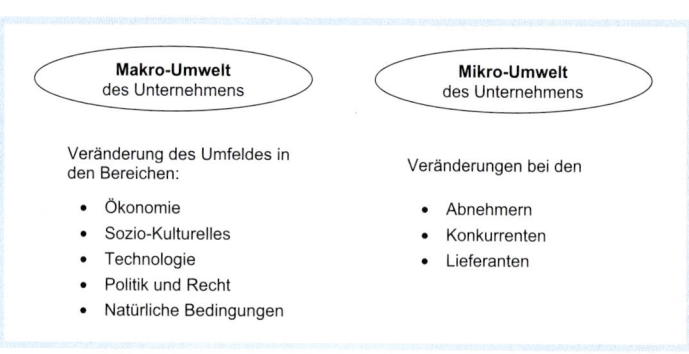

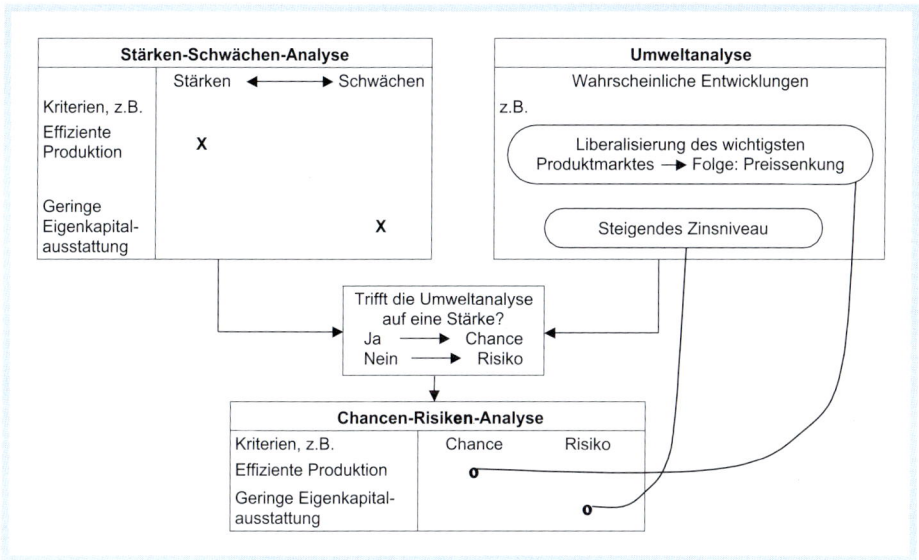

Was in Zukunft sicher stärker beachtet werden muss in der Analyse der Makro-Umwelt sind die **natürlichen Bedingungen** – beispielsweise das regionale Klima – und ihre (menschengemachten?) Veränderungen. Aus Unternehmenssicht handelt es sich um vergleichsweise langsame Veränderungen. Dennoch können **Klimaverschiebungen** durchgreifende Konsequenzen für die Entwicklung des landwirtschaftlichen Sektors mit sich bringen.

Abb. 5.4
Beispiel für die SWOT-Analyse

Ein schematisches Beispiel für die SWOT-Analyse ist in Abbildung 5.4 aufgeführt.

Ergebnis der dargestellten Stärken-Schwächen-Analyse: Das Beispielsunternehmen sieht eine besondere Stärke in seiner effizienten Produktion und eine besondere Schwäche in seiner geringen Eigenkapitalausstattung. Ergebnis der Umweltanalyse: Der Preis für das wichtigste Produkt wird unter Druck geraten, weil der Markt für dieses Produkt wahrscheinlich liberalisiert wird. Außerdem ist aus makroökonomischen Gründen mit einem langfristig steigenden Zinsniveau zu rechnen.

Im nächsten Schritt werden Stärken-Schwächen-Analyse und Umweltanalyse zusammengeführt.

In der Chancen-Risiken-Analyse werden die Stärken-Schwächen-Analyse und die Umweltanalyse zusammengeführt

Immer wenn eine Umweltentwicklung auf eine Stärke trifft, dann stellt dies eine **Chance** für das Unternehmen dar, denn aus der Stärke lässt sich möglicherweise ein Wettbewerbsvorteil schaffen. Wenn eine Umweltentwicklung dagegen auf eine Schwäche trifft, resultiert daraus strategisch gesehen ein **Risiko**.

Was heißt das konkret für unser Beispiel? Treffen die fallenden Preise für das wichtigste Produkt auf eine effiziente Produktion, so ergibt sich eine Chance für das Unternehmen im Verdrängungswettbewerb. Trifft ein steigendes Zinsniveau auf eine geringe Eigenkapitalausstattung, so muss dies als Risiko betrachtet werden.

**Strategische
Schlussfolgerungen**

Mit der Identifizierung der Chancen und Risiken endet die SWOT-Analyse. Sie gibt keine systematische Antwort auf die beiden entscheidenden Fragen: Wie sind diese Chancen und Risiken zu interpretieren? Welche **strategischen Schlussfolgerungen** sind daraus zu ziehen?

Wie unterschiedlich diese Schlussfolgerungen ausfallen können – je nach Kreativität und Risikobereitschaft des Unternehmers – zeigt das Beispiel in Kasten 5.1.

Kasten 5.1

Beispiel für unterschiedliche Interpretationsmöglichkeiten des Ergebnisses einer SWOT-Analyse

Die Stärken-Schwächen-Analyse eines landwirtschaftlichen Unternehmens ergab: Bei bestimmten Produkten (z. B. Kartoffeln) treten wegen der natürlichen Bedingungen unvermeidliche Qualitätsschwankungen auf. Die Umweltanalyse führte zu dem Ergebnis, dass gewerbliche Abnehmer künftig gesteigerten Wert auf große Partien einheitlicher Qualität legen (z. B. Kartoffeln für die Pommes-Frites-Herstellung).

Die unternehmensspezifische Schwäche (Qualitätsschwankungen) trifft also auf eine bedeutende Umweltentwicklung (künftiger Qualitätsanspruch der Abnehmer). Für den Unternehmer ergibt sich daraus das Risiko, künftig »auf seinen Kartoffeln sitzen zu bleiben«.

Aus diesem erkannten Risiko können Landwirte sehr verschiedene Schlussfolgerungen für ihre künftige Unternehmenstätigkeit ziehen:

- Landwirt A steigt aus dem Vertragsanbau für Pommes-Frites-Kartoffeln aus und verlagert seine Ressourcen auf andere Produktionsbereiche (z. B. Anbau von Stärkekartoffeln).
- Landwirt B ist der Meinung, dass für Endverbraucher die Qualitätsschwankungen nicht relevant sind, und versucht daher, eine Kartoffel-Direktvermarktung aufzubauen.
- Landwirt C glaubt, bei seinen Kunden Verständnis für die naturgegebenen Qualitätsschwankungen erzeugen zu können.
- Landwirt D will versuchen, die Schwäche in eine Stärke umzuwandeln, indem er die naturgegebenen Qualitätsschwankungen als Beleg für seine natürliche Produktionsweise darstellt.
- Das kapitalstarke landwirtschaftliche Großunternehmen E steigt selbst in die Pommes-Frites-Produktion ein. Es will die wechselnde Qualität der eigenen Kartoffeln durch verarbeitungstechnische Maßnahmen neutralisieren, so dass seine Pommes Frites konstante Qualität aufweisen.

Quelle: Hamm 1991, verändert

Fragen zur Wiederholung

▸ In welchen drei Schritten läuft die SWOT-Analyse ab?
▸ Was sind die besonderen Stärken der SWOT-Analyse?
▸ Aus welchen Teilschritten besteht die Stärken-Schwächen-Analyse? Welches entscheidende Problem ergibt sich bei der Stärken-Schwächen-Analyse?
▸ Womit beschäftigt sich die Umweltanalyse?
▸ Wie werden Chancen und Risiken identifiziert?
▸ Worauf bleibt die SWOT-Analyse die Antwort schuldig?
▸ Worin liegt der Unterschied zwischen der Szenarioanalyse und der SWOT-Analyse?

Weiterführende Literatur

Qualitative Verfahren wie die SWOT-Analyse standen in der Agrarökonomie lange im Schatten der quantitativen Verfahren. Dennoch gibt es weiterführende Literatur zu den angesprochenen Verfahren. Empfehlenswert ist beispielsweise

HAMM, U. (1991): Landwirtschaftliches Marketing: Grundlagen des Marketing für landwirtschaftliche Unternehmen, Verlag Eugen Ulmer Stuttgart.

5.2 Szenariotechnik

Die Szenariotechnik soll uns dabei unterstützen, zukünftige Entwicklungen zu erkennen. Handelt es sich bei der Szenariotechnik also um eine Art Prognose? Klare Antwort: Nein – ein Szenario ist keine Prognose.

Zwar richten sowohl Szenario als auch Prognose den Blick in die Zukunft. Allerdings werden in **Prognosen** (im Gegensatz zu Szenarien) den Ereignissen **bestimmte Wahrscheinlichkeiten zugeordnet**. Diese Wahrscheinlichkeit muss dabei nicht unbedingt 100 % sein ($p = 1$). Es handelt sich auch noch um eine Prognose, wenn die Wettervorhersage für morgen Regen mit 10 % Wahrscheinlichkeit ankündigt ($p = 0,1$). *Unterschiede zwischen Szenario und Prognose*

Die **Szenariotechnik** wird für Situationen eingesetzt, in denen die **Wahrscheinlichkeit** einzelner Ereignisse **nicht bekannt** ist. Wir hatten dies in Abschnitt 2.4 mit »Ungewissheit« bezeichnet. Man geht davon aus, dass die nähere Zukunft weitgehend feststeht und die fernere Zukunft nur durch eine Mehrzahl von **Zukunftsbildern** beschrieben werden kann. Szenarien arbeiten dabei mit **»Entwicklungspfaden«**, die zu den möglichen Zukunftsbildern führen.

Ein Entwicklungspfad entsteht in der Szenariotechnik dadurch, dass man Annahmen sinnvoll bündelt. Diese »Annahmebündel« müssen konsistent – also in sich widerspruchsfrei – sein. *Entwicklungspfade durch »Annahmebündel« über externe Faktoren bestimmt*

Und woher kommen die Annahmen? Üblicherweise setzen sich Experten zusammen und diskutieren. Geleitet werden solche **Expertenrunden** (»Workshops«) von eigens ausgebildeten Moderatoren.

Wegen dieser Expertenrunden schien die Szenariotechnik aus Sicht mancher Fachleute für landwirtschaftliche Familienbetriebe nicht geeignet. Wie sollte sich aus einem einzelnen Betrieb eine Expertenrunde bilden? Neuere Erfahrungen zeigen jedoch, dass Gruppen von Landwirten mit ähnlich gelagerten Problemen die Szenariotechnik nutzbringend einsetzen können.

Szenarien basieren auf folgender Annahme: Alle Einflussfaktoren auf die zukünftige Entwicklung und die Art ihres Einflusses sind bekannt. In dieser Annahme liegt der grundlegende Unterschied eines Szenarios zum vollständigen »Nichtwissen« über die Zukunft. Üblicherweise versucht man nur eine kleine Zahl von Szenarien zu definieren, etwa drei bis maximal fünf.

Positive und negative Extremszenarien

Dabei spielen **Extremszenarien** eine besondere Rolle. Hierbei werden für einen oder mehrere Parameter extreme Ausprägungen unterstellt. Damit versuchen die Anwender, den Raum möglicher Ereignisse vom Raum unmöglicher Ereignisse abzugrenzen. Je langfristiger die Sichtweise, desto weiter dürfen die Extremszenarien auseinander liegen. Daraus resultiert der in Abbildung 5.5 dargestellte **Szenariotrichter**, der die Methode graphisch eindrucksvoll darstellt.

In Abbildung 5.5 ist die Zeitachse dargestellt und mit t bezeichnet. Liegen die Extremszenarien nah beieinander (und nah bei der Ausgangssituation), so haben wir es mit einem stabilen System zu tun. In vielen Fällen werden jedoch die Extremszenarien weit auseinander liegen – und weit entfernt von der Ausgangssituation. Im Klartext: Es besteht große Unsicherheit über die Zukunft. Andererseits sind in einem solch flexiblen System auch erhebliche Entscheidungsspielräume für die Akteure enthalten. Im Volksmund heißt es dazu treffend: Unsichere Zeiten sind Unternehmerzeiten.

Der **Ablauf der Szenarioanalyse** ist in acht Schritte gegliedert (Abb. 5.6):
1. **Definition und Strukturierung des Untersuchungsgegenstandes.**
2. **Identifikation und Strukturierung der Umfelder, die den Untersuchungsgegenstand beeinflussen.**
3. **Beschreibung der Ausgangssituation und der Trends mit Hilfe von Deskriptoren.**
4. **Zusammenfassung von Trends zu konsistenten Annahmebündeln.**
5. **Auswahl und Interpretation der wesentlichen Szenarien.**
6. **Identifikation von Störereignissen und Prüfung ihrer Wirkung auf die Szenarien.**
7. **Analyse der Konsequenzen für den Untersuchungsgegenstand.**
8. **Konzeption von Maßnahmen und Umsetzung der Ergebnisse.**

Zu Schritt 1 (Definition und Strukturierung des Untersuchungsgegenstandes): Für uns ist der Untersuchungsgegenstand ein landwirtschaftliches Unternehmen; wir weisen aber darauf hin, dass sich die Methode auch für andere Zusammenhänge und Institutionen einsetzen lässt. Das landwirtschaftliche Unternehmen können wir mit Hilfe der Unternehmensanalyse (siehe Kapitel 5.1) näher beschreiben. In der Szenarioanalyse wird allerdings häufig eine Kurzform der **Unternehmensanalyse** gewählt, die sich auf die wichtigsten Unternehmensbereiche beschränkt.

Zu Schritt 2 (Identifikation und Strukturierung der Umfelder, die den Untersuchungsgegenstand beeinflussen): Hier wird die in Kapitel 5.1 beschriebene **Umweltanalyse** eingesetzt. Die Szenarioanalyse legt dabei weniger Wert darauf, ausschließlich in Richtung Zukunft zu denken. Sie berücksichtigt bei der Analyse der Umfelder auch die Gegenwart (im Unterschied zur SWOT-Analyse).

Zu Schritt 3 (Beschreibung der Ausgangssituation und der Trends mit der Hilfe von Deskriptoren): Mit Deskriptoren sind **Kenngrößen** gemeint, die Aspekte der Realität beschreiben, etwa die Betriebsgröße oder Marktpreise. Wenn Unternehmens- und Umweltanalyse durchgeführt wurden wie in Kapitel 5.1 beschrieben, so ist dieser dritte Arbeitsschritt bereits erledigt. Liegen über das untersuchte Unternehmen und seine Umfelder dagegen nur qualitative Aussagen vor, so ist das zu wenig für die Szenarioanalyse. Hier müssen **konkrete quantitative Aussagen** abgeleitet werden. Der in Abbildung 5.6 gebrauchte Begriff »Projektionen« soll deutlich machen, dass eine Fortschreibung der Entwicklung der Deskriptoren in die Zukunft notwendig ist.

Zu Schritt 4 (Zusammenfassung von Trends zu konsistenten Annahmebündeln): In diesem Schritt unterscheidet sich die Szenariotechnik stark von der SWOT-Analyse, denn hier werden die unterschiedlichen Trends zu **konsistenten (= widerspruchsfreien) Annahmebündeln** zusammengefasst. Die »Konsistenz« ist deshalb so wichtig, weil die Zukunftsbilder, die später mit Hilfe der Szenarien entwickelt werden, in sich stimmig und schlüssig sein sollen. Gleichwohl ist Widerspruchsfreiheit nur schwer zu erreichen, weil das verfügbare Wissen in der Regel unvollständig ist, wenn es um die relevanten Zusammenhänge geht. Hier können Gruppendiskussionen viel bringen, in denen unterschiedliche Meinungen kritisch gewürdigt werden.

Zu Schritt 5 (Auswahl und Interpretation der wesentlichen Szenarien): Die Szenarien beziehen sich auf die unterschiedliche Ausprägung der Umfel-

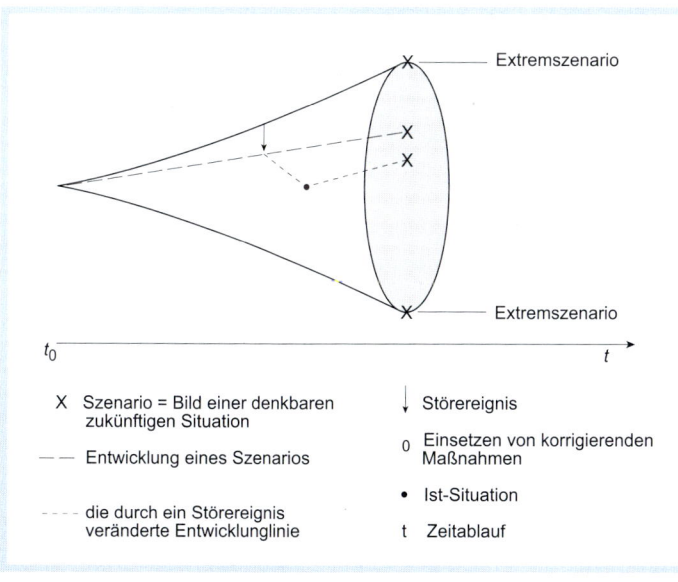

Abb. 5.5
Denkmodell zur Darstellung von Szenarien (GESCHKA & REIBNITZ 1982, verändert)

X   Szenario = Bild einer denkbaren zukünftigen Situation

— —   Entwicklung eines Szenarios

- - - -   die durch ein Störereignis veränderte Entwicklunglinie

↓   Störereignis

0   Einsetzen von korrigierenden Maßnahmen

●   Ist-Situation

t   Zeitablauf

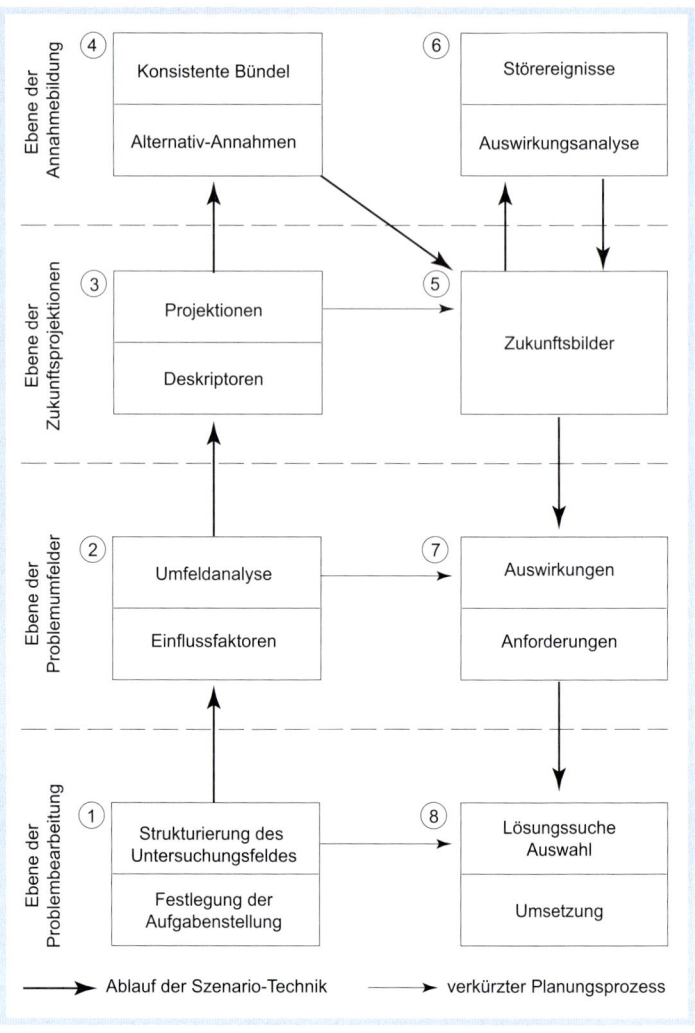

Abb. 5.6
8 Schritte der Szenario-
Methode (HAMM 1991)

der. Sie unterscheiden sich dabei durch **»kritische Deskriptoren«**, also solche, für die sich keine eindeutige Zukunftsentwicklung ausmachen lässt.
Ein Beispiel für einen kritischen Deskriptor ist die gesamtwirtschaftliche
Entwicklung. Werden die nächsten Jahre einen Aufschwung bringen –
oder eine neue Depression? Die Szenarien (Zukunftsbilder) werden entsprechend ausformuliert und interpretiert.

**Zu Schritt 6 (Identifikation von Störereignissen und Prüfung ihrer Wirkung
auf die Szenarien):** In diesem Schritt werden alle Szenarien daraufhin überprüft, wie sie auf bestimmte noch nicht betrachtete, aber denkbare Störereignisse reagieren würden. Solche Störereignisse sind im Prinzip nichts an-

deres als plötzliche Veränderungen von Deskriptoren des Umfeldes (siehe Schritt 3). Es handelt sich also um eine Art **Sensitivitätsanalyse** der Szenarien. Ergeben sich starke Veränderungen auf den Entwicklungspfaden, so müssen einzelne oder mehrere Szenarien neu formuliert werden.

Zu Schritt 7 (Analyse der Konsequenzen für den Untersuchungsgegenstand): In diesem Arbeitsschritt werden die **Konsequenzen aus den Umfeldentwicklungen für das eigene Unternehmen** gezogen. Einerseits ist dieser Arbeitsschritt der SWOT-Analyse sehr ähnlich, bei der ebenfalls Umfeldtrends mit Eigenschaften des Unternehmens kontrastiert werden, um Chancen und Risiken zu identifizieren. Andererseits wird in der Szenarioanalyse Wert darauf gelegt, mehrere Trends zu analysieren, um das ganze mögliche Spektrum abzubilden. Zudem ist es in der Szenarioanalyse möglich und wünschenswert, **quantitative Modellrechnungen** zu den Trends und ihre Auswirkungen auf das Unternehmen **zu integrieren**. Die zentralen Konsequenzen für das Unternehmen werden dann wieder in Worte gefasst.

Damit kommen wir zum Ergebnis der Szenarioanalyse: Es ergeben sich unterschiedliche Konsequenzen für das Unternehmen bei den verschiedenen Umfeldentwicklungen. Die Auswahl einer geeigneten Strategie aus diesen Panorama- und Zukunftsbildern ist wiederum eine unternehmerische Entscheidung, für die es keine eindeutigen Regeln gibt. Die Szenariotechnik sorgt dafür, dass vor der Entscheidung nicht nur das »Lieblingsszenario« des Unternehmers berücksichtigt wird, sondern die **ganze Bandbreite möglicher Entwicklungen**.

Zu Schritt 8 (Konzeption von Maßnahmen und Umsetzung der Ergebnisse): Im engeren Sinne gehört dieser Schritt nicht zur Szenarioanalyse. Allerdings ist es für die Unternehmensentwicklung entscheidend, dass der Unternehmer strategische Ergebnisse nicht nur formuliert, sondern daraus **konkrete Maßnahmen ableitet** und diese umsetzt.

Praktische Durchführung von Szenarioanalysen

Die meisten landwirtschaftlichen Unternehmen sind zu klein, um aus eigener Kraft eine komplette Szenarioanalyse durchführen zu können. In der Regel sind sie mit der Identifikation und Strukturierung der externen Einflussbereiche sowie der Ermittlung von Entwicklungstendenzen und kritischen Deskriptoren überfordert.

Eine realistische und praxistaugliche Möglichkeit, dennoch eine Szenarioanalyse durchzuführen, bietet die **Arbeit mit Gruppen von Landwirten**. In der Regel sind Landwirte mit ähnlich gelagerten Betrieben bereit, ihr Wissen und ihre Erfahrung in solche Gruppen einzubringen. Sie mögen zwar auf den ersten Blick Konkurrenten sein, doch der tatsächliche Einfluss der Einzelbetriebe auf die Absatzmärkte ist in vielen Fällen gleich Null (allenfalls auf regionalen Pachtmärkten gibt es direkte Konkurrenz untereinander).

Die Erfahrungen mit der Gruppenarbeit in relativ kurzen, z. T. wiederholten Seminaren zu Fragen der strategischen Entwicklung landwirtschaftlicher Unternehmen sind positiv. In solchen **»Workshops«** besteht auch die Möglichkeit, den Sachverstand externer Experten einzubinden.

Damit die Workshops ertragreich verlaufen, müssen sie **professionell moderiert** werden. Die hierfür benötigten Techniken der Moderation, Visualisierung und Gesprächsführung können im Rahmen dieses Buches nicht dargestellt werden. Festzuhalten bleibt: In Verbindung mit der beschriebenen Gruppenarbeit in Workshops sind die strategischen, flexiblen Techniken der Szenarioanalyse (wie auch der SWOT-Analyse) für landwirtschaftliche Unternehmen nutzbar.

Fragen zur Wiederholung

- ▶ Worin liegt der Unterschied zwischen der Szenariotechnik und der Prognose? Für welche Fragestellungen werden sie jeweils eingesetzt?
- ▶ Was sind Extremszenarien und was bringen sie methodisch?
- ▶ In welche acht Schritte kann der Ablauf der Szenarioanalyse gegliedert werden?
- ▶ Was ist unter »konsistenten Annahmebündeln« zu verstehen?
- ▶ Wo und wie wird in der Szenarioanalyse eine Sensitivitätsanalyse durchgeführt?
- ▶ Worin liegt der Hauptunterschied der Szenariotechnik zur SWOT-Analyse?
- ▶ Wie werden Szenarioanalyse und SWOT-Analyse im landwirtschaftlichen Unternehmen praktisch durchgeführt?

Weiterführende Literatur

Auch zu diesem Abschnitt bietet das Buch
HAMM, U. (1991): Grundlagen des Marketing für landwirtschaftliche Unternehmen, Verlag, Eugen Ulmer Stuttgart,
einen gut verständlichen und nachvollziehbaren Überblick. HAMM war unserer Kenntnis nach der Erste, der diesen Ansatz im Bereich der Landwirtschaft systematisch eingeführt hat. Inhaltlich stützen wir uns in diesem Abschnitt weitgehend auf sein Buch.

Gut verständlich ist auch die Darstellung von
REIBNITZ, U. VON (1981): So können auch Sie die Szenario-Technik nutzen. Marketing Journal, Nr. 1, S. 37–41. VON REIBNITZ empfiehlt diese Methode für die strategische Unternehmensplanung.

5.3 Wachstum

Deutschlands Landwirte diskutieren über betriebliches Wachstum oft sehr emotional. Der Slogan **»wachsen oder weichen«** ist für einen Teil der Praktiker eine Art Kompass in Richtung wettbewerbsfähiger betrieblicher Zukunft. Sie erhoffen sich von größeren Einheiten höhere Einkommen. Die **»Wachstumsskeptiker«** dagegen sehen nicht ein, warum ständiges Wachstum für höhere Einkommen auf den Betrieben sorgen soll. Ihre Begründung: Seit Jahrzehnten werden die Betriebe immer größer, und dennoch ist das Einkommen zahlreicher Landwirte immer noch zu gering. Dem entgegen wiederum die Wachstumsbefürworter: Die Einkommen seien zu gering, weil das Wachstum eben nicht ausreicht und die Betriebe immer zu klein sind!

Wer hat nun Recht – die Befürworter des Wachstums oder die Skeptiker? Wir wollen uns in diesem Kapitel zunächst damit beschäftigen, was genau unter »Betriebsgröße« zu verstehen ist. Anschließend geht es um die Frage, ob es eine optimale Betriebsgröße gibt. Auf diese Frage gibt die neoklassische Produktionstheorie eine klare Antwort. Wie sie aussieht und wie weit sie praktisch brauchbar ist, werden wir diskutieren. Im letzten Teil des Kapitels beschreiben wir die Faktoren, die die Betriebsgröße bestimmen.

Definition der Betriebsgröße

»Betriebsgröße« ist ein intuitiv einleuchtender Begriff, aber wie viele solcher Begriffe schwer zu definieren und zu messen. Grundsätzlich lässt sich die Betriebsgröße messen

- am **Einsatzumfang von Produktionsfaktoren**,
- an der **erzeugten Produktmenge** bzw. am Umsatz,
- an **Erfolgsgrößen wie Gewinn**, Standardbetriebseinkommen etc.

Indikatoren für die Betriebsgröße

In der Praxis wird die **landwirtschaftliche Nutzfläche** häufig als Maßzahl für die Betriebsgröße verwendet. Dies ist durchaus sinnvoll, wenn man **Betriebe mit ähnlicher Produktionsrichtung** miteinander vergleicht. Wenig hilfreich ist die Nutzfläche dagegen, wenn sich die Betriebe sehr stark voneinander unterscheiden: Ein extensiver Rindviehhaltungsbetrieb mit 50 ha gehört zu den kleineren Vollerwerbsbetrieben, während ein 50 ha-Weinbaubetrieb in Deutschland zu den Großen gehört.

Nutzfläche

Und was bringt die Nutzfläche als Maßstab, wenn sich die **Intensität der Flächenbewirtschaftung** beim gleichen Produktionszweig durchgreifend unterscheidet? Anders ausgedrückt: Wenn der eine Landwirt 80 Kühe auf 40 ha landwirtschaftlicher Nutzfläche hält, der andere hingegen 40 Kühe auf 80 ha, wer bewirtschaftet dann den größeren Betrieb? In solchen Fällen definiert der Praktiker die Betriebsgröße über **andere Inputfaktoren**. Bei reinen Milchviehbetrieben kann das die Kuhzahl sein (oder die Höhe des Milchkontingents, je nach Marktordnung).

Andere Inputfaktoren

Wie sinnvoll ist der **Arbeitskräfteeinsatz** als Messgröße? Er taugt höchstens als ergänzende Information. Als alleinige Maßzahl für die Betriebsgröße ist er dagegen wenig sinnvoll, da erhebliche Substitutionsmöglichkeiten zwischen Arbeit und Kapital bestehen. In der Landwirtschaft der Industrieländer sank in den letzten Jahrzehnten die Zahl der Arbeitskräfte, dagegen stieg der Kapitaleinsatz kräftig an.

Arbeitskräfte

Eine theoretisch denkbare Maßzahl für die Betriebsgröße wäre eine **wertmäßige Erfassung des gesamten Produktionsfaktoreinsatzes**. In der Industrie ist das Bilanzvermögen hierfür eine durchaus übliche Kennzahl. Dagegen hat sich diese Messmethode in der Landwirtschaft nicht durchsetzen können, denn hier lassen sich einige der fixen und quasifixen Pro-

Bilanzsumme

duktionsfaktoren kaum korrekt bewerten (z. B. die Arbeitsleistung der nicht entlohnten Familienarbeitskräfte).

Umfang der erzeugten Produkte

Analog zur Verwendung physischer Größen für den Faktoreinsatz lässt sich der **Umfang der erzeugten Produkte** als Maß für die Betriebsgröße heranziehen. Für stark spezialisierte Betriebe kann es sich dabei um eine aussagekräftige Größe handeln (z. B. Menge der abgelieferten Milch). Für Betriebe mit mehreren Betriebszweigen – nach wie vor die große Mehrzahl der landwirtschaftlichen Betriebe – ist ein einzelner Wert wenig aussagekräftig.

Umsatz

In der Industrie wird häufig der **Umsatz** als Maß für die Betriebsgröße verwendet, obwohl er nichts über die Höhe der Vorleistungen, auf denen er basiert, aussagt. In der Landwirtschaft hat sich der Umsatz als Maßzahl nicht durchgesetzt. Der Einsatz an Produktionsfaktoren (Input) und die erzeugte Produktmenge (Output) lassen sich sowohl in **physischen** als auch in **wertmäßigen Größen** messen. Dagegen kommt für die Messung der Differenz zwischen Input und Output nur eine wertmäßige Größe in Betracht.

Gewinn bzw. Betriebseinkommen

Als Messgrößen denkbar wären der **Gewinn** oder das **Betriebseinkommen**. Doch beide Größen können von Jahr zu Jahr sehr stark schwanken und hängen in hohem Maße von den unternehmerischen Fähigkeiten des Betriebsleiters ab. Aus diesen Gründen haben Ökonomen das Konzept des **Standardbetriebseinkommens** als Messverfahren für die Betriebsgröße landwirtschaftlicher Betriebe entwickelt.

Standardbetriebseinkommen

Kern des Konzeptes: Für bestimmte Betriebstypen und Regionen werden standardisierte Ertrags-Aufwandsverhältnisse unterstellt. Aus diesen Zahlen werden normierte Betriebseinkommen errechnet – unabhängig von den tatsächlichen Verhältnissen auf jedem einzelnen Betrieb in der Region. Dieses Standardbetriebseinkommen wird verwendet als Maß für die **Einkommenskapazität** und für die Betriebsgröße. In Kasten 5.2 ist das Verfahren näher beschrieben.

Einkommenskapazität

Kasten 5.2
Definition der Begriffe Standarddeckungsbeitrag und Standardbetriebseinkommen

Der **Standarddeckungsbeitrag** (StDB) ist eine Rechengröße, die für die Klassifizierung der Unternehmen nach Betriebssystemen ermittelt wird. Der StDB wird je Flächeneinheit einer Fruchtart bzw. je Tiereinheit aus ihren geldlichen Bruttoleistungen abzüglich der zurechenbaren variablen Spezialkosten ermittelt.
Dabei werden nicht betriebsspezifische, sondern standardisierte Naturalerträge, Preise und Kosten angesetzt, die sich aus Statistiken und Buchführungsunterlagen ergeben.
Die StDB werden mit Tier- bzw. Hektarzahlen des einzelnen Unternehmens multipliziert und zum Gesamt-StDB des Unternehmens summiert.
Der prozentuale Anteil der StDB der einzelnen Betriebszweige am Gesamt-StDB des Unternehmens ist maßgebend für die Einordnung der Unternehmen nach Betriebssystemen.
Das **Standardbetriebseinkommen** wird wie folgt ermittelt:

Summe der StDB der einzelnen Betriebszweige
+ Erträge, die bei Ermittlung der Summe der StDB des Unternehmens nicht berücksichtigt wurden (z. B. betriebsbezogene Beihilfen, Einnahmen aus Arbeiten für Dritte)
− Sachaufwand, der bei Ermittlung der einzelnen StDB nicht berücksichtigt wurde (z. B. Strom, Heizstoffe, Wasser, Abschreibung der Maschinen, Geräte und Gebäude)
− Betriebssteuern und Lasten

= Standardbetriebseinkommen

Das Standardbetriebseinkommen soll bei ordnungsgemäßer und standortgerechter Bewirtschaftung im Durchschnitt der Unternehmen erzielt werden. Es kennzeichnet somit die wirtschaftliche Größe des Unternehmens.

Quelle: MANTHEY 1996, verändert

Nachdem wir nun eine Reihe von Möglichkeiten zur Messung der Betriebsgröße diskutiert haben, stellt sich die entscheidende Frage: **Welches ist die richtige Messgröße?**
    Auf diese Frage heißt die Antwort: Es kommt darauf an. Denn eine umfassende Maßzahl für den Begriff Betriebsgröße, die alle Aspekte befriedigend berücksichtigt, gibt es nicht. Wer Fragen im Zusammenhang mit der Einkommenskapazität nachgeht und dabei unterschiedliche Betriebstypen vergleichen will, findet im Standardbetriebseinkommen eine geeignete Größe. Für den Vergleich ähnlich strukturierter Betriebe ist es sinnvoll, die Flächenausstattung oder andere zentrale Produktionsfaktoren (wie Milchquoten) heranzuziehen.

Welches ist die richtige Messgröße?

Minimale Durchschnittskosten

Ökonomen finden die Idee faszinierend, eine **optimale Betriebsgröße** zu finden und zu berechnen. Das geht tatsächlich – allerdings nur, wenn wir eine ganze Reihe vereinfachender Annahmen voraussetzen:

Optimale Betriebsgröße

- Der Betrieb produziert **nur ein einziges Produkt**, so dass wir die Betriebsgröße über die Produktionsmenge messen können.
- Es existiert ein **Kontinuum von Technologien**: Der Übergang von einer Technologie (Beispiel Anbindestall) zur nächsten (Beispiel Laufstall) erfolgt nicht sprunghaft – wie tatsächlich der Fall – sondern wir nehmen an, es gebe einen gleitenden Übergang zwischen den Technologien.
- Alle **Preise für Produkte und Faktoren sind bekannt**, es existieren weder Steuern noch Inflation noch Unsicherheit über zukünftige Ereignisse.
- Die **Anpassung** von einem Zustand in einen anderen **erfolgt unendlich schnell** und ohne Kosten.

Prämissen

Im Wesentlichen stimmen diese Annahmen mit der neoklassischen Sichtweise der Produktion überein.

**Verlauf der Kosten-
funktionen**

Der **Verlauf der Gesamtkostenfunktion,** wie er in Abbildung 5.7 dargestellt ist, lässt sich aus dem S-förmigen Verlauf der klassischen Produktionsfunktion ableiten. Sie berücksichtigt (im Gegensatz zur neoklassischen Produktionsfunktion) auch Bereiche mit zunehmenden Ertragszuwächsen bzw. mit abnehmenden Kostenzuwächsen.

Der obere Teil der Abbildung 5.7 zeigt die Gesamtkosten in Abhängigkeit von der Produktionsmenge. Ausgehend von einer Produktionsmenge Null nehmen die Produktionskosten ab der ersten Einheit zunächst degressiv zu und verlaufen jenseits des Wendepunktes der Kurve stark progressiv. Die Kurven im unteren Teil der Abbildung 5.7 sind aus dieser Gesamtkostenkurve abgeleitet. Die **Grenzkostenkurve** stellt die Steigung der Gesamtkostenkurve dar. Die **Durchschnittskostenkurve** ergibt sich aus der Steigung eines Fahrstrahls, der vom Nullpunkt zu den einzelnen Punkten der Gesamtkostenkurve führt.

Welche der Kurven ist nun entscheidend für die Bestimmung der optimalen Betriebsgröße? Wir müssen uns vergegenwärtigen, dass die ver-

Abb. 5.7
Kostenkurven

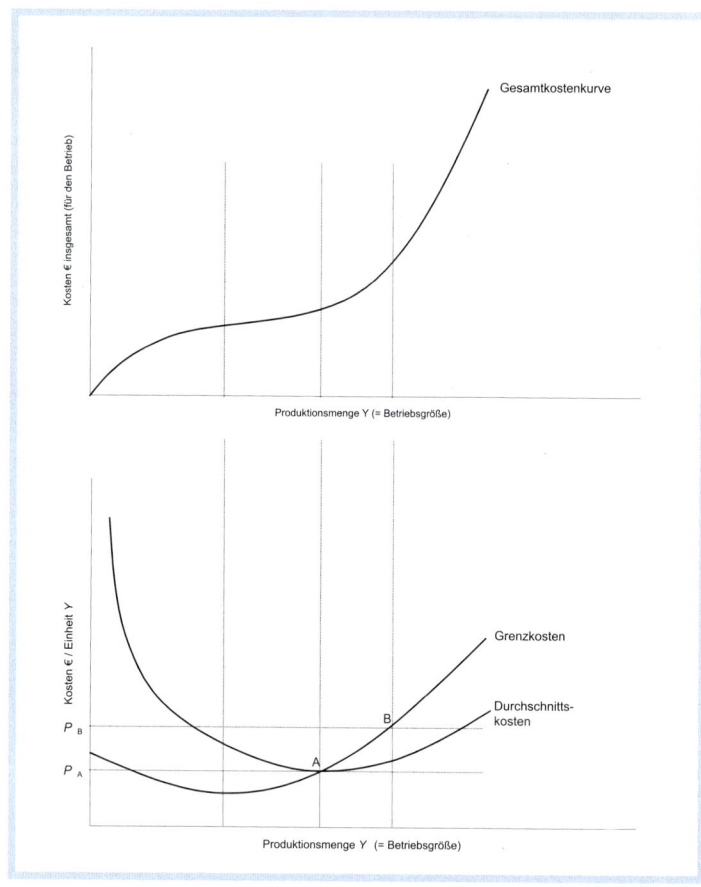

schiedenen Kurven einen Betrieb abbilden, der ein einziges Produkt auf einem einzigen Markt absetzt und für jede Einheit seines Produktes denselben Preis bekommt. Der Betrieb wird also seine Produktion solange ausdehnen, bis die Grenzkosten dem Preis entsprechen. Liegt der Preis bei P_B, so wird im Punkt B und damit die Menge Y_B produziert. Sinkt der Preis auf P_A, so geht auch die Produktion auf Y_A zurück.

Unterstellt man, dass alle Betriebe auf dem Markt, für den produziert wird, dieselben Kostenkurven haben, so wird sich als Ergebnis des Wettbewerbes der Preis P_A einstellen: **Alle Betriebe produzieren im Kostenminimum** und daher gilt, dass die Grenzkosten gleich dem Preis sind und gleich den Durchschnittskosten.

Y_A ist dann die optimale Betriebsgröße für alle Betriebe. Der Preis P_A stellt sich deshalb ein, weil im Punkt B die Durchschnittskosten wesentlich niedriger als der Preis sind. Dadurch entstehen erhebliche Gewinne, die einen Anreiz für neue Produzenten bilden in den Markt einzusteigen (also z. B. einen neuen Schweinestall bauen). Dies führt dann schrittweise zu sinkenden Preisen, bis beim Punkt A bzw. beim Preis P_A kein Anreiz für neue Produzenten mehr besteht die Produktion aufzunehmen.

Optimale Betriebsgröße = Minimum der Durchschnittskosten

Das Schöne an diesem Lehrbuchmodell der optimalen Betriebsgröße ist sein eindeutiges Ergebnis. Dieses Ergebnis wird um den Preis einschränkender Annahmen erzielt, die leider recht weit von der Realität landwirtschaftlicher Betriebe abweichen:

Annahme 1: Die idealtypische Durchschnittskostenkurve aus Abbildung 5.7 liefert ein eindeutiges Minimum: Es ist klar, an welchem Punkt die kostenminimale Produktionsmenge zu finden ist. **Für die Landwirtschaft typischer ist ein Verlauf der langfristigen Durchschnittskostenkurve**, wie er in Abbildung 5.8 aufgezeichnet ist.

Auch hier sinken die Durchschnittskosten mit einer Ausdehnung der Produktion zuerst sehr stark, um jedoch ab einem gewissen Punkt **über eine**

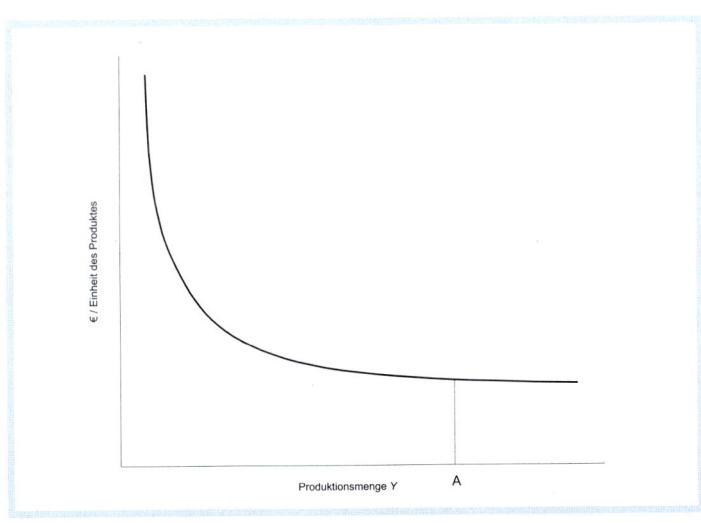

Abb. 5.8
Typische langfristige Durchschnittskostenkurve im landwirtschaftlichen Bereich

€ / Einheit des Produktes

Produktionsmenge Y   A

weite Strecke praktisch konstant zu bleiben. Der neoklassischen Theorie zufolge müsste diese Kurve wieder ansteigen. Die meisten Wissenschaftler, die in der Praxis nach diesem »ansteigenden Ast« suchten, konnten ihn nicht eindeutig nachweisen. Zwar lässt sich bei der Kurve aus Abbildung 5.8 eindeutig ein Bereich festmachen, in dem die Betriebsgröße deutlich suboptimal ist: Links vom eingezeichneten Punkt A liegen die Produktionskosten klar oberhalb des Minimums.

Optimale Betriebsgröße nicht eindeutig bestimmbar

Aber rechts von diesem Punkt sind die Zustände nicht so klar: Über einen weiten Bereich ist die **optimale Betriebsgröße nicht eindeutig bestimmbar**, so dass sehr unterschiedliche Betriebsgrößen nebeneinander bestehen können.

Annahme 2: Im Modell haben wir nicht zwischen **variablen und fixen Kosten** unterschieden. Sinkt der Preis für das Produkt unter die minimalen Durchschnittskosten pro Einheit (Punkt A in Abb. 5.7) so bedeutet dies in der Realität keineswegs, dass sofort die Produktion eingestellt wird, weil ein Verlust entsteht. Vielmehr wird weiter produziert, solange die durchschnittlichen variablen Kosten gedeckt sind. Alles was übrig bleibt nach Deckung der variablen Kosten, kann ich einsetzen, um wenigstens einen Teil der Fixkosten zu decken. Dies ist sinnvoll, weil die **fixen Kosten häufig den Charakter von versunkenen Kosten haben** (Im Kapitel 4.2 haben wir diese Kosten als nicht abbaubare Kosten bezeichnet.)

Problematik der fixen Kosten

So kann ich beispielsweise Stallbauten kaum anders nutzen als ursprünglich vorgesehen. In solchen Fällen ist es zumindest eine Zeit lang wirtschaftlich sinnvoll, zu einem Preis zu produzieren, der zwar unter den gesamten Durchschnittskosten, jedoch über den variablen Durchschnittskosten liegt.

Fazit: Manchmal ist es sogar bei kurzfristiger Betrachtung ökonomisch richtig, durchzuhalten und auf bessere Zeiten zu hoffen.

Annahme 3: Das Modell befasst sich in der hier vorgestellten Form nur mit der langfristigen Sichtweise, bei der alle Faktoren variabel sind. **Kurz- bis mittelfristig spielen häufig fixe Faktoren eine Rolle.**

Kurz- und mittelfristig ist die Betriebsgröße durch fixe Faktoren festgelegt

Ist etwa die Arbeitszeit fix vorgegeben, so findet sich derjenige auf dem Holzweg, der versucht, für jeden Betriebszweig (z. B. Schweinemast und Marktfruchtproduktion) das Minimum der Durchschnittskosten zum Maßstab der Größe der Betriebszweige zu machen. Im Klartext: Schweinemast und Marktfruchtbau konkurrieren bei kurz- bis mittelfristiger Sichtweise um gemeinsame knappe Faktoren (wie beispielsweise die Arbeitszeit). Angesichts dieser knappen Faktoren kommt es darauf an, die Größe der Betriebszweige abgestimmt aufeinander zu ermitteln.

Technischer Fortschritt verändert die optimale Betriebsgröße

Annahme 4: Das Modell ist statisch, weil es den **technischen Fortschritt** als entscheidende Triebfeder für das Wachstum von Betrieben völlig ausblendet. Der technische Fortschritt hat dazu geführt, dass »Undenkbares« möglich wurde: Wer hätte vor 50 Jahren damit gerechnet, dass eine Arbeitskraft heute mehr als 200 ha Getreideanbau bewältigt? Ein Modellansatz, der diesen entscheidenden Faktor nicht berücksichtigt, setzt sich naturgemäß scharfer Kritik aus.

Wenn es soviel **Kritik am neoklassischen Ansatz** zur Ermittlung der optimalen Betriebsgröße gibt, warum haben wir ihn dann überhaupt hier vorgestellt? Zunächst ist es wichtig, den Ansatz zu kennen, da er die Basis ist für zahlreiche praktische Empfehlungen für optimale Betriebsgrößen. Diese

Empfehlungen lassen sich besser einschätzen, wenn man die Grenzen des Ansatzes kennt. Außerdem enthält das Modell trotz aller Schwächen eine gute Portion Wahrheit. »Die optimale Betriebsgröße ist dann gefunden, wenn im Minimum der durchschnittlichen Kosten produziert werden kann« – diese Aussage des neoklassischen Modells ist eher ein mathematisches Ergebnis und nicht unmittelbar in die Praxis übertragbar. Formulieren wir jedoch etwas weniger streng, so können wir eine wichtige Lehre aus dem Modell ziehen: Wenn wir in einen Betriebszweig investieren, um ihn zu vergrößern, dann sollten wir den Wachstumsschritt möglichst so groß wählen, dass wir **künftig nahe am Minimum der Durchschnittskosten produzieren** können.

Welche Faktoren bestimmen die Betriebsgröße?

Um diese Frage zu beantworten, wollen wir uns zunächst näher mit den Gründen dafür beschäftigen, warum die langfristige Durchschnittskostenkurve wie in Abbildung 5.8 dargestellt verläuft. Im folgenden Beispiel wollen wir die Betriebsgröße anhand der Anbaufläche messen. Will der Landwirt seine Anbaufläche vergrößern, so muss er drei Typen von Kosten im Auge behalten:

- degressive Kosten
- proportionale Kosten
- progressive Kosten

Die **degressiven Kosten** nehmen mit zunehmender Anbaufläche ab. Begründung: Bei nicht beliebig teilbaren Produktionsmitteln sinken die Durchschnittskosten ihres Einsatzes mit steigender Auslastung.

Dieser Effekt wird auch **»Beschäftigungsdegression«** genannt. Dazu ein Beispiel: Ein Mähdrescher könnte pro Jahr 300 ha Getreide ernten, bislang wird er nur auf 200 ha eingesetzt. Werden nun 100 ha zugepachtet, dann werden die Fixkosten der Maschine auf eine größere Fläche verteilt. Daraus folgt: Die Durchschnittskosten des Mähdreschereinsatzes sinken.

Beschäftigungs-degression

Neben dieser Beschäftigungsdegression spielt oft die **Verfahrensdegression** eine Rolle. Damit ist der Übergang zu einem leistungsfähigeren Verfahren gemeint, das erst bei deutlich größerem Einsatzumfang die Durchschnittskosten senkt. In unserem Mähdrescher-Beispiel könnte dies der Übergang zu einem Großmähdrescher mit deutlich über 500 ha Hektar Kampagneleistung sein.

Verfahrens-degression

Die **proportionalen Kosten** entwickeln sich (im Gegensatz zu den degressiven Kosten) linear mit der Anbaufläche. Ein typisches Beispiel im Ackerbau ist das Saatgut – wenn wir einmal annehmen, dass der Saatgutpreis unabhängig von der eingekauften Menge ist. In diesem Fall müssen wir für jeden zusätzlichen Hektar dieselben zusätzlichen Saatgutkosten einrechnen.

Die **progressiven Kosten** pro Einheit steigen mit der Anbaufläche. Hier kommen in erster Linie **innerbetriebliche Transport-, Überwachungs- und Organisationskosten** zum Tragen. Ein Beispiel aus dem Ackerbau: Die neu zugepachteten Getreideflächen liegen nicht mehr in Hofnähe, sondern 15 km entfernt. Damit steigen die Transportkosten pro Hektar – und je nach Situation auch die Durchschnittskosten der gesamten Getreideproduktion.

Fazit: Die degressiven Kosten wirken als »Wachstumstreiber«, die progressiven Kosten als »Wachstumshemmer«. Welche weiteren Faktoren beeinflussen die Betriebsgröße? Im **Bereich Ein- und Verkauf** finden wir weitere »Wachstumstreiber«.

Je größer die Mengen an Betriebsmitteln sind, die ein Unternehmer abnimmt, desto größer sind seine Preisvorteile. Die größeren Mengen reduzieren auch die Vermarktungskosten des Verkäufers – und einen Teil dieser Ersparnis gibt er üblicherweise in Form von **Rabatt an den Großabnehmer** weiter.

Auch im Absatz lassen sich **mit großen Partien Preisvorteile erzielen**, die sich aus dem verringerten Aufwand des Käufers mit der Ware ergeben. Wenn der Viehhändler nur zu einem einzigen Schweinemäster fahren muss, um seinen Lastzug zu füllen, spart er Zeit und Geld. Je nach Marktlage und Verhandlungsgeschick des Landwirts wird er einen Teil dieser geldwerten Vorteile an den Mäster weitergeben.

Zurück zur neoklassischen Theorie der optimalen Betriebsgröße: Sie stößt auch deshalb auf Widerspruch, weil sie offensichtlich der **Empirie** widerspricht. Die europäische Landwirtschaft besteht im Wesentlichen aus bäuerlichen Familienbetrieben, die aus Sicht der Theorie der optimalen Betriebsgröße viel zu klein sind.

Großbetriebe sind die Ausnahme in Europa; sie finden sich allenfalls in ehemals sozialistisch geprägten Landwirtschaften im Osten Europas und auch in Gebieten, in denen feudale Strukturen nachwirken (z. B. im Süden Portugals). Diese Ausnahmen sind Hinweise darauf, dass eine bestimmte Betriebsgrößenstruktur auch von der Geschichte des Systems abhängt. Dieses Phänomen bezeichnet man als **»Pfadabhängigkeit«**. Das bekannteste außerlandwirtschaftliche Beispiel für Pfadabhängigkeit sind unsere Schreibmaschinen- und Computertastaturen, auf denen die Tasten in einer offensichtlich suboptimalen Anordnung zu finden sind. Dies zu ändern, würde jedoch so große Umstellungskosten hervorrufen, dass man sich lieber mit dem suboptimalen Zustand abfindet.

Änderungen bringen Kosten mit sich. Bei diesen Änderungskosten geht es nicht um die Investitionskosten, die mit Wachstum verbunden sind, sondern um Lernkosten und Organisationskosten, die von Ökonomen unter dem Begriff **»Transaktionskosten«** zusammengefasst werden (siehe hierzu Abschnitt 2.6). Anders ausgedrückt: **Das System sträubt sich gegen schnelle Veränderungen.** Nur wenn die komplette Neugründung landwirtschaftlicher Betriebe möglich ist (wie nach der »Wende« in den neuen Bundesländern), ergeben sich »auf der grünen Wiese« neue Strukturen. Diese unterscheiden sich sehr deutlich von schrittweise gewachsenen Großbetrieben in den alten Bundesländern – ein weiterer Beleg für das Phänomen der Pfadabhängigkeit.

Andererseits sind in den neuen Bundesländern weiterhin die Kapitalgesellschaften (LPG-Nachfolger) von großer Bedeutung, obwohl einige Agrarökonomen argumentiert hatten, dass bäuerliche Familienbetriebe die überlegene Betriebsform seien. Offensichtlich gibt es eine Pfadabhängigkeit sowohl bei der Betriebsgröße als auch bei der Organisationsform. Im Klartext: **In der Landwirtschaft können unterschiedliche Betriebsgrößen und -formen über lange Zeiträume nebeneinander existieren.**

Wie groß muss ein Betrieb mindestens sein, um langfristig überleben zu können? Die Frage nach der **Mindestbetriebsgröße** wurde politisch lange Zeit heftig diskutiert.

Zumindest in Westdeutschland sind die Betriebe bis heute von einer optimalen Betriebsgröße im ökonomischen Sinn weit entfernt. Statisch betrachtet ist die Mindestbetriebsgröße dann gegeben, wenn **das erzielbare Einkommen die Einkommensansprüche der Betriebsleiterfamilie gerade deckt.** Bei dynamischer Sichtweise müssen hinreichende Investitionen getätigt werden können, damit auch zukünftige (gesteigerte) Konsumwünsche erfüllt werden können und damit der Anschluss an den technischen Fortschritt (siehe unten) nicht verloren geht. Für Kapitalgesellschaften ist diese Definition der Mindestbetriebsgröße ohnehin nicht sinnvoll, da dort alle Faktoren marktgerecht entlohnt werden müssen.

Wenn wir über optimale Betriebsgrößen und betriebliches Wachstum nachdenken, müssen wir den **technischen Fortschritt** in unsere Denkmodelle einbeziehen. Die bisher dargestellte Theorie geht davon aus, dass der Stand der Technik bekannt ist und sich nicht ändert. Den Wachstumsschritt wähle ich so, dass ich mit ihm die optimale Betriebsgröße erreiche.

In der Realität führte der technische Fortschritt jedoch zu verstärkten **Verfahrensdegressionen.** Die optimale Betriebsgröße verschob sich dadurch nach rechts (vgl. hierzu Abb. 5.7). Wenn sich diese Tendenz fortsetzt, ist die optimale Betriebsgröße auf der Basis der heutigen Technik mit Sicherheit in der Zukunft suboptimal. Wer in langlebige Investitionsgüter wie Stallbauten investiert, muss sich fragen:»In welchem Umfang sind technische Fortschritte zu erwarten – und passt mein Stall dann noch dazu?« *[Marginalie:]* **Technischer Fortschritt als Wachstumstreiber**

Solange identische Produkte hergestellt werden, heißt technischer Fortschritt aus ökonomischer Sicht: Die durchschnittlichen Produktionskosten sinken. Die Kostenkurve verschiebt sich nach unten, zudem wandert in aller Regel der Minimumpunkt nach rechts. Anders ausgedrückt: **Technischer Fortschritt motiviert beständig zu betrieblichem Wachstum.**

Die Rentabilitätsrechnung für Erweiterungsinvestitionen in landwirtschaftlichen Betrieben ist ein notwendiges Werkzeug zur **Planung der Betriebsentwicklung.** *[Marginalie:]* **Planung der Betriebsentwicklung**

Diese Berechnung reicht jedoch bei Weitem nicht aus, um eine tragfähige Entscheidung zu treffen. Insbesondere bei langfristigen Entscheidungen ist es sinnvoll, die Instrumente der Szenarioanalyse und der Stärken-Schwächen-Analyse als qualitative Hilfsmittel einzubeziehen (siehe Kapitel 5.1 und 5.2).

Fragen zur Wiederholung

- ▶ Welche drei Ansätze sind grundsätzlich denkbar, um die Betriebsgröße zu messen? Welche Probleme treten dabei im landwirtschaftlichen Betrieb auf?
- ▶ Wie ist das Konzept des Standardbetriebseinkommens aufgebaut?
- ▶ Welche Methoden zur Messung der Betriebsgröße kennen Sie? Was sind die Möglichkeiten und Grenzen dieser Methoden?
- ▶ Wie verläuft die Gesamtkostenkurve in Abbildung 5.7? Welche vereinfachten Annahmen sind dem Verlauf der Kurve unterstellt?
- ▶ Was bildet die Grenzkostenkurve ab?

> ▶ In welchem Punkt der Durchschnittskostenkurve ist die optimale Betriebsgröße erreicht?
> ▶ Worin liegen die Abweichungen des neoklassischen Modells von der Realität im landwirtschaftlichen Betrieb?
> ▶ Was sind versunkene Kosten und wie wirken sie sich auf die Produktion aus?
> ▶ Wie wirkt sich der technische Fortschritt auf die Betriebsgröße aus?
> ▶ Wie verläuft die Durchschnittskostenkurve bei degressiven, proportionalen und progressiven Kosten?
> ▶ Wie beeinflussen die Bezugs- und Absatzmärkte die Betriebsgröße?
> ▶ Was bedeutet »Pfadabhängigkeit« und wie wirkt sie sich auf die Größe landwirtschaftlicher Betriebe aus (Beispiele)?
> ▶ Worin liegen die Unterschiede zwischen der statischen und der dynamischen Sicht der Mindestbetriebsgröße?
> ▶ In welche Richtung verschiebt sich der Verlauf der Produktionskostenkurve durch den technischen Fortschritt?

Weiterführende Literatur

Eine anspruchsvolle Vertiefung bietet das Buch
BRANDES W. und ODENING, M. (1992): Investition, Finanzierung und Wachstum in der Landwirtschaft, Verlag Eugen Ulmer Stuttgart, in Kapitel 6 »Größe und Wachstum landwirtschaftlicher Betriebe«.

5.4 Diversifikation

Manche landwirtschaftliche Betriebe erzeugen nur ein einziges Produkt (z. B. spezialisierte Winzer oder Schweinemäster). Andere – wie z. B. die typischen Öko-Betriebe – weisen ein vielfältiges Produktionsprogramm auf, das auch noch zahlreiche Vor- und Zwischenprodukte enthalten kann. Viele landwirtschaftliche Betriebe beschränken sich ausschließlich auf die landwirtschaftliche Produktion, andere kombinieren diese mit außerlandwirtschaftlichen Aktivitäten. Warum wählt der eine Betriebsleiter den Weg des **Spezialisten**, und der andere entscheidet sich für mehr **Diversifikation**? Welche Faktoren begünstigen ein breites und welche ein enges Produktionsprogramm? Um diese Fragen geht es in diesem Abschnitt. Zuerst behandeln wir die Frage der Diversifikation innerhalb des landwirtschaftlichen Betriebes, danach die Verbindung mit außerlandwirtschaftlichen Aktivitäten.

Einer der Klassiker der landwirtschaftlichen Betriebslehre, BRINKMANN (1922), erklärt den unterschiedlichen Grad an Vielseitigkeit landwirtschaftlicher Betriebe aus dem Spannungsfeld von zwei Faktorengruppen. BRINKMANN unterscheidet einerseits die **integrierenden Kräfte** und andererseits die **differenzierenden Kräfte**.

Betriebsorganisation im Spannungsfeld der integrierenden und differenzierenden Kräfte

Die integrierenden Kräfte führen dazu, dass der landwirtschaftliche Betrieb verschiedene Produktionszweige in seinem Betrieb vereint. Die differenzierenden Kräfte führen zu einer Spezialisierung landwirtschaftlicher Betriebe.

Integrierende Kräfte bewirken Synergieeffekte zwischen Produktionsverfahren. Synergieeffekte liegen vor, wenn sich Verfahren sinnvoll ergänzen: Vorhandene Kapazitäten können besser ausgelastet werden oder es treten positive Wechselwirkungen zwischen den Verfahren auf.

Die integrierenden Kräfte gelten als die eigentliche Ursache für den häufig angeführten Verbundcharakter des landwirtschaftlichen Betriebes. BRINKMANN bezeichnet als **integrierende Kräfte**:

- **die Bodennutzungsgemeinschaft,**
- **den Arbeitsausgleich,**
- **den Futterausgleich,**
- **die Selbstversorgung,**
- **den Risikoausgleich.**

Integrierende Kräfte

Unter **Bodennutzungsgemeinschaft** versteht Brinkmann das Zusammenwirken verschiedener Pflanzenarten in der Fruchtfolge. Durch geeignete Gestaltung der Fruchtfolge lassen sich Schädlinge und Unkräuter zurückdrängen und die Erträge steigern. Das Erkennen dieser Zusammenhänge und ihre praktische Nutzung führten im 19. Jahrhundert zu einem gewaltigen Produktivitätsschub in der Landwirtschaft.

Bodennutzungsgemeinschaft

Heute ist die Bodennutzungsgemeinschaft in der klassischen Form vor allem **für ökologisch wirtschaftende Betriebe wichtig**. Doch selbst auf diesen Betrieben sind Tendenzen in Richtung einfacherer Fruchtfolgen erkennbar. Für die konventionelle Landwirtschaft hat die Bodennutzungsgemeinschaft in den letzten 50 Jahren erheblich an Bedeutung verloren: Heute leisten Pflanzenschutzmittel und mineralische Dünger, was früher die Fruchtfolge leisten musste. Die ökologischen Auswirkungen dieser Entwicklung werden allerdings kontrovers diskutiert. Doch wir wollen uns hier auf die betriebswirtschaftliche Sicht der Dinge konzentrieren.

Eine weitere integrierende Kraft neben der Bodennutzungsgemeinschaft ist der **Arbeitsausgleich**. Dieser Effekt kann dazu führen, dass eine **gegebene Arbeitskapazität** durch ein breites Produktionsprogramm **besser ausgelastet** wird als durch ein spezialisiertes. Entscheidend dafür sind die saisonal unterschiedlichen Arbeitsansprüche landwirtschaftlicher Produktionsverfahren.

Arbeitsausgleich

Innerhalb der Pflanzenproduktion stellen die einzelnen Feldfrüchte **verschiedene Ansprüche an die Arbeitskapazität**, etwa bei Saat und Ernte. Daraus folgt: Wenn ich als Betriebsleiter unterschiedliche Feldfrüchte anbaue, kann ich meine Arbeitskraft besser auslasten. Allerdings stellen wir fest: Die Bedeutung des Arbeitsausgleichs als integrierender Faktor nimmt ab. Für die Entwicklung sind insbesondere technische Fortschritte bei der Mechanisierung unentbehrlich.

Der **Futterausgleich** als integrierender Faktor ist heute vor allem für Öko-Betriebe bedeutend, denn sie erzeugen den größten Teil ihrer Futtermittel selbst. Nur mit einer Kombination verschiedener Futtermittel können diese Betriebe ihre **Tiere bedarfsgerecht ernähren**. In der konventionellen Landwirtschaft hat der Futterausgleich stark an Bedeutung verloren, denn hier werden bedarfsgerechte Futtermittel in großem Maß zugekauft.

Futterausgleich

Selbstversorgung

In Mitteleuropa mittlerweile völlig unbedeutend ist der integrierende Faktor der **Selbstversorgung**. Ganz anders sieht es in so genannten **Subsistenzwirtschaften** aus. Hier erzeugen die Landwirte ihre Produkte ausschließlich für den eigenen Bedarf – und für eine ausgewogene Ernährung ist ein »Mix« verschiedener Lebensmittel wichtig.

Risikoausgleich

Der **Risikoausgleich** war in der Vergangenheit ein bedeutender integrierender Faktor. Denn wenn ich als Betriebsleiter auf verschiedene Produktionszweige setze, **streue ich das Risiko**. Starke Trockenheit im Sommer kann schlecht sein für mein Getreide, aber gut für meine Reben. Wenn ich mit meinen Mastschweinen in einem Jahr nichts verdiene, helfen mir vielleicht die Gewinne aus dem Kartoffelanbau. Durch anbautechnisch ausgefeilte Produktionssysteme lässt sich das Ertragsrisiko heute in der Regel besser begrenzen als früher. Zu dem gibt es für manche Früchte und in manchen Ländern **Ertragsausfallversicherungen**, die das Risiko für den Landwirt kalkulierbar machen. Das reine Marktrisiko wurde in den letzten Jahrzehnten durch **Marktordnungen** begrenzt. Bei zunehmender Liberalisierung können wir davon ausgehen, dass dieses Risiko jedoch wieder zunehmen wird. Dennoch wird die integrierende Wirkung der Liberalisierung nach unserer Einschätzung gering sein. Die Betriebe werden sich weiter spezialisieren und ihre Risiken mit neuen Instrumenten wie beispielsweise **Kontrakten an Warenterminbörsen** absichern.

Differenzierende Kräfte

So viel zu den integrierenden Kräften. Folgende Faktoren zählen zu den **differenzierenden Kräften**:

- **der Standort,**
- **die Kostendegression** in Verbindung mit begrenzten Faktorkapazitäten,
- **die Unternehmerpersönlichkeit,**
- **der biologisch-technische Fortschritt.**

Standort

Der **Standort** des Betriebes wirkt differenzierend. **Bodenverhältnisse, Klima, Verkehrslage etc. fördern die Spezialisierung,** man denke nur an die Rindviehhaltung in Grünlandgebieten oder den Anbau von Sonderkulturen wie Spargel. Die beträchtlichen Möglichkeiten moderner Technik (z. B. Melioration, Aufdüngung, Bewässerung, Unter-Glas-Anbau) reichen nicht aus, um die natürlichen Standortunterschiede dauerhaft auszugleichen. Zu bedeutend ist nach wie vor der Einfluss des Klimas.

Agglomerationseffekte

Mitunter steigt die **Konzentration bestimmter landwirtschaftlicher Betriebe in einer Region** auch deshalb, weil dort schon starke Marktpartner und das entsprechende Spezialwissen vorhanden sind. Beispiele hierfür sind Südoldenburg in der Schweinemast und Hohenlohe in der Ferkelerzeugung.

Auch die Lage zu Absatzmärkten kann differenzierend wirken, wenngleich dieser Faktor in den modernen Volkswirtschaften aufgrund geringer Transportkosten keine sehr große Bedeutung hat.

Kostendegression

Die technische Entwicklung hat dazu geführt, dass die Stückkosten in landwirtschaftlichen Produktionszweigen stark sinken, sobald der Produktionszweig ausgedehnt wird. Diese **Kostendegression** wirkt sehr stark spezialisierend – vor allem, wenn sie mit **begrenzt vorhandenen Faktorkapazitäten** einhergeht.

Tatsache ist: Der Großteil der Betriebe in Deutschland produziert mit beschränkten betrieblichen Kapazitäten deutlich oberhalb des Kostenminimums. Das ist ein sehr starker Anreiz, sich **zu spezialisieren und zu konzentrieren**. Beispiel Milchviehhaltung: Die mögliche Kostendegression ist erst ab etwa 150 Kühen weitgehend ausgeschöpft. Für den 50 Kuh-Betrieb besteht daher ein starker Anreiz, sich weiter zu spezialisieren und die Milchproduktion auszudehnen.

Die landwirtschaftliche **Unternehmerpersönlichkeit** ist die dritte differenzierende Kraft neben Standort und Kostendegression. Zur Unternehmerpersönlichkeit gehört oft die **Vorliebe für bestimmte Betriebszweige**. Dazu kommt: Wer sich als Betriebsleiter intensiv mit nur einem oder wenigen Betriebszweigen beschäftigt, bringt tendenziell bessere Leistungen als der »Generalist«.

Unternehmer-persönlichkeit

Der **biologisch-technische Fortschritt** kann bei einzelnen Produkten oder Produktionsverfahren besonders kräftig ausfallen, was dazu führt, dass eine **stärkere Spezialisierung** auf diese stattfindet. So waren etwa die züchterischen Fortschritte bei Weizen besonders hoch, was dazu beigetragen hat, dass sich viele Betriebe für einen besonders hohen Anteil an dieser Getreideart entschieden.

Biologisch-technischer Fortschritt

Jeder Betrieb steht in einem Spannungsverhältnis zwischen den beschriebenen integrierenden und differenzierenden Kräften. Wie diese Kräfte wirken, hängt von der einzelbetrieblichen und der gesamtwirtschaftlichen Situation ab. Auf jeden Fall beeinflussen sie die relative Wettbewerbsfähigkeit verschiedener Betriebszweige und Produktionsverfahren zueinander und damit den Grad der Spezialisierung. Der technische Fortschritt hat die differenzierenden Kräfte deutlich »gestärkt«, ohne die integrierenden Kräfte bedeutungslos werden zu lassen.

Bisher haben wir uns in diesem Kapitel mit der Frage der Diversifikation und Spezialisierung der landwirtschaftlichen Betriebszweige beschäftigt: Es ging um die Frage, welche Einflussfaktoren die Zahl der landwirtschaftlichen Betriebszweige bestimmen. Betrachten wir jedoch den landwirtschaftlichen Familienbetrieb insgesamt, so ist diese Form der Diversifikation nur eine von vielen denkbaren.

Es gibt drei Arten von erwerbswirtschaftlichen Aktivitäten im landwirtschaftlichen Unternehmerhaushalt, die wir als **Diversifikation** bezeichnen können:

1. **Aufnahme neuer Verfahren der landwirtschaftlichen Produktion** (neu für den Betrieb oder die Region).
2. **Nutzung der Produktionsfaktoren** des landwirtschaftlichen Betriebs **außerhalb der landwirtschaftlichen Produktion** (z. B. Pflege einer Golfanlage, kommunale Arbeiten).
3. **Die Erwerbskombination** durch Aufnahme einer nichtlandwirtschaftlichen unternehmerischen Tätigkeit oder einer nichtselbständigen Arbeit neben der landwirtschaftlichen unternehmerischen Tätigkeit.

Am Beispiel landwirtschaftlicher Großunternehmen hat KÜHNLE (1999) gezeigt, welche **Ziele** Betriebsleiter mit der Aufnahme nichtlandwirtschaftlicher Produktionszweige grundsätzlich verfolgen können.

Dabei geht es um

Diversifikation in nichtlandwirtschaftliche Produktionszweige

- **Unternehmenswachstum und Entwicklung,**
- **Synergie bzw. Effizienz in Unternehmen,**
- **Risikominderung,**
- **Verfolgung von Managementinteressen.**

Die ersten drei genannten Ziele sind bereits erklärt. Mit Verfolgung von **Managementinteressen** ist folgendes gemeint: In Betrieben, in denen das Management nicht mit dem Eigentümer übereinstimmt, verfolgt das Management unter Umständen Ziele, die nicht denen des Eigentümers entsprechen. Wird der Manager nach dem Umsatz bezahlt, so hat er ein Interesse diesen – etwa durch Betriebsvergrößerung – zu steigern, auch wenn die Rentabilität insgesamt nicht steigt.

Außerlandwirtschaftliche Aktivitäten

Abb. 5.9
Verknüpfung der Diversifikationsziele landwirtschaftlicher Großunternehmen
(KÜHNLE 1999)

Die **außerlandwirtschaftlichen Aktivitäten** können ein weites Spektrum umfassen: den der Landwirtschaft **vorgelagerten Bereich** (wie Agrartechnik, landwirtschaftliche Lohnunternehmen), den **nachgelagerten Bereich** (wie Vieh- oder Getreidehandel, Metzgerei) oder **landwirtschaftsfernere Bereiche** (wie Landschaftspflege, Umweltschutz, Baugewerbe, Tourismus).

In Abbildung 5.9 sind die wesentlichen Faktoren dargestellt, die für oder gegen die Diversifikation landwirtschaftlicher Großunternehmen in außerlandwirtschaftliche Bereiche sprechen.

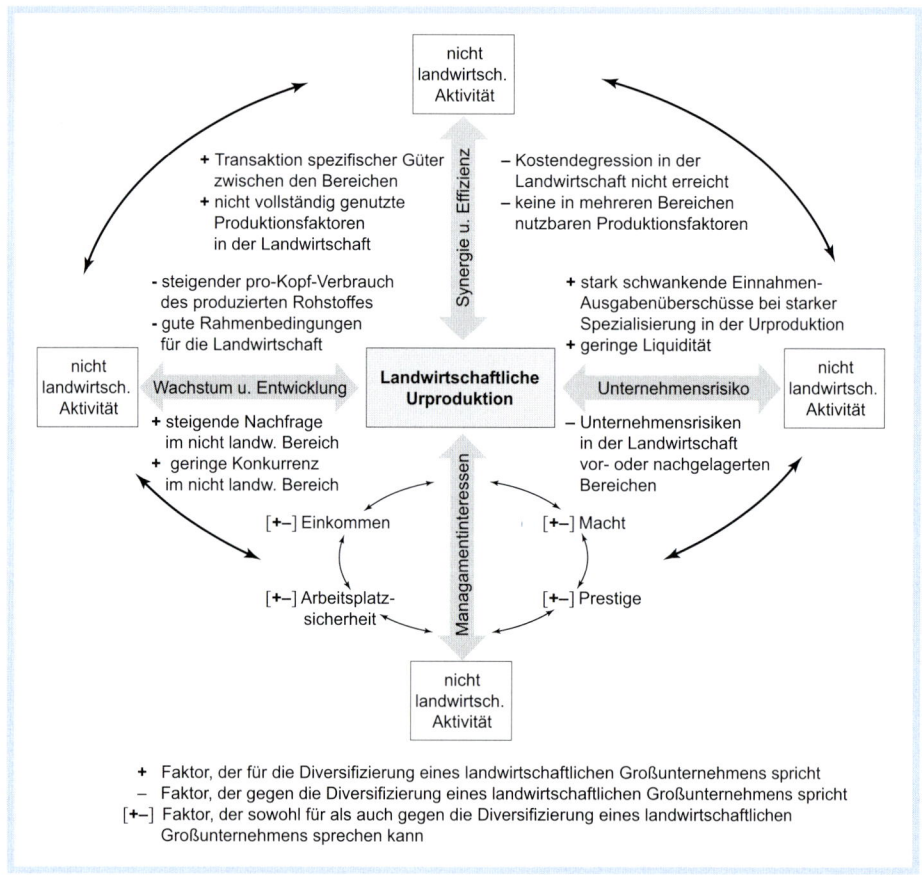

+ Faktor, der für die Diversifizierung eines landwirtschaftlichen Großunternehmens spricht
– Faktor, der gegen die Diversifizierung eines landwirtschaftlichen Großunternehmens spricht
[+–] Faktor, der sowohl für als auch gegen die Diversifizierung eines landwirtschaftlichen Großunternehmens sprechen kann

Fragen zur Wiederholung

▶ Was verstehen Ökonomen unter »integrierenden Kräften«, was unter »differenzierenden Kräften«?

▶ Wie unterscheiden sich integrierende und differenzierende Kräfte in ihrer Wirkung auf das Produktionsprogramm im landwirtschaftlichen Betrieb?

▶ Wie wirkt technischer Fortschritt auf die Diversifikation bzw. Spezialisierung?

▶ Welche drei Arten von erwerbswirtschaftlichen Aktivitäten wirken diversifizierend auf den landwirtschaftlichen Unternehmerhaushalt?

▶ Welche Ziele verfolgen Betriebsleiter mit der Aufnahme von nicht landwirtschaftlichen Produktionszweigen?

▶ Welche Faktoren sprechen gegen die Diversifikation in außerlandwirtschaftliche Bereiche?

Weiterführende Literatur

Das Konzept der integrierenden und differenzierenden Kräfte stammt von Theodor Brinkmann. Bis heute lesenswert ist:

BRINKMANN, T. (1922): Die Ökonomik des landwirtschaftlichen Betriebes. In: VERLAG MOHR, J. C. B. (Hrsg.): Grundriss der Sozialökonomik, VII. Abteilung: Land- und Forstwirtschaftliche Produktion, Versicherungen., Verlag Mohr, Tübingen, S. 27–124.

Zur Diversifikation landwirtschaftlicher Großbetriebe in außerlandwirtschaftliche Bereiche bietet das Buch

KÜHNLE, E. (1999): Unternehmensdiversifikation in landwirtschaftlichen Großunternehmen der neuen Bundesländer, Buchedition AgriMedia, Bergen,

einen guten Überblick. KÜHNLE passt die relevanten Konzepte aus der allgemeinen Betriebslehre auf die landwirtschaftlichen Unternehmen an. Da es sich bei der Arbeit von KÜHNLE um eine Dissertation handelt, geht das Buch sehr viel stärker in die Tiefe als das in diesem Abschnitt vorgestellte Kondensat.

Dank

Beim Schreiben dieses Buches hatten wir folgendes Ziel vor Augen: Das Buch soll das Grundwissen der Landwirtschaftlichen Betriebslehre zusammenfassen, das Studierende der Agrarwissenschaften am Beginn ihres Studiums tatsächlich benötigen. Darstellung und Sprache sollen die Zielgruppe direkt ansprechen und gleichzeitig wissenschaftlich fundiert sein.

Bei dem Versuch, diesem anspruchsvollen Ziel näher zu kommen, haben uns viele Menschen geholfen. Ihnen allen gilt unser herzlicher Dank. Einige möchten wir namentlich hervorheben. Unsere besondere Anerkennung gilt Eberhard Breuninger für die redaktionelle Überarbeitung des gesamten Textes. Für eine effiziente technische Unterstützung sorgten Stefanie Boos, Marta Stoll und Eva Lepper. Priv.-Doz. Dr. Christian Lippert hat Teile des Manuskriptes kritisch gegengelesen. Dr. Fritz Aldinger hat das gesamte Manuskript gelesen und uns mit zahlreichen Verbesserungsvorschlägen unterstützt. Herrn Joachim Aurbacher danken wir für die Durchführung der Berechnungen zur Erosion in Kapitel 4.4. Zum »letzten Schliff« trugen in der Endredaktion Martin Henseler, Beate Fleck und Eva Schmidtner wesentlich bei.

Wenn das Buch trotz aller Hilfe noch Fehler und Unklarheiten enthält, so gehen diese zu Lasten der Autoren. Liebe Leserin, lieber Leser, falls Sie Fehler finden, lassen Sie es uns bitte wissen – wir werden diese in der Folgeauflage korrigieren.

Von unserem Verleger Roland Ulmer kam die Anregung, dieses Buch zu schreiben. Er und unser Lektor Werner Baumeister haben die Entstehung des Buches mit großer Geduld begleitet. Der Verlag möchte das Buch verkaufen, die Autoren möchten gelesen werden. Wenn Ihnen, liebe Leser, das Buch gefällt, empfehlen Sie uns weiter!

Stuttgart-Hohenheim und Soest,   Stephan Dabbert und
im Frühjahr 2006   Jürgen Braun

Literaturverzeichnis

AID (Hrsg.) (2004): Der landwirtschaftliche Jahresabschluss I, aid info-dienst Verbraucherschutz, Ernährung, Landwirtschaft, Heft 1033/2004, Bonn.

BEA, F. X., DICHTL, E. und SCHWEITZER, M. (2005): Allgemeine Betriebs-wirtschaftslehre, Band 2: Führung, Lucius & Lucius, Stuttgart.

BGB1 (Bundesgesetzblatt Teil 1) (1993): Fünfte Verordnung zur Änderung der Milch-Güteverordnung, vom 27. Dezember 1993, S. 2481–2482.

BINSWANGER, H. C. (1998): Die Glaubensgemeinschaft der Ökonomen: Es-says zur Kultur der Wirtschaft, Gerling Akademie Verlag, München.

BODMER, U. und HEISSENHUBER, A. (1993): Rechnungswesen in der Land-wirtschaft, Verlag Eugen Ulmer Stuttgart.

BRANDES, W. (1979): Über das subjektive Element in der Betriebsplanung. In: KÖHNE, M. (Hrsg.): Beiträge zur Agrarökonomie, Festschrift zum 80. Geburtstag von Prof. Dr. Dr. h. c. Emil Woermann, Paul Parey Ver-lag, Hamburg und Berlin, S. 15–28.

BRANDES, W. und ODENING, M. (1992): Investition, Finanzierung und Wachstum in der Landwirtschaft, Verlag Eugen Ulmer Stuttgart.

BRANDES, W., RECKE, G. und BERGER, T. (1997): Produktions- und Um-weltökonomik, Band 1, Verlag Eugen Ulmer Stuttgart.

BRANDES, W. und WOERMANN, E. (1969): Landwirtschaftliche Betriebsleh-re, Band 1 Allgemeiner Teil, Theorie und Planung des landwirtschaft-lichen Betriebes, Paul Parey Verlag, Hamburg und Berlin.

BRANDES, W. und WOERMANN, E. (1971): Landwirtschaftliche Betriebsleh-re, Band 2 Spezieller Teil, Organisation und Führung landwirtschaft-licher Betriebe, Paul Parey Verlag, Hamburg und Berlin.

BRINKMANN, T. (1922): Die Ökonomik des landwirtschaftlichen Betriebes. In: VERLAG J. C. B. MOHR, (Hrsg.): Grundriss der Sozialökonomik, VII. Abteilung: Land- und Forstwirtschaftliche Produktion, Versiche-rungen, Verlag Mohr, Tübingen, S. 27–124.

BMVEL (Bundesministerium für Verbraucherschutz, Ernährung und Land-wirtschaft) (2003): Statistisches Jahrbuch über Ernährung, Landwirt-schaft und Forsten, Münster-Hiltrup.

CAC (Codex Alimentarius Commission) (2001): Guidelines for the Pro-duction, Processing, Labelling and Marketing of Organically Produced Foods, Rom.

DABBERT, S., HÄRING, A. M. und ZANOLI, R. (2002): Politik für den Öko-Landbau, Verlag Eugen Ulmer Stuttgart.

DLG (Deutsche Landwirtschafts-Gesellschaft) (Hrsg.) (1997): Effiziente Jahresabschlussanalyse, Arbeiten der DLG, Band 194, DLG-Verlag, Frankfurt am Main.

DLG (Deutsche Landwirtschafts-Gesellschaft) (Hrsg.) (2004): Die neue Betriebszweigabrechnung, Arbeiten der DLG, Band 197, DLG-Verlag, Frankfurt am Main.

EISELE, W. (2002): Technik des betrieblichen Rechnungswesens, 7. Aufl., Verlag Vahlen, München.

FELDWISCH, N., FREDE, H.-G. und HECKER, F. (1999): Verfahren zum Abschätzen der Erosions- und Auswaschungsgefahr. In: FREDE, H.-G. und DABBERT, S. (Hrsg.): Handbuch zum Gewässerschutz in der Landwirtschaft, 2. Aufl., Ecomed, Landsberg, S. 22–57.

FREDE, H.-G. und DABBERT, S. (1999): Handbuch zum Gewässerschutz, 2. Aufl., Ecomed, Landsberg.

GESCHKA, H. und REIBNITZ, U. VON (1982): Die Szenario-Technik. Ein Instrument der Zukunftsanalyse und der strategischen Planung. In: TÖPFER, A. und AFHELDT, H. (1982) (Hrsg): Praxis der strategischen Unternehmensplanung, Frankfurt, S. 125–170.

GÖBEL, E. (2002): Neue Institutionenökonomik – Konzeption und betriebwirtschaftliche Anwendungen, Lucius & Lucius, Stuttgart.

GUTENBERG, E. (1983): Grundlagen der Betriebswirtschaftslehre, 1. Band: Die Produktion, 24. Aufl., Springer Verlag, Berlin, Heidelberg, New York.

HALBIG, W. und MANTHEY, R. (1994): Begriffskatalog zum Jahresabschluss für Betriebe der Landwirtschaft, des Gartenbaues, des Weinbaues und der Fischerei, Heft 80 der Schriftenreihe des Hauptverbandes der Landwirtschaftlichen Buchstellen und Sachverständigen, Sankt Augustin.

HALBIG, W. und MANTHEY, R. (1995): Bewertung im landwirtschaftlichen Rechnungswesen, Heft 88 der Schriftenreihe des Hauptverbandes der Landwirtschaftlichen Buchstellen und Sachverständigen, Sankt Augustin.

HAMM, U. (1991): Landwirtschaftliches Marketing: Grundlagen des Marketings für landwirtschaftliche Unternehmen, Verlag Eugen Ulmer Stuttgart.

HARDAKER, J. B., HUIRNE, R. B. M. und ANDERSON, J. R. (1997): Coping with Risk in Agriculture, CAB International, Wallingford.

HENRICHSMEYER, W. und WITZKE, H. P. (1991): Agrarpolitik Band 1, Agrarökonomische Grundlagen, Verlag Eugen Ulmer Stuttgart.

HENRICHSMEYER, W. und WITZKE, H. P. (1994): Agrarpolitik Band 2, Bewertung und Willensbildung, Verlag Eugen Ulmer Stuttgart.

HLBS (Hauptverband der landwirtschaftlichen Buchstellen und Sachverständigen e.V.) (1996): Betriebswirtschaftliche Begriffe für die landwirtschaftliche Buchführung und Beratung, Heft 14, 7. Aufl., Bonn.

KÖSTER, U. (1992): Grundzüge der landwirtschaftlichen Marktlehre, Vahlen Verlag, München.

KTBL (Kuratorium für Technik und Bauwesen in der Landwirtschaft) (Hrsg.) (1999): Betriebsplanung 1999/2000, Daten für die Betriebsplanung in der Landwirtschaft, 16. Aufl., Landwirtschaftsverlag, Münster.

KTBL (Kuratorium für Technik und Bauwesen in der Landwirtschaft) (Hrsg.) (2001): Taschenbuch Landwirtschaft 2001/02, Daten für die betriebliche Kalkulation in der Landwirtschaft, 20. Aufl., Landwirtschaftsverlag, Münster.

KTBL (Kuratorium für Technik und Bauwesen in der Landwirtschaft)-Taschenbuch (Hrsg.) (2002): Taschenbuch Landwirtschaft 2002/03, Daten für die betriebliche Kalkulation in der Landwirtschaft, 21. Aufl., Landwirtschaftsverlag, Münster.

KUHLMANN, F. (2003): Betriebslehre der Agrar- und Ernährungswirtschaft, 2. Aufl., DLG-Verlag, Frankfurt am Main.

KÜHNLE, E. (1999): Unternehmensdiversifikation in landwirtschaftlichen Großunternehmen der neuen Bundesländer, AgriMedia Verlag, Bergen.

LAMPKIN, N., FOSTER, C., PADEL, S. und MIDMORE, P. (1999): The Policy and Regulatory Environment for Organic Farming in Europe. In: Organic Farming in Europe: Economics and Policy, Vol. 1, Universität Hohenheim, Stuttgart-Hohenheim.

LIPPERT, C. (2005): Institutionenökonomische Analyse von Umwelt- und Qualitätsproblemen des Agrar- und Ernährungssektors, Habilitationsschrift Hohenheim, Wissenschaftsverlag Vauk, Kiel.

MANTHEY, R. (1996): Betriebswirtschaftliche Begriffe für die landwirtschaftliche Buchführung und Beratung, Heft 14 der Schriftenreihe des Hauptverbandes der Landwirtschaftlichen Buchstellen und Sachverständigen, Sankt Augustin.

ODENING, M. und BOKELMANN, W. (2000): Agrarmanagement, Verlag Eugen Ulmer Stuttgart.

REIBNITZ, U. VON (1981): So können auch Sie die Szenario-Technik nutzen, Marketing Journal, Nr. 1, S. 37–41.

REISCH, E., KNECHT, G. und KONRAD, J. (1995): Betriebslehre, Landwirtschaftliches Lehrbuch Band 3, Verlag Eugen Ulmer Stuttgart.

SCHEUERLEIN, A. (1997): Finanzmanagement für Landwirte, DLG-Verlag, München.

SCHIERENBECK, H. (2000): Grundzüge der Betriebswirtschaftslehre, Oldenbourg Verlag, München, Wien.

SCHMIDT, A. (1996): Kostenrechnung, Kohlhammer Verlag, Stuttgart, Berlin, Köln.

SCHMAUNZ, F. (2000): Buchführung in der Landwirtschaft, BLV Verlag, München.

SPIECKERMANN, U. (1996): Zur Geschichte des Milchkleinhandels in Deutschland im 19. Jahrhundert. In: OTTENJANN, H. und ZIESSOW, K.-H. (Hrsg.): Arbeit und Leben auf dem Lande. Eine kulturwissenschaftliche Schriftenreihe, Band 4: Die Milch. Geschichte und Zukunft eines Lebensmittels, Cloppenburg, S. 91–109.

STOLZE, M., PIORR, A., HÄRING, A. M. und DABBERT, S. (2000): The Enviromental Impact of Organic Farming in Europe, Universität Hohenheim, Stuttgart-Hohenheim.

STRÖBEL, H. (1987): Betriebswirtschaftliche Planung in bäuerlichen Kleinbetrieben in Entwicklungsländern, Band 1: Grundlagen und Methoden, Handbuchreihe ländliche Entwicklung, Hrsg.: Bundesministerium für wirtschaftliche Zusammenarbeit und Deutsche Gesellschaft für technische Zusammenarbeit (GTZ) GmbH, Rossdorf.

THÜNEN, J. H. VON (1842 und 1850): Der isolierte Staat in Beziehung auf Landwirtschaft und Nationalökonomie, Band 1 und 2, Neudruck nach der Ausgabe letzter Hand, Stuttgart 1962.

TURNER, G. und WERNER, K. (1998): Agrarrecht – Ein Grundriss, Verlag Eugen Ulmer Stuttgart.

WEINSCHENCK, G. (1964): Die optimale Organisation des landwirtschaftlichen Betriebes, Paul Parey Verlag, Hamburg und Berlin.

WOERMANN, E. (1954): Der landwirtschaftliche Betrieb im Preis- und Kostengleichgewicht. In: Handbuch der Landwirtschaft, Band 5, Paul Parey Verlag, Hamburg und Berlin, S. 196–231.

WÖHE, G. (2005): Einführung in die Allgemeine Betriebswirtschaftslehre, 22. Aufl., Verlag Vahlen, München.

Stichwortverzeichnis